U0230529

国家出版基金项目
NATIONAL PUBLICATION FOUNDATION

"十三五"国家重点出版物出版规划项目

中国土系志

Soil Series of China

（中西部卷）

总主编　张甘霖

新 疆 卷
Xinjiang

吴克宁　武红旗　鞠　兵　著

科学出版社
龙门书局
北　京

内 容 简 介

《中国土系志·新疆卷》在对新疆区域概况和主要土壤类型全面调查研究的基础上,进行了土壤高级分类单元(土纲-亚纲-土类-亚类)和基层分类单元(土族-土系)的鉴定和划分。本书的上篇论述新疆的区域概况、成土因素、成土过程、诊断层和诊断特性、土壤分类的发展以及本次土系调查的概况;下篇重点介绍建立的新疆典型土系,内容包括每个土系所属的高级分类单元、分布与环境条件、土系特征与变幅、对比土系、利用性能综述、参比土种、代表性单个土体以及相应的理化性质。

本书的主要读者为从事与土壤学相关的学科,包括农业、环境、生态和自然地理等的科学研究和教学工作者,以及从事土壤与环境调查的部门和科研机构人员。

审图号:GS(2020)3822 号

图书在版编目(CIP)数据

中国土系志. 中西部卷. 新疆卷/张甘霖主编. 吴克宁,武红旗,鞠兵著. —北京:龙门书局,2020.12

"十三五"国家重点出版物出版规划项目　国家出版基金项目

ISBN 978-7-5088-5817-3

Ⅰ. ①中…　Ⅱ. ①张…　②吴…　③武…　④鞠…　Ⅲ. ①土壤地理-中国 ②土壤地理-新疆　Ⅳ. ①S159.2

中国版本图书馆 CIP 数据核字(2020)第 204229 号

责任编辑:胡　凯　周　丹　洪　弘/责任校对:杨聪敏
责任印制:师艳茹/封面设计:许　瑞

科 学 出 版 社
龙 门 书 局　出版

北京东黄城根北街 16 号
邮政编码:100717
http://www.sciencep.com

中国科学院印刷厂 印刷

科学出版社发行　各地新华书店经销

*

2020 年 12 月第 一 版　开本:787×1092　1/16
2020 年 12 月第一次印刷　印张:28
字数:652 000

定价:398.00 元

(如有印装质量问题,我社负责调换)

《中国土系志》编委会顾问

孙鸿烈　赵其国　龚子同　黄鼎成　王人潮

张玉龙　黄鸿翔　李天杰　田均良　潘根兴

黄铁青　杨林章　张维理　郧文聚

土系审定小组

组　长　张甘霖

成　员（以姓氏笔画为序）

王天巍　王秋兵　龙怀玉　卢　瑛　卢升高

刘梦云　李德成　杨金玲　吴克宁　辛　刚

张凤荣　张杨珠　赵玉国　袁大刚　黄　标

常庆瑞　麻万诸　章明奎　隋跃宇　慈　恩

蔡崇法　漆智平　翟瑞常　潘剑君

《中国土系志》编委会

主　编　张甘霖

副主编　王秋兵　李德成　张凤荣　吴克宁　章明奎

编　委（以姓氏笔画为序）

王天巍	王秋兵	王登峰	孔祥斌	龙怀玉
卢　瑛	卢升高	白军平	刘梦云	刘黎明
李　玲	李德成	杨金玲	吴克宁	辛　刚
宋付朋	宋效东	张凤荣	张甘霖	张杨珠
张海涛	陈　杰	陈印军	武红旗	周　清
赵　霞	赵玉国	胡雪峰	袁大刚	黄　标
常庆瑞	麻万诸	章明奎	隋跃宇	董云中
韩春兰	慈　恩	蔡崇法	漆智平	翟瑞常
潘剑君				

《中国土系志·新疆卷》作者名单

主要作者　吴克宁　武红旗　鞠　兵

参编人员（以姓氏笔画为序）

王　泽　刘　楠　刘文惠　杜凯闯　李　玲

李方鸣　谷海斌　张文太　张文凯　范燕敏

赵　瑞　赵华甫　郝士横　侯艳娜　高　星

郭　梦　黄　勤　盛建东

丛 书 序 一

土壤分类作为认识和管理土壤资源不可或缺的工具，是土壤学最为经典的学科分支。现代土壤学诞生后，近150年来不断发展，日渐加深人们对土壤的系统认识。土壤分类的发展一方面促进了土壤学整体进步，同时也为相邻学科提供了理解土壤和认知土壤过程的重要载体。土壤分类水平的提高也极大地提高了土壤资源管理的水平，为土地利用和生态环境建设提供了重要的科学支撑。在土壤分类体系中，高级单元主要体现土壤的发生过程和地理分布规律，为宏观布局提供科学依据；基层单元主要反映区域特征、层次组合以及物理、化学性状，是区域规划和农业技术推广的基础。

我国幅员辽阔，自然地理条件迥异，人类活动历史悠久，造就了我国丰富多样的土壤资源。自现代土壤学在中国发端以来，土壤学工作者对我国土壤的形成过程、类型、分布规律开展了卓有成效的研究。就土壤基层分类而言，自20世纪30年代开始，早期的土壤分类引进美国Marbut体系，区分了我国亚热带低山丘陵区的土壤类型及其续分单元，同时定名了一批土系，如孝陵卫系、萝岗系、徐闻系等，对后来的土壤分类研究产生了深远的影响。

与此同时，美国土壤系统分类（soil taxonomy）也在建立过程中，当时Marbut分类体系中的土系（soil series）没有严格的边界，一个土系的属性空间往往跨越不同的土纲。典型的例子是迈阿密（Miami）系，在系统分类建立后按照属性边界被拆分成为不同土纲的多个土系。我国早期建立的土系也同样具有属性空间变异较大的情形。

20世纪50年代，随着全面学习苏联土壤分类理论，以地带性为基础的发生学土壤分类迅速成为我国土壤分类的主体。1978年，中国土壤学会召开土壤分类会议，制定了依据土壤地理发生的《中国土壤分类暂行草案》。该分类方案成为随后开展的全国第二次土壤普查中使用的主要依据。通过这次普查，于20世纪90年代出版了《中国土种志》，其中包含近3000个典型土种。这些土种成为各行业使用的重要土壤数据来源。限于当时的认识和技术水平，《中国土种志》所记录的典型土种依然存在"同名异土"和"同土异名"的问题，代表性的土壤剖面没有具体的经纬度位置，也未提供剖面照片，无法了解土种的直观形态特征。

随着"中国土壤系统分类"的建立和发展，在建立了从土纲到亚类的高级单元之后，建立以土系为核心的土壤基层分类体系是"中国土壤系统分类"发展的必然方向。建立我国的典型土系，不但可以从真正意义上使系统完整，全面体现土壤类型的多样性和丰富性，而且可以为土壤利用和管理提供最直接和完整的数据支持。

　　在科技部国家科技基础性工作专项项目"我国土系调查与《中国土系志》编制"的支持下，以中国科学院南京土壤研究所张甘霖研究员为首，联合全国二十多所大学和相关科研机构的一批中青年土壤科学工作者，经过数年的努力，首次提出了中国土壤系统分类框架内较为完整的土族和土系划分原则与标准，并应用于土族和土系的建立。通过艰苦的野外工作，先后完成了我国东部地区和中西部地区的主要土系调查和鉴别工作。在比土、评土的基础上，总结和建立了具有区域代表性的土系，并编纂了以各省市为分册的《中国土系志》，这是继"中国土壤系统分类"之后我国土壤分类领域的又一重要成果。

　　作为一个长期从事土壤地理学研究的科技工作者，我见证了该项工作取得的进展和一批中青年土壤科学工作者的成长，深感完善这项成果对中国土壤系统分类具有重要的意义。同时，这支中青年土壤分类工作者队伍的成长也将为未来该领域的可持续发展奠定基础。

　　对这一基础性工作的进展和前景我深感欣慰。是为序。

中国科学院院士

2017 年 2 月于北京

丛 书 序 二

土壤分类和分布研究既是土壤学也是自然地理学中的基础工作。认识和区分土壤类型是理解土壤多样性和开展土壤制图的基础，土壤分类的建立也是评估土壤功能，促进土壤技术转移和实现土壤资源可持续管理的工具。对土壤类型及其分布的勾画是土地资源评价、自然资源区划的重要依据，同时也是诸多地表过程研究所不可或缺的数据来源，因此，土壤分类研究具有显著的基础性，是地球表层系统研究的重要组成部分。

我国土壤资源调查和土壤分类工作经历了几个重要的发展阶段。20 世纪 30 年代至 70 年代，老一辈土壤学家在路线调查和区域综合考察的基础上，基本明确了我国土壤的类型特征和宏观分布格局；80 年代开始的全国土壤普查进一步摸清了我国的土壤资源状况，获得了大量的基础数据。当时由于历史条件的限制，我国土壤分类基本沿用了苏联的地理发生分类体系，强调生物气候带的影响，而对母质和时间因素重视不够。此后虽有局部的调查考察，但都没有形成系统的全国性数据集。

以诊断层和诊断特性为依据的定量分类是当今国际土壤分类的主流和趋势。自 20 世纪 80 年代开始的"中国土壤系统分类"研究历经 20 多年的努力构建了具有国际先进水平的分类体系，成果获得了国家自然科学奖二等奖。"中国土壤系统分类"完成了亚类以上的高级单元，但对基层分类级别——土族和土系——仅仅开展了一些样区尺度的探索性研究。因此，无论是从土壤系统分类的完整性，还是土壤类型代表性单个土体的数据积累来看，仅有高级单元与实际的需求还有很大距离，这也说明进行土系调查的必要性和紧迫性。

在科技部国家科技基础性工作专项的支持下，自 2008 年开始，中国科学院南京土壤研究所联合国内 20 多所大学和科研机构，在张甘霖研究员的带领下，先后承担了"我国土系调查与《中国土系志》编制"（项目编号 2008FY110600）和"我国土系调查与《中国土系志（中西部卷）》编制"（项目编号 2014FY110200）两期研究项目。自项目开展以来，近百名项目参加人员，包括数以百计的研究生，以省区为单位，依据统一的布点原则和野外调查规范，开展了全面的典型土系调查和鉴定。经过 10 多年的努力，参加人员足迹遍布全国各地，克服了种种困难，不畏艰辛，调查了近 7000 个典型土壤单个土体，结合历史土壤数据，建立了近 5000 个我国典型土系；并以省区为单位，完成了我国第一部包含 30 分册、基于定量标准和统一分类原则的土系志，朝着系统建立我国基于定量标准的基层分类体系迈进了重要的一步。这些基础性的数据，无疑是我国自第二次土壤普查以来重要的土壤信息来源，相关成果可望为各行业、部门和相关研究者，特别是土壤

中国土系志·新疆卷

质量提升、土地资源评价、水文水资源模拟、生态系统服务评估等工作提供最新的、系统的数据支撑。

我欣喜于并祝贺《中国土系志》的出版,相信其对我国土壤分类研究的深入开展、对促进土壤分类在地球表层系统科学研究中的应用有重要的意义。欣然为序。

中国科学院院士

2017 年 3 月于北京

丛 书 前 言

　　土壤分类的实质和理论基础，是区分地球表面三维土壤覆被这一连续体发生重要变化的边界，并试图将这种变化与土壤的功能相联系。区分土壤属性空间或地理空间变化的理论和实践过程在不断进步，这种演变构成土壤分类学的历史沿革。无论是古代朴素分类体系所使用的土壤颜色或土壤质地，还是现代分类采用的多种物理、化学属性乃至光谱（颜色）和数字特征，都携带或者代表了土壤的某种潜在功能信息。土壤分类正是基于这种属性与功能的相互关系，构建特定的分类体系，为使用者提供土壤功能指标，这些功能可以是农林生产能力，也可以是固存土壤有机碳或者无机碳的潜力或者抵御侵蚀的能力，乃至是否适合作为建筑材料。分类体系也构筑了关于土壤的系统知识，在一定程度上厘清了土壤之间在属性和空间上的距离关系，成为传播土壤科学知识的重要工具。

　　毫无疑问，对土壤变化区分的精细程度决定了对土壤功能理解和合理利用的水平，所采用的属性指标也决定了其与功能的关联程度。在大陆或国家尺度上，土纲或亚纲级别的分布已经可以比较准确地表达大尺度的土壤空间变化规律。在农场或景观水平，土壤的变化通常从诊断层（发生层）的差异变为颗粒组成或层次厚度等属性的差异，表达这种差异正是土族或土系确立的前提。因此，建立一套与土壤综合功能密切相关的土壤基层单元分类标准，并据此构建亚类以下的土壤分类体系（土族和土系），是对土壤变异精细认识的体现。

　　基于现代分类体系的土系鉴定工作在我国基本处于空白状态。我国早期（1949 年以前）所建立的土系沿用了美国土壤系统分类建立之前的 Marbut 分类原则，基本上都是区域的典型土壤类型，大致可以相当于现代系统分类中的亚类水平，涵盖范围较大。"中国土壤系统分类"研究在完成高级单元之后尝试开展了土系研究，进行了一些局部的探索，建立了一些典型土系，并以海南等地区为例建立了省级尺度的土系概要，但全国范围内的土系鉴定一直未能实现。缺乏土族和土系的分类体系是不完整的，也在一定程度上制约了分类在生产实际中特别是区域土壤资源评价和利用中的应用，因此，建立"中国土壤系统分类"体系下的土族和土系十分必要和紧迫。

　　所幸，这项工作得到了国家科技基础性工作专项的支持。自 2008 年开始，我们联合国内 20 多所大学和科研机构，先后开展了"我国土系调查与《中国土系志》编制"（项目编号 2008FY110600）和"我国土系调查与《中国土系志（中西部卷）》编制"（项目编号 2014FY110200）两个项目的连续研究，朝着系统建立我国基于定量标准的基层分类体系迈进了重要的一步。经过 10 多年的努力，项目调查了近 7000 个典型土壤单个土体，结合历史土壤数据，建立了近 5000 个我国典型土系，并以省区为单位，完成了我国第一部基于定量标准和统一分类原则的全国土系志。这些基础性的数据，将成为自第二次全国土壤普查以来重要的土壤信息来源，可望为农业、自然资源管理、生态环境建设等部门和相关研究者提供最新的、系统的数据支撑。

项目在执行过程中，得到了两届项目专家小组和项目主管部门、依托单位的长期指导和支持。孙鸿烈院士、赵其国院士、龚子同研究员和其他专家为项目的顺利开展提供了诸多重要的指导。中国科学院前沿科学与教育局、重大科技任务局、科技促进发展局、中国科学院南京土壤研究所以及土壤与农业可持续发展国家重点实验室都持续给予关心和帮助。

值得指出的是，作为研究项目，在有限的资助下只能着眼主要的和典型的土系，难以开展全覆盖式的调查，不可能穷尽亚类单元以下所有的土族和土系，也无法绘制土系分布图。但是，我们有理由相信，随着研究和调查工作的开展，更多的土系会被鉴定，而基于土系的应用将展现巨大的潜力。

由于有关土系的系统工作在国内尚属首次，在国际上可资借鉴的理论和方法也十分有限，因此我们在对于土系划分相关理论的理解和土系划分标准的建立上肯定会存在诸多不足；而且，由于本次土系调查工作在人员和经费方面的局限性以及项目执行期限的限制，书中疏误恐在所难免，希望得到各方的批评与指正！

张甘霖

2017 年 4 月于南京

前　言

　　新疆维吾尔自治区，简称新，位于亚欧大陆中部，地处中国西北地区，位于 34°25′N～48°10′N 和 73°40′E～96°18′E 之间，周边与俄罗斯、哈萨克斯坦、吉尔吉斯斯坦、塔吉克斯坦、巴基斯坦、蒙古、印度、阿富汗八国接壤，在历史上是古丝绸之路的重要通道。新疆是中国五个少数民族自治区之一，也是中国陆地面积最大的省级行政区，面积166.49 万 km²，约占中国陆地总面积的六分之一。新疆远离海洋，深居亚欧内陆，地貌特征可概括为"三山夹两盆"（天山和昆仑山之间是著名的塔里木盆地，天山和阿尔泰山之间是准噶尔盆地），形成典型的温带大陆性干旱气候。其中，南疆地区的塔里木盆地面积约 53 万 km²，盆地中部的塔克拉玛干沙漠是中国最大、世界第二大流动沙漠，面积约 33 万 km²；位于北疆的准噶尔盆地是中国第二大盆地，面积约 38 万 km²；在天山的东部和西部，还有吐鲁番盆地和伊犁盆地。此外，新疆绿洲分布于盆地边缘和河谷平原区。20 世纪初苏联土壤学家涅乌斯特鲁耶夫曾对新疆喀什和帕米尔干旱东坡荒漠土壤进行过调查；20 世纪 30 年代别斯索诺夫和阿波林曾对伊犁盆地的土壤进行过调查。国内首先去新疆进行调查的土壤学家是马溶之先生，他曾于 1943～1945 年期间先后两次到新疆，对哈密、吐鲁番、鄯善、托克逊地区，天山南麓山前平原东部，最西到库车，以及天山北麓山前平原地区（玛纳斯—沙湾）和博格达山北坡的土壤进行了调查，指出北疆平原地区为自成性土壤灰漠钙土、南疆为棕漠钙土，将天山山地土壤垂直带划分为棕钙土、栗钙土、黑钙土、灰棕壤、高山草原土和高山石质土；1946 年黄瑞采先生也沿着南北疆山前平原地区进行过路线调查，并对调查区土壤的形成、分布和性质作了较详细的论述。中华人民共和国成立后中央政府非常关心新疆地区的农业发展，曾于 1950 年组织专门性调查队前往伊犁昭苏盆地进行橡胶草生境条件考察，土壤学家席承藩先生对昭苏盆地的土壤、土壤形成、土壤性质及生产性能做了详细论述。1956 年由中国土壤学家李连捷教授、文振旺研究员、苏联土壤学家 B.A. 诺辛、戈尔布诺夫、B.A. 科夫达等组成的中国科学院新疆综合考察队在新疆考察时，做了许多有关土壤分类的研究，并在前人工作的基础上不断修改和补充，提出了比较科学而完整的新疆土壤分类系统。第一次出版了《新疆土壤地理》和《新疆土壤分布图》。1957 年苏联土壤学家巴宁对新疆国营农场分布区的土壤进行了初步分类，共分为 13 个土类、53 个亚类，并在亚类下分出了若干土种；1958 年新疆荒地勘测设计局在前人研究的基础上对新疆平原地区的土壤进行了分类，共分为 12 个土类，并将其细分到亚类、土种、变种共 67 个分类单位。20 世纪 60 年代初，文振旺（1963）发表了关于新疆土壤分类的论文，在文中列出了包括土类、亚类、土属、土种四级分类制的新疆土壤分类系统表；文振旺在中国科学院新疆综合考察队资料的基础上又于1966年对新疆山地森林土壤的分类进行了研究,将其分为3个土类：灰化土、灰色森林土和灰褐色森林土,并在文中阐述了各个土类的土壤特性及其分布规律；1978年李子熙阐述了新疆盐土的形成条件,并按土壤发生分类原则对新疆盐土进行了分类；1980年庞纯熹对新疆天山北坡雪岭云杉林下的土壤进行了研究,将该地区的土壤划分为1个土类、5个亚类和10个土属等；1985年常直海以发生学观点作为指导思想对新疆森林土壤进行了研究,并采用土类、亚类、土种三级分类制将其划分为3个土类、11个亚类和若干土种。

在农业部的统一部署下,新疆于1979年开始进行第二次土壤普查,由新疆维吾尔自治区土壤普查办公室组织新疆各土壤肥料工作站、生产建设兵团和新疆八一农学院作为技术顾问,先后分4批历经5年的时间完成了新疆的土壤普查任务。1985年新疆完成了第二次土壤普查资料汇总工作,在第二次土壤普查的基础上陆续编写了《新疆土种志》(1993)和《新疆土壤》(1996)两部专著,编绘了新疆土壤的类型、分布、土壤养分含量及土壤改良利用等图件,并首次建立了新疆土壤及其养分含量等数据资料库。

从1984年开始,在中国科学院和国家自然科学基金委员会资助下,中国科学院南京土壤研究所先后与30多个高等院校和研究所合作,主持进行了长达10多年的中国土壤系统分类研究,从《首次方案》到《修订方案》,之后又提出了《中国土壤系统分类检索(第三版)》。我国西北内陆干旱地区,不仅分布着世界其他干旱区的土壤类型,而且分布着寒性、盐积、超盐积和盐磐等我国特有的干旱土类型,是世界干旱土分类研究的天然标本库。1985年新疆八一农学院邀请了美国康奈尔大学土壤学家布朗特到新疆进行讲学,并且在乌鲁木齐进行考察；1987年又邀请美国得克萨斯技术大学艾伦教授、霍格尼教授到新疆讲学并且在新疆博乐地区进行考察。1992年钟骏平先生按照美国土壤系统分类,提出了适于在新疆及类似自然条件地区应用的土纲、亚纲、土类、亚类的检索系统,以及土族划分方法,出版了《新疆土壤系统分类》。1993年8月,在乌鲁木齐召开的国际干旱土分类和管理会议上,曹升赓、雷文进等提出的干旱表层得到国外土壤学家的肯定,这是我国土壤学家对国际干旱土分类的贡献。钟骏平、张凤荣等提出的盐磐层划分也是对干旱土分类的一大补充。对于这两个诊断层的划分,国外同行给予了高度评价和认同。有关我国干旱土的系列文章发表在《中国土壤系统分类新论》(1994)论文集中。国际土壤分类委员会前主席H. Eswaran强调："在不久的将来,干旱表层将取代沿用了几十年的干旱土壤水分状况,来定义干旱土纲。"第15届国际土壤学大会上,龚子同先生被选为国际干旱土工作组的负责人之一,从另一方面反映了我国干旱土研究的国际影响力。

在此之后越来越多的土壤科技工作者对新疆土壤进行了系统分类研究,其中研究较多的有钟骏平(1992)、龚子同、曹升赓、雷文进、李述刚、高以信、张凤荣、李福兴、祝寿泉、李和平（1993，2001）、邹德生（1994，1995，1996）、张累德（1997）、刘立诚和排祖拉（1997，1998，1999）、关欣（2001，2003）、邓雁（2006）、何晓玲（2006）、李新平（2007）、莫治新（2009）、乔永（2011）、张文凯（2017）等。

土系是土壤系统分类的基层分类单元，是指发育在相同母质上，由若干剖面形态特征相似的单个土体组成的聚合土体。土系与外界环境条件紧密相连，是通过在野外实地调查而获得的，有着易于鉴别的属性依据和定量指标。在国家科技基础性工作专项基金的资助下，中国科学院南京土壤研究所联合国内 20 多所大学和科研机构于 2008 年开始启动实施"我国土系调查与《中国土系志》编制"（项目编号 2008FY110600），历经 5 年的探索和实践，我国中东部土系调查与土系志编写已经总结验收完毕。随着第一期工作的结束，2014 年第二期工作"我国土系调查与《中国土系志（中西部卷）》编制"（项目编号 2014FY110200）项目开始启动，中国地质大学（北京）和新疆农业大学共同承担了新疆维吾尔自治区的任务，《中国土系志·新疆卷》是该专项的主要成果之一，也是继我国第二次土壤普查之后，新疆土壤调查与分类方面的最新成果体现。

通过本次土系调查，对于《中国土壤系统分类检索（第三版）》中关于干旱表层的判定条件之"从地表起，无盐积或钠质孔泡结皮层或其下垫的土盐混合层"的规定，有了新的认识——该定义并未指明具体下垫深度，致使在检索时会将一些含有盐积层的土壤归到干旱土中；另外按照此定义就排除了无"盐化"的地表或下垫土层，而盐积正常干旱土的定义为"有上界在矿质土表至 100 cm 范围内的盐积层、超盐积层或盐磐"，显然相互矛盾。我们提出了《中国土壤系统分类检索（第四版）》具体的修订方案建议：建议将干旱表层相关定义修改为"从地表起 30 cm 以内，无盐积孔泡结皮层或钠质孔泡结皮层或其下垫的土盐混合层（不满足盐积层条件）"；将盐积正常干旱土相关定义修改为"其他正常干旱土中有上界在 30 cm 至 100 cm 范围内的盐积层、超盐积层或盐磐"。按照此建议可以使新疆盐成土的面积更加符合实际。在我国土壤系统分类基层分类方面，本次开展的土系调查工作，建立了新疆地区土族和土系资料与数据。

新疆土系调查、建立及数据库建设工作先后经过了历史文献资料及图件整理，依据"空间单元（地形、母质、利用）+历史土壤图+内部空间分析+专家经验"方法的野外布点、调查和采样，依据项目组制订的《野外土壤描述与采样手册》进行野外土壤环境及形态学描述，依据《土壤调查实验室分析方法》进行土样测定分析，系统分类高级单元诊断与划分，土族和土系建立、参比以及数据库建设等过程，共调查了 144 个土壤剖面，测定分析了 700 多个发生层、3000 多个分析样，拍摄 2939 张涉及代表性单个土体的景观环境、土壤剖面、新生体和侵入体等照片；对照《中国土壤系统分类检索（第三版）》和《中国土壤系统分类土族和土系划分标准》，自上而下逐级建立 7 个土纲，15 个亚纲，28 个土类，43 个亚类，78 个土族，134 个土系。

　　本书是一本区域性土系调查专著，全书分为上、下两篇：上篇主要阐述新疆地区土壤地理环境概况，包括成土环境特征（第 1 章）、代表性成土过程及特征（第 2 章）、新疆地区土壤分类发展简述（第 3 章）；下篇系统介绍新疆地区建立的典型土系，主要包括每个土系的高级分类归属、分布与环境条件、土系特征与变幅、对比土系、利用性能综述、参比土种、代表性单个土体等。

　　本次典型土系调查，为钟骏平教授以美国土壤系统分类为检索标准编写的《新疆土壤系统分类》提供了中国化的具有土系剖面描述、照片与分析数据的新疆土壤系统分类。天山北坡典型土系的变性特征研究，证明了该区域不存在变性土，对吴珊眉教授《中国变性土》中新疆部分提供了修正案例。南疆典型土系与土地利用研究，对我国西部地区自然资源评价与可持续利用具有重要的应用价值。

　　新疆土系调查工作的完成与本书的定稿离不开课题组成员和研究生们的辛苦付出。谨此感谢参与野外调查、室内测定分析、土系数据库建设的各位同仁和研究生！也感谢在《中国土系志·新疆卷》编写过程中给予指导和建议的专家们！

　　在此次工作中，虽然我们根据新疆维吾尔自治区自然地理特点，按照地质地貌的组合布局了调查样点，这 134 个土系基本代表了新疆地区的主要土壤类型；但是受时间和经费的限制，以及自然条件复杂、农业利用多样等情况的影响，本次土系调查并不能像土壤普查那样全面，尚有许多土系还没有被发现。因此，本书对新疆的土系研究仅仅是一个开端，要做的工作还有很多，新的土系有待进一步充实。另外，由于作者水平有限，疏漏之处在所难免，敬请读者谅解和批评指正。

吴克宁　武红旗　鞠　兵

2019 年 10 月

目　录

上 篇 总 论

下篇　区域典型土系

上篇 总 论

第1章 新疆维吾尔自治区概况与成土因素

1.1 区 域 概 况

新疆维吾尔自治区,简称新,位于中国西北地区,地处 34°25′N~48°10′N 和 73°40′E~96°18′E 之间,周边与阿富汗、印度、蒙古、巴基斯坦、塔吉克斯坦、吉尔吉斯斯坦、哈萨克斯坦、俄罗斯八国接壤,在历史上是古丝绸之路的重要通道。新疆维吾尔自治区是中国陆地面积最大的省级行政区,面积 166.49 万 km^2,约占中国陆地总面积的六分之一,其中平原面积为 84.45 万 km^2,占自治区总面积的 50.7%。在平原中分布着约 42.2 万 km^2 的沙漠、20.8 万 km^2 的戈壁和 7.07 万 km^2 的绿洲,它们分别占平原面积的 50.0%、24.6%、8.4%。

新疆的大地貌轮廓为"三山夹两盆"(图 1-1),北部为阿尔泰山,南部为昆仑山系,天山横亘于新疆中部,把新疆分为南北两半,天山南部是塔里木盆地,天山北部是准噶尔盆地。习惯上称天山以南为南疆,天山以北为北疆,把哈密、吐鲁番盆地称为东疆。新疆的最低点吐鲁番艾丁湖底比海平面低 154.31 m,也是中国的陆地最低点。最高点乔戈里峰位于中国与巴基斯坦两国边境,海拔 8611 m。新疆的古尔班通古特沙漠(46°16.8′N,86°40.2′E)是大陆距离海洋最远的地方,距离最近的海岸线 2648 km(直线距离)。

新疆深处欧亚大陆腹地,四周距海遥远,加之北、西、南三面为高山所环抱,很难受到海洋气流的影响,属典型的温带大陆性干旱气候。气温温差较大,日照时间充足,新疆大部分地区春夏和秋冬之交日温差极大,故历来有"早穿皮袄午穿纱,围着火炉吃西瓜"之说;降水量少,气候干燥,年平均降水量为 171 mm,只为全国年平均降水量的 23%。降水在地域分布上极不均匀,占全疆降水量 84.3%的山地是荒漠区中的湿岛,成为该区地表径流的形成区,孕育了大小河流 570 余条,年地表水资源量 793×10^8 m^3,包括境外流入的水量,总径流量 884×10^8 m^3,占全国总径流量的 3%。

新疆物产丰富,主要粮食作物有小麦、玉米、水稻,主要经济作物有棉花、油料作物、甜菜、麻类、烟叶、药材等,其中新疆棉花尤以质优而闻名全国。且新疆素有"瓜果之乡"之称,常见的瓜果有葡萄、哈密瓜、西瓜、香梨、苹果、红枣、核桃、巴旦杏、石榴等。新疆的野生动物资源也十分丰富,北疆和南疆各有不同的野生动物共 500 多种。新疆矿产种类全、储量大,开发前景广阔。已发现的矿产有 138 种,其中 9 种储量居全国首位,32 种居西北地区首位。石油、天然气、煤、金、铬、铜、镍、稀有金属、盐类矿产、非金属矿等蕴藏丰富。

新疆位于我国西北部地区,地域辽阔,交通问题长期以来都是制约经济发展的一大"瓶颈"。通过多年的建设,新疆已初步形成了以公路为基础,铁路为骨干,民用航空、输油气管道等四种运输方式相配合,内联区内各地区(州、市)和县(区、市),外联国

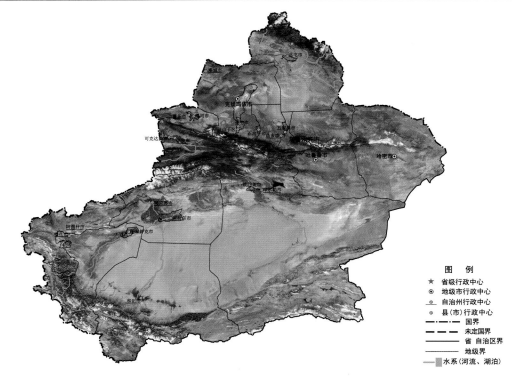

图 1-1　新疆卫星影像图

内西、中、东部地区以及周边国家的综合运输网络。截至 2017 年底，全疆公路通车总里程达到 185 338 km，其中高速公路 4316 km，一级公路 1302 km。自治区政府所在地乌鲁木齐到各地区（州、市）都已实现二级以上高等级公路连接，全疆 105 个县（区、市）全部通柏油路。全疆铁路营运里程 6244 km。

　　2017 年，新疆全区辖有 14 个地级行政单位，其中包括 5 个自治州、5 个地区、4 个地级市和 105 个县（区、市），总人口 2444.67 万人。新疆生产建设兵团是自治区的重要组成部分，下辖 14 个师，178 个农牧团场；辖区面积 700.06 万公顷，耕地 124.77 万公顷，总人口 300.53 万人。在新疆这块"宝地"上，拥有 512.31 万公顷耕地，1000 多万公顷可垦荒地。新疆日照长，光热资源丰富，昼夜温差大，水资源也较充足。这些都为发展农业提供了良好的条件。

1.2　成　土　因　素

1.2.1　气候

　　气候直接影响着土壤的水热状况，影响着土壤中矿物质、有机碳的合成转化及其产物的迁移过程。所以，气候是直接和间接影响土壤形成过程、方向和强度的基本因素。在气候因素中，气温、热量、土温、降水、蒸发与湿度以及灾害性天气对土壤的形成都有很大影响。

新疆地处亚欧内陆，四周高山阻隔，海洋气流难以到达，形成明显的温带大陆性气候。气温温差较大，日照时间充足（年日照时间达 2500～3500 h），降水量少，气候干燥。新疆年平均降水量为 171 mm 左右，但各地降水量相差很大，南疆的气温高于北疆，北疆的降水量多于南疆。最冷月（1 月），准噶尔盆地的平均气温低于–20 ℃，该盆地北缘的富蕴县绝对最低气温曾达–51.5 ℃，是全国最冷的地区之一。最热月（7 月），在号称"火洲"的吐鲁番平均气温超过 33 ℃，绝对最高气温曾达 49.6 ℃，居全国之冠。

1. 气温、热量与土温

新疆年日照时数为 2500～3500 h，日照百分率变幅在 60%～80%。太阳辐射总量全年为 544～649 kJ/cm^2，仅次于青藏高原。年光合有效辐射能为 251～314 kJ/cm^2，在全国主要农业区中居首位。

新疆平原地区年平均气温为 4～14 ℃，其中北疆 4～9 ℃，南疆 9～12 ℃，吐鲁番盆地高达 14 ℃，除北疆北部略低外，其他地区都接近或高于我国同纬度地区，见图 1-2。日平均气温≥10 ℃的年积温：阿勒泰、塔城和伊犁河谷东部为 2500～3000 ℃，伊犁河谷西部和准噶尔盆地南部多为 3000～3600 ℃，塔里木盆地多在 4000 ℃以上，吐鲁番盆地高达 5000 ℃以上。无霜期北疆为 140～185 天，南疆为 180～220 天，其中阿图什市高达 242 天。

若按积温等级划分新疆的农业气候带，从南到北可划出暖温带、中温带和寒温带，从盆地到山区也同样可划出这三个带。吐鲁番盆地的热量资源已达到亚热带的水平。由于大陆性气候强烈，全疆生长季节的积温除喀什外，其他地区均属不稳定型，年际之间在 600 ℃的范围内变动，无霜期年际变化也很大。北疆多数地区的绝对无霜期与多年平均无霜期之间，相差 1～1.5 个月，最多达 2 个月。

新疆气候的大陆性特点还突出地表现在气温的年变化、月变化及日变化上。全疆各地气温年较差多在 30～40 ℃，准噶尔盆地南缘高达 45 ℃。极端最高气温北疆为 37～40 ℃，南疆多数地区超过 40 ℃，吐鲁番甚至高达 49.6 ℃，是全国夏季最热的地方。极端最低气温南疆多在–32～–23 ℃，北疆几乎都在–35 ℃以下，准噶尔盆地北部及中心低于–40 ℃，富蕴县境内的可可托海曾达–51.5 ℃，是全国冬季最冷的地方之一。全疆春秋季节气温升降均很迅速。3～5 月份平均气温北疆上升 13～19 ℃，南疆上升 11～15 ℃；8～10 月平均气温北疆下降 15 ℃左右，南疆下降 12 ℃左右。7 月份平均气温北疆一般为 20～25 ℃，艾比湖至克拉玛依一带可达 28 ℃；南疆一般为 25～27 ℃，吐鲁番盆地达 33 ℃，比同纬度的我国东北、华北地区及欧洲一些国家和日本都高。1 月份平均气温北疆为–23～–10 ℃，南疆为–14～–5 ℃，吐鲁番盆地为–18～–9 ℃。全疆各地昼夜温差比我国同纬度地区都大。年均日较差北疆为 12～14 ℃，南疆为 13～16 ℃，山区也多在 10 ℃左右。据民丰县安得河气象站记载，1962 年 12 月 26 日气温日较差曾达 35.1 ℃，为全国的极端最大值。

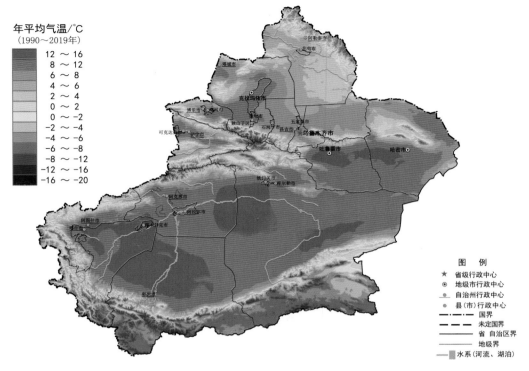

图 1-2　新疆年平均气温分布图

2. 降水、蒸发与湿度

　　新疆地区年平均降水量约 171 mm，且分布很不均匀。从地理分布（图 1-3）看：①山区多于平原。山区平均降水量大于 200 mm，比平原高 3 倍。其中天山山区、准噶尔西部山区和阿尔泰山区的年降水量达 500 mm 左右（天山西部的巩乃斯林场高达 840 mm），比平原多 2～5 倍。②北疆多于南疆。年平均降水量北疆在 100～200 mm，南疆则小于 100 mm，其中南疆东南部的且末、若羌不足 20 mm。③西部多于东部。西部伊犁河谷年均降水量 417 mm 左右，比东疆的哈密、吐鲁番地区多 6～20 倍。吐鲁番盆地的托克逊县年降水量不到 7 mm，最少年份仅为 0.5 mm。此外，由于新疆出现降水天气时，云系一般由北、西北或西向南、东南或东移动，因而山地的西坡降水量常较东坡大，北坡又比南坡多。如准噶尔西部山地迎风坡的塔城盆地，年均降水量为 250～300 mm，而其背风的和布克赛尔地区不足 150 mm。天山北坡的小渠子、天池一带，年降水量 500～600 mm，而南坡的巴伦台不到 200 mm。降水的时间分布也很不均匀。山区降水多集中在 5～8 月，约占全年降水量的 50%，其中天山山区高达 70% 以上。平原地区降水的季节变化因地而异。北疆西部和伊犁河谷降水的季节分配比较均匀，春夏两季各占全年降水量的 30%，冬季略少；准噶尔盆地多集中在春夏两季，4～8 月占全年降水量的 60%～70%；南疆西部春季降水占全年降水量的 50%，夏季次之，冬季最少；南疆其他地区和吐鲁番盆地、哈密盆地，夏季降水占全年降水量的 50%～70%，冬季不到 10%。

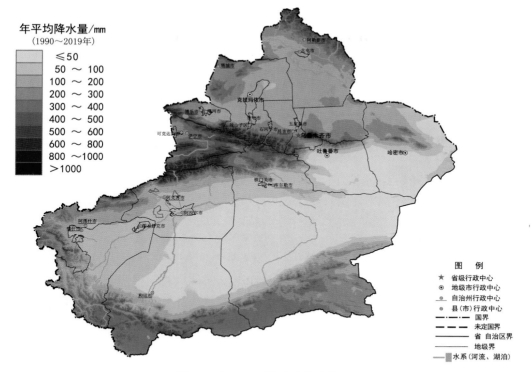

图 1-3　新疆年平均降水量分布图

　　新疆的蒸发量普遍很高。其地区分布与降水量恰恰相反，一般山区小，平原大；北疆小，南疆大；西部小，东部大；盆地边缘小，盆地腹部大；风速小的地区小，风口、风区大。据气象部门资料统计，平原地区年蒸发量，北疆一般为 1500~2300 mm，南疆一般为 2000~3400 mm，哈密、吐鲁番盆地可达 3000~4000 mm，东疆北部的淖毛湖一带高达 4400 mm；山区平均蒸发量，北疆多在 1000 mm 以上，南疆在 2000 mm 上下。各地以春末和夏季蒸发最为旺盛，4~8 月占全年蒸发量的 70% 以上。据计算，新疆各地生长季节的蒸发势：北疆平原地区为 1000~1200 mm，南疆塔里木盆地为 1200~1400 mm，哈密、吐鲁番盆地达 1400~1700 mm，分别为年降水量的 4~15 倍、20~80 倍、40~250 倍。

　　新疆上空的水汽含量很少，全年流经的水汽只有长江流域的四分之一至五分之一，因而空气极端干燥。年均相对湿度，北疆为 48%~68%，南疆为 38%~63%，东疆绝大部分地区在 45% 以下，哈密北部的淖毛湖、三塘湖一带仅为 33% 左右。

　　3. 灾害性天气

　　灾害性天气虽然不能改变土壤发生发展的总趋势，但却可以在不同程度上减缓或促进土壤的发育进程。新疆的主要灾害性天气有大风、干旱、干热风、洪水等。

　　大风　在新疆极端干旱的气候条件下，通常 5~6 级风就能对农牧业生产造成危害。风不仅对作物和牧草产生机械伤害和污染，而且使土壤遭受风蚀，吹失表土，造成土壤沙化，风沙还能埋没道路、农田和村镇。闻名中外的丝绸之路已大部分湮灭于沙海之中，一些古老的绿洲和名城，如楼兰、精绝、米兰古城等，也均已被流沙所淹没。近代，策大雅到库尔楚南的群尔库姆沙漠的形成，塔克拉玛干沙漠的南侵，塔里木河中下游大片土地的沙漠化以及准噶尔盆地内大量沙丘的活化等，都说明风沙危害在新疆某些地区愈演愈烈。

干旱　新疆的干旱一般分为春旱和夏旱，而以春旱较普遍。春旱较严重的地区有吐鲁番盆地、哈密盆地、喀什、和田地区、塔里木盆地北缘各河流中下游以及天山北麓各中小河流灌区。另外北疆西北部、东天山北麓及塔里木盆地，时常出现夏旱。

干热风　干热风多发生在春夏之间。它不仅对农作物危害性大，而且使土壤更加干燥，甚至龟裂。受干热风危害最严重的地方是吐鲁番盆地，每年约发生 40 天，6～7 月出现频率超过 60%；其次为哈密盆地和塔里木盆地，每年发生 10～20 天。

洪水　新疆虽以干旱著称，但也常有山洪暴发，不仅造成严重的土壤侵蚀和水土流失，而且常酿成重大灾害。特别是暴雨类洪水，往往来势凶猛，泥水俱下，破坏力极强。如 2018 年 7 月 31 日，哈密市伊州区沁城乡小堡区域短时间内集中突降特大暴雨，1 小时最大雨量达到 110 mm（当地历史最大年降水量仅为 52.4 mm），引发洪水；涌入射月沟水库的洪峰流量合计达 1848 m³/s，造成水库迅速漫顶并局部溃坝。此次灾害造成人员遇难与失踪，8700 多间房屋及部分农田、公路、铁路、电力和通信设施受损。暴雨形成的洪水，还可引起矿物盐类的溶迁。据阿图什有关部门化验，来自低山的下泄洪水矿化度高达 1.9～6.7 g/L，是洪积盐土盐分的主要来源。

此外，由于新疆冬季普遍低温，春秋季冷空气侵入频繁，夏季山区盆（谷）地内气流对流强烈，所以冻害、霜冻和冰雹也是常见的灾害性天气，常引起土温的剧烈升降。

1.2.2　地质与地貌

1. 地质构造

新疆的地质构造包括塔里木地块、准噶尔地块以及围绕地块的各大山系褶皱带；都受着纬向及北西、北东向断裂网格的控制，在发育过程中，彼此联系十分密切。

阿尔泰山、天山、昆仑山褶皱带，其地槽始于前寒武纪，古生代强烈拗陷，多次遭受海侵，沉积了巨厚的陆相、海相、海陆交互相碎屑岩，并有岩浆侵入或喷出。加里东和海西运动期间，褶皱回返上升，形成现代山脉雏形。中生代开始以升降运动为主要形式，大部分地区处于缓慢上升，遭受强烈剥蚀，局部地区断裂，形成山间盆地，堆积了巨厚的中、新生代陆相沉积。山地经过中生代至古近纪长期剥蚀，大都夷为准平原。新近纪及第四纪，又受新构造运动的影响，大幅度上升、断裂，形成高大的褶皱断块山。

准噶尔盆地是前寒武纪地块，其上的沉积层包括晚古生代的海相、海陆交互相及中、新生代的陆相沉积。盆地北部、南部的中、新生代地层，受阿尔泰山、天山新构造运动强烈隆升影响，发生褶皱、断裂，形成边缘低山、丘陵和山前拗陷。北部拗陷和中央地块，在第四纪活动性较小，中央部分并有轻微隆起，故第四纪沉积很薄；边缘部分第四纪沉积厚度也不大。而位于南部的乌鲁木齐山前拗陷、精河山前拗陷，第四纪时期沉降很大，边缘地区堆积了很厚的下更新统砾岩；其北平原地区，第四纪沉积物厚度可达500 m 左右。

塔里木盆地是前震旦纪地块，周边为纬向、北西向、北东向深大断裂所围限，形态上呈不规则的菱形。其上的盖层包括古生代陆相，中、新生代陆相及海陆交互相沉积。盆地边缘的莎车、库车拗陷中包含有晚白垩世至中新世的古特提斯海侵地层，属浅海相及潟湖相沉积。新构造运动时期，昆仑山、天山强烈上升，塔里木盆地相对下降，莎车、库车拗陷内的沉积受挤压，褶皱上升形成低山、丘陵，罗布泊持续沉降，沉积盖层厚达16 km。

上述地质构造发展的历史，直接影响着土壤的形成和演变，特别是各种盐土和盐化土壤的发生和发展。现有各大山系的所在地，在古生代以前还是为海水所淹没的地槽，而塔里木和准噶尔是两个古老而较为稳定的陆台。那时陆台上风化成的各种碎屑物质和析出的各种盐类，随水流从陆台向地槽迁移，久而久之便在地槽中形成了各种含盐地层。在古生代强烈褶皱的基础上，各山系经中生代缓慢上升，特别是受到新近纪和第四纪的巨大断裂作用，隆起为巍峨的山地之后，地表物质的迁移方向也就发生了根本的改变，即又从现有山地向盆谷地转移。长期以来，各大山系的地表径流，特别是流经白垩纪和古近纪-新近纪含盐地层的河流，将大量易溶盐和石膏等各种盐类，源源不断地运往盆地，为平原地区盐土和各种盐化土的形成提供了充足的盐分来源。

2. 地貌地形分布

随着地质构造的发展，新疆高山与盆地截然分开，"三山夹两盆"的地貌轮廓非常明显。由北和东北部巍峨的阿尔泰山，与南和西南部高耸云端的昆仑山所围限的巨大内陆盆地，被横亘在新疆中部雄伟的天山分为塔里木和准噶尔南北两大盆地。境内高差悬殊。昆仑山的乔戈里峰海拔 8611 m，是世界第二高峰，吐鲁番盆地最低处海拔–154.31 m，为中国大陆的最低点，二者相差 8765.31 m。

根据地貌轮廓、构造特征及沉积物质的特性，新疆大致可划分为六大地貌区。

阿尔泰山地　在构造上属褶皱断块山，包括阿尔泰山、北塔山、卡拉麦里山、中蒙边界山地、诺敏戈壁和老爷庙戈壁等。地势西北高东南低。位于我国境内阿尔泰山北端的友谊峰海拔 4374 m，向东南渐次降低到海拔 1000 m 左右。

阿尔泰山地貌分层性十分明显。雪线高度在海拔 2850~3350 m，雪线以上为现代冰雪作用的高山带，位于最高一级夷平面上；山形和缓，波状起伏，山峰突出，终年积雪，冰川发育，曾受到古冰川强烈剥蚀，但以现代冰川作用及雪蚀、寒冻风化为主。雪线至海拔 2400 m，为冰缘作用高山带和亚高山带。海拔 1500~2400 m 为流水作用的中山带，起伏大，切割深度达 100~1500 m；阴坡为森林，阳坡为灌丛草原。海拔 1100~1500 m 为干燥、半干燥剥蚀的低山带，断崖及层状地形明显，断陷盆地呈串珠状发育；山顶起伏，呈浑圆状，切割深度 500 m 左右；植被为半荒漠的灌丛及草原。700~1100 m 为干燥剥蚀丘陵，断块台地与洼地相间，坡积残积物发育。

北塔山平均海拔在 2000 m 以上，主峰阿同敖包位于中部，海拔 3287 m。阴坡有森林，阳坡牧草优良。山麓以干燥剥蚀为主，为荒漠草原。

卡拉麦里山海拔 800~1400 m，由古老沉积岩、火成岩组成。相对高度小于 100 m，呈高原状。干燥剥蚀残丘上覆残积碎石，浅平的丘间盆地内为薄层洪积砾石所填充。东侧为戈壁，西南侧有沙漠。气候干燥，植被稀疏。

诺敏戈壁和老爷庙戈壁海拔 500~1000 m。前者为干燥剥蚀方山和洪积盆地，后者为砾质洪积平原。洪积层很薄，是典型的戈壁荒漠。

准噶尔西部山地　包括塔尔巴哈台山、萨吾尔山、巴尔鲁克山、玛依勒山、谢米斯台山等几座褶皱断块山。以萨吾尔山最高，山体高度在 3000 m 以上，主峰海拔 3835 m。其他都是海拔 3000 m 以下的中低山地，垂直分带性不甚明显，侵蚀作用弱，山顶剥蚀面保存较好。山体呈阶梯状，多有 2~5 个准平原面。山体主要由变质的绿泥石片岩、砂质页岩、花岗岩等组成，迎风坡有黄土覆盖。

各山之间为山间盆地或谷地。以北、东、南三面环山的塔城盆地面积最大。塔城盆地地势东高西低，有利于承受西来湿润气流。额敏河横贯盆地中部，自东而西流出国境。盆地中堆积有黄土状沉积物，分布着肥沃的绿洲。库普托里谷地、和布克赛尔谷地等，主要为洪积物所填充，土层大多较薄。

准噶尔盆地　因受山前深大断裂围限，呈不等边三角形，面积约 38 万 km²。地势东高西低。东部海拔 800~1000 m，中部的玛纳斯湖海拔 250 m，西北部的艾比湖海拔 189 m，是盆地的水盐汇集中心，沙漠和干燥剥蚀平原约占盆地三分之二。以三个泉子干谷为界，可大致分为南部洪-冲积平原和北部剥蚀平原两部分。

北部剥蚀平原。古、中生代基岩很厚。新生代地层多为冲积性砾石和砂土。早更新世沉积层很薄，一般仅 2~20 m，最厚也不过 100 m，属三角洲相沉积。额尔齐斯河和乌伦古河中游冲积平原、乌伦古河三角洲、德伦山-穆库尔台丘陵及平原为荒漠，地表有风蚀洼地及少量沙丘。穆库尔台风区的乌尔禾有著名的"风城"地貌，卡拉麦里山西北麓古三角洲和剥蚀方山为砾漠。额尔齐斯河下游北岸，由克兰河、布尔津河、哈巴河、别列孜克河诸冲积扇组成。乌伦古湖和吉力湖为乌伦古河尾闾，总面积约 1×10⁴ km²，湖面高程 468 m，是微咸水湖。

南部洪-冲积平原。南至天山山前丘陵，西临准噶尔西部山地，东抵木垒考克赛尔盖山麓，北为古尔班通古特沙漠。自南部山麓至湖盆中心，分带性明显：①山前砾质戈壁带占据洪-冲积平原的最上部。该带精河—乌苏山前宽 20~30 km，玛纳斯—呼图壁山前宽 3~10 km，奇台—木垒山前宽约 10 km，呈不连续分布。植被相当稀疏。②洪-冲积平原绿洲带。南接砾质戈壁，北临沙漠，为新疆主要农业基地。坡度 2%左右。两头窄，中间宽。西部博尔塔拉河、四棵树河下游宽 20~30 km，奎屯河至呼图壁河一带宽 60~80 km，向东到奇台附近为 30 km 左右。③古尔班通古特沙漠。面积 4.9×10⁴ km²，系在天山北麓诸河下游古老冲积平原的基底上，由风塑造而成，主要为树枝状纵向沙垄、垄状蜂窝状沙丘、新月形沙丘及沙丘链，沙丘高度一般 10~50 m。

天山及山间盆地　包括北天山、中天山及山间盆地、南天山三部分。北天山由若干条大致呈东西走向的山岭所组成，以依连哈比尔尕山为最高，海拔 5500 m；博格达峰次之，海拔 5445 m。

北天山。垂直分带明显，海拔 3500 m 以上为冰川作用高山带，系各主要河流的源头，冰蚀、冰斗地貌广布。2800～3500 m 为冰缘作用高山带和亚高山带，有古冰川遗迹，冻融作用强烈。1600～2800 m 为流水侵蚀中山带，降水最丰，阴坡生长天山云杉林，阳坡为草原，是林牧业基地。低于 1600 m 为干燥剥蚀低山、丘陵，气候干燥，为荒漠草原或荒漠。中低山中带迎风坡多有黄土覆盖。

中天山及山间盆地。中天山包括那拉提山、萨阿尔明山等，海拔多在 4000 m 左右。3500 m 以上为冰川作用高山带。2800～3500 m 为冰缘作用高山带和亚高山带。1800～2800 m 为流水作用及半干燥剥蚀中山带，阳坡为草原，河谷中有阔叶林，阴坡森林面积不大且下限偏高。山地中多纬向断陷盆、谷地，如尤尔都斯盆地、巩乃斯谷地、伊犁谷地、昭苏盆地、焉耆盆地、吐鲁番—哈密盆地等，其中尤尔都斯盆地海拔 2500 m 左右，而吐鲁番盆地有 $4.05×10^3$ km^2 低于海平面。

南天山。以位于温宿县境内的托木尔峰最高，海拔 7443.8 m。自此向西为科克沙勒山，山体多在海拔 4000 m 以上；向东为哈尔克山，山体高度大于 4000 m，再东的霍拉山降为 3000～4000 m。南天山虽比中天山和北天山高大宽阔，但由于大部分处于雨影区，垂直分带性不如北天山明显。一般海拔 3750 m 以上为冰川作用高山带，3200～3750 m 为冰缘作用高山带，2800～3200 m 为流水作用中山带，2200～2800 m 为干燥剥蚀中山带（属荒漠草原），2200 m 以下为干燥剥蚀的中低山和丘陵，属荒漠。山坡大都很陡，基岩裸露，坡麓广布倒石堆和岩屑堆，沟口为洪积扇形平原。

介于吐鲁番—哈密盆地与罗布泊及疏勒河下游平原之间的嘎顺戈壁，山地特征不明显。除少数高地海拔在 1200 m 以上外，大部分地区仅 1000 m 左右，为古近纪-新近纪准平原。气候极端干燥，剥蚀作用异常强烈。稍高的平缓山地被风蚀成残丘，山前剥蚀山足面上覆盖薄层碎石。浅平盆地中充填洪积碎石，细粒砂子堆积成库姆塔格（沙山）。

塔里木盆地　面积约 53 万 km^2，是我国最大的内陆闭塞湖盆。盆地自西向东倾斜，西南部海拔多在 1200 m 以上，向东、向北缓慢降低，至东端的罗布泊降为 780 m。源于天山、昆仑山的河流，搬运大量泥沙出山，形成广阔的洪-冲积平原。自山麓至湖盆中心，根据成因及组成物质可分为四个地貌带：

山麓砾漠带。昆仑山北麓海拔 1200～2000 m，宽度 30～40 km；天山南麓海拔 1000～1300 m，宽 10～15 km。地面坡度大，地下水位深，砾石遍布，植被稀疏。

冲积平原绿洲。由冲积扇下部、扇缘溢出带、河流中下游平原及三角洲组成。天山南麓海拔 920～1000 m，宽度由库尔勒附近的 7 km 左右向西到阿克苏附近增至 40 km。昆仑山、阿尔金山北麓海拔 1000～1500 m，宽 5～120 km，平原连片，坡降平缓。但受水源限制，绿洲分布不连片。

塔克拉玛干沙漠。面积约 33 万 km^2，是我国面积最大的沙漠，流动沙丘占 85%，沙丘高度一般为 100～150 m，有的高达 200～300 m，沙丘形态极为复杂，主要为纵向沙垄、新月形沙丘链、盾状沙丘、金字塔沙山等。

罗布泊、台特马湖及其湖积平原。罗布泊面积 3006 km^2，现已全部干涸。台特马湖面积 88 km^2，正在干涸之中。湖积平原在强烈风蚀作用下，形成了面积达 $2.6×10^3$ km^2

的雅丹地貌。湖区外围泥漠广布，含盐很高的泥土在水分参与下盐结晶作用十分强烈，拱起高度超过 1 m 的盐结壳，状如刀山。

昆仑山区　包括帕米尔高原、昆仑山、阿尔金山等。山脊平均海拔在 6000 m 以上，少数山峰超过 7500～8500 m。山地总的趋势是由西向东降低，至阿尔金山降至 3000～4000 m。尽管山体高大，变化复杂，但由于气候干燥，地貌荒凉，所以垂直分带性远不如阿尔泰山和天山明显。昆仑山西部北坡雪线高度约为 5000 m，向东升至 5500～5800 m，雪线以上冰川地貌较为典型；在海拔 5000～5500 m 以上为冰川作用高山带；4000～5000 m 为冰缘作用高山带，冻融作用强烈，冻土地貌发育较典型，陡坡基岩裸露，坡麓广布倒石堆；3500～4000 m 为荒漠草原，3500 m 以下为荒漠带。阿尔金山山间有纬向延伸的中生代陷落盆地，其中库木库勒盆地海拔 3500～4000 m，内有阿牙克库木湖、阿其克库勒湖等咸水湖，4000 m 处还可见到沙漠。

1.2.3　母质

新疆地质地貌条件复杂，成土母质类型繁多。山区以残积物、坡积物分布最广，部分山地迎风坡尚有黄土分布。平原地区的成土母质则主要为洪积物、冲积物、砂质风积物以及各种黄土状沉积物。在古老灌溉绿洲内，分布有灌溉淤积物，此外，尚有湖积物、冰碛物等。

1）残积物和坡积物

残积物　残积物是基岩就地风化的产物。在新疆干旱的气候条件下，风化作用弱，多为砂砾质或粗骨质，而且愈向剖面深处粗骨成分愈多。残积层的厚度通常只有几十厘米，超过 1 m 的不多。由于基岩性质及其所处的水热条件不同，遭受风化作用的程度也有差异。处于相对湿润条件下的阿尔泰山中山带的片麻岩和花岗岩残积物，风化作用就进行得比较强烈，除粗骨部分自表层向下有所增加外，粒径小于 0.01 mm 的物理性黏粒多占到细土部分的 30%～45%，其中小于 0.001 mm 的黏粒约占 10%～20%；粗粉砂（0～0.05 mm）、细砂（0.05～0.25 mm）和中砂（0.25～0.5 mm）约各占 10%～20（25）%。而在干旱和极端干旱条件下形成的残积物，粗骨成分所占比例就相当大。如形成于准噶尔盆地北部和西北部古近纪-新近纪剥蚀高平原上的残积物，在剖面上部 30～50 cm 范围内，粒径大于 1 mm 的粗骨部分占全土重的 20%～30%，至下部增至 40%～50%；细土部分中，中、细砂占到 40%～60%，甚至以上。形成于嘎顺戈壁古生代岩层上的残积物，不仅粗骨部分所占比重大，而且在细土部分中细砂常占到 60%～80%。

根据新疆境内的基岩残积物在矿物组成上的特点及其对土壤形成所产生的不同影响，可大致分为 4 种类型：①以酸性岩为主的结晶岩和变质岩残积物，广泛分布于各山体中央核心部分；②石灰岩及其他石灰质岩石残积物，主要分布于天山、昆仑山及准噶尔西部山地的中山带及低山残丘上；③砂岩和砂砾岩残积物，主要分布于各山区的前山带；④页岩、泥岩和粉砂岩残积物，多呈零星分布。

坡积物　坡积物是在水流和重力的双重作用下形成的。在新疆以比较湿润的山坡分布较为广泛，并常以混合型的坡积-残积物的形式存在，是淋溶土的主要成土母质。在干旱的低山、丘陵，如嘎顺戈壁，虽然也有明显的坡积现象，但坡积层的厚度及分选程度要比湿润山坡小得多。坡积物的颗粒组成，常因附近基岩类型和搬运距离的不同而有很大差别，既有石砾质和砂质的，也有壤质的。壤质坡积物多见于森林、草原带，很近似于黄土状沉积物，但常夹有少量的碎石块。

除上述较典型的坡积物外，在坡度较陡的高寒山区，还广泛分布着主要在重力作用下沉积的坡积物，但常夹有少量的石块形成的土滑堆积物和倒石堆。土滑堆积物形成于寒冷而较湿润的高山带，是在夏季土体表层首先解冻融化而其下仍为坚硬冻土层的情况下，发生在高山陡坡上的一种类似坡积物的特殊堆积物，它对寒性干旱土（高山草甸土）的形成影响较大。至于倒石堆，则主要见于天山和阿尔泰山的冰雪活动带以下，形成高山冰雪带向高山草甸土的明显过渡。在昆仑山干旱谷地两侧的陡坡上，也有较大面积分布。倒石堆的形成主要是岩块的强烈崩塌所致，其上生长有各种低等植物，在土壤调查和制图上一般都作为裸岩单独划出。

2）洪积物和冲积物

洪积物　洪积物在新疆广大的山前平原、山间盆谷地和河流上游广泛分布，是干旱土的主要成土母质。洪积物通常是厚度很大、分选程度很差、质地很粗、复杂而又不均一的洪水沉积物，并有明显的透镜体层理。但是，由于沉积环境的不同，在层理和结构组成上往往有很大差别，以至于可据此分为粗粒的和细粒的两种洪积相。

粗粒洪积相占据洪积锥的本部，主要由大量的石块和砂砾组成，细土物质很少，并具有十分明显的斜交层理。在垂直剖面上，一般是愈向深处颗粒愈粗。在剖面上部 20～30 cm 内，粗骨部分多占全土重的 20%～30%，甚至以上；向下逐渐增至 40%～50%，甚至 70%～80%。在细粒部分中，细砂和中砂常占到 70%～90%。

细粒洪积相分布在洪积锥前端和边缘微倾斜的平原部分。它与粗粒洪积相同出一源，不仅有着发生上的密切联系，而且是逐渐过渡的。其特点是粗骨成分少，质地组成比较均一，常以细砂为主；虽然石砾和粗砂间层仍相当发育，但一般都比较薄，且多呈透镜体逐渐消失于细土层之中。其质地与地域性条件密切相关。一般分布在天山南北麓洪积细土平原上的质地都比较黏重；而分布在中昆仑山和阿尔金山北麓洪积细土平原上的则质地都比较粗，绝大部分为砂壤土，中、粗砂和细砂占绝对优势，小于 0.001 mm 的黏粒通常不足 5%。

冲积物　冲积物由河流运积而成，其主要特征是分选度高，并具有明显的沉积层理。在新疆境内，不仅有广泛分布于现代冲积平原上的较新冲积物，而且有大面积分布于古老冲积平原上的古老冲积物。前者多发育成寒冻雏形土，而后者则大部分为沙丘所覆盖。

新疆地域辽阔，水系众多，不仅各河流的源流环境，如地质、地貌、生物、气候条件等各不相同，而且同一河流在不同的发育阶段和不同的地段都有着不同的沉积条件和沉积方式，因而也就形成了各种岩性、岩相和颗粒成分互不相同的冲积物。

在塔里木盆地，塔里木河和叶尔羌河等挟带有大量泥沙，沉积迅速，河流泛滥、改道频繁，整个冲积平原呈现着年轻的地貌，沉积物质大多比较粗。但由孔雀河运积而成的孔雀河三角洲、由阿克苏河运积而成的阿克苏河三角洲，以及由喀什噶尔河运积而成的喀什冲积平原，其沉积物的质地则大多比较黏重，而且愈向下游质地愈细。

在准噶尔盆地，现代冲积平原分布的范围远比塔里木盆地小，发源于天山北坡的最大水系——玛纳斯河，也只形成了一个呈带状分布的狭窄现代河谷平原。两岸下切成三级阶地，河水已很少泛滥。发源于阿尔泰山南坡的乌伦古河，东段河道深切，基岩显露，更缺乏现代冲积物，只在中段才有较宽的河漫滩和一级阶地，沉积物质都比较粗。但是，在准噶尔盆地南部，却有着广阔的古老冲积平原与天山北麓的冲积扇相连，其上沉积着经过良好分选的、深厚的黄土状冲积物。

3）黄土和黄土状物质

在新疆境内，特别是北疆，黄土和黄土状物质的分布相当广泛。至于南疆，除分布面积较大的"昆仑黄土"外，黄土状物质分布较少。

北疆黄土 北疆黄土主要分布在迎风的天山北麓、伊犁谷地、塔城盆地及风力较弱的博尔塔拉谷地，是干润均腐土、钙积正常干旱土的主要成土母质之一。天山北坡黄土分布的上限大约在海拔 240 m 左右，主要堆积在河谷的高阶地上。在赛里木湖以南的果子沟一带，黄土分布高程为 1200～2200 m，厚度一般小于 10 m。天山北麓丘陵区黄土分布高程 800～1600 m，厚度 0.5～30 m。玛纳斯河、奎屯河之间的纵向谷地中，黄土厚度多为 10～20 m，紫泥泉附近的黄土最厚，达 50 m 左右。伊犁谷地、芦草沟至清水河子一带，黄土分布高程在 800～1200 m。霍城至伊宁一带的低山区，黄土厚度为 15～32 m。喀什河、巩乃斯河、特克斯河流域的高阶地上及其谷地中的丘陵地带，黄土分布高程为 1000～2000 m，一般谷地北部堆积较薄，而南部较厚。博尔塔拉谷地的黄土大致分布在阿拉套山南麓的博乐城西 26 km 至城东 16 km 范围内，其厚度变化是愈向东愈厚，在小营盘一带约 2～3 m，至博乐城以东则可厚达 50～60 m。塔城盆地北部、塔尔巴哈台山前地带，黄土分布高程为 800～1200 m，厚度是自西向东增厚，变化范围在 5～55 m。巴尔鲁克山北坡有薄层黄土堆积。额敏以东的山麓带、裕民南巴尔鲁克山山前地带，黄土堆积较厚，厚度 15～20 m。

北疆黄土状物质 北疆的黄土状物质，主要分布在准噶尔盆地南部的奇台至博乐一带的洪-冲积平原中下部，厚度多在数十米至一二百米以上，是一些钙积正常干旱土的主要成土母质。北部额尔齐斯河一带的洪-冲积扇缘及河谷阶地上，也有薄层黄土状物质分布。在伊犁地区，主要分布在伊犁、特克斯、巩乃斯等河谷的低阶地上，一般厚 1～5 m，是一些钙积正常干旱土的主要成土母质。在塔城盆地，主要分布于额敏河的低阶地上，厚度 3～20 m。分布于博尔塔拉谷地的黄土状物质，在温泉以西厚度 1 m 左右，向东逐渐增厚，到博尔塔拉河下游可达 7～10 m。

据新疆地震局冯先岳、吴秀莲的研究，北疆黄土是在晚更新世干冷气候条件下，由风力搬运堆积而成的。其矿物和化学成分、颗粒组成和分选系数、易溶盐含量及 pH 等，均与黄河中游的马兰黄土相近似。粒径 0.05～0.005 mm 的粉砂颗粒，变化相当稳定，其含量一般为 43%～61%。

研究还表明，北疆黄土的颗粒变化，有逆气流方向含砂量增高的趋势。并依据北疆黄土颗粒组成的变化，将其分成砂黄土、黄土、黏黄土 3 种类型。其中，砂黄土主要分布在塔城乌拉斯台、裕民和伊犁果子沟口至清水河子一带；黏黄土分布在赛里木湖南及博尔塔拉谷地一带。

对于广布北疆各地的黄土状沉积物，冯先岳、吴秀莲认为形成时代稍晚于黄土，其矿物、化学成分和颗粒组成与黄土相近似，但其分选程度较黄土差，粉砂含量低于黄土，而细砂和黏粒的含量大多高于黄土。按其成因类型可分为洪积型、冲积型和坡积型 3 种。其中洪积型黄土状物质，由细粒洪积相经干旱区黄土化作用而成，以准噶尔盆地西南缘的乌苏至四棵树一带最为发育，其形成时代为晚更新世到全新世；冲积型黄土状物质分布于河谷的低级堆积阶地，多具有由砂砾石到黄土状物质的沉积旋回，砂砾石夹层中具有河成斜层理，形成时代为更新世晚期至全新世初期；坡积型黄土状物质多发育于黄土分布区，是由流水作用冲刷黄土，在黄土丘陵的斜坡上或河谷阶地的前缘堆积而成的次生黄土，一般厚度较薄，分布面积较小，形成时代为全新世。

昆仑黄土　南疆的"昆仑黄土"（黄土状砂壤土）分布于昆仑山北坡的前山（低山）和中山带，其上限东部海拔 3200 m，向西上升到 3500 m，它对分布地区及其海拔以下绿洲的土壤形成具有特别重要的意义。"昆仑黄土"完全没有中、粗砂成分，细砂含量（0.05～0.25 mm）高达 55%～65%，小于 0.01 mm 的物理性黏粒占 10%～15%，其中小于 0.001 mm 的黏粒仅占 5%～10%。它在昆仑山北坡分布的规律十分明显，所处位置愈高，质地也就愈细。对于其成因，文振旺、洪里等许多学者都认为是风成的。

南疆黄土状物质　南疆黄土状物质主要见于喀什、阿克苏附近及乌什谷地的山坡上，其颗粒组成与北疆黄土状物质大体相近。

此外，在南北疆的洪积、冲积型黄土状物质中，有少量来源于古近纪-新近纪红色岩层风化壳的再沉积物质，颜色红棕或黄棕，质地大多比较黏重，人们通常称之为"红土"。

4）砂质风积物、湖相沉积物及冰碛物

砂质风积物　砂质风积物广泛分布于塔里木盆地、准噶尔盆地和吐鲁番—哈密盆地的古老冲积、洪积平原上，在剥蚀准平原及湖积平原上也有零星分布。0.1～0.25 mm 的砂粒含量一般都在 70% 以上，表现出高度的分选性。在化学组成上，SiO_2 多占到 75% 左右或更高。由于起源不同，砂丘的堆积形式、砂层结构乃至化学成分等也有所不同。起源于冲积平原上的砂质风积物，由砂源丰富，堆积成的砂丘高度大，但砂层大多比较疏松，SiO_2 含量高，CaO 含量低。洪积起源的除堆积在昆仑山北麓洪积平原上呈新月形的沙丘外，其余多呈大小不等的沙土包。起源于湖积平原上的砂质风积物，分布面积很小，主要见于艾比湖南岸、东岸和玛纳斯湖的高阶地上，堆积形式和化学成分类似于冲积平原上起源的砂质风积物，只是 CaO 含量略高，SiO_2 含量略低。至于起源于残积物的砂质风积物，其颗粒大小和化学组成等取决于当地基岩风化物的特性，一般常含有较多的中、粗砾和小砾石。

湖相沉积物　湖相沉积物主要分布于罗布泊、艾比湖、玛纳斯湖等较大的湖积平原上。新疆的湖积物常有淤泥沼泽相特点，大多质地较黏重，但靠近沙丘的常有夹砂层，并含有大量可溶盐，是盐成土的主要成土母质之一。

冰碛物　冰碛物主要分布在高山谷地和山地的平坦面上，在部分低山及其山麓带的古老高阶地上也有分布，分选性极差，并常含有巨砾。冰碛物是寒冻雏形土、干润均腐土的主要成土母质之一。

5）灌溉淤积物和人工引洪淤积物

灌溉淤积物　灌溉淤积物主要是由灌溉水所携带的泥沙，通过长期灌溉淤积而成。它对新疆古老绿洲中灌淤土的形成起着决定性的作用。其厚度常因灌溉水中泥沙含量及灌溉历史长短而异，一般 0.5～2 m，个别可超过 2 m。

灌溉淤积物的颗粒组成，主要取决于灌溉水中悬移物质的成分。一般北疆昌吉、玛纳斯一带和南疆喀什、阿克苏绿洲的灌溉淤积物，中、细粉粒和黏粒含量较高，质地多为中壤、重壤甚至黏土；而昆仑山、阿尔金山北麓的各绿洲，由于灌溉水所含泥沙中，大于 0.01 mm 的物理性砂粒常占到泥沙总量的 70%～90%，所以多形成砂壤质或轻壤质的灌溉淤积物。

人工引洪淤积物　在南疆灌溉绿洲中，除上述较典型的灌溉淤积物外，尚有通过在砾质戈壁上筑坝打埝、引洪落淤而快速形成的人工引洪淤积物。人工引洪淤积物一般不含施肥带入的侵入体，而近似水平的沉积层理、淤积斑块大多清晰可辨。人工引洪淤积物一般都很年轻，厚度仅 0.5～0.8 m，很少有超过 1 m 的，是新成土的成土母质之一。

1.2.4　生物

1. 生物分布

新疆的野生动物种类丰富，北疆和南疆各有不同的野生动物。全疆野生动物共 500 多种，北疆的兽类有雪豹、紫貂、棕熊、河狸、水獭、旱獭、松鼠、雪兔、北山羊、猞猁等，鸟类有天鹅、雷鸟、雪鸡、啄木鸟等，爬行类有花蛇、草原蝰、游蛇等。南疆的兽类动物有骆驼、藏羚羊、野牦牛、野马、塔里木兔、鼠兔、高原兔、丛林猫、草原斑猫等，爬行类有沙蟒、蜥蜴等。

新疆粮食作物以小麦、玉米、水稻为主，全疆大多数地区均可种植，播种面积占粮食作物总面积的 90% 以上。伊犁谷地气候温和，雨水较多，土地肥沃，更宜谷麦生长，素有"新疆粮仓"之称。新疆的水稻种植在 20 世纪 50 年代以后有很大发展，阿克苏、米泉等地的优质大米洁如玑珠、质细味美。新疆的粮食作物中，还有高粱、大麦、谷子、大豆、豌豆、蚕豆等。

新疆主要农产品有棉花、油料作物、甜菜、麻类、烟叶、药材、蚕茧等，其中新疆棉花尤以质优而闻名全国。新疆素有"瓜果之乡"之称，这里的气候对瓜果糖分的制造和积累十分有利。常见的瓜果有葡萄、哈密瓜、红枣、西瓜、香梨、苹果等。

新疆是中国四大牧区之一，经营畜牧业已有很长的历史。全疆有草原面积约 5733.3 万 hm²，面积居全国第二。在天山南北 4800 万 hm² 天然牧场上，大小牲畜漫山遍野，最多的是绵羊，其次是牛、马、山羊、驴、骆驼、骡、牦牛等。新疆的牲畜品种中，驰名全国的有新疆细毛羊、阿勒泰大尾羊、新疆和伊犁乳肉兼用牛等。

新疆为中国西部干旱地区主要的天然林区，森林广布于山区、平原，面积占西北地区森林总面积的近 1/3。天山和阿尔泰山区覆盖着葱郁的原始森林，多为主干挺直的西伯利亚落叶松和雪岭云杉、针叶柏等建筑良材。这些山地针叶林的木材蓄积量占全疆木材总蓄积量的 97% 以上。

2. 生物与土壤

生物积极参与岩石风化，进行着有机碳的合成与分解；土壤中的动物参与了一些有机残体的分解破碎以及搬运、疏松土壤和母质的活动。某些动物活动还影响土壤结构的形成过程，如有的脊椎动物能够翻动土壤，改变土壤的剖面层次。土壤中的微生物种类多、数量大，可促进有机碳分解和腐殖质合成，如固氮菌能固定空气中的氮素，而有些细菌能促进矿物的分解、增加养分的有效性。只有当母质中出现了微生物和植物时，土壤的形成才真正开始。植被在土壤形成过程中对物质循环和能量转化起到关键作用，能累积和集中养分，使养分集中在表层；根系的穿插对土壤结构的形成有重要作用；根系分泌物能引起一系列的生物化学作用和物理化学作用。

不同植被归还到土壤中的有机碳的成分不同，引起土体中物质的淋溶和积累有明显差异，形成不同的土壤类型。

1.2.5　水文

1. 地表水

新疆是我国最大的内流区，除额尔齐斯河最终流入北冰洋外，其余河流都属内流河。全区可分为中亚细亚内流区、准噶尔盆地内流区、塔里木盆地内流区、羌塘内流区和源于昆仑山南部的两条水系。就全区而言，河网密度小，具有干旱、半干旱特征。

从河流类型及径流变化特点来看（图 1-4），该地区河流补给来源分 5 种类型：①源于天山、昆仑山北坡及帕米尔，以冰川、永久积雪和地下水为补给的河流，具有汛期长、夏水集中、水量大的特点。②源于阿尔泰山和塔城山地的河流，以季节性积雪和夏季中、低山的地带降水补给为主，其特点是春水集中、汛期短而枯水期长，年内分配相对不均匀。③以降水和地下水为补给的河流，多为中、小河流，水源依赖夏季降水量大小。其特点是春水略大于秋水，夏水不及融雪补给的河流集中，洪峰陡起陡落，来势凶猛。④全年以泉水和地下水为补给的河流，水量受气象要素影响小，具有水量稳定、年内分配均匀的特点。⑤平时干涸，因融雪或暴雨而产生径流的河流。

2. 地下水

新疆的地下水补给源丰富、水量稳定，但地域分布不均。新疆的地形有利于大气降水、地表水和地下水的相互转化。水源来自山区，人类活动于盆地边缘，自山前至盆地分布有第四纪构造形成的天然"地下水库"，含水层深厚。北部、西部降水较多、径流丰富，地下水资源丰富；而东部、南部气候干燥、降水少，地下水资源贫乏（图 1-5）。

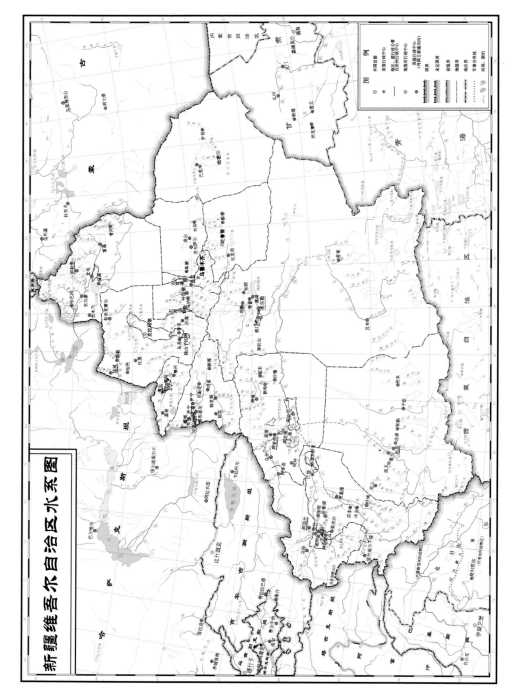

图 1-4　新疆水系图

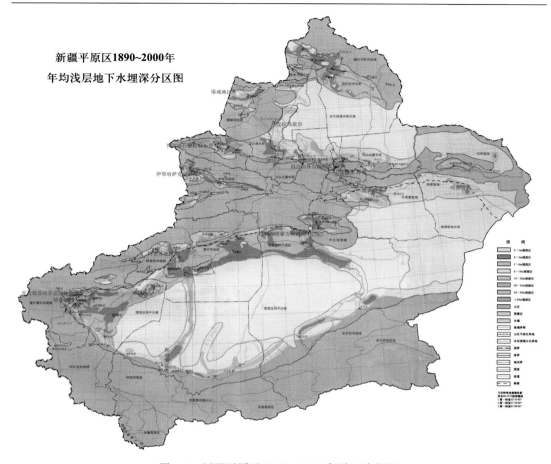

新疆平原区1890~2000年
年均浅层地下水埋深分区图

图 1-5　新疆平原区 1980～2000 年地下水埋深

3. 水文与土壤

地表水影响土壤性质、土壤发生发育及利用改良。如黄河多次泛滥沉积，每次泛滥时主流所经地点不同，流速不同，沉积物粗细悬殊，从而形成如砂土、壤土、黏土及上砂下黏、上黏下砂、砂黏相间等不同的土壤质地类型及质地间层，对土壤理化性质影响显著。地下水参与土壤发生发育，如土体出现季节性水分饱和状态，土层中经常进行着氧化还原交替过程，影响土壤中物质的溶解、移动和沉积，特别是铁锰化合物，往往形成各种色泽的铁锈斑纹或结核。水文影响的土壤理化性质，主要包括土温、通气、酸碱度、养分、盐分的类型及动态等。

1.2.6　人为活动

对农业土壤来说，除自然成土因素影响外，人类的生产活动也起着十分重要的作用。在长期实践中，人们不断丰富和加深对土壤的认识，积极采取措施利用和改良土壤，提高土壤肥力，改变土壤属性，同时也在不断改变土壤发育进程。

　　人为条件对土壤形成和演变所起的作用与影响，与自然条件相比，具有同等重要的意义，且同样具有积极作用和破坏作用两方面。众所周知，人类的长期生产活动，常可改变在土壤形成演变中起主导作用的某些因素及诸因素相互间的对比关系，在正确的农业技术条件下，可促进土壤向人类所需要的方向发展，改变或改善土壤理化、生物性状，并逐步减弱或消除土壤中某些障碍因素，提高土壤生产力。例如经过各族劳动人民长期农业生产活动的影响，逐渐形成的灌淤旱耕人为土、水耕人为土、潮湿雏形土等新土壤类型，都是由一个土类演变为另一个土类的典型例证。同样，某些不当的农业技术措施，也会导致土壤退化。如灌溉定额偏大、水库和渠道渗漏及灌排系统不配套、灌溉管理不善等原因，会抬高地下水位，产生土壤次生盐化、沼泽化等问题。

第2章　新疆维吾尔自治区土壤形成过程

土壤形成过程是指土壤形成和演变所经过的一系列物质、能量变化过程,即土壤在成土母质的基础上,土体内部产生了物质和能量的累积与转移,并赋予各种土壤类型以不同的属性。这些属性反映出土壤各个不同的形成阶段的特性和特征。我们通过了解这些属性,就可理解土壤的形成和演变过程及其规律。

土壤的特性和特征是土壤内在属性的外在表现,是在各种形成过程中表现出的各种不同的鉴别标志,其中既有物质差异可供分析检验,又有形态特征可供野外调查时借以鉴别。凡是相对稳定的土壤属性,就成为人们认识土壤和鉴别土壤类型的重要标志。所以研究和应用土壤属性作为土壤分类的依据,就必须首先研究和阐明土壤的形成和演变过程。

在分析和研究土壤的形成与演变过程中,往往都是先从单一的土壤形成或演变过程谈起,然而在实际上,土壤形成和演变过程都是十分复杂的,不可分割的。形成一种土壤绝不是单一的土壤形成过程,而往往是各种形成过程以特定的组合形式出现,其间既有相辅相成,又有相互制约,甚至还有彼此相悖。因此,在研究土壤的形成过程时,不仅要了解土壤中各个单一的土壤形成过程对土壤的作用和影响,而且要了解各种土壤形成过程的相互联系、相互影响和相互作用的综合体现,才能彻底了解土壤形成的实质。

土壤的形成、演变与自然环境条件、人为条件对土壤的作用和影响同样有着极为密切的关系。由于新疆自然环境条件的复杂和多样,以及在干旱地区的干旱生态环境中灌溉农业所具有的特殊性,新疆的土壤形成过程比较复杂。它既有形成自然土壤的各种基本过程,又有在自然土壤的基础上,形成人为土壤的各种基本过程,还有一些为干旱或极端干旱地区所特有的土壤形成过程。例如形成灌淤旱耕人为土的灌溉淤积过程,形成盐成土的古代积盐过程和洪水积盐过程,形成干旱砂质新成土或埋藏土壤的风积过程以及形成侵蚀土壤的风蚀、水蚀过程等。

土壤的基本组成物质是矿物质和有机质。进入土壤中的有机物质随不同地带、不同植被和不同的生物产量以及肥料的来源和投入量等不同而有很大的差异。例如在较湿润的山区,雨量较充沛,植被茂密,其生物生长量就远比那些较干旱的山区和荒漠平原区高;在平原区,北疆的水热条件比南疆稍好,故北疆平原区的生物产量比南疆平原区高。此外,在实行草田轮作制和施用农家肥料较多的地段,其植被或农作物的生物产量一般都比多年连作和施用农家肥较少的地段高。由于生物产量较高的地区或地段,每年归还给土壤的有机物质较多,因而在土壤中累积的有机质就必然增多。反之,则减少。与有机质相联系的矿物质也是与有机质一样,随着不同的条件而变化,共同发生着各种不同的形成发展过程。可以说,新疆土壤的成土过程是多种多样的。现就几种具有广泛代表性的成土过程做简要叙述,供研究与讨论。

2.1　荒漠化过程

荒漠化过程是新疆土壤形成过程中最主要的成土过程之一。从高山到盆地、从南疆到北疆，具有广泛代表性。其形式主要表现在：①成土母质除黄土状母质为细土物质外，其他母质，如残积物、坡积物、洪积物、冲积物等，多数为砂砾堆积物（文振旺等，1966）；②土壤形成过程气候干旱，降水稀少，蒸发强烈，风蚀严重；③植被多属小半灌木和荒漠类型，成分简单，覆盖稀疏。受独特的地貌单元与特殊的生物气候条件的影响，土壤形成的荒漠化过程中物质的移动和积累过程在很大程度上取决于气候、成土母质类型及其风化特点，同时与成土年龄也有极为密切的联系。在上述特殊的生物气候等条件下，土壤形成过程以荒漠化过程为主，其主要特点是：

（1）有机质积累微弱。新疆漠境地区的植被极为稀疏，生长缓慢，每年以残落物形式进入土壤中的有机质数量极其有限。在干旱土的形成过程中，高等植物的作用颇为微弱，特别是有机质积累比较少。同时，漠境地区风多且大，残落在土壤表层的枯枝落叶易被风吹走；加之干热气候条件下，土壤有机质迅速矿化，土壤有机质含量也就更低了，一般最高不超过 10 g/kg，而且有机质的含量随干热程度的增强而趋于减少。

（2）碳酸盐的表聚作用。新疆漠境地区气候干旱，蒸发量远大于降水量，土壤水分运行以上行水为主，淋溶作用甚微。在风化和成土过程中形成的 $CaCO_3$ 和 $Ca(HCO_3)_2$ 多就地积累下来，使土壤表层 $CaCO_3$ 含量微高于下层。在表层短暂降雨湿润后，随即迅速变干，使 $Ca(HCO_3)_2$ 转变为 $CaCO_3$ 并放出 CO_2，从而胶结形成了孔状结皮层。

（3）石膏和易溶盐的聚积。漠境气候和成土母质，使土壤成土过程中石膏和易溶盐积聚，积累数量随干旱程度的增强而增加，且因土类而异。有时还会形成盐磐，石膏与易溶盐的含量分别可达 300～400 g/kg 与 100～300 g/kg，盐磐的组成成分中以氯化物为主。

（4）紧实层有氢氧化铁和氧化铁浸染或铁质化现象。在漠境特殊的干热气候条件下，形成的富含黏粒的亚表层，较为紧实，并多有鳞片状结构，而且呈鲜棕色或红棕色，甚至呈玫瑰红色。土壤化学组成表明鳞片状层或紧实层铁的含量较高。

（5）砾石性强。除黄土状母质发育的干旱土质地较细外，一般砾石性都较强。剖面厚度与砾石含量因母质与土类而异，但剖面厚度很少超过 1 m，有的仅 30 cm 左右，砾石含量达 10%～50%，甚至以上。土壤颗粒在剖面中的分布虽因母质不同而有明显的差异，但有一个共性，即砾幂以下就是亚表层，细土物质明显增高，再向下黏粒又逐渐减少。造成这种特点的原因是多方面的，直接发育在基岩上的土壤是风化作用的结果；而在沉积母质上的土壤则服从一般沉积规律，即愈向上细土愈多；之后经过长期风蚀，地表细土被吹走，砂砾残留下来，尽管土层很薄，仍然表现出两头砂（砾）、中间黏的剖面特征。

2.2　灌　淤　过　程

新疆境内自然条件比较复杂，农业生产环境表现出相当明显的地区性差异，极端干旱的气候条件影响着大部分地区，没有灌溉，就没有农业，所以灌溉农业是新疆在土壤利用上的主要方式之一。

新疆境内发源于高山的众多的内陆河流，以融雪水为主要补给方式，它们的泥沙含量较高（每 $1 m^3$ 水中约含有 $1.5\sim6$ kg 泥沙）。河水流入灌渠后，一部分泥沙沉积于渠道中，另一部分则随灌溉水直接进入农田。

如克里雅河的泥沙含量 2.5 kg/m^3，每年在农作物生长季节灌水 12 000 m^3/hm^2，随灌溉水进入农田的泥沙在 30 000 kg/hm^2 左右，可淤高地面 0.2 cm。实际上农作物灌水时，正是高山冰雪大量融化、河流泥沙含量高的季节，灌水量常多于 12 000 m^3/hm^2，所以进入农田的泥沙远大于上述数量，加上施用农家肥，淤高地面多在 0.2 cm 以上。开始灌溉时这些淤积物淤积在原来自然土壤上，经过施肥、耕翻与原土上层相混。在长期灌溉淤积、施农家肥、耕翻的情况下，逐渐形成了灌溉层。

灌淤过程实质上是灌溉淤积、施农家肥、耕翻的综合过程。灌淤过程形成的灌溉层有以下特点：

（1）有机质和氮、磷、钾等养分沿剖面分布比较均匀。上部的有机质含量约 $8\sim23$ g/kg，平均为 13.6 g/kg。即使灌溉层的下部也超过 5 g/kg。灌溉层的有机质和全氮含量因地区而异，一般北疆高于南疆。

（2）碳酸钙含量高，且分布均匀。多数剖面碳酸钙含量 $70\sim200$ g/kg，最高可超过 250 g/kg，平均 140 g/kg 左右。在剖面上的分布相当均匀，有的剖面下部比上部稍高，但无明显的淀积现象。

（3）没有石膏累积特征。一般石膏含量小于 $1\sim2$ g/kg，个别可达 $3\sim5$ g/kg。

（4）阳离子交换总量平均在 10 cmol/kg 左右，一般北疆高于南疆，而且剖面上下层较均一。

（5）灌溉层表层质地颜色较为均一，有砖块、炭屑及文化遗物。颗粒组成北疆细南疆粗，不足 0.002 mm 的黏粒含量平均为 20%～40%，而且同一剖面上下层颗粒组成相当一致。

2.3　耕种熟化过程

长期的农业利用必然对土壤形成产生明显而深刻的影响。由于耕种利用方式的不同、农业历史的长短不同，其影响程度也有所不同。无论是在旱作农业的条件下，还是在灌溉农业的条件下，在利用过程中，经过耕种、灌溉、施肥等措施，必然对土壤形成产生明显而深刻的影响。

在利用初期，由于利用年限较短，耕作粗放，熟化程度相对不高，除在剖面上部形成不明显的耕作层外，耕种过程对原来自然土壤并没有产生特别明显的变化，仍保留原来自然土壤的许多特征。经过长期灌溉、耕种、施肥等耕种熟化过程后，虽然在不同程度上仍然表现出耕垦以前原来自然土壤的某些特性，如碳酸钙剖面、原生碱化层等，都作为残余特征而存在，但在灌溉、耕作、施肥等农业措施的影响下，逐步形成了一系列新的重要形态和理化性状。

（1）经过长期灌溉、耕作、施肥等熟化过程后，在原土壤上形成了明显的耕作层、犁底层和心土层，故又称为灌耕熟化过程。

（2）在长期耕种过程中，每年都留有大量的根茬和残落物。如小麦所残留的根茬量为 1500～2250 kg/hm²；种植四年苜蓿的根茬和残落物为 22 500 kg/hm² 左右；一年生豆科作物的根系，可提供 52.5～90 kg/hm² 的氮素。在耕种过程中每年还施用一定数量的有机肥，所以，耕种土壤一般比原来自然土壤中的有机物多。因此，耕种土壤有机质、全氮含量一般都比原来自然土壤高，土壤阳离子交换总量也相应有所增加，特别是干旱土表现更为突出。

（3）在长期耕种熟化过程中，由于土壤有机质的增加和水热状况的改变，耕种土壤中不仅蚯蚓的数量增加，活动频繁，而且土壤放线菌和真菌数量也明显增加。

（4）在耕种过程中，由于大量引水灌溉，土壤获得的水分超过降水量的十几倍，改变了土壤的水分状况，产生了水分下移的淋溶过程。一般而言，灌耕历史越长，淋洗的深度越深，易溶盐和石膏都遭到一定程度淋洗，碳酸钙和物理性黏粒下移也较明显。

2.4　有机质的累积过程

土壤有机质的累积过程，主要指地表生长的植物，在生长发育过程中，通过生物体的新陈代谢，给土壤表层不断提供有机物，在土壤微生物和土壤酶的作用下形成土壤腐殖质，并逐年累积增多的过程。

一般在水热条件适宜的地区或地段，特别是山区，地表通常生长着不同类型的自然植被，为土壤有机质的累积提供条件。随着水热条件、植被密度和高度的增加，提供的有机物也越多，土壤有机质累积也越明显。在新疆土壤有机质累积明显的地区，地表通常生长着茂密的根系发达的植物，往往形成根系密集、盘结的生草层，进行着强烈的生草过程。例如森林区的凋落物层及草甸区、草原区以及高山和亚高山草甸区、草原区或草甸草原区土壤的生草过程都为土壤有机质的形成和累积提供了良好的物质条件。

现以天山中部北坡草原土壤为例，说明土壤有机质累积与变化情况。在海拔 500 m 以下的山前冲-洪积扇，属荒漠气候，植被稀疏，有机质积累少，矿化程度高，土壤表层有机质多不足 10 g/kg。海拔 500～1000 m，属荒漠草原带，年均温 2.5～6.0 ℃，年降水量 150～250（300）mm，干燥度 2.5～4；植被为荒漠草原和草原化荒漠类型，多以耐旱的深根半灌木为主，而且具有明显的短命或类短命植物成分，每年提供有机物略大于矿化有机物，土壤有机质累积明显，表层有机质含量一般为 10～20 g/kg，平均为 16 g/kg，腐殖质组成以富里酸为主，胡敏酸/富里酸的值小于 1。海拔 1000～1800 m，属干草原带，年均温 2.0～5.0 ℃，年降水量 250～350（400）mm，干燥度 1～2；植被属干草原类型，多以多年生低温耐旱的禾本科植物为主，草高 20～40 cm，覆盖度 30%～60%，每年归还土壤有机质大于矿化有机质，有机质累积明显，土壤表层有机质含量多为 50～100 g/kg；腐殖层厚，组成以胡敏酸为主，胡敏酸/富里酸的值一般大于 1。 海拔 1800～2200 m，属半湿润草原带，年均温 2.0～3.0 ℃，年降水量 500 mm 左右，由禾本科等多种草类组成草原、草甸草原或灌木草原植被，草高 40～70 cm，覆盖度 80%～90%，有机质累积远大于矿化有机质，土壤有机质累积明显，腐殖质层深厚，胡敏酸/富里酸的值大于 1。

2.5　钙的淋溶淀积过程

植物新陈代谢过程中产生的大量二氧化碳分压在降水的作用下，使土壤表层残存的钙、植物残体分解所释放的钙转变成重碳酸钙；随下降水流到剖面一定深度后，二氧化碳分压降低，重碳酸钙脱水变为碳酸钙淀积下来，形成钙积层，称为碳酸钙淋溶淀积过程。这是新疆干旱土、干润均腐土所具有的形成过程。

新疆两大盆地和平原区，是荒漠干旱气候，降水稀少，淋溶极弱，土壤多见碳酸盐剖面。半干旱、半湿润、偏湿半湿润区，虽降水量逐增，但土壤淋溶仍较弱，硅、铁、铝和土壤黏粒在剖面中基本未移动，或稍有下移，但大部分易溶盐类已从剖面中淋走。土壤溶液与地下水被土壤表层残存的钙与植物残体分解所释放的钙所饱和，在雨季呈重碳酸钙形态向下淋洗至剖面中下部，积累形成钙积层。钙积层出现的深度、厚度及含量除受母岩特性与地球化学沉积作用影响外，主要因降水量和植被类型而异。一般降水量多、植被茂密的钙淋溶深，钙积层出现的部位低而集中；降水量少、植被稀疏的钙淋溶浅，钙积层出现的部位则较高而不集中。

兹以草原土壤为例，说明土壤钙的淋溶和淀积过程。荒漠草原区一般降水量少，为 150～250（300）mm，植被稀疏，植物新陈代谢产生的二氧化碳分压低，钙淋溶微弱；一般钙积层多出现在 15～25 cm 深，厚度 20～60 cm，多以假菌丝状或斑眼状存在，含量多超过 100 g/kg。干草原区降水量稍多，为 250～350（400）mm，植被覆盖度 30%～60%，草高 20～40 cm，植被新陈代谢产生的二氧化碳分压稍高，钙淋溶较强；一般钙积层多出现在 30～60 cm 深，厚度 20～50 cm，多以粉末或层状存在，含量多超过 150 g/kg。半湿润草原区降水量多，为 400～500 mm，植被茂密，草高 40～70 cm，覆盖度 80%～90%，每年归还土壤有机质多，二氧化碳分压高，钙淋溶强，钙积层多出现在 50～70 cm 深，厚度 20～40 cm，含量 200 g/kg 左右。偏湿半湿润草原区，植被与半湿润草原区相近，降水量 500～600 mm，钙淋溶下移明显，钙积层多出现在 110 cm 深以下，厚度 30 cm 上下，含量 200 g/kg 左右。

第 3 章　新疆维吾尔自治区土壤分类

3.1　新疆维吾尔自治区土壤分类历史沿革

新疆土壤分类与我国近代土壤分类的进展演变类似，基本上分为美国马伯特分类、苏联土壤发生分类、全国第一次土壤普查分类、全国第二次土壤普查分类及土壤系统分类五个阶段，目前处于全国第二次土壤普查分类与土壤系统分类并存阶段。

3.1.1　美国马伯特分类阶段（1930～1952 年）

我国土壤调查与分类工作，是从 1930 年开始的。当时的主要工作机构是中央地质调查所下设的土壤研究室，另外还有少数省级土壤调查、研究机构。土壤分类系统主要沿袭美国马伯特（C. F. Marbut）的分类制，而马伯特的分类制受苏联土壤分类影响很大，因此，当时我国的土壤分类系统实质上是苏、美两个学派的结合。如显域土、隐域土、泛域土三个土纲及黑钙土、栗钙土、灰壤等土类都是从苏联引用过来的，而基层分类单元"土系"则是美国土壤分类的特色。

在这一时期我国老一代的土壤学家朱莲青、侯光炯、宋达泉、马溶之、李连捷等，在极端简陋的条件下，做了大量的土壤调查分类工作。国内首先去新疆进行土壤调查的土壤学家是马溶之先生，他曾于 1943～1945 年，先后两次到新疆，对哈密、吐鲁番、鄯善、托克逊地区，天山南麓山前平原东部（最西到库车），天山北麓山前平原地区（玛纳斯—沙湾）和博格达山北坡的土壤进行了调查，指出北疆平原地区为自成性土壤灰漠钙土、南疆为棕漠钙土，将天山山地土壤垂直带划分为棕钙土、栗钙土、黑钙土、灰棕壤、高山草原土和高山石质土（赵其国，2008；赵其国等，1986）；1946 年，黄瑞采先生也沿着南北疆山前平原地区进行过路线调查，并对调查区土壤的形成、分布和性质做了较详细的论述。

3.1.2　苏联土壤发生学分类阶段（1953～1957 年）

苏联土壤发生学分类制是从 1953 年春苏联土壤学家涅干诺夫来我国传授威廉斯土壤学开始的。全国土壤科技工作者基本上都去参加了当时举办的威廉斯土壤学讲习班，苏联土壤发生分类制得到了普及，土壤统一形成、五大成土因素及土壤地带性学说至今对我国土壤分类有着深刻的影响。我国 1954 年所制定的土壤分类系统，也引入了一些苏联的土类名称，如冰沼土、灰化土、黑钙土等。土壤命名沿用苏联的连续命名法，如发育在花岗岩上的厚层壤质棕色森林土。1956 年，由中国土壤学家李连捷教授、文振旺研究员，苏联土壤学家 B. A. 诺辛、戈尔布诺夫、B. A. 科夫达等组成的中国科学院新疆综合考察队在新疆考察时，做了许多有关土壤分类的学术报告，提出了许多相关的意见和建议，这对新疆土壤的分类工作起了促进作用。在此之后考察队在前人工作的基础上不断修改和补充，提出了比较科学而完整的新疆土壤分类系统，并第一次出版了《新疆土壤地理》（中国科学院新疆综合考察队，1965），将新疆土壤共分为 26 个土类、69 个亚类、116 个土属；1957 年，苏联土壤学家巴宁对新疆国营农场分布区的土壤进行了初步分类，共分为 13 个土类、53 个亚类，并在亚类下分出了若干土种（新疆维吾尔自治区农业厅和土壤普查办公室，1996）；1958 年，新疆荒地勘测设计局在前人研究的基础上对新疆平原地区的土壤进行了分类（新疆维吾尔自治区农业厅和土壤普查办公室，1996），共分为 12 个土类，并将其细分到亚类、土种、变种，共 67 个分类单位。

3.1.3　第一次土壤普查分类阶段（1958～1960 年）

1958 年，我国进行第一次全国性的土壤普查，强调土壤科学必须为农业生产服务，批判理论脱离实际的倾向。新疆也于 1958～1960 年进行土壤普查，强调以耕作土壤为主要调查对象，强调总结农民群众认土、用土、改土经验，并以群众名称为主体，在广泛进行土壤普查的基础上，提出了农业土壤的新概念。同时对深耕改土、土壤肥力发展等方面，也都从实践与理论上做了深入探讨，并总结出成套经验；出版了《中国农业土壤概论》（侯光炯和高惠民，1982），制订了我国农业土壤分类系统，并提出了新疆平原地区的土壤分类系统。1960 年，提出新疆的土壤分类系统共 16 个土类、44 个亚类。1978 年，南京全国土壤分类学术会议，总结以往工作经验并经过广泛讨论，拟定了《中国土壤分类暂行草案》，基本上被全国广大土壤科技工作者接受与沿用。该分类系统在以往六级分类制的基础上，把某些土类形成过程的共同特征，进行综合归纳，增划为土纲，因此，各土类在发生上的联系与异同就更加明确，同时指出划分土类应将成土条件、成土过程与土壤属性三者综合考虑，尤其应侧重土壤属性，这就把我国土壤分类工作，从宏观与抽象逐步引向微观与具体，为正确划分土壤类型，积累资料指出方向。

3.1.4　第二次土壤普查分类阶段（1979～1985 年）

在农业部的统一部署下，新疆于 1979 年开始进行第二次土壤普查，自治区土壤普查办公室组织新疆各土肥基站、生产建设兵团和新疆八一农学院作为技术顾问，先后分 4 批历经 5 年的时间完成了新疆各县（市、区）的土壤普查任务（自治区第三次土壤普查工作会议纪要，1982），到 1985 年，新疆完成了自治区第二次土壤普查资料汇总工作（张静，2010）。

新疆第二次土壤普查基本摸清了全区土壤资源的数量和质量，以及制约地区生产发展的障碍因素，并提出了相应的对策。全区耕层土壤有机质含量少，普遍缺氮和有效磷，个别地区也缺钾；盐碱化面积大，土壤板结、水蚀、风蚀、沙化等也是影响农业生产的障碍因素。对此有关部门积极配合，落实成果应用工作，如增加磷肥和复合肥的供应；针对地力下降问题，首先采取了见效快、易推广的培肥地力措施：增加苜蓿、绿肥和粮豆间作面积等。

在进行第二次土壤普查时，新疆土壤普查办公室和技术顾问组共同提出了《新疆土壤普查工作分类系统（初稿）》；中国科学院新疆生物土壤沙漠研究所在李子熙、张累德等 1980 年主编出版的《新疆土壤与改良利用》（中国科学院新疆生物土壤沙漠研究所，

1980）中提出了新疆土壤分类系统，将新疆土壤共分为 36 个土类、71 个亚类、198 个土属；之后，土壤分类系统不断地得到补充，《新疆土种志》（新疆维吾尔自治区农业厅，1993）一书对第二次土壤普查中获取的大量土种资料进行了系统的归并和整理，详细地论述了各土种的分布范围、面积、主要形态特征以及理化特性，并对各土种的生产性能做了简述；《新疆土壤》（新疆维吾尔自治区农业厅和土壤普查办公室，1996）也是新疆第二次土壤普查成果之一，该书将新疆土壤划分为 11 个土纲、20 个亚纲、32 个土类、87 个亚类、163 个土属。新疆第二次土壤普查土壤分类系统采用的是七级分类制：即土纲、亚纲、土类、亚类、土属、土种、亚种。其中前四级土纲、亚纲、土类、亚类为高级分类单元，后三级土属、土种、亚种为基层分类单元。

3.1.5　土壤系统分类阶段（1984 年至今）

20 世纪 60～70 年代，正值国际上土壤分类大发展的时代。在此期间，1975 年，美国正式出版了《土壤系统分类》一书，将过去惯用的发生学土层和土壤特性给予定量化，建立了一系列的诊断层和诊断特征，用其来划分、鉴定土壤，并以检索形式列出了各级分类单元之间的关系，给鉴别、划分土壤提供确切的标准，在全球掀起了土壤分类的重大变革，而与发生分类相比，系统分类划分土壤类型时不仅考虑土壤形成的历史演化，同时考虑形态发育所产生的土壤特性和性质上的差异。我国也在此时加快步伐，努力学习土壤系统分类。

钟骏平先生按照美国土壤系统分类，提出了适于在新疆及类似自然条件地区应用的土纲、亚纲、土类、亚类的检索系统，以及土族划分方法，出版了《新疆土壤系统分类》（钟骏平，1992）。

1984 年开始，中国科学院南京土壤研究所先后与 30 多个高等院校和研究所合作，开展以土壤诊断层和诊断特性为基础，以土壤属性为主的土壤系统分类，逐步建立以诊断层和诊断特性为基础的、全新的、谱系式、具有我国特色、具有定量指标的土壤系统分类，实现了土壤分类由定性向定量的跨越。先后提出了《中国土壤系统分类（初拟）》（1985）、《中国土壤系统分类（二稿）》（1987）、《中国土壤系统分类（三稿）》、《中国土壤系统分类（首次方案）》（李连捷，1990；林景亮，1991）、《中国土壤系统分类（修订方案）》（中国科学院南京土壤研究所土壤系统分类课题组和中国土壤系统分类课题组研究协作组，1995）、《中国土壤系统分类——理论·方法·实践》（龚子同，1999）、《土壤发生与系统分类》（龚子同，2007），在国内外产生了巨大的影响；目前《中国土壤系统分类检索（第三版）》（中国科学院南京土壤研究所土壤系统分类课题组和中国土壤系统分类课题组研究协作组，2001）确立了土纲、亚纲、土类、亚类、土族和土系的多级制分类体系，将我国土壤划分出 14 个土纲、39 个亚纲、141 个土类、595 个亚类；除高级分类单元的框架外，对土族和土系的分类和命名做了明确规定；同时为便于国际交流和与国内其他分类系统比较，出版了对应的英文版和参比内容。

在国家科技基础性工作专项基金的资助下，"我国土系调查与《中国土系志编制》"开始启动实施，历经 5 年的探索和实践，到 2013 年第一期工作——我国中东部土系调查与土系志编写，已经总结验收完毕。随着第一期工作的结束，2014 年第二期工作"我国土系调查与《中国土系志（中西部卷）》编制"项目开始启动，新疆有幸进入中西部省份土系调查与土系志编写的范围，这必将给新疆带来很好的发展契机，必将极大地促进新疆土壤分类研究水平的提高。因此，新疆要借助国家科技基础性工作专项这一平台，基于《中国土壤系统分类（修订方案）》（中国科学院南京土壤研究所土壤系统分类课题组和中国土壤系统分类课题组研究协作组，1995），拟定新疆土壤系统分类的高级分类单元，开展基层分类单元土族和土系的调查研究，并在此基础上建立新疆的土壤系统分类体系。

2014 年起，在中国科学院南京土壤研究所主持的项目"我国土系调查与《中国土系志（中西部卷）》编制"（2014FY110200）中对新疆分布面积较大的土壤类型进行了调查和系统分类，建立了 134 个土系。

3.2　新疆维吾尔自治区土壤系统分类

3.2.1　土壤分类特点

土壤系统分类是以诊断层和诊断特性为基础的、以土壤定量属性为主、谱系式的土壤分类，所以又称土壤诊断分类。这一分类的特点是：①以诊断层和诊断特性为基础，指标定量化，概念边界明晰化；②以发生学理论为依据，特别是将历史发生和形态发生结合起来；③与国际接轨，与美国土壤系统分类（ST 制）、联合国世界土壤图图例单元（FAO/UNESCO）和世界土壤资源参比基础（WRB）的分类基础、原则和方法基本相同，可以相互参比；④充分体现中国特色；⑤有检索系统，检索立足于土壤本身性质，即根据土壤属性即可明确地检索到待查土壤的分类位置。

3.2.2　土壤分类体系

土壤系统分类为多级分类，共六级，即土纲、亚纲、土类、亚类、土族和土系。前四级为高级分类级别，主要供中小比例尺土壤图确定制图单元；后二级为基层分类级别，主要供大比例尺土壤图确定制图单元。

1. 分类级别与依据

土纲：为最高土壤分类级别，根据主要成土过程产生的或影响主要成土过程的诊断层和诊断特征划分。如划分干旱表层、堆垫表层、肥熟表层和暗沃表层，淋溶土根据黏化过程产生的黏化层划分，变性土根据变性特征划分，雏形土根据蚀变（弱风化发育）过程产生的雏形层划分，新成土根据没有任何诊断表下层划分。

亚纲：是土纲的辅助级别，主要根据影响现代成土过程的控制因素所反映的诊断特性（如水分状况、温度状况和岩性特征）或土壤性质划分。如变性土纲中分为潮湿变性土、干润变性土和湿润变性土 3 个亚纲，主要是根据水分状况划分；干旱土纲中分为寒性干旱土、正常干旱土，主要是根据土壤温度状况划分；淋溶土纲中分为冷凉淋溶土、干润淋溶土、常湿淋溶土和湿润淋溶土 4 个亚纲，主要是根据温度状况与水分状况划分；雏形土纲中的寒冻雏形土、潮湿雏形土、干润雏形土、湿润雏形土和常湿雏形土 5 个亚纲，主要是根据温度状况与水分状况划分；新成土纲中的人为新成土、砂质新成土、冲积新成土和正常新成土4个亚纲，其中，除人为新成土外，其余亚纲根据岩性特征进行亚纲的划分。

土类：是亚纲的续分。土类类别多根据反映主要成土过程强度、次要成土过程或次要控制因素的表现性质划分。如正常干旱土亚纲中的钙积正常干旱土、盐积正常干旱土、石膏正常干旱土和黏化正常干旱土；干润淋溶土亚纲中的钙质干润淋溶土、钙积干润淋溶土；潮湿雏形土亚纲中的砂姜潮湿雏形土；干润雏形土亚纲中的灌淤干润雏形土、底锈干润雏形土、暗沃干润雏形土等；正常新成土亚纲的寒冻正常新成土、干旱正常新成土、干润正常新成土、湿润正常新成土，该土类划分反映了气候控制因素。

亚类：是土类的辅助级别，主要根据是否偏离中心概念，是否具有附加过程的特性和是否具有母质残留的特性划分。代表中心概念的亚类为普通亚类，具有附加过程特性的亚类为过渡性亚类，如黏化、龟裂、潜育、斑纹、堆垫、肥熟等；具有母质残留特性的亚类为继承亚类，如石灰性等。

土族：是土壤系统分类的基层分类单元。它是在亚类范围内，主要反映与土壤利用管理有关的土壤理化性质发生明显分异的续分单元。同一亚类的土族，是根据地域性（或地区性）成土因素所引起的土壤性质的差异，在不同地理区域的具体体现来划分的。不同类别的土壤划分土族所依据的指标各异。供土族分类选用的主要指标有剖面控制层段的土壤颗粒大小级别、不同颗粒级别的土壤矿物组成类型、土壤温度状况、土壤酸碱性、盐碱特性、污染特性以及其他特性等。

土系：低级分类的基层分类单元，它是发育在相同母质上，由若干剖面性态特征相似的单个土体组成的聚合土体所构成的。其性状的变异范围较窄，在分类上更具直观性和客观性。同一土系的土壤成土母质、所处地形部位及水热状况均相似。在一定剖面深度内，土壤特殊土层的种类、性态、排列层序和层位，以及土壤生产利用的适宜性能大体一致。如雏形土或新成土，其剖面中不同性状沉积物的质地层次出现的位置及厚薄对于农业利用影响较大，可以分别依此划分出不同的土系。

2. 命名方法

土壤类型名称采用分段连续命名，即土纲、亚纲、土类、亚类、土族的名称结构是以土纲名称为基础，在其前依次叠加反映亚纲、土类、亚类和土族的名称。

土系命名为独立命名，优先考虑选用该土系代表性剖面（单个土体）点位或首次描述该土系的所在地的行政村名，若重名，则考虑乡名、镇名及县名等。

3. 检索方法

中国土壤系统分类是一个具有检索的分类系统，存在以下土壤检索顺序：①最先检出有独特鉴别性质的土壤；②若某种土壤的次要鉴别性质与另一种土壤的主要鉴别性质相同，则先检出前一种土壤，以便根据它们的主要鉴别性质把两者分开；③若某两种或更多土壤的主要鉴别性质相同，则按主要鉴别性质的发生强度或对农业生产的限制程度检索；④土纲类别的检索应严格依照规定顺序进行；⑤各土类下属的普通亚类中在资料充分的情况下，尚可细分出更多的亚类。

值得注意的是，检索顺序不等同于发生顺序，检索顺序是为了把相似发生的土壤归在同一类别，而对发生顺序做出适当的调整或重新排列。

3.3　诊断层与诊断特性

《中国土壤系统分类检索（第三版）》设有 33 个诊断层、20 个诊断现象和 25 个诊断特性（表 3-1），建立的 134 个新疆土系归属为人为土、干旱土、盐成土、潜育土、均腐土、雏形土、新成土 7 个土纲，主要涉及的诊断依据有草毡表层、暗沃表层、淡薄表层、灌淤表层、灌淤现象、肥熟表层、肥熟现象、水耕表层、干旱表层、盐结壳、雏形层、耕作淀积层、水耕氧化还原层、碱积层、碱积现象、盐磐、石膏层、石膏现象、钙积层、钙积现象、盐积层、岩性特征、石质接触面、土壤水分状况、潜育特征、潜育现象、氧化还原特征、土壤温度状况、冻融特征、均腐殖质特性、钠质特性、石灰性。

表 3-1　中国土壤系统分类诊断层、诊断现象和诊断特性

诊断层			诊断特性
（一）诊断表层	（二）诊断表下层	（三）其他诊断层	1.有机土壤物质
A. 有机物质表层类	1.漂白层	**1.盐积层**	**2.岩性特征**
1.有机表层	2.舌状层	盐积现象	**3.石质接触面**
有机现象	舌状现象	2.含硫层	4.准石质接触面
2.草毡表层	**3.雏形层**		5.人为淤积物质
草毡现象	4.铁铝层		6.变性特征
B.腐殖质表层类	5.低活性富铁层		变性现象
1.暗沃表层	6.聚铁网纹层		7.人为扰动层次
2.暗瘠表层	聚铁网纹现象		**8.土壤水分状况**
3.淡薄表层	7.灰化淀积层		**9.潜育特征**
C.人为表层类	灰化淀积现象		潜育现象
1.灌淤表层	**8.耕作淀积层**		**10.氧化还原特征**
灌淤现象	耕作淀积现象		**11.土壤温度状况**
2.堆垫表层	**9.水耕氧化还原层**		12.永冻层次
堆垫现象	水耕氧化还原现象		**13.冻融特征**
3.肥熟表层	10.黏化层		14.n 值
肥熟现象	11.黏磐		**15.均腐殖质特性**
4.水耕表层	**12.碱积层**		16.腐殖质特性
水耕现象	碱积现象		17.火山灰特性
D.结皮表层类	13.超盐积层		18.铁质特性
1.干旱表层	**14.盐磐**		19.富铝特性
2.盐结壳	**15.石膏层**		20.铝质特性
	石膏现象		铝质现象
	16.超石膏层		21.富磷特性
	17.钙积层		富磷现象

续表

诊断层		诊断特性
	钙积现象	**22.钠质特性**
18.超钙积层		钠质现象
19.钙磐		**23.石灰性**
20.磷磐		24.盐基饱和度
		25.硫化物物质

注：加粗字体为新疆土系涉及的诊断层、诊断现象和诊断特性

3.3.1　诊断层

1. 草毡表层（mattic epipedon）

草毡表层是指高寒草甸植被下具高量有机碳、有机土壤物质，同活根与死根根系交织缠结的草毡状表层。草毡表层出现在寒冻雏形土的 2 个土系中，依据调查的含有草毡表层的 2 个剖面信息，其厚度介于 20～44 cm，色调介于 2.5Y～10YR，干态明度介于 3～8，润态明度介于 2～6，润态彩度 2～3，容重介于 0.74～1.50 g/cm^3。草毡表层上述指标在各亚类中的统计见表 3-2。

表 3-2　草毡表层表现特征统计

亚类	厚度/cm	色调	干态明度	润态明度	润态彩度	容重/(g/cm^3)
石灰草毡寒冻雏形土	44	2.5Y	7～8	5～6	3	0.74～1.50
钙积草毡寒冻雏形土	20	10YR	3	2	2	0.86
合计	20～44	2.5Y～10YR	3～8	2～6	2～3	0.74～1.50

2. 暗沃表层（mollic epipedon）

暗沃表层是指有机质含量高或较高，盐基饱和、结构良好的暗色腐殖质表层。暗沃表层出现在 9 个土系中，其中 1 个潜育土土系，3 个均腐土土系，5 个雏形土土系。依据调查的含有暗沃表层的 9 个剖面信息，其厚度介于 10～45 cm，干态明度介于 3～6，润态明度介于 2～3，润态彩度 1～2，有机质介于 20.9～219.0 g/kg，pH 介于 6.9～8.9。暗沃表层上述指标在各土纲中的统计见表 3-3。

表 3-3　暗沃表层表现特征统计

土纲	厚度/cm	干态明度	润态明度	润态彩度	有机质/(g/kg)	pH
潜育土	11	5	3	1	37.3	8.9
均腐土	10～32	3～6	2～3	1～2	39.5～86.1	6.9～8.0
雏形土	14～45	3～6	2～3	1～2	20.9～219.0	6.9～8.0
合计	10～45	3～6	2～3	1～2	20.9～219.0	6.9～8.9

3. 淡薄表层（ochric epipedon）

淡薄表层是指发育程度较差的淡色或较薄的腐殖质表层。淡薄表层出现在 3 个土系中，其中，2 个石灰淡色潮湿雏形土土系，1 个钙积简育干润雏形土土系。依据调查的含有淡薄表层的 3 个剖面信息，其厚度介于 10~36 cm，干态明度介于 5~7，润态明度介于 3~5，润态彩度 2~4，有机质介于 16.1~33.8 g/kg，pH 介于 8.1~9.4。淡薄表层上述指标在各亚类中的统计见表 3-4。

表 3-4　淡薄表层表现特征统计

亚类	厚度/cm	干态明度	润态明度	润态彩度	有机质/(g/kg)	pH
石灰淡色潮湿雏形土	10~27	5~7	3~5	2~3	20.2~33.8	8.2~9.4
钙积简育干润雏形土	36	5	4	3~4	16.1~16.6	8.1
合计	10~36	5~7	3~5	2~4	16.1~33.8	8.1~9.4

4. 灌淤表层（siltigic epipedon）和灌淤现象（siltigic evidence）

灌淤表层是指长期引用富含泥沙的浑水灌溉，水中泥沙逐渐淤积，并经施肥、耕作等交叠作用影响，失去淤积层理而形成的由灌淤物质组成的人为表层。灌淤表层出现在莎车系（斑纹灌淤旱耕人为土），其厚度为 68 cm，通体以壤土为主，砂粒含量介于 319~447 g/kg，粉粒含量介于 451~483 g/kg，黏粒含量介于 79~198 g/kg，有机质介于 5.5~19.4 g/kg，石灰反应强烈，碳酸钙含量介于 149~194 g/kg，pH 介于 8.5~8.9，土体上部有少量侵入体，地表以下 23~103 cm 深处有铁锰斑纹。

灌淤现象是指具有灌淤表层的特征，但厚度为 20~50 cm 者。灌淤现象出现在 11 个土系中，其中 9 个为灌淤干润雏形土土系，2 个为简育干润雏形土土系。依据调查的含有灌淤现象的 11 个剖面信息，其厚度介于 13~44 cm，砂粒含量介于 41~827 g/kg，粉粒含量介于 126~792 g/kg，黏粒含量介于 47~383 g/kg，有机质介于 4.3~34.5 g/kg，pH 介于 7.9~9.2。灌淤现象上述指标在各土类中的统计见表 3-5。

表 3-5　灌淤现象表现特征统计

土类	厚度/cm	砂粒含量/(g/kg)	粉粒含量/(g/kg)	黏粒含量/(g/kg)	有机质/(g/kg)	pH
灌淤干润雏形土	15~44	54~827	126~792	47~383	4.3~34.5	7.9~9.2
简育干润雏形土	13~34	41	700	259	14.3~18.1	8.3~8.8
合计	13~44	41~827	126~792	47~383	4.3~34.5	7.9~9.2

5. 肥熟表层（fimic epipedon）和肥熟现象（fimic evidence）

肥熟表层是长期种植蔬菜，大量施用人畜粪尿、厩肥、有机垃圾和土杂肥等精耕细作，频繁灌溉而形成的高度熟化人为表层。肥熟表层出现在托格拉克系（壤质混合型温性-石灰肥熟旱耕人为土)和察布查尔锡伯系(壤质盖粗骨混合型温性-石灰淡色潮湿雏形土),其厚度为 33～38 cm,有机质介于 8.2～15.9 g/kg,石灰反应强烈,0～25 cm 深土层内 0.5 mol/L NaHCO₃ 浸提有效磷加权平均值大于等于 35 mg/kg(有效 $P_2O_5 \geqslant$ 80 mg/kg),土体上部有少量侵入体。

肥熟现象具有肥熟表层的某些特征。肥熟现象出现在英吾斯塘系(砂质混合型温性-钙积简育干润雏形土),其厚度和有机质含量符合要求,有效磷含量稍低,即厚度虽为 31 cm,而且有机质含量 11.9～15.6 g/kg,但 0～25 cm 深土层内有效磷加权平均值 7.34～16.00 mg/kg。

6. 水耕表层(anthrostagnic epipedon)

水耕表层出现在温宿系(壤质混合型石灰性温性-普通潜育水耕人为土),其厚度为 23 cm,Ap2 层有多量铁锰斑纹,石灰反应强烈,具有人为滞水土壤水分状况,其下部亚层(犁底层)土壤容重与上部亚层(耕作层)土壤容重的比值≥1.10。

7. 干旱表层(aridic epipedon)

干旱表层是在干旱水分状况条件下形成的具特定形态分异的表层。干旱表层就其腐殖质积累特征来看,相当于腐殖质表层中的淡薄表层。干旱表层出现在干旱土的 11 个土系和新成土的 1 个土系中。依据调查的含有干旱表层的 12 个剖面信息,其厚度介于 5～28 cm,干态明度介于 6～8,润态明度介于 3～7,润态彩度介于 2～6,有机质介于 4.1～19.8 g/kg,碳酸钙介于 9～168 g/kg,干旱表层上述指标在各土纲中的统计见表 3-6。

表 3-6　干旱表层表现特征统计

土纲	厚度/cm	干态明度	润态明度	润态彩度	有机质/(g/kg)	碳酸钙/(g/kg)
干旱土	5～28	6～8	3～6	2～6	4.8～19.8	21.68～168
新成土	17	8	7	4	4.1	9
合计	5～28	6～8	3～7	2～6	4.1～19.8	9～168

8. 盐结壳(salic crust)

盐结壳是由大量易溶性盐胶结成的灰白色或灰黑色表层结壳。盐结壳出现在瓦石峡系(壤质混合型石灰性温性-结壳潮湿正常盐成土),其厚度为 12 cm,易溶性盐含量均大于 100 g/kg。

9. 雏形层(cambic horizon)

雏形层指风化-成土过程中形成的无或基本上无物质淀积,未发生明显黏化,带棕、红棕、红、黄或紫等颜色,且有土壤结构发育的 B 层。本书收录的具有雏形层的典型土壤剖面共 92 个,其厚度介于 18～130 cm;质地类型多样,主要有粉土、粉壤土、粉质黏土、粉质黏壤土、砂土、砂质壤土、砂质黏壤土、黏壤土、壤土、壤质砂土,色调介于 2.5YR～2.5Y，有机质介于 2.2～71.2 g/kg，碳酸钙介于 0～386 g/kg，雏形层上述指标在各亚类中的统计见表 3-7。

表 3-7　雏形层表现特征统计

亚类	厚度/cm	质地	色调	有机质/(g/kg)	碳酸钙/(g/kg)
石灰草毡寒冻雏形土	38	粉壤土	2.5Y	11.6	102
钙积草毡寒冻雏形土	69	壤土	10YR	18.9	95
钙积简育寒冻雏形土	45	壤土	2.5Y	9.4	—
石灰简育寒冻雏形土	148	粉壤土、砂质壤土	2.5Y	11.9～33.2	178～194
弱盐淡色潮湿雏形土	30	粉壤土	2.5Y	18.6	103
石灰淡色潮湿雏形土	67～101	粉壤土、粉土、壤土、粉质黏土	2.5Y、2.5YR	4.5～21.9	75～222
普通淡色潮湿雏形土	38	砂土	2.5Y	3.2～3.4	4～6
钙积灌淤干润雏形土	61～86	壤土、砂质壤土	2.5Y	4.3～7.4	63～237
弱盐灌淤干润雏形土	72	砂质壤土	2.5Y	2.2～6.9	83～84
斑纹灌淤干润雏形土	68～99	壤土、粉壤土、壤质砂土	2.5Y	3.9～27.7	103～185
普通灌淤干润雏形土	34～100	粉壤土	2.5Y	13.6～28.5	90～169
石灰底锈干润雏形土	37～84	粉壤土、砂质壤土、砂质黏壤土、粉质黏土	2.5Y	2.7～24.3	10～386
普通底锈干润雏形土	59	粉壤土	2.5Y	13.2～28.2	0～4
钙积暗沃干润雏形土	18～23	粉壤土、砂质壤土	2.5Y	21.4～30.9	65～97
普通暗沃干润雏形土	25	粉土	2.5YR	13.2	—
钙积简育干润雏形土	19～71	粉壤土、粉土、砂质壤土、壤质砂土、砂土	2.5Y、2.5YR	5.6～71.2	2～170
普通简育干润雏形土	24～117	粉土、粉壤土、粉质黏土、粉质黏壤土、砂土、砂质壤土、砂质黏壤土、黏壤土、壤土	2.5YR～2.5Y	3.4～46.1	2～168
普通简育正常干旱土	55～100	壤土、砂土	2.5YR～10YR	2.6～23.7	22～72
合计	18～130	—	2.5YR～2.5Y	2.2～71.2	0～386

10. 耕作淀积层（agric horizon）

耕作淀积层指旱地土壤中受耕种影响而形成的一种淀积层。位于紧接耕作层之下，其前身一般是原来的其他诊断表下层。耕作淀积层出现在托格拉克系（壤质混合型温性-石灰肥熟旱耕人为土），其厚度为 17 cm，0.5 mol/L NaHCO$_3$ 浸提有效磷明显高于下垫土层，并 ≥18 mg/kg（有效 P$_2$O$_5$≥40 mg/kg）。

11. 水耕氧化还原层（hydragric horizon）

水耕氧化还原层指水耕条件下铁锰自水耕表层、兼自其下垫土层的上部亚层还原淋溶或兼由下面具潜育特征或潜育现象的土层还原上移；并在一定深度中氧化淀积的土层。水耕氧化还原层出现在温宿系（壤质混合型石灰性温性-普通潜育水耕人为土），其厚度为 23 cm，色调为 2.5Y，润态明度为 4～5，润态彩度为 1，Ap2 层及 Br2 层以下至底层有明显的铁锰斑纹连片分布于结构体表面。

12. 碱积层（alkalic horizon）

碱积层指交换性钠含量高的特殊淀积黏化层。碱积层出现在大石头系（黏壤质盖粗骨混合型石灰性冷性-弱盐简育碱积盐成土），其厚度为 56 cm，质地主要为砂质壤土或砂质黏壤土，呈块状结构，pH≥8.5，土体内可见中量晶体类的灰白色石灰。

13. 盐磐（salipan）

盐磐指由以 NaCl 为主的易溶性盐胶结或硬结，形成连续或不连续的磐状土层。盐磐出现在淖毛湖系（黏壤质混合型石灰性温性-磐状盐积正常干旱土），厚度≥15 cm，含盐量≥200 g/kg，呈片状结构，干时土钻或铁铲极难穿入。

14. 石膏层（gypsic horizon）和石膏现象（gypsic evidence）

石膏层指富含次生石膏的未胶结或未硬结土层。依据调查有石膏层的 11 个剖面信息，石膏层出现在南湖系、泽普系、南湖乡系、海福系、艾丁湖系、迪坎儿系、额尔齐斯系、三堡系、陶家宫系、西上湖系、恰特喀勒系这 11 个土系，其厚度介于 29～130 cm，石膏含量介于 50～500 g/kg，而且肉眼可见的次生石膏按体积计≥1%，此层厚度（cm）与石膏含量（g/kg）的乘积≥1500。

石膏现象指土层中有一定次生石膏聚积的特征。石膏现象出现在伊宁系（壤质混合型温性-钙积简育干润雏形土），在 19～30 cm 深有很少量的白色假菌丝体石膏。

15. 钙积层（calcic horizon）和钙积现象（calcic evidence）

钙积层指富含次生碳酸盐的未胶结或未硬结土层。依据调查有钙积层的 44 个剖面信息，其厚度介于 19～102 cm，质地类型多样，主要有粉壤土、粉质黏壤土、砂质壤土、壤土，碳酸钙含量介于 86～437 g/kg。钙积层上述指标在各土纲中的统计见表 3-8。

表 3-8　钙积层表现特征统计

土纲	厚度/cm	质地	pH	碳酸钙/(g/kg)
干旱土	13～31	砂质壤土、壤质砂土	8.2～8.7	86～184
盐成土	23～102	砂质壤土、粉壤土、壤土	8.7～9.6	134～323
均腐土	79～98	粉壤土、壤土	7.8～8.7	101～260
雏形土	19～50	粉壤土、粉质黏壤土、砂质壤土	7.8～8.9	179～437
人为土	26～52	砂质壤土、壤土、砂土	8.5～9.2	195～248
合计	19～102	粉壤土、粉质黏壤土、砂质壤土、壤土、砂土	7.8～9.6	86～437

钙积现象指土层中有一定次生碳酸盐聚积的特征。依据调查有钙积现象的 24 个剖面信息，其厚度介于 5～110 cm，质地类型多样，主要有粉壤土、粉质黏壤土、砂质壤土、砂土、壤土，碳酸钙含量介于 20～147 g/kg。钙积现象上述指标在各土纲中的统计见表 3-9。

表 3-9　钙积现象表现特征统计

土纲	厚度/cm	质地	pH	碳酸钙/(g/kg)
干旱土	5~22	砂质壤土、砂土	8.2~9.1	46~64
盐成土	110	壤土	7.7~8.9	20~138
雏形土	10~47	粉壤土、粉质黏壤土	7.9~9.2	102~147
合计	5~110	粉壤土、粉质黏壤土、砂质壤土、砂土	7.7~9.2	20~147

16. 盐积层（salic horizon）

在冷水中溶解度大于石膏的易溶性盐富集的土层。本次新疆土系调查中 12 个土系出现盐积层，分布在盐积正常干旱土和盐成土中。出现深度为 0~140 cm，平均为 70 cm；厚度为 16~93 cm，平均 54.5 cm。盐积层上述指标在各土纲/土类中的统计见表 3-10。

表 3-10　盐积层表现特征统计

土纲/土类	出现深度/cm 范围	平均	厚度/cm 范围	平均	电导率/(dS/m)	土系数量/个
盐积正常干旱土	16~140	78	16~40	28	37~39	1
盐成土	0~112	56	16~93	54.5	36~199	11
合计	0~140	70	16~93	54.5	36~199	12

3.3.2　诊断特性

1. 岩性特征（lithologic characters）

土表至 125 cm 范围内土壤性状明显或较明显保留母岩或母质的岩石学性特征。岩性特征出现在新成土的 4 个土系中，依据调查的含有岩性特征的 4 个剖面信息，其岩石类型主要为花岗岩。岩性特征上述指标在各亚类中的统计见表 3-11。

表 3-11　岩性特征表现特征统计

亚类	岩石类型	出现深度/cm 范围	平均	砾石含量/%	土系数量/个
普通干旱砂质新成土	花岗岩	0~125	62.5	0	1
普通干旱冲积新成土	花岗岩	0~120	60	40	1
石灰干旱正常新成土	花岗岩	0~120	60	0	1
石灰红色正常新成土	花岗岩	0~125	62.5	30	1
合计		0~125	62.5		4

2. 石质接触面（lithic contact）

土壤与紧实黏结的下垫物质（岩石）之间的界面层，不能用铁铲挖开。石质接触面出现在干旱土、均腐土、雏形土的 3 个土系中。依据调查的含有石质接触面的 3 个剖面信息，其岩石类型主要为花岗岩。石质接触面上述指标在各亚类中的统计见表 3-12。

表 3-12　石质接触面表现特征统计

亚类	岩石类型	出现深度/cm		土系数量/个
		范围	平均	
石质石膏正常干旱土	花岗岩	10～60	35	1
普通简育湿润均腐土	花岗岩	34～40	37	1
普通简育干润雏形土	花岗岩	50	50	1
合计		10～60	40	3

3. 土壤水分状况（soil moisture regimes）

（1）干旱土壤水分状况。是干旱和少数半干旱气候下的土壤水分状况。按 Penman 经验公式计算的年干燥度估算，凡年干燥度＞3.5 者相当于干旱土壤水分状况。

（2）半干润土壤水分状况。是介于干旱和湿润水分状况之间的土壤水分状况。按 Penman 经验公式估算，相当于年干燥度 1～3.5。

（3）湿润土壤水分状况。一般见于湿润气候地区的土壤中，降水分配平均或夏季降水多，土壤贮水量加降水量大致等于或超过蒸散量；大多数年份水分可下渗通过整个土壤。若按 Penman 经验公式估算，相当于年干燥度＜1，但每月干燥度并不都＜1。

（4）滞水土壤水分状况。由于地表至 2 m 深存在缓透水黏土层，或较浅处有石质接触面，或地表有苔藓和枯枝落叶层，使其上部土层在大多数年份中有相当长的湿润期，或部分时间被地表水和/或上层滞水饱和，导致土层中发生氧化还原作用而产生氧化还原特征、潜育特征或潜育现象；或铁质水化作用使原红色土壤的颜色转黄；或由于土体层中存在具一定坡降的缓透水黏土层或石质、准石质接触面，大多数年份某一时期其上部土层被地表水和/或上层滞水饱和并有一定的侧向流动，导致黏粒和/或游离氧化铁侧向淋失的土壤水分状况。

（5）潮湿土壤水分状况。大多数年份土温＞5 ℃（生物学零度）时的某一时期，全部或某些土层被地下水或毛管水饱和并呈还原状态的土壤水分状况。

土壤水分状况统计见表 3-13。

表 3-13　土壤水分状况统计

土纲	亚纲	土壤水分状况	土系数量
人为土	水耕人为土	人为滞水土壤水分状况	1
	旱耕人为土	半干润土壤水分状况	2
		干旱土壤水分状况	1
干旱土	寒性干旱土	干旱土壤水分状况	1
	正常干旱土	干旱土壤水分状况	10
盐成土	碱积盐成土	干旱土壤水分状况	1
	正常盐成土	干旱土壤水分状况	7
		滞水土壤水分状况	1
		潮湿土壤水分状况	3

土纲	亚纲	土壤水分状况	土系数量
潜育土	正常潜育土	潮湿土壤水分状况	2
均腐土	干润均腐土	半干润土壤水分状况	1
		干旱土壤水分状况	1
	湿润均腐土	湿润土壤水分状况	1
雏形土	寒冻雏形土	干旱土壤水分状况	1
		半干润土壤水分状况	3
		湿润土壤水分状况	1
	潮湿雏形土	潮湿土壤水分状况	6
		半干润土壤水分状况	1
	干润雏形土	干旱土壤水分状况	1
		半干润土壤水分状况	85
新成土	砂质新成土	干旱土壤水分状况	1
	冲积新成土	干旱土壤水分状况	1
	正常新成土	干旱土壤水分状况	2

4. 潜育特征（gleyic features）

长期被水饱和，导致土壤发生强烈还原的特征。潜育特征（包括潜育现象）出现在4个土系中，分别为博湖系、艾丁湖底系、石头城系和恰特喀勒系。博湖系地表50 cm以下土体有中量铁斑纹，石头城系地表38 cm以下至底层结构体表内有很多明显的大的铁质斑纹。

5. 氧化还原特征（redoxic features）

受潮湿土壤水分状况、滞水土壤水分状况或人为滞水土壤水分状况的影响，大多数年份某一时期土壤季节性水分饱和，发生氧化还原交替作用而形成的特征。本次新疆土系调查中39个土系出现氧化还原特征，出现在人为土、干旱土、盐成土、潜育土、雏形土中，主要出现在雏形土中，各个土纲中氧化还原特征出现的频率分别为：人为土3/4、干旱土1/11、盐成土4/12、潜育土2/2、雏形土29/98。

6. 土壤温度状况（soil temperature regimes）

指土表下50 cm深度处或浅于50 cm的石质或准石质接触面处的土壤温度。

（1）热性土壤温度状况。年平均土温≥15 ℃，但<22 ℃。

（2）温性土壤温度状况。年平均土温≥8 ℃，但<15 ℃。

（3）冷性土壤温度状况。年平均土温<8 ℃，但夏季平均土温高于具寒性土壤温度状况土壤的夏季平均土温。

（4）寒性土壤温度状况。年平均土温>0 ℃，但<8 ℃。

（5）寒冻土壤温度状况。年平均土温≤0 ℃。冻结时有湿冻与干冻。

本次新疆土系调查中温性土壤温度状况最多，有81个，热性土壤温度状况主要分布在吐鲁番，寒冻土壤温度状况主要分布在高海拔地区（表 3-14）。

表 3-14　土壤温度状况统计

土纲	亚纲	土壤温度状况	土系数量
人为土	水耕人为土	温性土壤温度状况	1
	旱耕人为土	温性土壤温度状况	3
干旱土	寒性干旱土	寒性土壤温度状况	1
	正常干旱土	温性土壤温度状况	8
		寒性土壤温度状况	1
		冷性土壤温度状况	1
盐成土	碱积盐成土	冷性土壤温度状况	1
	正常盐成土	温性土壤温度状况	7
		热性土壤温度状况	4
潜育土	正常潜育土	温性土壤温度状况	1
		冷性土壤温度状况	1
均腐土	干润均腐土	温性土壤温度状况	1
		冷性土壤温度状况	1
	湿润均腐土	冷性土壤温度状况	1
雏形土	寒冻雏形土	寒性土壤温度状况	3
		寒冻土壤温度状况	2
	潮湿雏形土	冷性土壤温度状况	4
		寒性土壤温度状况	1
		温性土壤温度状况	2
	干润雏形土	温性土壤温度状况	54
		冷性土壤温度状况	25
		寒性土壤温度状况	7
新成土	砂质新成土	温性土壤温度状况	1
	冲积新成土	温性土壤温度状况	1
	正常新成土	温性土壤温度状况	2

7. 冻融特征（frost-thawic features）

由冻融交替作用在地表或土层中形成的形态特征。本次新疆土系调查中 4 个土系出现冻融特征，全部为寒冻雏形土。

8. 均腐殖质特性（isohumic property）

草原或森林草原中腐殖质的生物积累深度较大，有机质的剖面分布随草本植物根系分布深度中数量的减少而逐渐减少，无陡减现象的特性。本次新疆土系调查中 4 个土系出现均腐殖质特性，其中 3 个属于均腐土纲，1 个亚类属于钙积暗沃干润雏形土。

9. 钠质特性（sodic property）

指交换性钠饱和度（ESP）≥30%和交换性 Na^+≥2 cmol(+)/kg，或交换性钠加镁的饱和度≥50%的特性。本次新疆土系调查中只有大南沟系出现钠质特性，亚类为普通简育干润雏形土。

10. 石灰性（calcaric property）

土表至 50 cm 深范围内所有亚层中 CaCO₃ 相当物均≥10 g/kg，用 1∶3 的 HCl 处理有泡沫反应。本次新疆土系调查中，石灰性普遍存在，134 个土系中有 129 个土系均有石灰性出现，石灰反应强弱不一。

3.4　土族与土系

现阶段在对土壤系统分类中高级单元的划分研究已取得初步成果以后，在吸取国内外经验基础上已有一系列有关土系划分理论和方法的论述，在充分利用已有资料的基础上，进行补充调查和分析研究，在高级分类的基础上进行土壤基层分类的进一步研究，并在农业、环境、土地等相关部门进行推广应用成为基层研究的热点与趋势（张甘霖等，2013）。

3.4.1　土族

1. 土族定义与控制层段

土族是土壤系统分类的基层分类单元。它是亚类的续分，主要反映与土壤利用管理有关的土壤理化性质的分异。这些土壤性质相对稳定，与植物生长密切相关。

土族的控制层段是指稳定影响土壤中物质迁移和转化及根系活动的主要土体层段，一般不包括表土层，是便于各类土壤性状比较的共同基础。由于土族的属性相对稳定并与植物生长有关，原则上土族的控制层段应包括诊断表层和部分诊断表下层，或者包括诊断表层、诊断表下层及其以下的根系活动层，或向下止于根系活动限制层与石质接触面。土族控制层段的深度范围因土壤而异，通常是取 Ap 层或土表下 25 cm（取较深者）往下至 100 cm 深或至根系活动限制层（如黏磐层等）上界或石质接触面（取较浅者）；对于薄层（<50 cm）的石质土则从矿质土表至石质接触面。

2. 土族划分原则

（1）土壤性质作为依据，确定土族划分指标。使用区域性成土因素所引起的相对稳定的土壤属性差异作为划分依据，而不用成土因素本身。

（2）指标体现"量"的差异。在同一亚类中土族的鉴别特征应当一致，主要表现在控制层段内"量"的差异，在不同亚类中土族的鉴别特征可有所不同。

（3）土族划分指标不能与上级或下级分类单元重复使用或指标量化中有交叉。

3. 土族划分指标

参照国内外已有研究资料及《中国土壤系统分类土族和土系划分标准》的参考意见，新疆土壤的土族划分依据及指标是土族控制层段的土壤颗粒大小级别、矿物学类型、土壤温度状况等，以反映成土因素和土壤性质的地域性差异。

1）土壤颗粒大小级别

（1）土壤颗粒大小级别规定

颗粒大小级别用于表征整个土壤的颗粒大小构成，包括细土（颗粒直径<2 mm）和小于单个土体的岩石碎屑和类岩碎屑（颗粒直径 2～75 mm），不包括有机物质和可溶性大于石膏的盐类。岩石碎屑是指直径≥2 mm，水平尺寸小于单个土体的强胶结或结持性更强的所有颗粒物质。类岩碎屑是指直径≥2 mm，水平尺寸小于单个土体，胶结程度弱于强胶结级别的碎屑。

砂质新成土、砂质潮湿新成土和颗粒大小级别为"砂质"的砂质新成土亚类不用颗粒大小级别名称，因为它们自身的定义就表明了它们属于砂质颗粒级别。

矿质土壤颗粒大小级别划分 3 个类别：①碎屑含量＞75%，包括粗骨质；②碎屑含量 25%～75%，包括粗骨砂质、粗骨壤质、粗骨黏质；③碎屑含量＜25%，包括砂质、壤质、黏壤质、黏质、极黏质。

（2）土壤颗粒大小级别检索

①岩石碎屑含量≥75%（体积计）（即细土部分（<2 mm 颗粒）<25%，体积计）　**粗骨质**或

②岩石碎屑含量≥25%（体积计），细土部分砂粒含量≥55%（质量计）　**粗骨砂质**或

③岩石碎屑含量≥25%（体积计），细土部分黏粒含量≥35%（质量计）　**粗骨黏质**或

④岩石碎屑含量≥25%（体积计）的其他土壤　**粗骨壤质**或

⑤岩石碎屑含量＜25%（体积计），细土部分砂粒含量≥55%（质量计）　**砂质**或

⑥岩石碎屑含量＜25%（体积计），细土部分黏粒含量≥60%（质量计）　**极黏质**或

⑦岩石碎屑含量＜25%（体积计），细土部分黏粒含量介于 35%～60%（质量计）　**黏质**或

⑧岩石碎屑含量＜25%（体积计），细土部分黏粒含量介于 20%～35%（质量计）　**黏壤质**或

⑨岩石碎屑含量＜25%（体积计）的其他土壤　**壤质**。

（3）土壤颗粒大小级别强对比

当碎屑含量之差＞50%或黏粒绝对含量之差＞25%时，构成颗粒大小强对比，根据检索出的颗粒大小级别命名（表 3-15）。

无强对比颗粒大小级别。土族名称中所用颗粒大小级别由控制层段内不同层次的颗粒大小的加权平均值决定。

一组强对比颗粒大小级别（两层）。如果颗粒大小控制层段由两个具有对比明显的颗粒大小级别或其替代级别的层次组成，且两层厚度都≥10 cm（包括不在控制层段的部分），它们之间的过渡区厚度<10 cm，则两个级别名称要在土族名称中同时使用。例如"砂质盖黏质混合型温性–普通淡色潮湿雏形土"。

多组强对比颗粒大小级别（两层以上）。如果有两组及以上颗粒大小强烈对比层次，以对比最强烈的一组命名；若两两组合对比相似，以出现深度较浅的对比组命名，并附加"多层"名称。例如"砂质盖黏质多层混合型温性–普通淡色潮湿雏形土"。

表 3-15　强对比土壤颗粒大小级别的颗粒含量要求

类别	I	II	III
I		碎屑含量之差≥50%或黏粒绝对含量之差≥25%	强对比
II	碎屑含量之差≥50%或黏粒绝对含量之差≥25%	黏粒绝对含量之差≥25%	碎屑含量之差≥50%或黏粒绝对含量之差≥25%
III	强对比	碎屑含量之差≥0 或黏粒绝对含量之差≥25%	黏粒绝对含量之差≥25%

2）矿物学类型

土壤原生矿物及次生黏粒矿物，来自于母质的风化或综合成土过程的结果，土体中不同矿物类型或矿物的组合群，反映了该类土壤的发生发育过程或强度，也是预示土壤重要性状的标志，如有些矿物学类型只出现于某些土壤或仅对某些颗粒大小级别显得重要，因其区域特征强，有助于预测土壤行为及其对管理的响应，是土族划分的重要依据。

土族矿物学类型是根据（土壤颗粒大小级别）控制层段内特定颗粒大小组分的矿物学组成来确定。在明确土壤颗粒大小级别基础上，通常是按土壤矿物组成选取单一的矿物类型或混合类型来命名土壤，若遇强对比颗粒大小级别的土壤，则用相应的两种矿物类型名的组合名称来命名，如黏质盖砂质或砂质-粗骨质的土壤，可命名为蒙脱石盖混合型等。

依据表 3-16 的矿物学类型，对土壤进行依次检索，土族矿物学类型即为首先检出的满足其标准的类型。例如，如果控制层段 $CaCO_3$ 相当量大于 40%，即使同时满足其他标准，依然视为碳酸盐型。

表 3-16　土族矿物学类型检索

矿物学类型	定义	决定组分
适用于所有颗粒大小级别的矿物学类别		
碳酸盐型	碳酸盐（$CaCO_3$ 表示）与石膏含量之和≥40%（质量计），其中碳酸盐占总量的 65%以上	<2 mm 或 <20 mm
石膏型	碳酸盐（$CaCO_3$ 表示）与石膏含量之和≥40%（质量计），其中石膏占总量的 35%以上	
氧化铁型	连二亚硫酸盐-柠檬酸盐浸提性氧化铁（Fe_2O_3）含量>40%（质量计）	<2 mm
三水铝石型	三水铝石含量>40%（质量计）	
氧化物型	连二亚硫酸盐-柠檬酸盐浸提性氧化铁（%）+三水铝石（%）与黏粒含量之比（%）≥0.20	
蛇纹石型	蛇纹石矿物含量>40%（质量计）	
海绿石型	海绿石含量>40%（质量计）	
适用于土族颗粒大小级别为粗骨质、粗骨砂质、粗骨壤质、砂质、壤质、黏壤质的矿物学类别		
云母型	云母含量>40%（质量计）	0.02～2 mm
云母混合型	云母含量 20%～40%（质量计），余为其他矿物	
硅质型	二氧化硅和其他极耐风化矿物含量>90%（质量计）	
硅质混合型	二氧化硅含量 40%～90%（质量计），余为其他矿物	

矿物学类型	定义	决定组分
长石型	长石含量＞40%（质量计）	
长石混合型	长石含量20%～40%（质量计），余为其他矿物	0.02～2 mm
混合型	其他土壤	
适用于土族颗粒大小级别为粗骨黏质、黏质、极黏质的矿物学类别		
埃洛石型	埃洛石含量＞50%（质量计）	
埃洛石混合型	埃洛石含量30%～50%（质量计），余为其他矿物	
高岭石型	高岭石及较少量其他1∶1或非膨胀的2∶1型层状矿物含量＞50%（质量计）	
高岭石混合型	高岭石及较少量其他1∶1或非膨胀的2∶1型层状矿物含量30%～50%（质量计），余为其他矿物	
蒙脱石型	蒙脱石类矿物（蒙脱石或绿脱石）含量＞50%（质量计）	
蒙脱石混合型	蒙脱石类矿物（蒙脱石或绿脱石）含量30%～50%（质量计），余为其他矿物	
伊利石型	伊利石（水合云母）含量＞50%（质量计）	≤0.002 mm
伊利石混合型	伊利石（水合云母）含量30%～50%（质量计），余为其他矿物	
蛭石型	蛭石含量＞50%（质量计）	
蛭石混合型	蛭石含量30%～50%（质量计），余为其他矿物	
绿泥石型	绿泥石含量＞50%（质量计）	
绿泥石混合型	绿泥石含量30%～50%（质量计），余为其他矿物	
云母型	云母含量＞50%（质量计）	
云母混合型	云母含量30%～50%（质量计），余为其他矿物	
混合型	其他土壤	

3）土壤温度状况

土壤温度状况指土表下 50 cm 深度处或浅于 50 cm 的石质或准石质接触面处的土壤温度。土壤温度受气候条件的影响，有明显的区域特征，土壤温度制约着土壤中有机质与无机物的形成、释放及运行，是影响植物生长及土壤肥力性状的重要因素。

土壤温度状况在高级分类单元中已经使用的，土族就不再考虑，列于矿物学或石灰性与酸碱反应类别之后，其分类检索可参考土壤温度状况诊断特征。

4. 土族命名

采用连续命名法，根据土壤颗粒大小级别、矿物学类型、土壤温度状况等指标先后检索顺序将其限定词依次连续加在亚类前面。

3.4.2　土系

1. 土系定义与控制层段

土系是土壤系统分类中最基层的分类单元，是发育在相同母质上、处于相同景观部位、具有相同土层排列和相似土壤属性的土壤集合。

土系控制层段始于土表，一般情况下，土系的控制层段为 0～150 cm 深处，即从土表至以下最浅者处：

（1）石质或石化铁质层；或

（2）如果 150 cm 内有致密或准石质接触层，则取致密土层或准石质接触层以下 25 cm 深处或土表以下 150 cm 深处，依浅者；或

（3）如果最深的诊断层底部未达到土表以下 150 cm 深处，则取土表下 150 cm 深处；或

（4）如果最深的诊断层下界距土表 150 cm 或更深，则取最深诊断层的下界或 200 cm 深处，依浅者。

2. 土系划分原则

土系是具有实用目的的分类单元，其划分依据应主要考虑土族内影响土壤利用的性质差异。相对于其他分类级别，土系能够对不同的土壤类型给出精确的解释。土系的划分应以土壤实体为基础，划分指标应相对明确、相对独立存在与稳定，能直接运用于大比例尺土壤调查制图，服务于生产，并可最终纳入土壤信息系统，实现土系管理、应用与分类的自动化和可共享。具体来说：

（1）土系鉴别特征必须在土系控制层段内使用。

（2）土系鉴别特征的变幅范围不能超过土族，但要明显大于观测误差。

（3）使用易于观测且较稳定的土壤属性，如深度、厚度等。

（4）土系鉴别特征也可考虑土壤发生层的发育程度。

（5）与利用有关但不属于土壤本身性质的指标，如坡度或地表砾石，一般不作为土系划分依据。

（6）不同利用强度和功能的土壤，土系属性变幅可以不同。一般地，具有重要功能的土壤类型可以适当细分，否则划分可以相对较粗。

3. 土系划分指标

在统一的分类原则指导下，找出土系性状差异及其划分依据，对自然界土壤详尽划分，做到土系与高级单元的紧密联系，从而建成一个上下衔接和完整的土壤分类系统。

同一土系的土壤成土母质、所处地形部位及水热状况均相似。土系也具有所属高级分类单元的诊断层和诊断特性及其分异性，主要是区域性因素引起土族级土壤性状的分异性。在一定剖面深度内，土壤的土层种类、性态、排列层序和层位，以及土壤生产利用的适宜性能大体一致。土系性状的变异范围较窄，在分类上更具直观性和客观性。

土系划分依据众多，凡是用以划分土壤的性质，如由外界综合条件下形成的重要属性及其分异，以及直接影响植物生长的如养分含量、酸碱度、质地、孔隙、结构等，均是土系划分的依据。

1）特殊土层深度和厚度

一些诊断层、诊断特征多规定了其性质量化特征，如黏化层规定了黏粒含量绝对值和相对值的量化，并未规定其出现的位置和厚度，漂白层、耕作淀积层规定了其层次最小厚度，并未规定其出现的位置和土层厚度，而这些层次出现的位置和厚度对于植物生长和土壤物质的迁移和转化影响重大，因此在考虑土系划分指标时，若诊断层和诊断特征的深度和厚度在其上级分类中没有体现，优先选择其作为土系划分的指标；其余还包

括一些其他特殊土层（雏形层除外），如根系限制层、砂姜层、残留母质层等。

深度按照上界出现深度，可分为 0～50 cm（浅位）、50～100 cm（深位）、100～150 cm（底位）。

厚度可按照厚度差异超过 30 cm，即 0～30 cm（薄层）、30～60 cm（中层）、60 cm以上（厚层），或厚度差异达到两倍（即厚者是薄者的 3 倍）。

2）表层土壤质地

当表层（或耕作层）20 cm 混合后质地为不同的类别时，可以按照质地类别区分土系。土壤质地类别如下：砂土类、壤土类、黏壤土类、黏土类。

3）土壤中岩石碎屑、结核、侵入体等

在同一土族中，当土体内加权碎屑、结核、侵入体等（直径或最大尺寸 2～75 mm）绝对含量差异超过 30%时，可以划分不同土系。

4）土壤盐分含量

盐化类型的土壤（非盐成土）按照表层土壤盐分含量，依 2～5 g/kg（低盐）、5～10 g/kg（中盐）、10～20 g/kg（高盐）划分不同的土系。

4. 土系命名

土系是一群相邻而又相似单个土体的组合，是具相对独立性和稳定性的基层分类单元，不直接依附于高级分类单元，也不因高级分类单元的改变而改变，因此土系的命名与高级分类单元的土壤名称脱钩而独立存在。

5. 土系记述

土系作为土壤基层单元，不仅仅是土壤剖面形态与属性的概括，它是具有一群相邻而又相似单个土体组合为聚合土体的概念，单个土体是一个三维实体，占有一定的小范围，并与外界条件密切相关，能综合反映土壤性状，便于研究计量的采样单位，通过单个土体与聚合土体的研究，能为土系的划分取得确切依据，保证土壤实体的属性与土系分类单元概念的一致，体现了系统分类按土壤属性划分各级土壤的统一原则。因此，土系主要记述内容包括：土系名称、土系分类归属、生境条件、土壤形态特征、土壤主要性状及分异、与相邻土系的主要分异特征、主要生产性能评述、与发生分类参比、单个土体描述等。

（1）土系名称。

（2）土系分类归属。确定该土系在中国土壤系统分类中所属土纲、亚纲、土类、亚类和土族。

（3）生境条件。在于指明该土系的地区（地级市、自治州）、县（市、区），所处地理环境，包括地形、地势、海拔、母质、气候和其他有助于鉴别该土系的景观特征，如地形名称、坡度变化范围、岩石露头、侵蚀面或沉积面、温度、降水量、无霜期和有效积温、排水状况和渗透性、主要利用方式及分布面积等。

（4）土壤形态特征。记述该土系的代表性单个土体的土体构型、各层厚度、颜色、质地、结构、新生体、松紧度、根系及层次过渡等，并指明上述特征在该土系变化的范围。

（5）土壤主要性状及分异。指明该土系各种理化性状，如有机质、全氮、全磷、全钾、阳离子交换量、容重、田间持水量等变异范围。

（6）与相邻土系的主要分异特征。主要是指在分类位置上相邻的土系，说明其分异特征，以便区分。

（7）主要生产性能评述。重点记述反映该土系的水、肥、气、热等特点，作物适宜性、种植制度、生产力水平、产量、限制因素、灾害情况及改良利用的建议等。

（8）与发生分类参比。记述该土系与发生分类的土种参比，包括该土系的代表性单个土体的土种名称及该土系不能完全等同于发生分类土种的情况说明。

（9）单个土体描述。包括描述人、描述日期、单个土体的相对位置和绝对位置、地形、坡降、海拔、地下水位、年均气温和积温、降水、土壤温度状况和水分状况、利用状况和存在问题、剖面形态描述、理化分析数据等。

3.5　新疆维吾尔自治区土系调查与建立

3.5.1　主要目标

根据定量化分类的总体要求，整理、规范现有资料，在新疆开展系统的土壤调查和基层分类研究；按照统一的土系研究技术规范，采集样品，进行野外调查和室内分析，完成新疆土系建立，获得典型土系的完整信息和部分新调查典型土系的整段模式标本，并建立标准参比剖面。

3.5.2　过程与规范

1. 资料的收集与整理

收集和整理了《新疆土壤地理》、《新疆土壤》、《新疆土种志》、《新疆土壤系统分类》和各县第二次土壤普查时所编的各种文字资料，以及新疆土壤图集、新疆地形地貌图、新疆水文地质图、新疆土地利用现状图（2014 年）、新疆遥感影像（2015 年）和新疆部分县土种图等图件、影像资料。

2. 样点的布设与采集

整理所得报告、图件和遥感影像等资料，并对图件资料进行数字化，构建数据库，然后叠加、整合，形成土壤成土环境空间数据库（包括地形、地貌、地质、土壤、降水、温度、辐射、地下水等），分析土壤和地形、母质、土地利用/覆被的发生关系及其空间分布特征，作为土壤剖面采样点的布设和野外采样的基础依据。

根据资料整理、图件整合结果分析各成土要素，在不同地形区域预设典型土系样点，实地采集样点时，根据实际情况进行调整，并进行剖面挖掘和记录。按照项目组制定的《野外土壤描述与采样手册》进行剖面的挖掘、描述和分层取样。土壤颜色比色依据Munsell 比色卡判定。

3. 室内测定与数据入库

依据系统分类定量化的诊断层、诊断特性及土系控制层段内土壤剖面的特性，结合《土壤调查实验室分析方法》（张甘霖等，2012），选定实验室待测的土壤理化性质指标和技术方法（表3-17）。

表 3-17　实验室待测土壤理化指标和方法

土壤理化指标	实验室方法
土壤颗粒组成及质地	Masterize2000 激光粒度仪
容重	环刀法
pH	水提 + 氯化钾浸提，电位法
电导率	DDS-307A 型电导率仪
有机碳	重铬酸钾-硫酸消化法
全氮（TN）	硒粉、硫酸铜、硫酸消化-蒸馏法（凯氏法）
全磷（TP）	氢氧化钠碱熔-钼锑抗比色法
全钾（TK）	氢氧化钠碱熔-火焰光度法
有效磷（AP）	碳酸氢钠浸提-钼锑抗比色法（适用于中性和石灰性土壤）
阳离子交换量（CEC）	醋酸铵浸提-火焰光度法
交换性钙（EXCa）	醋酸铵浸提-原子吸收
交换性镁（ECMg）	醋酸铵浸提-原子吸收
交换性钾（EXK）	醋酸铵浸提-火焰光度法
交换性钠（ECNa）	醋酸铵浸提-火焰光度法
游离氧化铁（Fed）	枸橼酸钠-连二亚硫酸钠-碳酸氢钠（DCB）浸提-邻菲罗啉比色法
碳酸钙相当物含量	气量法
矿质全量	氢氟酸-高氯酸熔融-ICP
黏粒的黏土矿物组成	X 射线衍射仪

4. 土层符号

主要土层，以大写字母表示：O（有机层）、A（腐殖质表层或受耕作影响的表层）、E（淋溶、漂白层）、B（物质淀积层，或聚积层，或风化B层）、C（母质层）、R（基岩）。

特性发生层（土层的从属特征），主要土层大写字母后缀小写字母：b（埋藏层）、g（潜育特征）、h（腐殖质聚积）、k[碳酸盐聚积（指碳酸钙结核、假菌丝体）]、m（强胶结）、o（根系盘结）、p（耕作影响）、r（氧化还原特征）、s（铁锰聚积）、t（黏粒聚积）、u[人为活动（堆积、灌淤）及人工制品的存在]、v（变性特征）、w（就地风化形成的显色、有结构的层次，多为雏形层）、x（不太坚硬的胶结，未形成磐）。

3.5.3　新疆土系

在野外剖面描述和实验室土样分析的基础上，参考环境条件，主要依据剖面形态特征和理化性质，对照《中国土壤系统分类检索（第三版）》和《中国土壤系统分类土族与土系划分标准》，从土纲-亚纲-土类-亚类-土族-土系，自上而下逐级确定剖面的各级分类名称。本次新疆土系调查共建立7个土纲，15个亚纲，28个土类，43个亚类，78个土族，134个土系，见表3-18。

表 3-18　新疆土系

土纲	亚纲	土类	亚类	土族	土系
人为土	水耕人为土	潜育水耕人为土	普通潜育水耕人为土	壤质混合性石灰性温性-普通潜育水耕人为土	温宿系
	旱耕人为土	肥熟旱耕人为土	石灰肥熟旱耕人为土	壤质混合型温性-石灰肥熟旱耕人为土	托格拉克系
		灌淤旱耕人为土	斑纹灌淤旱耕人为土	壤质混合型石灰性温性-斑纹灌淤旱耕人为土	莎车系
		土垫旱耕人为土	普通土垫旱耕人为土	壤质混合型石灰性温性-普通土垫旱耕人为土	北五岔北系
干旱土	寒性干旱土	钙积寒性干旱土	普通钙积寒性干旱土	粗骨砂质混合型-普通钙积寒性干旱土	塔什库尔干系
	正常干旱土	钙积正常干旱土	普通钙积正常干旱土	粗骨砂质混合型-普通钙积正常干旱土	哈萨克系
		盐积正常干旱土	磐状盐积正常干旱土	黏壤质混合型石灰性温性-磐状盐积正常干旱土	淖毛湖系
			普通盐积正常干旱土	砂质硅质混合型石灰性温性-普通盐积正常干旱土	吾塔木乡北系
		石膏正常干旱土	石膏石膏正常干旱土	粗骨壤质混合型石灰性温性-石质石膏正常干旱土	泽普系
			斑纹石膏正常干旱土	粗骨砂质混合型石灰性温性-斑纹石膏正常干旱土	南湖乡系
			普通石膏正常干旱土	砂质混合型石灰性冷性-普通石膏正常干旱土	海福系
		简育正常干旱土	普通简育正常干旱土	粗骨砂质混合型石灰性温性-普通简育正常干旱土	南湖系
				壤质盖粗骨质混合型石灰性冷性-普通简育正常干旱土	天山直属系
				粗骨质混合型石灰性温性-普通简育正常干旱土	苇子峡系
				粗骨砂质混合型石灰性温性-普通简育正常干旱土	五家渠系
盐成土	碱积盐成土	简育碱积盐成土	弱盐简育碱积盐成土	黏壤质盖粗骨质混合型石灰性冷性-弱盐简育碱积盐成土	大石头系
	正常盐成土	干旱正常盐成土	洪积干旱正常盐成土	黏质砂多层混合型石灰性温性-洪积干旱正常盐成土	阿拉尔系
			石膏干旱正常盐成土	砂质混合型石灰性热性-石膏干旱正常盐成土	艾丁湖系
				砂质混合型石灰性温性-石膏干旱正常盐成土	陶家宫系
				砂质混合型石灰性热性-石膏干旱正常盐成土	三堡系
				壤质混合型石灰性热性-石膏干旱正常盐成土	迪坎儿系
			普通干旱正常盐成土	砂质混合型石灰性温性-普通干旱正常盐成土	塔里木系
				壤质混合型石灰性温性-普通干旱正常盐成土	大泉湾系
				壤质混合型石灰性温性-普通干旱正常盐成土	若羌系

续表

土纲	亚纲	土类	亚类	土族	土系
盐成土	正常盐成土	潮湿正常盐成土	结壳潮湿正常盐成土	壤质混合型石灰性温性-结壳潮湿正常盐成土	瓦石峡系
			结壳潮湿正常盐成土	壤质混合型石灰性热性-结壳潮湿正常盐成土	艾丁湖底系
			潜育潮湿正常盐成土	壤质混合型石灰性热性-潜育潮湿正常盐成土	哈特喀勒系
潜育土	正常潜育土	暗沃正常潜育土	弱盐暗沃正常潜育土	黏壤质混合型石灰性温性-弱盐暗沃正常潜育土	博湖系
		简育正常潜育土	石灰简育正常潜育土	壤质混合型冷性-石灰简育正常潜育土	石头城系
均腐土	干润均腐土	暗厚干润均腐土	钙积暗厚干润均腐土	壤质混合型温性-钙积暗厚干润均腐土	开斯克八系
			普通暗厚干润均腐土	壤质混合型冷性-普通暗厚干润均腐土	衣七队系
	湿润均腐土	简育湿润均腐土	普通简育湿润均腐土	壤质混合型非酸性冷性-普通简育湿润均腐土	龙池系
雏形土		草毡寒冻雏形土	钙积草毡寒冻雏形土	壤质混合型-钙积草毡寒冻雏形土	巴音布鲁克系
			石灰草毡寒冻雏形土	黏壤盖粗骨质混合型-石灰草毡寒冻雏形土	古龙沟系
		简育寒冻雏形土	钙积简育寒冻雏形土	壤质混合型-钙积简育寒冻雏形土	大河系
			钙积简育寒冻雏形土	壤质混合型冷性-钙积简育寒冻雏形土	和静系
			石灰简育寒冻雏形土	壤质混合型-石灰简育寒冻雏形土	红其拉甫山系
		淡色潮湿雏形土	弱盐淡色潮湿雏形土	壤质混合型冷性-弱盐淡色潮湿雏形土	精河系
			石灰淡色潮湿雏形土	壤质盖粗骨质混合型温性-石灰淡色潮湿雏形土	察布查尔锡伯系
			石灰淡色潮湿雏形土	壤质混合型冷性-石灰淡色潮湿雏形土	老台系
			石灰淡色潮湿雏形土	壤质混合型冷性-石灰淡色潮湿雏形土	偷伏翁系
			石灰淡色潮湿雏形土	壤质混合型温性-石灰淡色潮湿雏形土	东地系
			石灰淡色潮湿雏形土	黏壤质粗骨质混合型冷性-石灰淡色潮湿雏形土	油坊庄系
			普通淡色潮湿雏形土	砂质混合型非酸性寒性-普通淡色潮湿雏形土	切木尔切克系
		灌淤干润雏形土	钙积灌淤干润雏形土	砂质混合型温性-钙积灌淤干润雏形土	库西维日兑系
			钙积灌淤干润雏形土	黏壤质混合型温性-钙积灌淤干润雏形土	门莫城系
			弱盐灌淤干润雏形土	砂质混合型石灰性温性-弱盐灌淤干润雏形土	托喀依系
			斑纹灌淤干润雏形土	壤质混合型石灰性温性-斑纹灌淤干润雏形土	四十里城子系

续表

土纲	亚纲	土类	亚类	土族	土系
雏形土	干润雏形土	灌淤干润雏形土	斑纹灌淤干润雏形土	壤质混合型石灰性温性-斑纹灌淤干润雏形土	沙雅系
			普通灌淤干润雏形土	黏壤质混合型石灰性温性-普通灌淤干润雏形土	查尔系
			普通灌淤干润雏形土	砂质硅质混合型石灰性温性-普通灌淤干润雏形土	皇宫南系
			普通灌淤干润雏形土	壤质混合型石灰性冷性-普通灌淤干润雏形土	南五宫系
			普通灌淤干润雏形土	壤质盖粗骨混合型石灰性温性-普通灌淤干润雏形土	察布查尔系
		底锈干润雏形土	石灰底锈干润雏形土	壤质混合型温性-石灰底锈干润雏形土	新和系
			石灰底锈干润雏形土	壤质混合型温性-石灰底锈干润雏形土	卡拉欧依系
			石灰底锈干润雏形土	壤质混合型温性-石灰底锈干润雏形土	西上湖系
			石灰底锈干润雏形土	壤质混合型温性-石灰底锈干润雏形土	农四连系
			石灰底锈干润雏形土	壤质混合型温性-石灰底锈干润雏形土	克拉玛依系
			石灰底锈干润雏形土	壤质混合型温性-石灰底锈干润雏形土	托克逊系
			石灰底锈干润雏形土	壤质混合型温性-石灰底锈干润雏形土	红星牧场系
			石灰底锈干润雏形土	壤质混合型温性-石灰底锈干润雏形土	陕西工系
			石灰底锈干润雏形土	黏壤质粗骨砂质混合型温性-石灰底锈干润雏形土	哈尔莫墩系
			石灰底锈干润雏形土	黏壤质混合型美性-石灰底锈干润雏形土	尉犁系
			石灰底锈干润雏形土	壤质混合型冷性-石灰底锈干润雏形土	茫丁系
			石灰底锈干润雏形土	壤质混合型冷性-石灰底锈干润雏形土	撒吾系
			石灰底锈干润雏形土	壤质混合型冷性-石灰底锈干润雏形土	海纳洪系
			石灰底锈干润雏形土	砂质混合型冷性-石灰底锈干润雏形土	博乐系
			石灰底锈干润雏形土	砂质混合型温性-石灰底锈干润雏形土	阔克布略系
			石灰底锈干润雏形土	砂质混合型温性-石灰底锈干润雏形土	莫索湾系
			石灰底锈干润雏形土	砂质混合型温性-石灰底锈干润雏形土	吾塔木系
		暗沃干润雏形土	普通暗沃干润雏形土	黏壤质粗骨酸性冷性-普通暗沃干润雏形土	阿兑阿热勒系
			钙积暗沃干润雏形土	壤质混合型温性-钙积暗沃干润雏形土	洪纳海系

续表

土纲	亚纲	土类	亚类	土族	土系
雏形土	干润雏形土	暗沃干润雏形土	钙积暗沃干润雏形土	壤质混合型温性-钙积暗沃干润雏形土	尼勒克系
			普通暗沃干润雏形土	壤质混合型石灰性温性-普通暗沃干润雏形土	兰州湾系
		简育干润雏形土	钙积简育干润雏形土	壤质混合型冷性-钙积简育干润雏形土	拉格托格系
			钙积简育干润雏形土	壤质混合型温性-钙积简育干润雏形土	玛纳斯系
			钙积简育干润雏形土	黏壤质混合型冷性-钙积简育干润雏形土	吉木萨尔系
			钙积简育干润雏形土	黏壤质混合型冷性-钙积简育干润雏形土	南闸系
			钙积简育干润雏形土	黏壤质混合型冷性-钙积简育干润雏形土	新源系
			钙积简育干润雏形土	黏壤质混合型温性-钙积简育干润雏形土	郝家庄系
			钙积简育干润雏形土	黏壤质混合型温性-钙积简育干润雏形土	农六连系
			钙积简育干润雏形土	壤质混合型寒性-钙积简育干润雏形土	照壁山系
			钙积简育干润雏形土	壤质混合型冷性-钙积简育干润雏形土	库玛克系
			钙积简育干润雏形土	壤质混合型冷性-钙积简育干润雏形土	城关系
			钙积简育干润雏形土	壤质混合型冷性-钙积简育干润雏形土	克尔古提系
			钙积简育干润雏形土	壤质混合型冷性-钙积简育干润雏形土	额郊系
			钙积简育干润雏形土	壤质混合型冷性-钙积简育干润雏形土	甘泉系
			钙积简育干润雏形土	壤质混合型冷性-钙积简育干润雏形土	阿西尔系
			钙积简育干润雏形土	壤质混合型温性-钙积简育干润雏形土	额敏系
			钙积简育干润雏形土	壤质混合型温性-钙积简育干润雏形土	恰合吉系
			钙积简育干润雏形土	壤质混合型温性-钙积简育干润雏形土	五里系
			钙积简育干润雏形土	壤质混合型温性-钙积简育干润雏形土	伊宁系
			钙积简育干润雏形土	壤质混合型温性-钙积简育干润雏形土	焉耆系
			钙积简育干润雏形土	壤质混合型温性-钙积简育干润雏形土	二道河子系
			钙积简育干润雏形土	壤质混合型温性-钙积简育干润雏形土	塔城系
			钙积简育干润雏形土	壤质混合型温性-钙积简育干润雏形土	白碱滩系

续表

土纲	亚纲	土类	亚类	土族	土系
雏形土	干润雏形土	简育干润雏形土	钙积简育干润雏形土	砂质混合型寒性-钙积简育干润雏形土	阿勒泰系
			钙积简育干润雏形土	砂质混合型温性-钙积简育干润雏形土	英吾斯塘系
			普通简育干润雏形土	粗骨砂质盖壤质多层混合型石灰性冷性-普通简育干润雏形土	塔什系
			普通简育干润雏形土	黏壤质盖粗骨质混合型石灰性冷性-普通简育干润雏形土	新地系
			普通简育干润雏形土	黏壤质混合型寒性-普通简育干润雏形土	木垒系
			普通简育干润雏形土	黏壤质混合型石灰性冷性-普通简育干润雏形土	东城口系
			普通简育干润雏形土	黏壤质混合型冷性-普通简育干润雏形土	北五岔系
			普通简育干润雏形土	黏壤质混合型温性-普通简育干润雏形土	包头湖系
			普通简育干润雏形土	黏壤质混合型石灰性温性-普通简育干润雏形土	下吐鲁番干孜系
			普通简育干润雏形土	黏质混合型石灰性温性-普通简育干润雏形土	阿苇滩系
			普通简育干润雏形土	黏质混合型石灰性温性-普通简育干润雏形土	西大沟系
			普通简育干润雏形土	黏壤质混合型石灰性温性-普通简育干润雏形土	呼图壁系
			普通简育干润雏形土	黏壤质混合型石灰性温性-普通简育干润雏形土	泉水地系
			普通简育干润雏形土	壤质混合型石灰性寒性-普通简育干润雏形土	吉拉系
			普通简育干润雏形土	壤质混合型石灰性寒性-普通简育干润雏形土	大南沟系
			普通简育干润雏形土	壤质混合型石灰性冷性-普通简育干润雏形土	新沟系
			普通简育干润雏形土	壤质混合型石灰性冷性-普通简育干润雏形土	头屯河系
			普通简育干润雏形土	壤质混合型石灰性温性-普通简育干润雏形土	福海系
			普通简育干润雏形土	壤质混合型石灰性温性-普通简育干润雏形土	沙湾系
			普通简育干润雏形土	壤质混合型石灰性温性-普通简育干润雏形土	奎屯系
			普通简育干润雏形土	壤质混合型石灰性温性-普通简育干润雏形土	巴热提买里系
			普通简育干润雏形土	壤质混合型石灰性温性-普通简育干润雏形土	农八师系
			普通简育干润雏形土	壤质混合型石灰性温性-普通简育干润雏形土	乌兰乌苏系
			普通简育干润雏形土	壤质混合型石灰性温性-普通简育干润雏形土	十九户系

续表

土纲	亚纲	土类	亚类	土族	土系
雏形土	干润雏形土	简育干润雏形土	普通简育干润雏形土	壤质混合型石灰性温性-普通简育干润雏形土	二十里店系
			普通简育干润雏形土	壤质混合型石灰性温性-普通简育干润雏形土	和庄系
			普通简育干润雏形土	壤质混合型石灰性温性-普通简育干润雏形土	龙河系
			普通简育干润雏形土	壤质混合型石灰性温性-普通简育干润雏形土	二畦系
			普通简育干润雏形土	壤质混合型石灰性温性-普通简育干润雏形土	霍城系
			普通简育干润雏形土	壤质混合型石灰性温性-普通简育干润雏形土	果子沟系
			普通简育干润雏形土	壤质混合型石灰性温性-普通简育干润雏形土	胡迪亚系
			普通简育干润雏形土	砂质混合型石灰性温性-普通简育干润雏形土	福海南系
			普通简育干润雏形土	砂质混合型石灰性冷性-普通简育干润雏形土	额尔齐斯系
			普通简育干润雏形土	砂质混合型石灰性温性-普通简育干润雏形土	北屯系
新成土	砂质新成土	干旱砂质新成土	普通干旱砂质新成土	砂质硅质型石灰性温性-普通干旱砂质新成土	巴夏克其系
	冲积新成土	干旱冲积新成土	普通干旱冲积新成土	壤质混合型石灰性温性-普通干旱冲积新成土	木吾塔系
	正常新成土	红色正常新成土	石灰红色正常新成土	粗骨砂质混合型温性-石灰红色正常新成土	阿克陶系
		正常新成土	石灰干旱正常新成土	砂质混合型温性-石灰干旱正常新成土	古尔班系

3.6　新疆土壤分类参比

目前我国土壤系统分类和发生分类并存,第二次土壤普查时分析了大量土壤实体数据,而且吸取了系统分类的一些内容,积累了大量土壤资料,因此,根据本书所采的具体土壤剖面、前期研究所记录土壤剖面及第二次土壤普查时所记录的土壤实体属性数据与信息,判断其诊断层与诊断特征,按照检索系统的顺序检索高级分类,并根据基层分类标准进行土族和土系的划分,进行土壤分类的近似参比是可行的。进行土壤系统分类与发生分类的参比,以期能够使原有大量历史资料为土壤分类学科的发展服务,使土壤信息能够更好地为生产服务,使之具有重要理论和应用意义。

3.6.1　高级分类近似参比

因为分类的依据不同,严格意义上发生分类和系统分类两个分类体系不是平行的关系,二者之间不可一一对比,很难作简单的分类参比。新疆土壤分类无论是发生分类还是系统分类在高级分类中都明显地体现了发生学分类的思想,重视成土环境、成土过程对土壤性质的影响;发生分类多倾向于根据一定的景观成土条件,推测一定的成土过程,与土壤实体具备的属性进行对照统一,因此,发生分类中心概念清楚,边界模糊;而系统分类引入诊断层、诊断特性等定量化的判别指标,倾向利用土壤本身属性而非外界条件进行土壤类别的划分,将各土壤分类级别土壤性质界限定量化。

因此,对不同的土壤类型进行两个土壤分类系统参比时存在"多对一"或"一对多"的关系,即发生分类中的一个土类可能相当于系统分类中的若干土纲、亚纲或土类,或者发生分类中的多个土类对应系统分类的某个土纲、亚纲或土类,因此,需要考虑其土壤具体属性,按照诊断层、诊断特征和分类检索来进行土壤类别的合并或分离,可以实现土壤分类的近似参比(表 3-19)。

表 3-19　新疆高级分类的近似参比

土壤发生分类				土壤系统分类		
土纲	亚纲	土类	亚类	土纲	亚纲	土类（亚类）
半淋溶土	半湿温半淋溶土	灰褐土	淋溶灰褐土	雏形土	干润雏形土	普通暗沃干润雏形土
						普通简育干润雏形土
			灰褐土	雏形土	干润雏形土	普通简育干润雏形土
钙层土	半湿温钙层土	黑钙土	淋溶黑钙土	雏形土	干润雏形土	普通简育干润雏形土
			黑钙土	均腐土	干润均腐土	弱碱钙积干润均腐土
						普通钙积干润均腐土
				雏形土	干润雏形土	钙积暗沃干润雏形土
			碳酸盐黑钙土	雏形土	干润雏形土	钙积暗沃干润雏形土
			草甸黑钙土	均腐土	干润均腐土	弱碱钙积干润均腐土
						普通钙积干润均腐土
	半干旱温钙层土	栗钙土	暗栗钙土	均腐土	干润均腐土	普通钙积干润均腐土
			栗钙土	雏形土	干润雏形土	钙积暗沃干润雏形土

续表

土壤发生分类			土壤系统分类		
土纲	亚纲	土类	亚类	土纲	亚纲	土类（亚类）

土纲	亚纲	土类	亚类	土纲	亚纲	土类（亚类）
钙层土	半干旱温钙层土	栗钙土	淡栗钙土	雏形土	干润雏形土	钙积暗沃干润雏形土
			盐化栗钙土	均腐土	干润均腐土	弱碱钙积干润均腐土
						普通钙积干润均腐土
			碱化栗钙土	均腐土	干润均腐土	弱碱钙积干润均腐土
						普通钙积干润均腐土
			草甸栗钙土	均腐土	干润均腐土	弱碱钙积干润均腐土
						普通钙积干润均腐土
干旱土	干旱温钙层土	棕钙土	棕钙土	干旱土	正常干旱土	寒性简育正常干旱土
						钙积正常干旱土
			淡棕钙土			石膏正常干旱土
			盐化棕钙土			钙积正常干旱土
						盐积正常干旱土
			碱化棕钙土			黏化正常干旱土
			草甸棕钙土			盐积正常干旱土
						简育正常干旱土
			灌耕棕钙土			钙积正常干旱土
						简育正常干旱土
		灰钙土	灰钙土			钙积正常干旱土
						简育正常干旱土
			淡灰钙土			石膏正常干旱土
			盐化灰钙土			钙积正常干旱土
						盐积正常干旱土
			草甸黑钙土			钙积正常干旱土
						盐积正常干旱土
						简育正常干旱土
			灌耕灰钙土			钙积正常干旱土
						简育正常干旱土
漠土	温漠土	灰漠土	灰漠土	干旱土	正常干旱土	简育正常干旱土
						石膏正常干旱土
			盐化灰漠土			盐积正常干旱土
			碱化灰漠土			黏化正常干旱土
			草甸灰漠土			盐积正常干旱土
						简育正常干旱土
			灌耕灰漠土			盐积正常干旱土
						黏化正常干旱土
		灰棕漠土	灰棕漠土			钙积正常干旱土
						石膏正常干旱土
			石膏灰棕漠土			石膏正常干旱土
						盐积正常干旱土
			石膏盐磐灰棕漠土			钙积正常干旱土
						石膏正常干旱土

续表

土壤发生分类				土壤系统分类		
土纲	亚纲	土类	亚类	土纲	亚纲	土类（亚类）
漠土	温漠土	灰棕漠土	石膏盐磐灰棕漠土	干旱土	正常干旱土	盐积正常干旱土
	暖温漠土	棕漠土	棕漠土			钙积正常干旱土
						石膏正常干旱土
			石膏棕漠土			石膏正常干旱土
						钙积正常干旱土
						盐积正常干旱土
			石膏盐磐棕漠土			石膏正常干旱土
						盐积正常干旱土
			盐化棕漠土			钙积正常干旱土
						盐积正常干旱土
			灌耕棕漠土			钙积正常干旱土
				雏形土	湿润雏形土	简育湿润雏形土
初育土	土质初育土	新积土	新积土	新成土	人为新成土	扰动人为新成土
						淤积人为新成土
			冲积土		冲积新成土	干旱冲积新成土
		龟裂土	龟裂土	干旱土	正常干旱土	盐积正常干旱土
						黏化正常干旱土
						简育正常干旱土
		风沙土	荒漠风沙土	新成土	砂质新成土	干旱砂质新成土
						石灰质干旱砂质新成土
	石质初育土	石质土	钙质石质土	新成土	正常新成土	石质正常新成土
		粗骨土	钙质粗骨土			石质正常新成土
半水成土	暗半水成土	草甸土	石灰性草甸土	雏形土	潮湿雏形土	潜育潮湿雏形土
						砂姜潮湿雏形土
						暗色潮湿雏形土
			盐化草甸土			弱盐淡色潮湿雏形土
		林灌草甸土	林灌草甸土	新成土	冲积新成土	干旱冲积新成土
						湿润冲积新成土
	淡半水成土	潮土	盐化林灌草甸土	雏形土	潮湿雏形土	淡色潮湿雏形土
					湿润雏形土	钙质湿润雏形土
						斑纹湿润雏形土
					潮湿雏形土	弱盐淡色潮湿雏形土
						石灰淡色潮湿雏形土
					湿润雏形土	钙质湿润雏形土
						暗沃湿润雏形土
						斑纹湿润雏形土
						简育湿润雏形土
			潮土（黄潮土）	雏形土	潮湿雏形土	淡色潮湿雏形土
					湿润雏形土	钙质湿润雏形土
						斑纹湿润雏形土
						简育湿润雏形土
			湿潮土（青潮土）		潮湿雏形土	暗沃潮湿雏形土
			盐化潮土		潮湿雏形土	弱盐淡色潮湿雏形土
					湿润雏形土	斑纹湿润雏形土

土壤发生分类				土壤系统分类		
土纲	亚纲	土类	亚类	土纲	亚纲	土类（亚类）
	淡半水成土	潮土	灌淤潮土	雏形土	湿润雏形土	简育湿润雏形土
					潮湿雏形土	淡色潮湿雏形土
			脱潮土（退潮土）	干旱土	正常干旱土	盐积正常干旱土
						斑纹简育正常干旱土
水成土	水成土	沼泽土	残余泥炭沼泽土	均腐土	干润均腐土	钙积干润均腐土
			草甸沼泽土	潜育土	滞水潜育土	普通简育滞水潜育土
					正常潜育土	（石灰）表锈正常潜育土
						暗沃正常潜育土
			腐泥沼泽土		滞水潜育土	简育滞水潜育土
			泥炭沼泽土		滞水潜育土	有机滞水潜育土
					正常潜育土	有机正常潜育土
			盐化沼泽土		正常潜育土	弱盐表锈正常潜育土
						弱盐暗沃正常潜育土
						弱盐简育正常潜育土
		泥炭土		有机土	正常有机土	半腐正常有机土
盐碱土	盐土	盐土	草甸盐土	盐成土	正常盐成土	潜育潮湿正常盐成土
						弱碱潮湿正常盐成土
			典型盐土（结壳盐土）			结壳潮湿正常盐成土
						弱碱潮湿正常盐成土
			沼泽盐土		正常盐成土	潜育潮湿正常盐成土
						暗沃潮湿正常盐成土
			碱化盐土			弱碱潮湿正常盐成土
	漠境盐土		残余盐土（干盐土）	干旱土	正常干旱土	石膏正常干旱土
					正常盐成土	普通干旱正常盐成土
						洪积干旱正常盐成土
	碱土	碱土	漠境盐土		正常盐成土	普通干旱正常盐成土
			干盐土			洪积干旱正常盐成土
						石膏-盐磐干旱正常盐成土
						普通干旱正常盐成土
			草原碱土	盐成土	碱积盐成土	简育碱积盐成土
			荒漠碱土（包括龟裂碱土）			简育碱积盐成土
			龟裂碱土			龟裂碱积盐成土
			草甸碱土			龟裂碱积盐成土
						潮湿碱积盐成土
			盐化碱土			潮湿（简育）碱积盐成土
人为土	水稻土	水稻土	渗育水稻土	人为土	水耕人为土	铁渗水耕人为土
			潜育水稻土			潜育水耕人为土
			潴育水稻土			铁聚水耕人为土
			盐化水稻土			弱盐潜育水耕人为土
						弱盐简育水耕人为土
			淹育水稻土			弱盐简育水耕人为土
						普通简育水耕人为土

续表

土壤发生分类				土壤系统分类		
土纲	亚纲	土类	亚类	土纲	亚纲	土类（亚类）
人为土	灌耕土	灌淤土	灌淤土	人为土	旱耕人为土	钙积灌淤旱耕人为土
						普通灌淤旱耕人为土
			潮灌淤土			斑纹灌淤旱耕人为土
			表锈灌淤土			水耕灌淤旱耕人为土
			盐化灌淤土			弱盐灌淤旱耕人为土
		灌漠土（灌耕土）	灰灌漠土			普通土垫旱耕人为土
						石灰性土垫旱耕人为土
			暗灌漠土			肥熟土垫旱耕人为土
			菜园土			肥熟旱耕人为土
			盐化灌耕土			弱盐土垫旱耕人为土
			潮灌漠土			斑纹土垫旱耕人为土
高山土	湿寒高山土	高山草甸土	高山草甸土	雏形土	寒冻雏形土	普通草毡寒冻雏形土
						斑纹暗沃寒冻雏形土
						普通暗沃寒冻雏形土
		亚高山草甸土	亚高山草甸土			普通草毡寒冻雏形土
						斑纹暗沃寒冻雏形土
						普通暗沃寒冻雏形土
	半湿寒高山土	高山草原土	高山草原土			简育寒冻雏形土
			高山荒漠草原土			斑纹暗脊寒冻雏形土
			高山草甸草原土			斑纹暗沃寒冻雏形土
		亚高山草原土	亚高山草原土			钙积简育寒冻雏形土
			亚高山草甸草原土			钙积暗沃寒冻雏形土
	干寒高山土	高山漠土	高山漠土			普通简育寒冻雏形土
	寒冻高山土	高山寒漠土	高山寒漠土			普通简育寒冻雏形土

3.6.2　基层分类近似参比

　　土系集成体现了高级分类单元的信息，同时具有明显的地域特色，因此具有定量（精确的属性范围）、定型（稳定的土层结构）和定位（明确的地理位置）的特征。土系在学科上为土壤高级分类单元提供支撑，是土地评价、土地利用规划、生态环境建设的重要基础数据，可以直接为生产实践服务，直接联系着各区域的实际，因此，土系是土壤学和相关学科发展、农业生产、生态与环境建设的重要基础数据。

　　目前我国土壤系统分类已进入基层单元时代，作为土壤基层分类单元的"土系"，虽然陆续取得了一些研究成果，但起步较晚，在研究广度、深度以及取得的成果规模与应用价值等方面总体上还存在不足，所记述的土系还不能完全反映各地区土系信息。

　　我国第二次土壤普查积累了大量丰富的数据和资料，其最终汇总时所建立的土种，具有一定的微域景观条件，近似的水热条件，相同的母质以及相同的植被与利用方式；同一土种的剖面发生层或其他土层的层序排列及厚度是相似的；同一土种的土壤特征、土层的发育程度相同；同一土种的生产性能及生产潜力相同。这些土种与土类脱钩，命名也比较简单，实际上已接近土系的含义。土种的建立是在评土、比土基础上得到的，是根据典型剖面的描述、记载、分析化验结果确立的，在地理空间上代表一定的面积分布，这实际上也代表着土壤实体；并且根据统一部署和规范，所有的县都以土种为单元绘制了大比例尺的"土壤图"，编写了"土壤志"，逐个土种阐明了其所处景观部位、分布面积、特征土层性状、有效土层厚度、养分含量变幅、土壤障碍因素、利用方向、改良措施等土种特性。

表 3-20　新疆基层分类比较

发生分类		系统分类	
土属	成土母质的成因、岩性和区域水分条件等	土族	土壤颗粒大小级别、矿物学类型、土壤温度状况等
土种	相同的母质、景观条件，具有相似的土体构型（特征层的层位、层序、层厚、质地、颜色等），相似的生产性能及管理措施等	土系	同一上级分类下的剖面性态特征相似的单个土体组合成的聚合土体构型，母质、地形、水热条件相似，特殊土层的种类、性质、层位、排列、层厚相似，生产利用适宜性大体一致

土种与土系存在着重要区别，如概念上和划分标准上有一定的差异，但在许多方面是一致的或相近的：

（1）都选择了地区性的影响因素，都是通过对土壤实体剖面研究得到数据信息；都对各层次土壤样品的理化性质进行了系统的实验室分析，剖面描述和实验室分析的方法基本是统一、规范的，除个别项目外（如关于土壤质地的划分，第二次土壤普查之初按苏联的卡庆斯基制，后期按国际制；而中国土壤系统分类则按美国制）。

（2）第二次土壤普查对土种都进行了详细的记述，如命名归属、主要性状、典型剖面和生产性能等。土种的描述和分析化验资料，已经包含了鉴别土系的主要土壤特性，如土层厚度（包括表土层厚度、心土层厚度、石质层出现深度）、土壤各层次质地、土壤中碎屑含量与类型、土壤反应、碳酸钙含量、颜色、低彩度的土壤氧化还原特征等，这些正是土系记述所必需的。

（3）都以土壤实体为对象，采用独立命名，第二次土壤普查时的土种采用在土属名称前加以特征土层定量级别修饰语或群众名称的独立命名法，土系采用首次发现地名或优势分布地区地名的独立命名法，均以土壤实体为对象，脱离上级分类进行独立命名。

土种与土系的划分原则和标准不同，在划分土种时这些信息没有得到充分体现，有关的土壤特性资料没有充分利用。只要按照土系的划分原则、标准和方法对这些资料重新进行分析、整理、归纳，就可以提炼出划分土系的有用信息。对于一些鉴别土系的重要性状，如土壤水分、土壤温度、矿物学特征等，在土种资料中记载的较少，但这些特征可以通过土壤所处的地理环境、母质类型、地形地貌部位、植被等因素推断出来，有条件时对一些典型地区也可以进行补充定位观测和分析鉴定。表 3-19 列出了新疆土系及其对应的参比土种信息。

因此，在正确区分高级分类单元的基础上，需要严格遵循中国土壤系统分类的分类原则和分类体系，保证高级分类单元的一致性、土系概念和划分方法的一致性、描述方法和土层符号的一致性，以大量实地调查研究资料为支撑，以第二次土壤普查资料中的土种信息为参考，完善我国的土壤系统分类，促进土壤科学的发展，更好地为生产实际服务，而且能够节约大规模土壤调查所需要的大量时间和资金，使宝贵的土壤普查资料充分发挥作用，为未来逐步建立大量土系及数据库奠定基础。

下篇　区域典型土系

第4章 人 为 土

4.1 普通潜育水耕人为土

4.1.1 温宿系（Wensu Series）[①]

土　　族：壤质混合型石灰性温性-普通潜育水耕人为土

拟定者：吴克宁，武红旗，鞠　兵，赵　瑞，李方鸣，刘　楠等

分布与环境条件　该土系地处新疆维吾尔自治区西部天山中段的托木尔峰南麓，塔里木盆地西北边缘。母质是冲积物，地形平坦，排水较差，多晴少雨，光照充足，空气干燥，属典型的大陆性气候，年平均气温为 10.1 ℃，年平均降水量为 65.4 mm，土地利用类型为水田，主要种植水稻，本土系的代表性单个土体土地利用方式系水田改旱地。

温宿系典型景观

土系特征与变幅　该土系诊断层有水耕表层、水耕氧化还原层和钙积层，诊断特性有人为滞水土壤水分状况（水改旱后系半干润土壤水分状况）、温性土壤温度状况、氧化还原特征、石灰性。混合型矿物，质地以壤土、砂土为主，Ap2 层及 Br2 层以下至底层有较多铁锰斑纹连片分布于结构体表面，且含有不规则的结核，通体有石灰反应。

对比土系　托格拉克系，壤质混合型温性-石灰肥熟旱耕人为土。二者地形部位不同，母

---

① 括号内为土系的英文名。土系英文名命名原则为土系名汉字拼音加 Series。

质类型相同，属于不同土族。托格拉克系地处塔克拉玛干沙漠的西缘，母质是冲积物，地势平坦，混合型矿物，土体上部质地以粉壤土为主，下部以砂质壤土为主，孔隙度高，Bw1 层和 Bk 层有中量不规则结核，通体有石灰反应；而温宿系地处新疆维吾尔自治区西部天山中段的托木尔峰南麓，塔里木盆地西北边缘，质地以壤土、砂土为主，Ap2 层和 Br2 层以下至底层有较多铁锰斑纹连片分布于结构体表面，且含有不规则的结核，土层潜在肥力较高，属于壤质混合型石灰性温性-普通潜育水耕人为土。

利用性能综述　该土系潜在肥力较高，土层深厚，但地下水位高，积盐对农作物的危害一般比较大，该土系所处地势一般均低洼，排水较差，要加强水利设施建设，建立健全灌排系统，早防早治，治根治本，降低地下水位，增施有机肥。

参比土种　黄潮土。

代表性单个土体　剖面于 2015 年 8 月 23 日采自新疆维吾尔自治区阿克苏地区温宿县境内托乎拉乡托乎拉村（编号 XJ-15-18），41°15′58″N，80°11′29″E，海拔 1128 m。母质类型为冲积物，土地利用方式由水田改旱地。

温宿系代表性单个土体剖面

Ap1：0～12 cm，淡灰色（2.5Y 7/1，干），黄灰色（2.5Y 5/1，润），壤土，中度发育的粒状结构，湿时极疏松，细根系，多量很细蜂窝状孔隙，孔隙度很高，分布于结构体内外，强石灰反应，渐变波状过渡。

Ap2：12～23 cm，淡灰色（2.5Y 7/1，干），黄灰色（2.5Y 4/1，润），壤土，中度发育的片状结构，湿时坚实，无根系，多量很细蜂窝状孔隙，孔隙度很高，分布于结构体内外，多量铁锰斑纹分布于结构体内，强石灰反应，清晰波状过渡。

Br1：23～40 cm，淡灰色（10YR 7/1，干），棕灰色（10YR 5/1，润），砂土，发育很弱的块状结构，湿时疏松，无根系，多量很细蜂窝状孔隙，孔隙度很高，分布于结构体内外，少量球形结核，强石灰反应，清晰波状过渡。

Br2：40～78 cm，浊黄色（2.5Y 6/3，干），橄榄棕色（2.5Y 4/3，润），砂土，单粒，弱发育块状结构，湿时松散，无根系，多量很细蜂窝状孔隙，孔隙度很高，分布于结构体外，极多铁锰斑纹连片分布于结构体表，少量软的不规则结核，强石灰反应，清晰波状过渡。

Bg：78～90 cm，淡灰色（2.5Y 7/1，干），黄灰色（2.5Y 4/1，润），壤土，弱发育块状结构，湿时坚实，无根系，多量很细蜂窝状孔隙，孔隙度高，分布于结构体内外，中量铁锰斑纹，多量硬的不规则结核，强石灰反应，清晰波状过渡。

Cg：90～130 cm，淡黄色（2.5Y 6/2，干），暗灰黄色（2.5Y 4/2，润），砂土，单粒，无结构，湿时松散，无根系，多量很细蜂窝状孔隙，孔隙度很高，分布于结构体外，中量铁锰斑纹，强石灰反应。

温宿系代表性单个土体物理性质

| 土层 | 深度 /cm | 细土颗粒组成 (粒径：mm)/(g/kg) | | | 质地 | 砾石 含量/% | 容重 /(g/cm³) |
		砂粒 2～0.05	粉粒 0.05～0.002	黏粒 <0.002			
Ap1	0～12	377	395	228	壤土	0	0.96
Ap2	12～23	458	284	258	壤土	0	1.33
Br1	23～40	952	49	0	砂土	0	1.74
Br2	40～78	968	32	0	砂土	0	1.52
Bg	78～90	375	465	160	壤土	0	1.80
Cg	90～130	886	80	34	砂土	20	1.67

温宿系代表性单个土体化学性质

深度 /cm	pH (H₂O)	有机质 /(g/kg)	全磷 /(g/kg)	全钾 /(g/kg)	碱解氮 /(mg/kg)	速效磷 /(mg/kg)	速效钾 /(mg/kg)	电导率 (1∶1水土比) /(dS/m)	碳酸钙 /(g/kg)
0～12	8.2	35.2	0.79	4.25	18.51	38.10	97.1	2.54	290
12～23	8.7	30.0	0.78	3.98	17.57	9.47	61.5	0.54	202
23～40	8.5	5.4	0.45	1.59	6.25	4.71	39.0	0.41	2
40～78	8.8	6.9	0.36	0.78	10.00	5.32	33.6	0.24	3
78～90	8.5	13.7	0.52	7.58	6.00	1.72	80.7	0.93	195
90～130	8.5	5.7	0.43	3.88	10.04	6.33	40.3	0.75	248

4.2　石灰肥熟旱耕人为土

4.2.1　托格拉克系（Tuogelake Series）

土　族：壤质混合型温性-石灰肥熟旱耕人为土
拟定者：吴克宁，武红旗，鞠　兵，黄　勤，高　星，刘　楠，郭　梦等

分布与环境条件　该土系地处塔克拉玛干沙漠的西缘。母质是冲积物，地势平坦，土层深厚，土地肥沃，适宜农、林、牧业发展。大陆性暖温带干旱气候，降水量少，蒸发量大，光照充足，年平均气温为 10.3～12.2 ℃，年平均降水量为 58.4 mm。土地利用类型为水浇地，主要种植玉米、棉花。

托格拉克系典型景观

土系特征与变幅　该土系诊断层有肥熟表层、磷质耕作淀积层和钙积层，诊断特性有干旱土壤水分状况、温性土壤温度状况、石灰性。混合型矿物，土体上部质地以粉壤土为主，下部以砂质壤土为主，孔隙度高，Bw1 层和 Bk 层有中量不规则结核，通体有石灰反应。

对比土系　温宿系，壤质混合型石灰性温性-普通潜育水耕人为土。二者地形部位不同，母质类型相同，剖面构型不同，属于不同土族。温宿系地处新疆维吾尔自治区西部天山中段的托木尔峰南麓，塔里木盆地西北边缘，质地以壤土、砂土为主，Ap2 层及 Br2 层以下至底层有较多铁锰斑纹连片分布于结构体表面，且含有不规则的结核，土层潜在肥力较高；而托格拉克系地处塔克拉玛干沙漠的西缘，母质是冲积物，地势平坦，混合型矿物，土体上部质地以粉壤土为主，下部以砂质壤土为主，孔隙度高，Bw1 层和 Bk 层有中量不规则结核，通体有石灰反应，属于壤质混合型温性-石灰肥熟旱耕人为土。

利用性能综述　地形平坦，土层深厚，土壤质地适中，具有一定持水力，通透性也好，综合肥力水平高。但要注意合理灌溉，严格控制灌水定额，防止地下水位上升。

参比土种　灌淤潮土。

代表性单个土体　剖面于 2015 年 8 月 18 日采自新疆维吾尔自治区喀什地区泽普县依肯苏乡托格拉克村（编号 XJ-15-27），38°15′54″N，85°30′17″E，海拔 1196 m。母质类型为冲积物。

Ap1：0～17 cm，灰黄色（2.5Y 7/2，干），橄榄棕色（2.5Y 4/4，润），粉壤土，弱发育的块状结构，湿态松散，很少量极细根系，多量很细的蜂窝状孔隙，位于结构体内，孔隙度高，很少量薄膜，强石灰反应，清晰波状过渡。

Ap2：17～38 cm，灰黄色（2.5Y 7/2，干），橄榄棕色（2.5Y 4/4，润），壤土，弱发育的块状结构，湿态坚实，很少量极细根系，中量很细的蜂窝状孔隙，位于结构体内，孔隙度高，很少量薄膜，中度石灰反应，清晰波状过渡。

Bw1：38～53 cm，灰白色（2.5Y 8/2，干），橄榄棕色（2.5Y 4/3，润），砂质壤土，弱发育的块状结构，湿态疏松，很少量极细根系，中量很细的蜂窝状孔隙，位于结构体内，孔隙度高，中量不规则结核，轻度石灰反应，渐变平滑过渡。

托格拉克系代表性单个土体剖面

Bw2：53～99 cm，橙白色（2.5Y 8/1，干），暗棕色（2.5Y 4/3，润），砂质壤土，弱发育的块状结构，湿态疏松，很少量极细根系，多量很细的蜂窝状孔隙，位于结构体内，孔隙度高，中度石灰反应，渐变波状过渡。

Bk：99～125 cm，橙白色（2.5Y 8/1，干），棕色（2.5Y 4/4，润），砂质壤土，弱发育的块状结构，湿态疏松，很少量极细根系，多量很细的蜂窝状孔隙，位于结构体内，孔隙度高，中量不规则结核，强石灰反应。

托格拉克系代表性单个土体物理性质

土层	深度 /cm	细土颗粒组成（粒径：mm)/(g/kg)			质地	砾石含量/%	容重 /(g/cm³)
		砂粒 2～0.05	粉粒 0.05～0.002	黏粒 <0.002			
Ap1	0～17	311	627	62	粉壤土	0	1.39
Ap2	17～38	424	470	106	壤土	0	1.75
Bw1	38～53	547	409	44	砂质壤土	0	1.55
Bw2	53～99	519	459	22	砂质壤土	0	1.44
Bk	99～125	548	444	8	砂质壤土	0	1.58

托格拉克系代表性单个土体化学性质

深度 /cm	pH (H₂O)	有机质 /(g/kg)	全磷 /(g/kg)	全钾 /(g/kg)	碱解氮 /(mg/kg)	速效磷 /(mg/kg)	速效钾 /(mg/kg)	电导率 (1:1水土比) /(dS/m)	碳酸钙 /(g/kg)
0~17	8.2	11.5	0.95	7.26	14.76	73.20	94.3	2.70	203
17~38	8.3	8.2	0.71	5.47	4.11	33.04	137.8	2.62	164
38~53	8.8	12.6	0.58	4.32	7.82	7.29	117.3	1.02	135
53~99	8.6	5.9	0.58	4.23	6.21	5.32	176.9	0.30	130
99~125	9.2	6.2	0.57	4.20	6.07	6.33	106.6	0.88	213

4.3　斑纹灌淤旱耕人为土

4.3.1　莎车系（Shache Series）

土　族：壤质混合型石灰性温性-斑纹灌淤旱耕人为土
拟定者：吴克宁，武红旗，鞠　兵，杜凯闯，郝士横等

分布与环境条件　该土系地处新疆维吾尔自治区塔里木盆地西缘，主要分布于喀什地区莎车县叶尔羌河流域冲积平原地区。母质是冲积物，地势较平坦；四季分明，气候干燥，日照时间长，蒸发量大，属于暖温带大陆性气候，年平均气温为 12.3 ℃，年平均降水量为 56.6 mm；土地利用类型为果园，主要种植杏树。

莎车系典型景观

土系特征与变幅　该土系诊断层有灌淤表层，诊断特性有半干润土壤水分状况、温性土壤温度状况、氧化还原特征、石灰性。混合型矿物，土层较深厚，土体上部质地为壤土，下部主要为壤质砂土，以块状结构为主，孔隙度高，土体上部有少量侵入体，23～103 cm 深度范围内有铁锰斑纹，通体有石灰反应。

对比土系　北五岔北系，壤质混合型石灰性温性-普通土垫旱耕人为土。二者地形部位不同，成土母质不同，剖面构型不同，属于不同的高级分类单元。北五岔北系母质类型为洪-冲积物，土体构型相对均一，耕性较好；混合型矿物，土层深厚，质地主要为粉壤土，以块状结构为主，Aup2 层和 Bk 层有钙质凝聚物，Br 层有铁锰斑纹，通体有石灰反应。而莎车系土体上部质地为壤土，下部主要为壤质砂土，土体上部有少量侵入体，23～103 cm 深度范围内有铁锰斑纹；地形平坦，排水等级良好，适宜种植果树；属于壤质混合型石灰性温性-斑纹灌淤旱耕人为土。

利用性能综述　该土系土层深厚，地形平坦，排水等级良好，外排水平衡，适宜种植果树等。

参比土种　灰潮土。

代表性单个土体　剖面于 2015 年 8 月 20 日采自新疆维吾尔自治区喀什地区莎车县境内（编号 XJ-15-25），38°24′55″N，77°12′42″E，海拔 1233 m。母质类型为冲积物。

莎车系代表性单个土体剖面

Aup1：0～12 cm，灰黄色（2.5Y 7/2，干），暗灰黄色（2.5Y 5/2，润），壤土，中度发育的团块状结构，干时松软，中量细根系，少量粗根系，中量细蜂窝状孔隙分布于结构体内外，孔隙度高，很少量的砖瓦、煤渣等其他侵入体，中度石灰反应，渐变平滑过渡。

Aup2：12～23 cm，灰黄色（2.5Y 7/2，干），暗灰黄色（2.5Y 5/2，润），壤土，强发育的块状结构，干时松软，中量极细根系，中量细蜂窝状和管道状孔隙分布于结构体内外，孔隙度高，很少量的砖瓦、煤渣等其他侵入体，强石灰反应，渐变平滑过渡。

Aup3：23～68 cm，灰黄色（2.5Y 7/2，干），暗灰黄色（2.5Y 5/2，润），壤土，中等发育的块状结构，干时松软，很少量细根系和粗根系，中量很细的蜂窝状孔隙分布于结构体内外，孔隙度高，少量小铁锰斑纹，对比度模糊，边界扩散，中度石灰反应，渐变波状过渡。

Br1：68～89 cm，灰黄色（2.5Y 7/2，干），暗灰黄色（2.5Y 5/2，润），壤土，弱发育的粒状结构，干态松软，湿态疏松，很少量极细根系和粗根系，很少量很细的蜂窝状孔隙分布于结构体内外，孔隙度高，很少量小铁锰斑纹，对比度模糊，边界扩散，中度石灰反应，渐变平滑过渡。

Br2：89～103 cm，灰黄色（2.5Y 7/2，干），暗灰黄色（2.5Y 4/2，润），壤质砂土，中等发育的团块状结构，干态松软，湿态疏松，很少量极细根系和粗根系，中量细蜂窝状孔隙分布于结构体内外，孔隙度高，很少量小的铁锰斑纹，对比度模糊，边界扩散，轻度石灰反应，渐变平滑过渡。

BC：103 cm 以下，灰白色（2.5Y 8/2，干），暗灰黄色（2.5Y 4/2，润），粉壤土，强发育的团块状结构，干态稍硬，很少量极细根系和粗根系，多量细蜂窝状孔隙分布于结构体内外，孔隙度高，中度石灰反应。

莎车系代表性单个土体物理性质

土层	深度 /cm	细土颗粒组成 (粒径: mm)/(g/kg)			质地	砾石 含量/%	容重 /(g/cm³)
		砂粒 2~0.05	粉粒 0.05~0.002	黏粒 <0.002			
Aup1	0~12	371	451	178	壤土	0	1.67
Aup2	12~23	319	483	198	壤土	0	1.57
Aup3	23~68	447	474	79	壤土	0	1.58
Br1	68~89	380	477	143	壤土	0	1.50
Br2	89~103	758	199	43	壤质砂土	0	1.40
BC	103 以下	275	628	97	粉壤土	0	1.48

莎车系代表性单个土体化学性质

深度 /cm	pH (H₂O)	有机质 /(g/kg)	全磷 /(g/kg)	全钾 /(g/kg)	碱解氮 /(mg/kg)	速效磷 /(mg/kg)	速效钾 /(mg/kg)	电导率 (1:1水土比) /(dS/m)	碳酸钙 /(g/kg)
0~12	8.5	19.4	0.78	7.61	20.73	8.09	161.3	0.60	157
12~23	8.9	18.7	0.79	10.09	8.82	5.80	108.1	0.34	194
23~68	8.7	5.5	0.61	5.47	7.86	8.41	266.8	0.26	149
68~89	8.7	6.8	0.64	6.58	8.10	4.31	96.1	—	141
89~103	8.8	6.6	0.60	4.97	2.55	5.53	73.8	0.28	142
103 以下	8.8	11.0	0.68	8.74	12.83	6.57	154.0	0.30	139

—表示未测定。下同。

4.4　普通土垫旱耕人为土

4.4.1　北五岔北系（Beiwuchabei Series）

土　族：壤质混合型石灰性温性-普通土垫旱耕人为土
拟定者：吴克宁，武红旗，鞠　兵，黄　勤，高　星，刘　楠，郭　梦等

分布与环境条件　该土系主要分布在天山北麓中段、准噶尔盆地南缘，地势自东南向西北缓缓倾斜；母质类型为洪-冲积物；地属中温带大陆性气候，冬季长而严寒，夏季短而酷热，昼夜温差大，年平均气温 7.2 ℃，年平均降水量 173.3 mm。

北五岔北系典型景观

土系特征与变幅　该土系诊断层包括堆垫表层，诊断特性包括半干润土壤水分状况、温性土壤温度状况、氧化还原特征、石灰性。土体构型相对均一，耕性较好；混合型矿物，土层深厚，质地主要为粉壤土，以块状结构为主，Aup2 层和 Bk 层有钙质凝聚物，Br 层有铁锰斑纹，通体有石灰反应。

对比土系　莎车系，壤质混合型石灰性温性-斑纹灌淤旱耕人为土。二者地形部位不同，成土母质不同，剖面构型不同，属于不同的高级分类单元。莎车系土体上部质地为壤土，下部主要为壤质砂土，土体上部有少量侵入体，23～103 cm 深度范围内有铁锰斑纹，地形平坦，排水等级良好，适宜种植果树。而北五岔北系母质类型为洪-冲积物，土体构型相对均一，耕性较好；混合型矿物，土层深厚，质地主要为粉壤土，以块状结构为主，Aup2 层和 Bk 层有钙质凝聚物，Br 层有铁锰斑纹，通体有石灰反应，属于壤质混合型石灰性温性-普通土垫旱耕人为土。

利用性能综述　地势平坦，土体深厚，表层土壤质地较黏，耕性较好，保肥、保墒。

参比土种　棕红土。

代表性单个土体　剖面于 2014 年 7 月 31 日采自新疆维吾尔自治区昌吉回族自治州玛纳斯县北五岔镇朱家团庄村（编号 XJV-14-11），44°33′37″N，86°14′49″E，海拔 388 m。母质类型为洪-冲积物。

Aup1:　0~15 cm，淡红色（2.5YR 7/2，干），弱红色（2.5YR 5/2，润），粉壤土，强发育的大块状结构，干时坚硬，湿时黏着性和可塑性适中，极多细蜂窝状孔隙分布于结构体上部，孔隙度很高，强石灰反应，清晰波状过渡。

Aup2:　15~39 cm，淡红色（2.5YR 7/2，干），弱红色（2.5YR 4/2，润），粉壤土，强发育的很小块状结构，结构体下部有少量边界明显的钙质凝聚物，湿时硬实，黏着性和可塑性强，少量粗根系，中量黑炭由外界进入土壤，强石灰反应，清晰水平过渡。

Bk:　39~69 cm，淡红色（2.5YR 7/2，干），弱红色（2.5YR 4/2，润），粉壤土，强发育的小块状结构，结构体上部有中量边界明显的钙质凝聚物，湿时疏松，黏着性和可塑性强，少量粗根系，强石灰反应，清晰波状过渡。

北五岔北系代表性单个土体剖面

Br:　69~106 cm，淡红色（2.5YR 6/2，干），弱红色（2.5YR 5/2，润），粉壤土，很多边界模糊的铁锰斑纹，湿时疏松，湿时黏着性和可塑性弱，强石灰反应，清晰水平过渡。

BC:　106~120 cm，亮红棕色（2.5YR 7/3，干），红棕色（2.5YR 5/3，润），粉壤土，块状结构，湿时疏松，黏着性和可塑性强，强石灰反应。

北五岔北系代表性单个土体物理性质

土层	深度/cm	细土颗粒组成 (粒径: mm)/(g/kg)			质地	砾石含量/%	容重/(g/cm³)
		砂粒 2~0.05	粉粒 0.05~0.002	黏粒 <0.002			
Aup1	0~15	79	720	201	粉壤土	0	1.48
Aup2	15~39	41	773	186	粉壤土	0	1.51
Bk	39~69	49	752	199	粉壤土	0	1.56
Br	69~106	68	780	152	粉壤土	0	1.42
BC	106~120	118	754	128	粉壤土	0	1.46

北五岔北系代表性单个土体化学性质

深度 /cm	pH (H₂O)	有机质 /(g/kg)	全磷 /(g/kg)	全钾 /(g/kg)	碱解氮 /(mg/kg)	速效磷 /(mg/kg)	速效钾 /(mg/kg)	碳酸钙 /(g/kg)
0～15	7.9	34.9	0.50	8.42	24.20	20.27	361.1	158
15～39	8.5	29.1	0.45	10.42	11.21	8.32	422.5	188
39～69	8.8	26.0	0.52	6.90	19.82	11.91	452.3	144
63～106	9.3	21.1	0.37	3.37	27.61	11.51	249.9	99
106～120	9.2	16.0	0.36	6.40	30.86	5.54	296.7	121

第5章 干 旱 土

5.1 普通钙积寒性干旱土

5.1.1 塔什库尔干系（Tashiku'ergan Series）

土　族：粗骨砂质混合型-普通钙积寒性干旱土

拟定者：吴克宁，武红旗，鞠　兵，赵　瑞，李方鸣，刘　楠等

分布与环境条件　该土系地处塔什库尔干塔吉克自治县，位于新疆维吾尔自治区西南部。母质是坡积物，地势为山地，排水过快；高原高寒干旱-半干旱气候，昼夜温差大，平均日较差 14.7 ℃左右，最大日较差 25.2 ℃，年平均气温为 3.9 ℃，年平均降水量为 68.1 mm；土地利用类型为天然牧草地，植被类型为矮草地，主要种植绒藜、针茅和棘豆。

塔什库尔干系典型景观

土系特征与变幅　该土系诊断层有干旱表层、钙积层，诊断特性有干旱土壤水分状况、寒性土壤温度状况、石灰性。混合型矿物，质地以壤质砂土为主，孔隙度高，通体有中量棱角状风化花岗岩细、中、粗砾和石灰反应。

对比土系　哈萨克系，粗骨砂质混合型温性-普通钙积正常干旱土。二者地形部位不同，母质不同，剖面构型不同。哈萨克系地处巴里坤哈萨克自治县境内的低山、丘陵地区，地形为平原；母质为洪-冲积物，土体厚度约 80～100 cm，表层为砂质壤土，表下层为壤质砂土，构型单一，通体有石灰反应，pH 介于 8.0～8.7。而塔什库尔干系母质类型为

坡积物，以壤质砂土为主，通体有中量棱角状风化花岗岩细、中、粗砾；土层深厚，地形略起伏，为天然牧草地；属于粗骨砂质混合型-普通钙积寒性干旱土。

利用性能综述　该土系土层深厚，地形略起伏，排水过快，外排水流失，植被覆盖度为0～15%，为天然牧草地。

参比土种　粗骨土。

代表性单个土体　剖面于 2015 年 8 月 22 日采自新疆维吾尔自治区喀什地区塔什库尔干塔吉克自治县境内（编号 XJ-15-21），74°55′5″E，38°14′34″N，海拔 3964 m。母质类型为坡积物。受风蚀、风积作用影响，地表植被稀疏、遍布砾石，土表形成孔泡结皮层。

塔什库尔干系代表性单个土体剖面

Ac：0～17 cm，灰白色（2.5Y 8/2，干），橄榄棕色（2.5Y 4/6，润），砂质壤土，弱发育的粒状结构，湿时疏松，少量细根系和中根系，多量很细蜂窝状孔隙，孔隙度很高，分布于结构体内外，中量棱角状风化花岗岩细、中砾，中度石灰反应，渐变波状过渡。

Bk：17～30 cm，浅淡黄色（2.5Y 8/3，干），黄棕色（2.5Y 5/3，润），砂质壤土，湿时疏松，少量极细根系和中根系，中量棱角状花岗岩碎屑，以中砾、粗砾为主，强烈的石灰反应，渐变平滑过渡。

BC：30～81 cm，淡黄色（2.5Y 7/3，干），黄棕色（2.5YR 5/3，润），壤质砂土，弱发育的粒状结构，湿时疏松，很少量极细根系，多量很细蜂窝状孔隙，孔隙度很高，分布于结构体内外，很多棱角状风化的花岗岩粗砾，轻度石灰反应，清晰平滑过渡。

C：81～140 cm，淡黄色（2.5Y 7/3，干），橄榄棕色（2.5YR 3/3，润），壤质砂土，弱发育的粒状结构，很少量极细根系，多量很细蜂窝状孔隙，孔隙度很高，分布于结构体内外，极多棱角状风化的花岗岩石块，轻度石灰反应。

塔什库尔干系代表性单个土体物理性质

土层	深度/cm	细土颗粒组成 /(g/kg) (粒径：mm)			质地	砾石含量/%	容重/(g/cm³)
		砂粒 2～0.05	粉粒 0.05～0.002	黏粒 <0.002			
Ac	0～17	716	109	175	砂质壤土	20	1.57
Bk	17～30	570	282	148	砂质壤土	45	1.53
BC	30～81	785	134	81	壤质砂土	55	1.56
C	81～140	783	136	81	壤质砂土	70	—

塔什库尔干系代表性单个土体化学性质

深度 /cm	pH (H₂O)	有机质 /(g/kg)	全磷 /(g/kg)	全钾 /(g/kg)	碱解氮 /(mg/kg)	速效磷 /(mg/kg)	速效钾 /(mg/kg)	电导率 (1∶1水土比) /(dS/m)	碳酸钙 /(g/kg)
0～17	8.8	11.2	0.49	8.63	6.40	12.49	261.6	0.37	—
17～30	8.2	12.6	0.24	3.16	3.60	6.16	54.8	2.34	184
30～81	8.5	0.7	0.53	4.82	8.42	6.56	264.0	1.42	26
81～140	9.3	4.8	0.56	7.25	9.13	7.00	260.4	2.84	113

5.2　普通钙积正常干旱土

5.2.1　哈萨克系（Hasake Series）

土　　族：粗骨砂质混合型温性-普通钙积正常干旱土
拟定者：武红旗，吴克宁，鞠　兵，杜凯闯，王　泽，刘文惠，谷海斌

分布与环境条件　该土系地处巴里坤哈萨克自治县境内的低山、丘陵地区。地属温带大陆性干旱气候，冬季严寒，夏季凉爽，光照充足，四季不分明，年平均气温为 8.5 ℃，年平均降水量为 193 mm；地形为平原，母质为洪-冲积物，土地利用类型为裸地，植被极为稀疏。

哈萨克系典型景观

土系特征与变幅　该土系诊断层包括干旱表层、钙积层，诊断特性包括干旱土壤水分状况、温性土壤温度状况、石灰性。土体厚度约 80~100 cm，表层为砂质壤土，表下层为壤质砂土，构型单一，通体有石灰反应；pH 介于 8.2~8.7，碱性；地表有砾幂。

对比土系　塔什库尔干系，粗骨砂质混合型-普通钙积寒性干旱土。二者地形部位不同，母质不同。塔什库尔干系位于新疆维吾尔自治区西南部，母质是坡积物，地势为山地，混合型矿物，质地以壤质砂土为主，孔隙度高，通体有中量棱角状风化花岗岩中、粗砾和石灰反应。而哈萨克系地处巴里坤哈萨克自治县境内的低山、丘陵地区，母质为洪-冲积物，土体厚度约 80~100 cm，质地以砂质壤土和壤质砂土为主，构型单一，通体有石灰反应；pH 介于 8.2~8.7；属于粗骨砂质混合型温性-普通钙积正常干旱土。

利用性能综述　土层厚度较大、贫瘠，加之气候干旱，植被极为稀疏，不仅无农业利用价值，林、牧业利用价值也极低，只适宜用作铺路材料及其他建筑材料。

参比土种　荒漠砾质土。

代表性单个土体　剖面于 2014 年 7 月 28 日采自新疆维吾尔自治区哈密市巴里坤哈萨克自治县（编号 XJ-14-02），44°16′03″N，92°58′22″E，海拔 1131 m。母质类型为洪–冲积物。受风蚀、风积作用影响，地表植被稀疏、遍布砾幂。

Ac:　0～5 cm，极淡棕色（10YR 7/4，干），黄棕色（10YR 5/4，润），砂质壤土，弱发育的片状结构，干时松软，很少量很细蜂窝状孔隙，有细的间断垂直的短裂隙，轻度石灰反应，清晰波状过渡。

AB:　5～16 cm，黄色（10YR 7/6，干），棕黄色（10YR 6/6，润），壤质砂土，中度发育的很小粒状结构，干时松散，中度石灰反应，渐变平滑过渡。

Bw1:　16～32 cm，淡黄棕色（10YR 6/4，干），暗黄棕色（10YR 4/4，润），壤质砂土，中度发育的很小粒状结构，干时松散，轻度石灰反应，清晰波状过渡。

Bw2:　32～49 cm，棕色（10YR 4/3，干），暗棕色（10YR 3/3，润），壤质砂土，中度发育的很小粒状结构，有多量微风化岩屑，干时松软，轻度石灰反应，清晰波状过渡。

哈萨克系代表性单个土体剖面

Bk:　49 cm 以下，棕色（10YR 5/3，干），棕色（10YR 4/3，润），壤质砂土，中度发育的很小粒状结构，干时稍坚硬，有很多微风化的岩屑，少量石灰结核，中度石灰反应。

哈萨克系代表性单个土体物理性质

| 土层 | 深度 /cm | 细土颗粒组成（粒径：mm)/(g/kg) | | | 质地 | 砾石含量/% | 容重 /(g/cm³) |
		砂粒 2～0.05	粉粒 0.05～0.002	黏粒 <0.002			
Ac	0～5	666	263	71	砂质壤土	5	1.53
AB	5～16	878	42	80	壤质砂土	30	1.00
Bw1	16～32	849	70	81	壤质砂土	25	1.47
Bw2	32～49	878	51	71	壤质砂土	40	1.32
Bk	49 以下	869	60	71	壤质砂土	45	—

哈萨克系代表性单个土体化学性质

深度 /cm	pH (H₂O)	有机质 /(g/kg)	全磷 /(g/kg)	全钾 /(g/kg)	碱解氮 /(mg/kg)	速效磷 /(mg/kg)	速效钾 /(mg/kg)	电导率 (1∶1 水土比) /(dS/m)	碳酸钙 /(g/kg)
0～5	8.2	6.2	0.62	4.82	71.9	2.93	138.3	12.6	45
5～16	8.6	1.8	0.22	1.45	39.1	1.79	124.4	14.2	8
16～32	8.4	4.2	0.11	0.63	13.0	2.84	106.8	27.5	10
32～49	8.6	2.2	0.21	1.12	80.8	3.50	145.5	18.7	21
49 以下	8.7	3.0	0.26	1.45	35.2	4.07	174.2	16.0	86

5.3　磐状盐积正常干旱土

5.3.1　淖毛湖系（Naomaohu Series）

土　族：黏壤质混合型石灰性温性-磐状盐积正常干旱土
拟定者：武红旗，吴克宁，鞠　兵，杜凯闯，王　泽，刘文惠，谷海斌

分布与环境条件　该土系地处伊吾县境内的干荒盆地。地属温带大陆性干旱气候，光照充足，年平均日照时数 2500～3326 h，年平均气温为 7.3 ℃，年平均降水量 110 mm 左右；母质为洪-冲积物，地形地貌为盆地；土地利用类型为裸地，地表有多边形裂隙。

淖毛湖系典型景观

土系特征与变幅　该土系诊断层包括干旱表层、盐磐，诊断特性包括干旱土壤水分状况、温性土壤温度状况，石灰性。土体厚度大于 100 cm，土体构型较为均匀，以粉质黏壤土和粉土为主，24 cm 深度以下出现石膏，约占体积的 5%；pH 介于 8.3～8.5。

对比土系　吾塔木乡北系，砂质硅质混合型石灰性温性-普通盐积正常干旱土。二者母质不同，土体构型不同。吾塔木乡北系母质是风积物，质地以砂质壤土和壤土为主，孔隙度高，土体表层有自然形成的连续孔泡结皮层，强胶结，通体有石灰反应。而淖毛湖系土体厚度大于 100 cm，土体构型较为均匀，以粉质黏壤土和粉土为主，24 cm 深度以下出现石膏，约占体积的 5%，属于黏壤质混合型石灰性温性-磐状盐积正常干旱土。

利用性能综述　养分含量很低，质地不够黏重，黏粒含量偏低，地表光滑、板结、不透水，无植被生长，利用价值较小。

参比土种 黏裂土。

代表性单个土体 剖面于 2014 年 7 月 28 日采自新疆维吾尔自治区哈密市伊吾县淖毛湖镇（编号 XJ-14-03），43°36′04″N，95°58′22″E，海拔 415 m。母质类型为洪–冲积物。

Ac: 0～9 cm，粉色（7.5YR 7/3，干），淡棕色（7.5YR 6/4，润），粉土，强发育的片状结构，干时坚硬，少量气泡状很细孔隙分布于结构体内外，有很细的裂隙，中度石灰反应，突变平滑过渡。

AB: 9～24 cm，粉色（7.5YR 8/4，干），粉色（7.5YR 7/4，润），粉质黏壤土，强发育片状结构，干时很坚硬，很少细蜂窝状孔隙分布于结构体外，有很细的裂隙，中度石灰反应，渐变波状过渡。

By1: 24～54 cm，粉色（7.5YR 7/4，干），棕色（7.5YR 5/4，润），粉土，强发育的粒状结构，干时松软，有少量石膏，中度石灰反应，渐变平滑过渡。

By2: 54～75 cm，粉色（7.5YR 7/4，干），淡棕色（7.5YR 6/4，润），粉质黏壤土，中度发育的粒状结构，干时松软，少量石膏，中度石灰反应，渐变平滑过渡。

淖毛湖系代表性单个土体剖面

Bw: 75～103 cm，红黄色（7.5YR 8/6，干），红黄色（7.5YR 7/6，润），粉质黏壤土，中度发育粒状结构，干时松软，中度石灰反应，渐变平滑过渡。

By3: 103 cm 以下，粉色（7.5YR 8/4，干），粉色（7.5YR 7/4，润），粉土，中度发育的粒状结构，干时松软，有少量石膏，中度石灰反应。

淖毛湖系代表性单个土体物理性质

土层	深度 /cm	细土颗粒组成（粒径：mm)/(g/kg)			质地	砾石 含量/%	容重 /(g/cm³)
		砂粒 2～0.05	粉粒 0.05～0.002	黏粒 <0.002			
Ac	0～9	17	902	81	粉土	0	1.28
AB	9～24	42	615	343	粉质黏壤土	0	1.28
By1	24～54	53	877	70	粉土	0	1.17
By2	54～75	27	695	278	粉质黏壤土	0	1.25
Bw	75～103	8	694	298	粉质黏壤土	0	1.23
By3	103 以下	25	900	75	粉土	0	—

淖毛湖系表性单个土体化学性质

深度 /cm	pH (H₂O)	有机质 /(g/kg)	全磷 /(g/kg)	全钾 /(g/kg)	碱解氮 /(mg/kg)	速效磷 /(mg/kg)	速效钾 /(mg/kg)	电导率 (1∶1水土比) /(dS/m)	碳酸钙 /(g/kg)
0～9	8.3	12.8	0.77	12.13	44.7	26.01	204.3	24.95	127
9～24	8.3	34.7	0.82	6.08	44.1	22.02	215.8	21.45	117
24～54	8.5	16.8	0.71	4.86	80.1	19.36	243.0	14.07	103
54～75	8.5	6.7	0.68	6.07	55.7	11.48	184.2	12.83	110
75～103	8.5	6.2	0.62	5.10	36.7	8.35	261.6	14.65	115
103 以下	8.5	9.1	0.67	11.44	82.0	8.16	184.2	12.46	120

5.4 普通盐积正常干旱土

5.4.1 吾塔木乡北系（Wutamuxiangbei Series）

土　族：砂质硅质混合型石灰性温性-普通盐积正常干旱土
拟定者：吴克宁，武红旗，鞠　兵，黄　勤，高　星，刘　楠，郭　梦等

分布与环境条件　该土系地处若羌县北部，台特马湖南部，主要分布于塔克拉玛干沙漠边缘。地属暖温带大陆性荒漠干旱气候，日照时间长，年平均气温为 11.8 ℃，年平均降水量为 28.5 mm；母质是风积物，地势为平地，土地利用类型为裸地。

吾塔木乡北系典型景观

土系特征与变幅　该土系诊断层有干旱表层和盐积层，诊断特性有干旱土壤水分状况、温性土壤温度状况、石灰性。硅质型矿物，质地以砂质壤土和壤土为主，孔隙度高，土体表层有自然形成的连续孔泡结皮层，强胶结，通体有石灰反应。

对比土系　淖毛湖系，黏壤质混合型石灰性温性-磐状盐积正常干旱土。二者母质不同，剖面构型不同。淖毛湖系土体厚度大于 100 cm，土体构型较为均匀，以粉质黏壤土和粉土为主，24 cm 深度以下出现石膏，约占体积的 5%。而吾塔木乡北系母质是风积物，质地以砂质壤土和壤土为主，孔隙度高，土体表层有自然形成的连续孔泡结皮层，强胶结，通体有石灰反应，属于砂质硅质混合型石灰性温性-普通盐积正常干旱土。

利用性能综述　该土系位于塔克拉玛干沙漠边缘，土层较厚，但风蚀强烈，属暖温带大陆性荒漠干旱气候，不宜种植作物。

参比土种　棕钙土。

代表性单个土体　剖面于 2015 年 8 月 16 日采自新疆维吾尔自治区巴音郭楞蒙古自治州若羌县吾塔木乡北部（编号 XJ-15-33），39°10′3″N，88°10′30″E，海拔 806 m。母质类型为风积物。

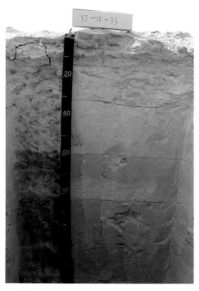

吾塔木乡北系代表性单个土体剖面

Ac：　0~6 cm，灰黄色（2.5Y 6/2，干），黑棕色（2.5Y 3/2，润），黏土，强发育的块状结构，干态极硬，多量细蜂窝状孔隙，宽度很小的裂隙，存在自然形成的连续孔泡结皮层，强胶结，中度石灰反应，渐变平滑过渡。

AB：　6~15 cm，灰黄色（2.5Y 7/2，干），黑棕色（2.5Y 3/2，润），粉壤土，强发育的块状结构，干态很硬，少量细蜂窝状孔隙，宽度小的裂隙，中度胶结，强石灰反应，清晰平滑过渡。

Bw：　15~31 cm，灰黄色（2.5Y 6/2，干），黑棕色（2.5Y 3/2，润），壤土，强发育的块状结构，干态稍硬，中量细蜂窝状孔隙，强石灰反应，突变平滑过渡。

2Bw1：31~58 cm，浅黄色（2.5Y 7/3，干），橄榄棕色（2.5Y 4/3，润），砂质壤土，弱发育的粒状结构，干态松软，湿态松散，少量很细蜂窝状孔隙，轻度石灰反应，突变平滑过渡。

2Bw2：58~85 cm，浅灰色（2.5Y 7/1，干），橄榄棕色（2.5Y 4/3，润），砂质壤土，片状结构，干态松软，少量细蜂窝状孔隙，轻度石灰反应，清晰平滑过渡。

3Bw：85~130 cm，灰白色（2.5Y 8/1，干），暗灰黄色（2.5Y 5/2，润），粉质壤土，块状结构，干态稍硬，湿态坚实，中量细蜂窝状孔隙，多量小铁质斑纹位于结构体表，轻度石灰反应。

吾塔木乡北系代表性单个土体物理性质

土层	深度/cm	细土颗粒组成（粒径：mm)/(g/kg)			质地	砾石含量/%	容重/(g/cm³)
		砂粒 2~0.05	粉粒 0.05~0.002	黏粒 <0.002			
Ac	0~6	45	166	789	黏土	0	1.00
AB	6~15	79	745	176	粉壤土	0	0.96
Bw	15~31	386	473	141	壤土	0	1.41
2Bw1	31~58	700	167	133	砂质壤土	0	1.41
2Bw2	58~85	717	137	146	砂质壤土	0	1.60
3Bw	85~130	154	600	246	粉壤土	0	1.60

吾塔木乡北系代表性单个土体化学性质

深度 /cm	pH (H₂O)	有机质 /(g/kg)	全磷 /(g/kg)	全钾 /(g/kg)	碱解氮 /(mg/kg)	速效磷 /(mg/kg)	速效钾 /(mg/kg)	电导率 (1：1 水土比) /(dS/m)	碳酸钙 /(g/kg)
0～6	8.7	6.2	0.18	6.11	32.18	4.21	354.9	196.60	168
6～15	8.5	1.5	0.57	12.53	80.24	3.68	187.4	120.90	227
15～31	8.7	11.0	0.56	9.92	43.81	3.39	520.8	83.43	20
31～58	8.7	2.7	0.63	6.05	6.62	2.83	183.6	23.02	44
58～85	8.8	1.6	0.63	7.11	7.07	3.02	176.7	20.83	2
85～130	8.5	3.3	0.57	11.60	8.04	3.61	288.3	26.96	3

5.5　石质石膏正常干旱土

5.5.1　泽普系（Zepu Series）

土　　族：粗骨壤质石膏型石灰性温性-石质石膏正常干旱土
拟定者：吴克宁，武红旗，鞠　兵，杜凯闯，郝士横等

分布与环境条件　该土系地处塔克拉玛干沙漠边缘，主要分布于喀什地区泽普县叶尔羌河流域冲积平原地区。地属暖温带大陆性干旱气候，降水稀少，蒸发量大，年平均气温为 10.2～11.3 ℃，年平均降水量为 46.1 mm。母质是洪-冲积物，地形平坦，外排水等级中等。

泽普系典型景观

土系特征与变幅　该土系诊断层有干旱表层和石膏层，诊断特性有干旱土壤水分状况、温性土壤温度状况、石质接触面、石灰性。石膏型矿物，孔隙度低，土体表层有很少量小的灰白色盐结核，心土层有少量棱角状微风化的花岗岩中砾，通体有石灰反应。

对比土系　南湖乡系，粗骨砂质混合型石灰性温性-斑纹石膏正常干旱土。二者亚类不同，母质不同，土体构型不同。南湖乡系地处哈密及其以东的砾质洪积扇中、上部和风蚀残丘上；母质类型为洪积物和残积物，土体构型相对均一，通体质地以砂质壤土和砂质黏壤土为主，混合型矿物，底土层含有多量砾石，通体有鲜明的斑纹，通体有石灰反应。而泽普系地处塔克拉玛干沙漠边缘，母质是洪-冲积物，心土层有少量棱角状微风化的花岗岩中砾，通体有石灰反应；属于粗骨壤质石膏型石灰性温性-石质石膏正常干旱土。

利用性能综述　该土系起源于洪-冲积物母质，所处地形平坦，土体厚度不足 1 m，其中含有大量砾石。由于长期受干旱环境的影响，地表植被覆盖度极低，地表细土物质风蚀

现象严重。

参比土种 底砾生黄土。

代表性单个土体 剖面于 2015 年 4 月 25 日采自新疆维吾尔自治区喀什地区泽普县奎依巴格乡亚斯墩村（编号 XJ-15-01），38°1′11.1″N，77°2′21.3″E，海拔 1412 m。母质类型为洪-冲积物。由于受到风蚀作用影响，地表植被极其稀疏、遍布砾幂，形成干旱表层。

泽普系代表性单个土体剖面

Ac: 0～5 cm，淡黄色（2.5Y 7/3，干），橄榄棕色（2.5Y 4/3，润），粉壤土，中度发育的片状结构，干时稍硬，多量很细蜂窝状空隙，少量不连续裂隙，无填充物，很少量盐结核，少量棱角状微风化花岗岩中砾，中度石灰反应，清晰平滑过渡。

Bk: 5～20 cm，淡黄色（2.5Y 7/3，干），橄榄棕色（2.5Y 4/3，润），壤质砂土，弱发育块状结构，干时稍硬，多量很细蜂窝状空隙，轻度石灰反应，清晰不规则过渡。

BC: 20～35 cm，橄榄棕色（2.5Y 4/6，干），橄榄棕色（2.5Y 4/3，润），砂质壤土，弱发育块状结构，干时稍硬，多量很细蜂窝状空隙，无新生体，中度石灰反应，模糊波状过渡。

C: 35～60 cm，淡黄色（2.5Y 7/3，干），橄榄棕色（2.5Y 4/3，润），砂质壤土，极弱发育的单粒状结构，多量很细蜂窝状空隙，轻度石灰反应。

泽普系代表性单个土体物理性质

土层	深度/cm	细土颗粒组成（粒径：mm）/(g/kg)			质地	砾石含量/%
		砂粒 2～0.05	粉粒 0.05～0.002	黏粒 <0.002		
Ac	0～5	483	500	17	粉壤土	15
Bk	5～20	776	207	17	壤质砂土	10
BC	20～35	542	430	28	砂质壤土	50
C	35～60	544	443	13	砂质壤土	80

泽普系代表性单个土体化学性质

深度/cm	pH (H$_2$O)	有机质/(g/kg)	全磷/(g/kg)	全钾/(g/kg)	碱解氮/(mg/kg)	速效磷/(mg/kg)	速效钾/(mg/kg)	电导率(1∶1水土比)/(dS/m)	碳酸钙/(g/kg)
0～5	6.8	12.8	0.64	2.59	54.95	3.27	214.7	23.41	87
5～20	7.0	8.9	0.36	1.04	28.31	3.17	168.8	12.97	197
20～35	7.0	13.5	0.13	1.56	52.90	1.98	151.4	12.23	230
35～60	7.0	16.8	0.28	2.59	18.63	3.07	145.0	6.66	145

5.6　斑纹石膏正常干旱土

5.6.1　南湖乡系（Nanhuxiang Series）

土　族：粗骨砂质混合型石灰性温性-斑纹石膏正常干旱土
拟定者：吴克宁，武红旗，鞠　兵，黄　勤，高　星，刘　楠，郭　梦等

分布与环境条件　该土系地处哈密及其以东的砾质洪积扇中、上部和风蚀残丘上。温带大陆性干旱气候，空气干燥，大气透明度好，日照充足，年平均气温为 9.9 ℃，年平均降水量为 33.2 mm，地形地貌为干荒盆地，母质类型为洪积物和残积物，土地利用类型为裸地。

南湖乡系典型景观

土系特征与变幅　该土系诊断层主要包括干旱表层、石膏层、钙积现象，诊断特性包括温性土壤温度状况、干旱土壤水分状况、氧化还原特征、石灰性。土体构型相对均一，通体质地以砂质壤土和砂质黏壤土为主，混合型矿物，底土层含有多量砾石，通体有鲜明的斑纹，通体有石灰反应。

对比土系　泽普系，粗骨壤质石膏型石灰性温性-石质石膏正常干旱土。二者亚类不同，母质不同，土体构型不同。泽普系地处塔克拉玛干沙漠边缘，母质是洪-冲积物，心土层有少量棱角状微风化的花岗岩中砾，通体有石灰反应。而南湖乡系地处哈密及其以东的砾质洪积扇中、上部和风蚀残丘上；母质类型为洪积物和残积物，土体构型相对均一，通体质地以砂质壤土和砂质黏壤土为主，混合型矿物，底土层含有多量砾石，通体有鲜明的斑纹，通体有石灰反应；属于粗骨砂质混合型石灰性温性-斑纹石膏正常干旱土。

利用性能综述　粗骨性强，多砂砾石，无引水条件，农用价值不大。

参比土种 高位石膏漠黄土。

代表性单个土体 剖面于 2014 年 7 月 9 日采自新疆维吾尔自治区哈密市伊州区南湖乡（编号 XJ-14-05），42°36′14″N，93°28′31″E，海拔 584.8 m。母质类型为洪积物和残积物。由于受到风蚀作用影响，地表植被极其稀疏、遍布砾幂，形成干旱表层。

Ac: 0～10 cm，粉色（7.5YR 7/3，干），棕色（7.5YR 5/3，润），砂质壤土，中度发育的片状结构，很少量明显边界鲜明的铁锰斑纹，有中量岩石和矿物碎屑，中度石灰反应，清晰平滑过渡。

AByr: 10～28 cm，粉色（7.5YR 7/4，干），棕色（7.5YR 6/4，润），砂质黏壤土，发育很弱的小粒状结构，很多量明显边界鲜明的铁锰斑纹，组成物质是石膏，有中量岩石和矿物碎屑，轻度石灰反应，清晰波状过渡。

Byr1: 28～48 cm，粉色（7.5YR 8/3，干），粉色（7.5YR 7/3，润），砂质壤土，发育很弱的粒状结构，很多量明显边界鲜明的铁锰斑纹，有多量岩石和矿物碎屑，轻度石灰反应，突变平滑过渡。

Byr2: 48～100 cm，淡棕色（10YR 8/2，干），淡灰色（10YR 7/2，润），壤土，发育很弱的中屑粒状结构，中量明显边界鲜明的铁锰斑纹，有很多很小的岩石矿物碎屑，轻度石灰反应。

南湖乡系代表性单个土体剖面

南湖乡系代表性单个土体物理性质

| 土层 | 深度 /cm | 细土颗粒组成（粒径：mm)/(g/kg) | | | 质地 | 砾石含量/% |
		砂粒 2～0.05	粉粒 0.05～0.002	黏粒 <0.002		
A	0～10	617	208	175	砂质壤土	25
AByr	10～28	453	203	344	砂质黏壤土	20
Byr1	28～48	682	149	169	砂质壤土	45
Byr2	48～100	829	99	72	壤土	30

南湖乡系代表性单个土体化学性质

深度 /cm	pH (H₂O)	有机质 /(g/kg)	全磷 /(g/kg)	全钾 /(g/kg)	碱解氮 /(mg/kg)	速效磷 /(mg/kg)	速效钾 /(mg/kg)	电导率 (1：1水土比) /(dS/m)	碳酸钙 /(g/kg)
0～10	8.3	5.4	0.44	2.14	54.0	4.74	211.5	30.96	64
10～28	7.9	41.4	0.16	1.62	64.8	3.03	151.2	0.20	7
28～48	8.0	14.7	0.22	2.53	81.8	5.40	116.8	119.10	1
48～100	8.4	1.9	0.16	1.48	17.1	5.40	85.3	11.99	2

5.7　普通石膏正常干旱土

5.7.1　海福系（**Haifu Series**）

土　　族：砂质混合型石灰性冷性-普通石膏正常干旱土
拟定者：武红旗，吴克宁，鞠　兵，杜凯闯，张文太，范燕敏，侯艳娜，盛建东

分布与环境条件　该土系地处阿勒泰地区的低山丘陵区中下部和山间谷地。属温带大陆性气候区，冬季漫长而寒冷，夏季短促、气温平和，年平均气温为 4.3 ℃，年平均降水量为 260 mm；地形地貌为低丘，母质为湖积物，土地利用类型为盐碱地。

海福系典型景观

土系特征与变幅　该土系诊断层有干旱表层、石膏层，诊断特性有干旱土壤水分状况、冷性土壤温度状况、石灰性。土体构型上部为壤质砂土，下部为砂质壤土，以块状结构为主，混合型矿物，ABy 层、By 层有晶体结核，除 Bw1 层外均有石灰反应。

对比土系　南湖系，黏壤质盖粗骨壤质混合型石灰性温性-普通石膏正常干旱土。二者土体构型不同，母质类型不同。南湖系母质为洪-冲积物，土体构型相对均一；混合型矿物，土体厚度 120 cm 以上，剖面下部碳酸钙相当物淀积形成磐状土层，除 By2 层均有石灰反应。而海福系母质类型为湖积物，土体构型上部为壤质砂土，下部为砂质壤土，以块状结构为主；混合型矿物，ABy 层、By 层有晶体结核，除 Bw1 层外均有石灰反应；属于砂质混合型石灰性冷性-普通石膏正常干旱土。

利用性能综述　虽然土层较厚，但大多地势较高，又无灌溉水源，农用难度很大。今后应改善生态环境。

参比土种 钠碱化棕黄土。

代表性单个土体 剖面于 2014 年 8 月 15 日采自新疆维吾尔自治区阿勒泰地区福海县（编号 XJ-14-34），47°16′46″N，87°44′33.1368″E，海拔 480 m。母质类型为湖积物。受风蚀和干旱环境影响，地表植被稀疏、遍布砾石。

Ac: 0～28 cm，淡棕色（2.5Y 8/2，干），灰棕色（2.5Y 5/2，润），壤质砂土，片状结构，弱胶结，干时松散，有少量中根系，轻度石灰反应，清晰平滑过渡。

ABy: 28～46 cm，淡灰色（2.5Y 7/2，干），淡黄棕色（2.5Y 6/3），壤质砂土，弱发育的块状结构，干时坚硬，有很少量中根系，有中量石膏结核，强石灰反应，渐变波状过渡。

By: 46～68 cm，深棕色（2.5Y 7/4，干），淡橄榄棕色（2.5Y 5/4，润），砂质壤土，弱发育的块状结构，干时稍硬，有中量石膏结核，中度石灰反应，突变平滑过渡。

Bw1: 68～87 cm，淡灰色（2.5Y 7/1，干），灰色（2.5Y 5/1，润），弱发育的粒状结构，稍润时稍坚硬，有多量岩石和矿物碎屑，无石灰反应，清晰波状过渡。

Bw2: 87～100 cm，淡棕灰色（2.5Y 6/2，干），暗灰棕色（2.5Y 4/2，润），砂质壤土，弱发育的棱块状结构，稍润时松散，有多量岩石和矿物碎屑，轻度石灰反应。

海福系代表性单个土体剖面

海福系代表性单个土体物理性质

土层	深度 /cm	细土颗粒组成 (粒径：mm)/(g/kg)			质地	砾石 含量/%	容重 /(g/cm³)
		砂粒 2～0.05	粉粒 0.002～0.05	黏粒 <0.002			
Ac	0～28	828	65	107	壤质砂土	1	1.69
ABy	28～46	806	20	174	壤质砂土	0	1.55
By	46～68	801	27	172	砂质壤土	10	1.58
Bw1	68～87	—	—	—		10	1.71
Bw2	87～100	834	43	123	砂质壤土	15	1.83

海福系代表性单个土体化学性质

深度 /cm	pH (H₂O)	有机质 /(g/kg)	全磷 /(g/kg)	全钾 /(g/kg)	碱解氮 /(mg/kg)	速效磷 /(mg/kg)	速效钾 /(mg/kg)	电导率(1∶1水土比) /(dS/m)	碳酸钙 /(g/kg)
0～28	8.4	8.2	0.29	1.63	11.2	4.75	102.6	0.24	22
28～46	9.0	7.8	0.25	2.17	13.4	1.06	119.5	2.10	22
46～68	9.0	4.2	0.25	2.53	8.4	1.96	94.2	2.23	57
68～87	9.7	3.0	0.29	0.72	4.1	0.67	12.7	0.64	13
87～100	9.3	3.0	0.19	0.90	8.0	1.76	66.1	1.96	—

5.7.2　南湖系（Nanhu Series）

土　　族：黏壤质盖粗骨壤质混合型石灰性温性-普通石膏正常干旱土
拟定者：武红旗，吴克宁，鞠　兵，杜凯闯，王　泽，刘文惠，谷海斌

分布与环境条件　该土系地处哈密以南的干旱盆地。属于温带大陆性干旱气候，空气干燥，大气透明度好，云量少，日照充足，年平均气温为 11.3 ℃，年平均降水量为 17.7 mm；地形地貌为盆地，母质为洪-冲积物，土地利用类型为裸地。

南湖系典型景观

土系特征与变幅　该土系诊断层包括干旱表层、石膏层，诊断特性包括干旱土壤水分状况、温性土壤温度状况、石灰性。土体构型相对均一，混合型矿物，土体厚度 120 cm 以上，剖面下部碳酸钙相当物淀积形成磐状土层，除 By2 层均有石灰反应。

对比土系　海福系，砂质混合型石灰性冷性-普通石膏正常干旱土。二者土体构型不同，母质类型不同。海福系母质类型为湖积物，土体构型上部为壤质砂土，下部为砂质壤土，以块状结构为主；混合型矿物，ABy 层、By1 层有晶体结核，除 Bw1 层外均有石灰反应。而南湖系母质为洪-冲积物，土体构型相对均一；混合型矿物，土体厚度 120 cm 以上，剖面下部碳酸钙相当物淀积形成磐状土层，除 By2 层均有石灰反应；属于黏壤质盖粗骨壤质混合型石灰性温性-普通石膏正常干旱土。

利用性能综述　粗骨性强，养分含量低，均为戈壁，不能为农牧业所直接利用。

参比土种　薄盐磐漠黄土。

代表性单个土体　剖面于 2014 年 7 月 30 日采自新疆维吾尔自治区哈密市伊州区南湖乡（编号 XJ-14-06），42°25′18″N，92°59′30″E，海拔 546 m。母质类型为洪积-冲积物。受风蚀和干旱环境影响，地表植被分布极其稀疏、砾幂遍布，形成干旱表层。

Ac: 0～11 cm，亮黄橙色（10YR 6/4，干），黄棕色（10YR 5/4，润），砂质壤土，弱发育的很薄的片状结构，干时松散，有很少岩石和矿物碎屑，多量很细蜂窝状孔隙分布于结构体内，轻度石灰反应，渐变波状过渡。

AB: 11～21 cm，极淡棕色（10YR 7/4，干），黄棕色（10YR 5/6，润），砂土，中度发育的粒状结构，干时松软，有很少的岩石和矿物碎屑。中度石灰反应，局部穿插过渡。

By1: 21～40 cm，黄色（10YR 7/6，干），淡黄橙色（10YR 6/4，润），黏壤土，中度发育的很小的粒状结构，干时松软，有中量石膏，有少量岩石和矿物碎屑，轻度石灰反应，渐变波状过渡。

南湖系代表性单个土体剖面

By2: 40～87 cm，极淡棕色（10YR 8/2，干），淡灰色（10YR 7/2，润），黏土，中度发育的小的粒状结构，干时松软，有少量石膏，有很少岩石和矿物碎屑，无石灰反应，渐变倾斜过渡。

By3: 87～117 cm，灰白色（10YR 8/1，干），淡灰色（10YR 7/1，润），壤土，强发育的中小块状结构，干时坚硬，有很多小的岩石和矿物碎屑，有大量石膏，中度石灰反应，清晰水平过渡。

BCym：117～140 cm，灰白色（10YR 8/1，干），淡灰色（10YR 7/1，润），有极多岩石和矿物碎屑，强发育的大块状结构，干时坚硬，有极多石膏，磐层胶结与紧实状况连续且坚硬，组成物质是石膏，中度石灰反应。

南湖系代表性单个土体物理性质

| 土层 | 深度 /cm | 细土颗粒组成（粒径：mm）/(g/kg) | | | 质地 | 砾石含量/% | 容重 /(g/cm³) |
		砂粒 2～0.05	粉粒 0.05～0.002	黏粒 <0.002			
Ac	0～11	729	198	73	砂质壤土	5	1.65
AB	11～21	852	76	72	砂土	5	1.70
By1	21～40	411	385	204	黏壤土	5	1.48
By2	40～87	495	243	262	黏土	5	1.63
By3	87～117	516	397	87	壤土	60	1.65
BCym	117～140	—	—	—	—	0	—

南湖系代表性单个土体化学性质

深度 /cm	pH (H$_2$O)	有机质 /(g/kg)	全磷 /(g/kg)	全钾 /(g/kg)	碱解氮 /(mg/kg)	速效磷 /(mg/kg)	速效钾 /(mg/kg)	电导率 (1∶1 水土比) /(dS/m)	碳酸钙 /(g/kg)
0～11	8.2	5.2	0.38	1.35	25.1	7.02	188.5	2.75	93
11～21	8.7	13.4	0.31	1.22	13.6	6.26	146.9	4.04	81
21～40	8.8	4.9	0.11	1.48	11.6	5.40	235.8	6.90	10
40～87	8.8	4.3	0.05	0.96	9.5	5.21	164.1	7.98	3
87～117	8.7	4.5	0.07	0.69	11.7	5.78	104.9	12.32	—
117～140	8.5	4.9	—	—	—	—	—	21.99	—

5.8 普通简育正常干旱土

5.8.1 天山直属系（Tianshanzhishu Series）

土　　族：粗骨砂质混合型石灰性温性-普通简育正常干旱土
拟定者：武红旗，吴克宁，鞠　兵，杜凯闯，王　泽，刘文惠，谷海斌

分布与环境条件　该土系地处哈密及其以东的洪积扇中上部。温带大陆性干旱气候，日照充足，年平均气温为 8.4 ℃，年平均降水量为 82.5 mm；母质为洪-冲积物，地形地貌为平原；土地利用类型为裸地，地表有砾幂。

天山直属系典型景观

土系特征与变幅　该土系诊断层包括干旱表层、雏形层，诊断特性包括温性土壤温度状况、干旱土壤水分状况、石灰性等。该土系剖面深度 100～110 cm，土体构型上部为壤土，下部为壤质砂土，通体为粒状结构，通体含有多量砾石。

对比土系　五家渠系，壤质混合型石灰性寒性-普通简育正常干旱土。二者母质相同，土体构型不同。五家渠系颜色偏红，土体构型相对均一，耕性较好，通体有石灰反应，母质为洪-冲积物。而天山直属系土体构型上部为壤土，下部为壤质砂土，通体为粒状结构，通体含有多量砾石，属于粗骨砂质混合型石灰性温性-普通简育正常干旱土。

利用性能综述　砾石含量高，粗骨性极强，有机质和其他养分含量贫瘠，且严重干旱缺水，不适合农用，其砂砾石可有选择用做建筑材料。

参比土种　砾质漠黄土。

代表性单个土体　　剖面于 2014 年 7 月 31 日采自新疆维吾尔自治区哈密市伊州区天山乡（编号 XJ-14-09），93°38′45″N，43°01′12″E，海拔 1196 m。母质为洪-冲积物。长期受风蚀、干旱气候条件影响，地表植被分布极其稀疏、遍布砾幂，发育干旱表层。

Ac：　0～9 cm，极淡棕色（10YR 7/4，干），黄棕色（10YR 5/4，润），壤土，中等发育程度的粒状结构，湿时稍坚实，无根系，很多细蜂窝状孔隙分布于结构体内外，中度石灰反应，清晰平滑过渡。

Bw1：9～18 cm，极淡棕色（10YR 7/3，干），棕色（10YR 5/3，润），壤质砂土，发育程度弱的粒状结构，湿时稍坚实，无根系，很多很细气泡状孔隙分布于结构体内外，孔隙度高，无斑纹，中度石灰反应，清晰平滑过渡。

Bw2：18～37 cm，淡灰色（10YR 7/2，干），淡棕灰色（10YR 6/2，润），壤质砂土，发育程度很弱的粒状结构，轻度石灰反应，模糊平行过渡。

Bw3：37～50 cm，灰白色（10YR 8/1，干），极淡棕色（10YR 8/2，润），壤质砂土，发育程度很弱的粒状结构，清晰平滑过渡。

天山直属系代表性单个土体剖面

Bw4：50～100 cm，极淡棕色（10YR 7/3，干），淡棕色（10YR 6/3，润），壤质砂土，发育程度很弱的粒状结构，无石灰反应。

天山直属系代表性单个土体物理性质

| 土层 | 深度 /cm | 细土颗粒组成（粒径：mm）/(g/kg) | | | 质地 | 砾石含量/% |
		砂粒 2～0.05	粉粒 0.05～0.002	黏粒 <0.002		
Ac	0～9	476	432	92	壤土	40
Bw1	9～18	797	131	72	壤质砂土	60
Bw2	18～37	870	58	72	壤质砂土	55
Bw3	37～50	874	61	65	壤质砂土	75
Bw4	50～100	909	26	65	壤质砂土	75

天山直属系代表性单个土体化学性质

深度 /cm	pH (H$_2$O)	有机质 /(g/kg)	全磷 /(g/kg)	全钾 /(g/kg)	碱解氮 /(mg/kg)	速效磷 /(mg/kg)	速效钾 /(mg/kg)	电导率 (1:1 水土比) /(dS/m)	碳酸钙 /(g/kg)
0～9	8.3	19.8	0.61	4.97	53.3	2.51	130.6	5.18	81
9～18	8.1	10.6	0.47	3.95	78.2	1.86	53.6	0.45	72
18～37	8.5	6.5	0.47	2.43	8.6	2.70	38.8	6.57	34
37～50	8.6	6.5	0.47	2.05	85.7	2.42	36.5	5.88	22
50～100	8.5	2.6	0.52	2.17	73.6	2.42	35.9	7.29	37

5.8.2 苇子峡系（**Weizixia Series**）

土　　族：粗骨砂质混合型石灰性温性-普通简育正常干旱土
拟定者：武红旗，吴克宁，鞠　兵，杜凯闯，张文太，范燕敏，侯艳娜，盛建东

分布与环境条件　该土系地处哈密盆地的北部山区。温带大陆性干旱气候，光照充足，年平均日照时数 2500～3326 h，年平均气温为 6.8 ℃，年平均降水量为 167.2 mm 左右；地形地貌为平原；母质类型为长石岩，土地利用类型为裸地。

苇子峡系典型景观

土系特征与变幅　该土系诊断层包括干旱表层、雏形层、钙积现象，诊断特性包括温性土壤温度状况、干旱土壤水分状况、石灰性。土体构型上部和下部为砂土，中部为壤土，土体厚度 1 m 以上，通体含有大量砾石，直径 2～100 mm 不等，占剖面体积的 75%以上，通体有石灰反应。

对比土系　五家渠系，壤质混合型石灰性寒性-普通简育正常干旱土。二者土族不同，母质不同，土壤温度状况不同，土体构型不同。五家渠系颜色偏红，土体构型相对均一，耕性较好，通体有石灰反应，母质为洪-冲积物。而苇子峡系母质类型为长石岩，土体构型上部和下部为砂土，中部为壤土，土体厚度 1 m 以上，通体含有大量砾石，直径 2～100 mm 不等，占剖面体积的 75%以上，通体有石灰反应；属于粗骨砂质混合型石灰性温性-普通简育正常干旱土。

利用性能综述　土壤质地偏砂、砾石含量偏高，处于干旱的荒漠气候条件下。在有水源的地方，也可利用该地丰富的光热资源酌情开垦一部分用于农用。合理利用的前提应是因地制宜地确定利用方向，将当前与长远、局部与整体利益结合起来。

参比土种　淡棕灰土。

代表性单个土体　剖面于 2014 年 7 月 29 日采自新疆维吾尔自治区哈密市伊吾县苇子峡乡（编号 XJ-14-04），43°27′01″N，94°49′55″E，海拔 1173 m。母质类型为长石岩。长期受风蚀、干旱气候条件影响，地表植被分布极其稀疏、遍布砾幂，发育干旱表层。

Ac：　0～22 cm，粉色（7.5YR 7/3，干），棕色（7.5YR 5/3，润），砂土，弱发育的小单颗状结构，轻度石灰反应，清晰过渡。

AB：　22～45 cm，粉色（7.5YR 8/3，干），棕色（7.5YR 4/3，润），壤土，弱发育的中单颗状结构，有很少量中根系，轻度石灰反应，清晰过渡。

Bw1：45～67 cm，淡棕色（7.5YR 6/3，干），棕色（7.5YR 5/3，润），壤土，弱发育的中单颗状结构，轻度石灰反应，清晰过渡。

Bw2：67～100 cm，粉色（7.5YR 7/3，干），棕色（7.5YR 5/3，润），砂土，弱发育的中单颗状结构，有很少中根系，轻度石灰反应。

苇子峡系代表性单个土体剖面

苇子峡系代表性单个土体物理性质

土层	深度 /cm	细土颗粒组成（粒径：mm)/(g/kg)			质地	砾石含量/%
		砂粒 2～0.05	粉粒 0.05～0.002	黏粒 <0.002		
Ac	0～22	826	98	76	砂土	40
AB	22～45	860	37	103	壤土	75
Bw1	45～67	823	92	85	壤土	70
Bw2	67～100	966	33	1	砂土	70

苇子峡系代表性单个土体化学性质

深度 /cm	pH (H$_2$O)	有机质 /(g/kg)	全磷 /(g/kg)	全钾 /(g/kg)	碱解氮 /(mg/kg)	速效磷 /(mg/kg)	速效钾 /(mg/kg)	电导率 (1∶1 水土比) /(dS/m)	碳酸钙 /(g/kg)
0～22	9.1	4.8	0.66	1.12	55.5	1.13	157.0	0.17	60
22～45	7.8	5.8	0.55	3.07	9.7	2.55	171.3	1.77	35
45～67	8.8	3.6	0.52	1.77	12.1	1.32	101.0	0.65	44
67～100	8.3	4.1	0.52	1.61	13.8	1.32	86.7	1.36	46

5.8.3　五家渠系（Wujiaqu Series）

土　　族：壤质混合型石灰性寒性-普通简育正常干旱土
拟定者：吴克宁，武红旗，鞠　兵，赵　瑞，李方鸣，刘　楠等

分布与环境条件　该土系主要分布于天山山脉博格达峰北麓。母质类型为洪-冲积物；中温带大陆性气候，年平均温度 6～7 ℃，最高气温 40～42 ℃，最低气温-40～-38 ℃，无霜期 158 天，年平均日照时数为 2800～3000 h，年平均降水量为 190 mm。

五家渠系典型景观

土系特征与变幅　该土系诊断层包括干旱表层、雏形层，诊断特性包括干旱土壤水分状况、寒性土壤温度状况、石灰性。颜色偏红，土体构型相对均一，耕性较好，通体有石灰反应。

对比土系　天山直属系，粗骨砂质混合型石灰性温性-普通简育正常干旱土。二者母质相同，土体构型不同。天山直属系土体构型上部为壤土，下部为壤质砂土，通体为粒状结构，通体含有多量砾石。而五家渠系颜色偏红，土体构型相对均一，耕性较好，通体有石灰反应；母质为洪-冲积物，属于壤质混合型石灰性寒性-普通简育正常干旱土。

利用性能综述　地势平坦，土体深厚，受干旱气候影响较大，如果农用，注意灌溉问题。

参比土种　灰红土。

代表性单个土体　剖面于 2014 年 8 月 14 日采自新疆维吾尔自治区五家渠市兵团一零二团七连（编号 XJV-14-22），44°22′30″N，87°36′28″E，海拔 493 m。母质类型为洪-冲积物。长期受风蚀、干旱气候条件影响，地表植被分布稀疏，发育干旱表层。

五家渠系代表性单个土体剖面

Ac:　0～9 cm，淡红色（2.5YR 6/2，干），弱红色（2.5YR 4/2，润），粉质壤土，强发育的中棱块状结构，干时硬实，湿时黏着性弱，可塑性弱，很细很小的连续裂隙，强石灰反应，清晰平滑过渡，

AB:　9～20 cm，淡红色（2.5YR 7/2，干），弱红色（2.5YR 5/2，润），粉土，湿时疏松，湿时黏着性中，可塑性中，中量细气泡状气孔，孔隙度中，强石灰反应，清晰平滑过渡。

Bw1:　20～32 cm，淡红色（2.5YR 6/2，干），弱红色（2.5YR 4/2，润），粉质壤土，湿时松散，黏着性弱，可塑性弱，多量细气泡状气孔，孔隙度中，中度石灰反应，清晰平滑过渡。

Bw2:　32～40 cm，淡红色（2.5YR 7/2，干），弱红色（2.5YR 4/2，润），粉质壤土，强发育的很小棱块状结构，湿时疏松，黏着性强，可塑性强，强石灰反应，清晰平滑过渡。

Bw3:　40～87 cm，淡红色（2.5YR 6/2，干），弱红色（2.5YR 4/2，润），壤土，湿时疏松，黏着性中，可塑性中，强石灰反应，清晰平滑过渡。

Bw4:　87～120 cm，淡红色（2.5YR 7/2，干），弱红色（2.5YR 5/2，润），壤土，强发育的小棱块状结构，湿时疏松，黏着性强，可塑性强，多量细气泡状气孔，孔隙度中，强石灰反应。

五家渠系代表性单个土体物理性质

| 土层 | 深度 /cm | 细土颗粒组成（粒径：mm）/(g/kg) | | | 质地 | 砾石含量/% | 容重 /(g/cm³) |
		砂粒 2～0.05	粉粒 0.05～0.002	黏粒 <0.002			
Ac	0～9	67	782	151	粉质壤土	0	1.54
AB	9～20	18	916	66	粉土	0	1.52
Bw1	20～32	239	741	20	粉质壤土	0	1.49
Bw2	32～40	13	764	223	粉质壤土	0	1.51
Bw3	40～87	467	454	79	壤土	0	1.46
Bw4	87～120	364	490	146	壤土	0	1.49

五家渠系代表性单个土体化学性质

深度 /cm	pH (H₂O)	有机质 /(g/kg)	全磷 /(g/kg)	全钾 /(g/kg)	碱解氮 /(mg/kg)	速效磷 /(mg/kg)	速效钾 /(mg/kg)
0～9	9.2	14.5	0.43	5.38	12.11	226.5	41.4
9～20	10.0	10.3	0.40	6.41	7.13	188.4	34.0
20～32	9.8	10.1	0.35	3.37	4.74	118.2	21.9
32～40	9.8	23.7	0.38	9.93	4.54	118.4	15.3
40～87	9.7	7.2	0.38	4.39	3.74	100.7	75.4
87～120	9.4	19.0	0.42	8.40	5.93	165.0	6.5

第6章 盐 成 土

6.1 弱盐简育碱积盐成土

6.1.1 大石头系（Dashitou Series）

土　　族：黏壤质盖粗骨混合型石灰性冷性-弱盐简育碱积盐成土
拟定者：武红旗，吴克宁，鞠　兵，杜凯闯，王　泽，刘文惠，谷海斌

分布与环境条件　该土系地处木垒哈萨克自治县境内的山前冲积-洪积扇的中下部。干旱大陆性气候特征，光照充足。年平均气温为 3.4 ℃，年平均降水量为 118.02 mm 左右。母质为洪-冲积物，土地利用类型为天然牧草地。

大石头系典型景观

土系特征与变幅　该土系诊断层有碱积层、盐积现象，诊断特性有干旱土壤水分状况、冷性土壤温度状况、石灰性。土体构型相对均一，耕性较好。质地主要为砂质壤土，混合型矿物，通体有石灰反应。

对比土系　阿拉尔系，黏质盖砂质多层混合型石灰性温性-洪积干旱正常盐成土。二者母质不同，土体构型不同，属于不同亚类。阿拉尔系母质为冲积物，混合型矿物，以块状结构为主，孔隙度高，地表有盐霜、薄盐结皮，具龟裂纹，Bw1 层和 Bz 层有很少量不规则坚硬的结核。除 Bz 层外，通体有石灰反应。而大石头系母质类型为洪-冲积物，土

体构型相对均一，耕性较好。质地主要为砂质壤土，混合型矿物，通体有石灰反应，属于黏壤质盖粗骨混合型石灰性冷性-弱盐简育碱积盐成土。

利用性能综述 土层较厚，质地适中，含盐较多，开垦时须将治盐措施和其他农业技术措施结合起来，防碱治盐。

参比土种 轻硫棕黄土。

代表性单个土体 剖面于 2014 年 8 月 6 日采自新疆维吾尔自治区昌吉回族自治州木垒哈萨克自治县大石头乡（编号 XJ-14-19），43°51′27″N，90°33′33″E，海拔 1230 m。母质类型为洪-冲积物。受干旱大陆性气候影响，地表植被稀疏，遍布砾石。

A: 0~4 cm，淡棕色（2.5Y 7/3，干），淡黄棕色（2.5Y 6/3，润），砂质壤土，片状结构，干时松软，有很少量的根系，细小裂隙，有很少的正长石碎屑，强石灰反应，清晰平滑过渡。

AB: 4~24 cm，淡黄棕色（2.5Y 6/4，干），淡橄榄棕色（2.5Y 5/4，润），壤土，粒状结构，干时稍坚硬，有少量根系，有少量的正长石碎屑，细小裂隙，强石灰反应，渐变平滑过渡。

Bw1: 24~45 cm，淡橄榄棕色（2.5Y 5/3，干），橄榄棕色（2.5Y 4/4，润），砂质黏壤土，中度发育的块状结构，干时稍坚硬，有少量极细根系，有少量正长石碎屑，强石灰反应，渐变波状过渡。

大石头系代表性单个土体剖面

Bw2: 45~80 cm，浅淡黄色（2.5Y 8/3，干），黄棕色（2.5Y 5/3，润），砂质壤土，中度发育的粒状结构，干时稍坚硬，有很少量极细根系，有极多正长石碎屑，中度石灰反应。

大石头系代表性单个土体物理性质

| 土层 | 深度/cm | 细土颗粒组成（粒径：mm）/(g/kg) | | | 质地 | 砾石含量/% | 容重/(g/cm³) |
		砂粒 2~0.05	粉粒 0.05~0.002	黏粒 <0.002			
A	0~4	650	259	91	砂质壤土	5	1.39
AB	4~24	493	395	112	壤土	5	1.42
Bw1	24~45	508	261	231	砂质黏壤土	5	1.42
Bw2	45~80	608	212	180	砂质壤土	75	—

大石头系代表性单个土体化学性质

深度 /cm	pH (H₂O)	有机质 /(g/kg)	全磷 /(g/kg)	全钾 /(g/kg)	碱解氮 /(mg/kg)	速效磷 /(mg/kg)	速效钾 /(mg/kg)	电导率 (1∶1水土比) /(dS/m)	碳酸钙 /(g/kg)
0~4	9.4	22.8	0.84	5.23	7.7	17.63	72.9	0.51	69
4~24	8.5	10.2	0.67	5.07	7.0	5.81	370.3	6.00	67
24~45	8.7	12.8	0.56	4.76	4.6	4.34	120.2	1.04	84
45~80	—	22.6	0.53	3.96	9.8	3.07	67.4	—	—

6.2 洪积干旱正常盐成土

6.2.1 阿拉尔系（Ala'er Series）

土　族：黏质盖砂质多层混合型石灰性温性-洪积干旱正常盐成土
拟定者：吴克宁，武红旗，鞠　兵，杜凯闯，郝士横等

分布与环境条件　该土系地处阿拉尔市天山南麓，塔克拉玛干沙漠北缘，阿克苏河与和田河、叶尔羌河三河交汇之处的塔里木河上游。母质为冲积物，地形平坦，排水差；雨量稀少，地表蒸发强烈，暖温带极端大陆性干旱荒漠气候，年平均气温为 10.7 ℃，年平均降水量为 40.1～82.5 mm。土地利用类型为盐碱地，植被类型为旱生矮小灌木，主要种植盐穗木。

阿拉尔系典型景观

土系特征与变幅　该土系诊断层有盐积层，诊断特性有干旱土壤水分状况、温性土壤温度状况、石灰性。混合型矿物，以块状结构为主，孔隙度高，地表有盐霜、薄盐结皮，具龟裂纹，Bw1 层和 Bz 层有很少量不规则坚硬的结核。除 Bz 层外，通体有石灰反应。土族控制层段内，出现多层强对比颗粒大小级别。

对比土系　大泉湾系，壤质混合型石灰性温性-普通干旱正常盐成土。二者母质类型相同，地形部位和剖面构型不同，亚类不同。大泉湾系通体质地以壤质为主，上部偏砂质，下部偏壤质。心土层发育有钙积层，孔隙度低，A 层、Bz1 层和 Bz2 层均有盐斑，有机质含量较高，而且一般易于改良和垦殖。而阿拉尔系以块状结构为主，孔隙度高，地表有盐霜、薄盐结皮，具龟裂纹，Bw1 层和 Bz 层有很少量不规则坚硬的结核，土壤含盐量较高，土壤贫瘠，又无灌溉水源，目前难以开垦利用，属于黏质盖砂质多层混合型石灰性温性-洪积干旱正常盐成土。

利用性能综述　该土壤含盐量较高，土壤贫瘠，又无灌溉水源，目前难以开垦利用。

参比土种　干白盐土。

代表性单个土体　剖面于 2015 年 8 月 24 日采自新疆维吾尔自治区阿拉尔市境内（编号 XJ-15-15），40°49′51″N，81°22′10″E，海拔 1020 m。母质类型为冲积物。地表受干旱气候影响，植被分布稀疏。

阿拉尔系代表性单个土体剖面

A:　0～12 cm，浊橙色（7.5YR 7/4，干），棕色（7.5YR 4/4，润），壤土，弱发育的粒状结构，湿时疏松，无根系，多量细蜂窝状孔隙分布于结构体内外，孔隙度很高，少量球形结核，中度石灰反应，地表有盐霜、薄盐结皮，具龟裂纹，呈渐变波状过渡。

Bw1:　12～22 cm，橙色（7.5YR 7/6，干），棕色（7.5YR 4/6，润），黏土，强发育的块状结构，湿时坚实，无根系，中量细蜂窝状孔隙，孔隙度中，分布于结构体内，少量坚硬不规则结核体，中度石灰反应，清晰波状过渡。

Bw2:　22～53 cm，浊橙色（5YR 7/4，干），浊红棕色（5YR 5/4，润），粉质黏土，块状结构，湿时坚实，无根系，少量细蜂窝状孔隙，孔隙度低，分布于结构体内，不连续裂隙，中度石灰反应，突变波状过渡。

Bz:　53～81 cm，浊橙色（5YR 6/4，干），浊红棕色（5YR 5/4，润），壤质砂土，发育很弱的块状结构，湿时疏松，无根系，多量很细蜂窝状孔隙，孔隙度很高，分布于结构体内，很少量不规则坚硬的结核，无石灰反应。

Bw3:　81～112 cm，浊橙色（5YR 7/4，干），浊红棕色（5YR 4/4，润），粉质黏壤土，块状结构，湿时坚实，无根系，多量细蜂窝状孔隙，孔隙度高，分布于结构体内外，中度石灰反应，渐变平滑过渡。

Bw4:　112～123 cm，浊橙色（5YR 7/4，干），浊红棕色（5YR 3/4，润），黏土，弱发育的块状结构，湿时极疏松，无根系，多量细蜂窝状孔隙分布于结构体内外，孔隙度很高，中度石灰反应。

阿拉尔系代表性单个土体物理性质

土层	深度 /cm	细土颗粒组成（粒径：mm)/(g/kg)			质地	砾石含量/%	容重 /(g/cm³)
		砂粒 2～0.05	粉粒 0.05～0.002	黏粒 <0.002			
A	0～12	409	371	220	壤土	0	1.45
Bw1	12～22	96	342	562	黏土	0	1.62
Bw2	22～53	12	499	489	粉质黏土	0	1.69
Bz	53～81	849	81	70	壤质砂土	0	1.41
Bw3	81～112	71	573	356	粉质黏壤土	0	1.67
Bw4	112～123	260	235	505	黏土	0	1.48

阿拉尔系代表性单个土体化学性质

深度 /cm	pH (H$_2$O)	有机质 /(g/kg)	全磷 /(g/kg)	全钾 /(g/kg)	碱解氮 /(mg/kg)	速效磷 /(mg/kg)	速效钾 /(mg/kg)	电导率 (1∶1水土比) /(dS/m)	碳酸钙 /(g/kg)
0～12	7.8	4.3	0.44	7.59	54.35	4.37	204.9	29.85	166
12～22	8.0	4.6	0.64	9.74	36.41	4.37	217.6	17.02	112
22～53	7.7	11.1	0.65	17.04	48.02	4.54	312.4	15.41	118
53～81	8.3	5.7	0.52	2.53	18.65	6.44	142.2	76.78	119
81～112	8.4	8.3	0.72	10.52	17.67	4.93	233.7	22.59	131
112～123	8.2	9.4	0.49	8.16	7.00	5.38	205.3	14.25	129

6.3　石膏干旱正常盐成土

6.3.1　艾丁湖系（**Aidinghu Series**）

土　族：砂质混合型石灰性热性-石膏干旱正常盐成土
拟定者：武红旗，吴克宁，鞠　兵，杜凯闯，张文太，范燕敏，侯艳娜，盛建东

分布与环境条件　该土系地处吐鲁番市火焰山南麓扇形地下部。暖温带大陆性干旱荒漠气候，日照长、气温高、昼夜温差大、降水少、风力强。年平均气温为 13.9 ℃，年平均降水量为 16.6 mm。地形地貌为平原，母质为湖积物，土地利用类型为其他草地。

艾丁湖系典型景观

土系特征与变幅　该土系诊断层有盐积层、石膏层，诊断特性有干旱土壤水分状况、热性土壤温度状况、石灰性。土层深厚，质地为砂土，混合型矿物，通体有石灰反应。

对比土系　迪坎儿系，壤质混合型石灰性温性-普通干旱正常盐成土。二者母质不同，土体构型不同，属于同一亚类。迪坎儿系母质为风积物，剖面深度一般为 100 cm 以上，剖面构型比较均一，质地类型以黏壤质或壤质为主，通体有石灰反应。而艾丁湖系母质类型为湖积物，土层深厚，质地为砂土，混合型矿物，通体有石灰反应，属于砂质混合型石灰性热性-石膏干旱正常盐成土。

利用性能综述　含盐重，但一般质地较轻，地下水位低，洗盐容易，改良条件好。当地农民利用该土富含硝酸盐及有机物质的特点，将其作为肥料，多具有较高的肥效。但一般来说，硝土含有大量的可溶性盐有害成分，应特别小心并有选择的使用。

参比土种　白硝土。

代表性单个土体 剖面于 2014 年 8 月 2 日采自新疆维吾尔自治区吐鲁番市去艾丁湖的路上（编号 XJ-14-14），42°47′44″N，89°26′47″E，海拔–135 m，母质类型为湖积物。受干旱气候条件影响，地表植被稀疏。

A： 0～8 cm，极淡棕色（10YR 8/3，干），棕色（10YR 5/3，润），轻度发育的片状结构，干时松软，很小的不连续裂隙，极少量根系，中度石灰反应，波状渐变过渡。

ABy： 8～26 cm，极淡棕色（10YR 8/2，干），极淡棕色（10YR 8/3，润），砂土，中度发育的粒状结构，干时松软，很小的不连续裂隙，有少量的小的灰白色软结晶角块石膏，极少量根系，轻度石灰反应，波状渐变过渡。

By1： 26～31 cm，淡棕色（10YR 6/3，干），棕色（10YR 5/3，润），中度发育的片状结构，干时稍坚硬，很小的不连续裂隙，有大量的大的灰白色稍坚硬结晶片状石膏，有极少量根系，轻度石灰反应，波状突变过渡。

By2： 31～44 cm，极淡棕色（10YR 7/4，干），黄棕色（10YR 5/4，润），轻度发育的片状结构，干时松软，有较粗的极少量根系，轻度石灰反应，水平渐变过渡。

艾丁湖系代表性单个土体剖面

By3： 44～109 cm，淡黄棕色（10YR 6/4，干），暗黄棕色（10YR 4/4，润），中度发育的弱块状结构，干时稍坚硬，土体内含有少量的小的灰白色软结晶米粒状石膏，有较粗的极少量根系，轻度石灰反应，水平渐变过渡。

By4： 109～130 cm，淡棕色（10YR 6/3，干），棕色（10YR 4/3，润），中度发育的块状结构，干时稍坚硬，有少量的小的灰白色硬结晶角块石膏，有较粗的极少量根系，轻度石灰反应。

艾丁湖系代表性单个土体物理性质

| 土层 | 深度/cm | 细土颗粒组成（粒径：mm)/(g/kg) | | | 质地 | 砾石含量/% | 容重/(g/cm³) |
		砂粒 2～0.05	粉粒 0.05～0.002	黏粒 <0.002			
A	0～8	—	—	—	—	0	0.92
ABy	8～26	904	88	8	砂土	0	1.00
By1	26～31	—	—	—		0	1.06
By2	31～44	—	—	—		0	1.15
By3	44～109	—	—	—		0	1.48
By4	109～130	—	—	—		0	1.25

艾丁湖系代表性单个土体化学性质

深度 /cm	pH (H₂O)	有机质 /(g/kg)	全磷 /(g/kg)	全钾 /(g/kg)	碱解氮 /(mg/kg)	速效磷 /(mg/kg)	速效钾 /(mg/kg)	电导率 (1∶1水土比) /(dS/m)	碳酸钙 /(g/kg)
0～8	7.5	25.9	0.89	4.20	44.8	81.01	484.2	66.10	69
8～26	5.8	11.3	0.30	2.05	21.8	6.23	204.6	103.10	16
26～31	8.5	9.5	0.44	2.93	28.9	11.16	250.4	66.57	16
31～44	8.0	10.6	0.68	4.61	13.2	11.35	185.3	46.57	20
44～109	8.5	10.9	0.77	4.30	5.6	12.93	109.9	19.72	22
109～130	8.4	6.2	0.60	4.30	9.3	7.07	74.4	9.51	47

6.3.2 陶家宫系（Taojiagong Series）

土　　族：砂质混合型石灰性温性-石膏干旱正常盐成土
拟定者：武红旗，吴克宁，鞠　兵，杜凯闯，王　泽，刘文惠，谷海斌

分布与环境条件　该土系地处哈密市，多位于冲积平原下部以及山前倾斜平原扇缘地带。母质类型为洪-冲积物，地形地貌为平原，温带大陆性干旱气候，空气干燥，大气透明度好，云量少，日照充足，年平均气温为 11.4 ℃，年平均降水量为 50.1 mm，≥10 ℃年积温 4273 ℃，无霜期 200 天，土地利用类型为盐碱地，地表植被稀疏，以盐穗木、芦苇为主。

陶家宫系典型景观

土系特征与变幅　该土系诊断层主要包括盐积层、石膏层，诊断特性包括干旱土壤水分状况、温性土壤温度状况、石灰性。混合型矿物，土体深厚，通体质地以壤质为主，质地均一，以粒状结构为主，ABy、By1、By2、By3 层发育有少量灰白色石膏，By3 层有较多盐斑，除了 By2 层和 By3 层均发生石灰反应。

对比土系　大泉湾系，壤质混合型石灰性温性-普通干旱正常盐成土。二者地形部位相同，母质类型不同，剖面构型不同，属于不同亚类。大泉湾系通体质地以壤质为主，上部偏砂质，下部偏壤质。心土层发育有钙积层，孔隙度低，A 层、Bz1 层和 Bz2 层均有盐斑，有机质含量较高，而且一般易于改良和垦殖。而陶家宫系土体深厚，通体质地以壤质为主，质地均一，以粒状结构为主，ABy、By1、By2、By3 层有少量灰白色石膏，By3 层有较多盐斑，含盐较重，潜在肥力低，改良比较困难，属于砂质混合型石灰性温性-石膏干旱正常盐成土。

利用性能综述　含盐较重，潜在肥力低，改良比较困难。因此在垦殖时应首先建立良好的排水设施，控制地下水位上升，并可通过种稻洗盐等方法使土壤脱盐，同时还要加强培肥。

参比土种　灰盐土。

代表性单个土体　剖面于 2014 年 7 月 30 日采自新疆维吾尔自治区哈密市陶家宫乡直属（编号 XJ-14-08），93°40′05″E，42°37′31″N，海拔 687 m。母质类型为洪–冲积物。受大陆性干旱气候影响，地表植被稀疏，剖面可见白色盐斑。

陶家宫系代表性单个土体剖面

A：　0～8 cm，极淡棕色（10YR 7/3，干），棕色（10YR 4/3，润），黏土，块状结构，干时稍坚硬，很少量细根系，很多量细蜂窝状孔隙分布于结构体内，孔隙度中，较强的石灰反应，渐变波状过渡。

ABy：8～20 cm，极淡棕色（10YR 8/2，干），极淡棕色（10YR 8/3，润），壤土，粒状结构，干时松散，很少量细根系，无孔隙，少量蚂蚁，中等的很小的灰白色石膏，中度石灰反应，渐变平行过渡。

Bw：　20～39 cm，极淡棕色（10YR 8/3，干），棕色（10YR 5/3，润），砂质壤土，粒状结构，干时松散，中量粗根系，无孔隙，少量蚂蚁，中度石灰反应，渐变平行过渡。

By1：39～65 cm，极淡棕色（10YR 7/4，干），黄棕色（10YR 5/4，润），壤质砂土，角块状结构，湿时稍松散，很少量粗根系，无孔隙，很少的中等的灰白色石膏，轻度石灰反应，渐变平行过渡。

By2：65～110 cm，极淡棕色（10YR 8/4，干），黄棕色（10YR 5/4，润），壤质砂土，粒状结构，湿时松散，很少量细根系，无孔隙，很少的大的灰白色石膏，无石灰反应，突变平行过渡。

By3：110～135 cm，极淡棕色（10YR 7/4，干），黄棕色（10YR 5/4，润），壤质砂土，粒状结构，湿时松散，很少量细根系，无孔隙，很少的中等的灰白色石膏，很多很小的盐斑斑纹在结构体表，对比度明显、边界鲜明，无石灰反应。

陶家宫系代表性单个土体物理性质

| 土层 | 深度 /cm | 细土颗粒组成 (粒径：mm)/(g/kg) | | | 质地 | 砾石 含量/% | 容重 /(g/cm³) |
		砂粒 2~0.05	粉粒 0.05~0.002	黏粒 <0.002			
A	0~8	21	307	672	黏土	0	0.85
ABy	8~20	494	398	108	壤土	0	0.92
Bw	20~39	715	213	72	砂质壤土	0	1.49
By1	39~65	835	93	72	壤质砂土	5	1.58
By2	65~110	875	52	73	壤质砂土	5	1.74
By3	110~135	868	60	72	壤质砂土	1	1.92

陶家宫系代表性单个土体化学性质

深度 /cm	pH (H₂O)	有机质 /(g/kg)	全磷 /(g/kg)	全钾 /(g/kg)	碱解氮 /(mg/kg)	速效磷 /(mg/kg)	速效钾 /(mg/kg)	电导率 (1:1水土比) /(dS/m)	碳酸钙 /(g/kg)
0~8	7.8	39.5	0.36	3.45	72.5	12.43	276.0	168.20	59
8~20	8.5	11.2	0.40	3.45	21.0	14.90	526.9	51.57	59
20~39	8.4	4.8	0.31	1.75	23.1	4.93	261.6	8.28	45
39~65	9.1	1.2	0.26	1.48	10.4	0.84	41.3	0.41	44
65~110	8.7	2.7	0.20	1.09	6.5	1.22	19.3	0.64	10
110~135	8.0	4.9	0.14	1.22	7.5	1.22	21.8	1.43	2

6.3.3　三堡系（Sanbao Series）

土　　族：砂质混合型石灰性热性-石膏干旱正常盐成土
拟定者：武红旗，吴克宁，鞠　兵，杜凯闯，王　泽，刘文惠，谷海斌

分布与环境条件　该土系地处吐鲁番市境内的河阶地、河滩地及湖滨平原区。暖温带大陆性干旱荒漠气候，日照长、气温高、昼夜温差大、降水少、风力强。年平均气温为 8.5 ℃，年平均降水量 16.1 mm。母质为风积物，地形地貌为平原，土地利用类型为其他草地。

三堡系典型景观

土系特征与变幅　该土系诊断层有盐积层、石膏层，诊断特性有滞水土壤水分状况、热性土壤温度状况、石灰性。土层深厚，混合型矿物，质地类型以粉壤土和砂土为主，亚层以下可见石膏，通体有石灰反应。

对比土系　若羌系，壤质混合型石灰性温性-普通干旱正常盐成土。二者母质类型不同，剖面构型不同，属于不同亚类。若羌系母质为湖积物，混合型矿物，质地以砂质壤土为主，孔隙度高，土体表层有自然形成的连续气孔状 NaCl 强胶结和中等宽度、中等长度、小间距的连续土体内裂隙，通体有不规则结核和石灰反应。而三堡系母质为风积物，质地以粉壤土和砂土为主，土层深厚，混合型矿物，亚层以下可见石膏，通体有石灰反应，属于砂质混合型石灰性热性-石膏干旱正常盐成土。

利用性能综述　土层厚，质地适中，生草过程发育良好，故土壤有机质、全氮等养分含量较高，潜在肥力一般都不低，通过排水降低地下水位后可以开垦农用。

参比土种　潮白盐土。

代表性单个土体 剖面于 2014 年 8 月 1 日采自新疆维吾尔自治区吐鲁番市高昌区三堡乡（编号 XJ-14-13），42°39′31″N，89°48′40″E，海拔−114 m，母质类型为风积物。地表受大陆性干旱气候影响，植被稀疏，剖面可见白色盐斑。

A: 0~4 cm，灰白色（10YR 8/1，干），棕色（10YR 4/3，润），粉壤土，中度发育的片状结构，干时稍坚硬，有少量根系，中量很细蜂窝状孔隙分布于结构体外，中度石灰反应，明显波状过渡。

ABy: 4~10 cm，极淡棕色（10YR 7/3，干），暗棕色（10YR 3/3，润），粉壤土，中度发育的粒状结构，少量灰白色石膏软结核，干时松散，有少量根系，强石灰反应，明显波状过渡。

By1: 10~16 cm，极淡棕色（10YR 7/3，干），暗棕色（10YR 3/3，润），壤质砂土，中度发育的粒状结构，少量灰白色石膏软结核，干时松散，有少量根系，中度石灰反应，平行渐变过渡。

三堡系代表性单个土体剖面

By2: 16~103 cm，灰色（10YR 5/1，干），黑色（10YR 2/1，润），砂土，中度发育的粒状结构，土壤内含有较少灰白色粒状石膏软结核，干时松散，有很少细根系和少量粗根系，中度石灰反应，倾斜突变过渡。

By3: 103~130 cm，灰白色（10YR 8/1，干），暗棕色（10YR 3/3，润），壤质砂土，中度发育的块状结构，土壤内含有较少灰白色石膏结核，干时稍坚硬，中度石灰反应。

三堡系代表性单个土体物理性质

土层	深度/cm	细土颗粒组成（粒径：mm)/(g/kg)			质地	砾石含量/%	容重/(g/cm³)
		砂粒 2~0.05	粉粒 0.05~0.002	黏粒 <0.002			
A	0~4	400	525	75	粉壤土	0	1.06
ABy	4~10	489	503	8	粉壤土	0	0.87
By1	10~16	807	143	50	壤质砂土	0	1.30
By2	16~103	907	78	15	砂土	0	1.52
By3	103~130	871	114	15	壤质砂土	0	1.53

三堡系代表性单个土体化学性质

深度/cm	pH (H₂O)	有机质/(g/kg)	全磷/(g/kg)	全钾/(g/kg)	碱解氮/(mg/kg)	速效磷/(mg/kg)	速效钾/(mg/kg)	电导率 (1:1 水土比)/(dS/m)	碳酸钙/(g/kg)
0~4	7.3	18.7	0.79	4.33	89.8	20.93	444.2	0.06	57
4~10	8.4	28.2	0.66	4.96	109.7	32.18	589.2	106.10	58
10~16	8.9	16.6	0.90	3.32	78.8	27.06	278.5	36.74	34
16~103	8.5	6.5	0.86	0.91	8.6	3.44	77.3	5.57	23
103~130	8.3	4.8	0.57	1.67	14.2	3.16	47.7	6.25	—

6.3.4　迪坎儿系（Dikan'er Series）

土　　族：壤质混合型石灰性温性-石膏干旱正常盐成土
拟定者：武红旗，吴克宁，鞠　兵，杜凯闯，张文太，范燕敏，侯艳娜，盛建东

分布与环境条件　该土系地处吐鲁番市鄯善县的冲积平原和洪积扇缘上。温带大陆性气候，夏季炎热，冬季寒冷，昼夜温差大，日照充足，年平均气温为 8.8 ℃，年平均降水量为 80 mm，地形地貌为平原，母质为风积物，土地利用类型为其他草地。

迪坎儿系典型景观

土系特征与变幅　该土系诊断层包括盐积层、石膏层、钙积现象，诊断特性包括温性土壤温度状况、干旱土壤水分状况、石灰性。该土系剖面深度一般为 100 cm 以上，剖面构型比较均一，质地类型以黏壤质或壤质为主，通体有石灰反应。

对比土系　艾丁湖系，砂质混合型石灰性热性-石膏干旱正常盐成土。二者母质不同，土体构型不同，属于同一亚类。艾丁湖系母质类型为湖积物，土层深厚，质地为砂土，混合型矿物，通体有石灰反应。而迪坎儿系母质为风积物，剖面深度一般为 100 cm 以上，剖面构型比较均一，质地类型以黏壤质或壤质为主，通体有石灰反应，属于壤质混合型石灰性温性-石膏干旱正常盐成土。

利用性能综述　地势较平坦，土层大多较深厚，但要注意防止土壤的次生盐渍化和培肥改良土壤。

参比土种　浅色锈黄土。

代表性单个土体　剖面于 2014 年 8 月 1 日采自新疆维吾尔自治区吐鲁番市鄯善县迪坎镇（编号 XJ-14-12），42°039′30″N，89°048′39″E，海拔−44 m。母质类型为风积物。受温

带大陆性气候的影响，地表干旱、植被稀疏，具有孔泡结皮层。

A: 0~1 cm，极淡棕色（10YR 7/3，干），淡棕色（10YR 6/3，润），壤土，中度发育的厚片状结构，干时稍坚硬，有很少根系，很少量细蜂窝状孔隙分布于结构体内，孔隙度很低，中度石灰反应，突变平行过渡。

ABy: 1~11 cm，淡黄棕色（10YR 6/4，干），暗黄棕色（10YR 4/6，润），粉质黏壤土，中度发育的很小粒状结构，干时松散，有很少量粗根系和中量细根系，有很少灰白色软结晶状的石膏，中度石灰反应，渐变波状过渡。

By1: 11~26 cm，淡灰色（10YR 7/2，干），黄棕色（10YR 5/6，润），砂质壤土，中度发育的块状结构，干时稍坚硬，有很少细根系，有很多灰白色软结晶状的石膏，中度石灰反应，突变平行过渡。

迪坎儿系代表性单个土体剖面

By2: 26~40 cm，淡棕色（10YR 7/3，干），棕色（10YR 5/3，润），粉质黏壤土，中度发育的大粒状结构，干时松散，有很少细根系，有多量灰白色石膏软结核，轻度石灰反应，渐变平行过渡。

Bk1: 40~54 cm，淡灰色（10YR 7/2，干），灰棕色（10YR 5/2，润），粉质黏壤土，中度发育的中片状结构，干时松软，有很少细根系，中度石灰反应，渐变平行过渡。

Bk2: 54~110 cm，淡棕色（10YR 8/2，干），棕色（10YR 5/3，润），黏壤土，中厚度发育的块状结构，干时稍坚硬，有极少细根系，中度石灰反应。

迪坎儿系代表性单个土体物理性质

土层	深度/cm	细土颗粒组成（粒径：mm)/(g/kg)			质地	砾石含量/%	容重/(g/cm³)
		砂粒 2~0.05	粉粒 0.05~0.002	黏粒 <0.002			
A	0~1	470	394	136	壤土	0	—
ABy	1~11	507	273	220	粉质黏壤土	0	0.83
By1	11~26	938	55	7	砂质壤土	0	1.17
By2	26~40	—	—	—	粉质黏壤土	0	1.36
Bk1	40~54	—	—	—	粉质黏壤土	0	1.25
Bk2	54~110	234	643	123	黏壤土	0	1.28

迪坎儿系代表性单个土体化学性质

深度 /cm	pH (H₂O)	有机质 /(g/kg)	全磷 /(g/kg)	全钾 /(g/kg)	碱解氮 /(mg/kg)	速效磷 /(mg/kg)	速效钾 /(mg/kg)	电导率 (1∶1 水土比) /(dS/m)	碳酸钙 /(g/kg)
0～1	8.5	19.7	0.68	3.19	87.4	44.36	426.5	84.49	42
1～11	8.7	18.1	0.66	2.55	90.0	42.32	318.5	86.21	20
11～26	7.7	21.6	0.48	3.06	101.5	9.67	382.1	185.60	—
26～40	8.5	7.3	0.63	5.09	71.2	12.18	146.9	29.77	7
40～54	8.6	6.8	0.63	3.44	16.6	5.67	126.1	8.87	115
54～110	8.9	9.1	0.67	4.58	15.1	5.21	166.1	4.57	138

6.4 普通干旱正常盐成土

6.4.1 塔里木系（Talimu Series）

土　　族：砂质混合型石灰性温性–普通干旱正常盐成土
拟定者：吴克宁，武红旗，鞠　兵，黄　勤，高　星，刘　楠，郭　梦等

分布与环境条件　该土系地处塔克拉玛干沙漠东北部边缘，主要分布于巴音郭楞蒙古自治州腹地。温带大陆性荒漠气候，光照充足，空气干燥，蒸发强劲，年平均气温为 10.1 ℃，年平均降水量为 43 mm。地形平坦，母质为冲积物，土地利用类型为灌木林地。

塔里木系典型景观

土系特征与变幅　该土系诊断层有钙积层、盐积层，诊断特性有干旱土壤水分状况、温性土壤温度状况、石灰性。混合型矿物，质地主要以砂质壤土为主，孔隙度低，土体表层有薄层盐结皮，AB 层有少量结核，通体有石灰反应。

对比土系　大泉湾系，壤质混合型石灰性温性–普通干旱正常盐成土。二者母质类型相同，剖面构型不同，属于不同土族。大泉湾系母质为冲积物，地形地貌为平原，通体质地以壤质为主，上部偏砂质，下部偏壤质。心土层发育有钙积层，孔隙度低，A 层、Bz1 层和 Bz2 层均有盐斑，有机质含量较高，而且一般易于改良和垦殖。而塔里木系为混合型矿物，质地主要以砂质壤土为主，孔隙度低，土体表层有薄层盐结皮，AB 层有少量结核，通体有石灰反应，属于砂质混合型石灰性温性–普通干旱正常盐成土。

利用性能综述　该土系土层较厚，土体中盐分含量较高。

参比土种　棕钙土。

代表性单个土体　　剖面于 2015 年 8 月 14 日采自新疆维吾尔自治区巴音郭楞蒙古自治州尉犁县塔里木乡（编号 XJ-15-12），41°14′31″N，86°22′11″E，海拔 870 m。母质类型为冲积物。受大陆性干旱气候影响，地表植被稀疏。

塔里木系代表性单个土体剖面

Ah：　0～12 cm，黄棕色（2.5Y 5/3，干），橄榄棕色（2.5Y 4/3，润），黏土，弱发育的粒状结构，表层有薄层盐结皮，干时松散，有很少量根系，少量细蜂窝状孔隙分布于结构体内外，强石灰反应，清晰平滑过渡。

AB：　12～23 cm，灰黄色（2.5Y 7/2，干），暗灰黄色（2.5Y 4/2，润），砂质壤土，很弱发育的粒状结构，干时松散，有很少量根系，很少极细蜂窝状孔隙分布于结构体外，有很少结核，强石灰反应，清晰平滑过渡。

Bk1：23～44 cm，灰黄色（2.5Y 7/2，干），暗灰黄色（2.5Y 5/2，润），砂质壤土，很弱发育的块状结构，干时稍硬，有很少量根系，中度石灰反应，模糊波状过渡。

Bk2：44～86 cm，淡黄色（2.5Y 7/3，干），黄棕色（2.5Y 5/3，润），粉壤土，很弱发育的片状结构，湿时坚实，有很少量根系，中度石灰反应，模糊波状过渡。

Bk3：86～125 cm，灰黄色（2.5Y 7/2，干），暗灰黄色（2.5Y 4/2，润），砂质壤土，很弱发育的块状结构，干时松软，很少量根系，轻度石灰反应。

塔里木系代表性单个土体物理性质

土层	深度 /cm	细土颗粒组成（粒径：mm）/(g/kg)			质地	砾石含量/%	容重 /(g/cm³)
		砂粒 2～0.05	粉粒 0.05～0.002	黏粒 <0.002			
Ah	0～12	312	200	488	黏土	0	1.01
AB	12～23	616	283	101	砂质壤土	0	1.39
Bk1	23～44	611	255	134	砂质壤土	0	1.36
Bk2	44～86	434	528	38	粉壤土	0	1.37
Bk3	86～125	720	220	60	砂质壤土	0	1.37

塔里木系代表性单个土体化学性质

深度 /cm	pH (H₂O)	有机质 /(g/kg)	全磷 /(g/kg)	全钾 /(g/kg)	碱解氮 /(mg/kg)	速效磷 /(mg/kg)	速效钾 /(mg/kg)	电导率 (1:1水土比) /(dS/m)	碳酸钙 /(g/kg)
0～12	8.7	35.6	0.56	7.09	25.79	14.49	203.87	73.83	174
12～23	9.2	9.4	0.60	5.70	5.57	8.28	339.58	5.14	260
23～44	9.1	6.5	0.62	5.41	2.11	7.80	373.68	0.91	255
44～86	9.6	5.1	0.61	5.50	5.21	7.58	216.95	1.35	271
86～125	8.7	4.4	0.56	2.75	4.58	4.09	92.34	10.00	323

6.4.2 大泉湾系（**Daquanwan Series**）

土　　族：壤质混合型石灰性温性-普通干旱正常盐成土
拟定者：武红旗，吴克宁，鞠　兵，杜凯闯，张文太，范燕敏，侯艳娜，盛建东

分布与环境条件　该土系地处哈密市，多位于地下水较高的山前洪-冲积扇扇缘、河流下游洼地及低阶地上。母质为冲积物，地形地貌为平原，温带大陆性干旱气候，空气干燥，大气透明度好，云量，日照充足，年平均气温为 11.5 ℃，年平均降水量为 50.4 mm，土地利用类型为其他草地，植被以芨芨草为主，还伴生有甘草、骆驼刺等。

大泉湾系典型景观

土系特征与变幅　该土系诊断层主要包括盐积层，诊断特性包括干旱土壤水分状况、温性土壤温度状况、石灰性。混合型矿物，通体质地以壤质为主，上部偏砂质，下部偏壤质。心土层发育有钙积层，孔隙度低，A 层、Bz1 层和 Bz2 层均有盐斑，通体有石灰反应。

对比土系　陶家宫系，砂质混合型石灰性温性-石膏干旱正常盐成土。二者地形部位相同，母质类型不同，剖面构型不同，陶家宫系发育有石膏层，与大泉湾系属于不同亚类。陶家宫系土体深厚，通体质地以壤质为主，质地均一，以粒状结构为主，ABy、By1、By2、By3 层有少量灰白色石膏，By3 层有较多盐斑，含盐较重，潜在肥力低，改良比较困难。而大泉湾系通体质地以壤质为主，上部偏砂质，下部偏壤质。心土层发育有钙积层，孔隙度低，A 层、Bz1 层和 Bz2 层均有盐斑，有机质含量较高，而且一般易于改良和垦殖，属于壤质混合型石灰性温性-普通干旱正常盐成土。

利用性能综述　有机质含量较高，而且一般易于改良和垦殖，是可垦荒地资源之一。改良要强化排水设施，降低地下水位，促使土壤脱盐，尤其要加强生物改良措施。可采用干湿交替，水旱轮作以及增施有机肥等措施巩固脱盐效果，防止土壤次生盐渍化的发生。

参比土种　潮灰盐土。

代表性单个土体　剖面于 2014 年 7 月 30 日采自新疆维吾尔自治区哈密市伊州区大泉湾乡（编号 XJ-14-07），93°47′24″E，42°42′30″N，海拔 773 m。母质为冲积物。受大陆性干旱气候影响，地表植被稀疏，可见白色盐斑。

A:　0~9 cm，淡灰色（2.5Y 7/2，干），灰棕色（2.5Y 5/2，润），粉壤土，弱发育的片状结构，干时松散，湿时无黏着性、无可塑性，很少量细根系，很少量很细蜂窝状孔隙分布于结构体内外，孔隙度低，很多很小的盐斑斑纹在结构体表，对比度明显、边界鲜明，中度石灰反应，清晰平滑过渡。

Bw1: 9~23 cm，淡黄棕色（2.5Y 6/3，干），淡橄榄棕色（2.5Y 5/4，润），砂质壤土，弱发育的粒状结构，湿时疏松，湿时无黏着性、无可塑性，无根系，很少量很细蜂窝状孔隙分布于结构体内外，孔隙度很低，无斑纹，中度石灰反应，清晰平滑过渡。

Bw2: 23~45 cm，灰白色（2.5Y 8/1，干），淡橄榄棕色（2.5Y 5/4，润），砂质壤土，弱发育的粒状结构，干时松散，湿时无黏着性、无可塑性，很少量细根系，无孔隙，无斑纹，中度石灰反应，清晰波状过渡。

大泉湾系代表性单个土体剖面

Bz1: 45~68 cm，淡橄榄棕色（2.5Y 5/4，干），橄榄棕色（2.5Y 4/3，润），壤土，弱发育的粒状结构，湿时稍坚实–坚实，湿时无黏着性、无可塑性，很少量很细蜂窝状孔隙分布于结构体内外，孔隙度很低，少量小的盐斑斑纹在结构体表，对比度明显、边界鲜明，中度石灰反应，模糊平滑过渡。

Bz2: 68~100 cm，淡黄棕色（2.5Y 6/3，干），淡橄榄棕色（2.5Y 5/3，润），壤土，弱发育的粒状结构，湿时稍坚实–坚实，湿时无黏着性、无可塑性，无根系，无孔隙，中量小的盐斑斑纹在结构体表，对比度明显、边界鲜明，轻度石灰反应。

大泉湾系代表性单个土体物理性质

土层	深度 /cm	细土颗粒组成（粒径：mm)/(g/kg)			质地	砾石含量/%	容重 /(g/cm³)
		砂粒 2~0.05	粉粒 0.05~0.002	黏粒 <0.002			
A	0~9	159	626	215	粉壤土	0	0.94
Bw1	9~23	760	162	78	砂质壤土	0	1.07
Bw2	23~45	603	320	77	砂质壤土	0	1.63
Bz1	45~68	21	813	166	壤土	0	1.67
Bz2	68~100	420	482	98	壤土	0	1.87

大泉湾系代表性单个土体化学性质

深度 /cm	pH (H$_2$O)	有机质 /(g/kg)	全磷 /(g/kg)	全钾 /(g/kg)	碱解氮 /(mg/kg)	速效磷 /(mg/kg)	速效钾 /(mg/kg)	电导率 (1：1水土比) /(dS/m)	碳酸钙 /(g/kg)
0～9	9.3	17.1	0.41	3.59	11.4	44.63	218.6	118.3	98
9～23	10.4	10.0	0.36	1.48	12.5	12.81	181.3	9.9	92
23～45	10.1	7.0	0.31	1.35	6.5	6.35	139.8	1.1	58
45～68	9.6	7.8	0.43	3.06	9.7	0.94	161.3	1.1	134
68～100	9.3	8.4	0.46	2.67	12.5	1.98	132.6	0.2	122

6.4.3　若羌系（Ruoqiang Series）

土　　族：壤质混合型石灰性温性-普通干旱正常盐成土
拟定者：吴克宁，武红旗，鞠　兵，赵　瑞，李方鸣，刘　楠等

分布与环境条件　该土系地处若羌县北部，台特马湖南部，主要分布于塔克拉玛干沙漠边缘。暖温带大陆性荒漠干旱气候，年平均气温为 11.8 ℃，年平均降水量为 28.5 mm，母质为湖积物，地势为平地。土地利用类型为灌木林地和盐碱地，植被类型为旱生灌木。

若羌系典型景观

土系特征与变幅　该土系诊断层有盐积层，诊断特性有干旱土壤水分状况、温性土壤温度状况、氧化还原特征、石灰性。混合型矿物，质地以砂质壤土为主，孔隙度高，土体表层有自然形成的连续气孔状 NaCl 强胶结和中等宽度、中等长度、小间距的连续土体内裂隙，通体有不规则结核和石灰反应。

对比土系　塔里木系，砂质混合型石灰性温性-普通干旱正常盐成土。二者地形部位不同，母质不同，剖面构型相似，但最大不同来自于塔里木系颗粒大小级别为砂质，与若羌系土族不同。塔里木系母质为冲积物，混合型矿物，质地主要以砂质壤土为主，孔隙度低，土层较厚，土体中盐分含量较高，多以氯离子为主，对作物的危害相对较重，尤其保苗困难。而若羌系质地以砂质壤土为主，土体表层有自然形成的连续气孔状 NaCl 强胶结和中等宽度、中等长度、小间距的连续土体内裂隙，通体有不规则结核，土层深厚，地势平坦，但母质类型为湖积物，易积水，属于壤质混合型石灰性温性-普通干旱正常盐成土。

利用性能综述　该土系土层深厚，地势平坦，母质类型为湖积物，排水等级差，易积水，

植被覆盖度为 15%～40%，主要类型为旱生灌木。

参比土种　干白盐土。

代表性单个土体　剖面于 2015 年 8 月 16 日采自新疆维吾尔自治区巴音郭楞蒙古自治州若羌县 G218 西侧（编号 XJ-15-32），39°7′30″N，88°10′0″E，海拔 811 m。母质类型为湖积物。受大陆性干旱气候影响，地表植被稀疏，形成盐结壳。

Az：　0～14 cm，淡灰色（2.5Y 7/1，干），黑棕色（2.5Y 3/1，润），黏土，强发育的片状结构，干时硬，多量细蜂窝状孔隙，中等宽度、中等长度、小间距的连续土体内裂隙，很多不规则结核，存在 NaCl 胶结，轻度石灰反应，清晰平滑过渡。

AB：14～29 cm，灰黄色（2.5Y 6/2，干），黑棕色（2.5Y 3/2，润），砂质壤土，弱发育的粒状结构，湿态极疏松，很少根系，多量很细蜂窝状孔隙，位于结构体内，孔隙度高，很多不规则结核，轻度石灰反应，渐变平滑过渡。

Bw：29～51 cm，灰黄色（2.5Y 7/2，干），暗灰黄色（2.5Y 4/2，润），砂质壤土，很弱发育的块状结构，湿态极疏松，很少量极细根系，中量不规则结核，中度石灰反应，渐变平滑过渡。

若羌系代表性单个土体剖面

Br1：51～61 cm，灰黄色（2.5Y 6/2，干），黑棕色（2.5Y 3/2，润），砂质壤土，弱发育的块状结构，湿态疏松，很少量极细根系，很少量小铁质斑纹，少量不规则结核，轻度石灰反应，清晰平滑过渡。

Br2：61～71 cm，淡灰色（2.5Y 7/1，干），黄灰色（2.5Y 5/1，润），粉壤土，弱发育的块状结构，湿态疏松，很少量根系，中量小铁质斑纹，很少量不规则结核，中度石灰反应，突变平滑过渡。

Br3：71～81 cm，淡灰色（2.5Y 7/1，干），暗灰黄色（2.5Y 5/2，润），粉壤土，弱发育的块状结构，湿态疏松，很少量根系，中量小铁质斑纹，中度石灰反应，突变平滑过渡。

Br4：81～128 cm，灰黄色（2.5Y 7/2，干），暗灰黄色（2.5Y 5/2，润），壤质砂土，很弱发育的块状结构，湿态疏松，很少量极细根系，多量很细蜂窝状孔隙，位于结构体内，孔隙度中，很少量小铁质斑纹，很少量不规则结核，轻度石灰反应。

若羌系代表性单个土体物理性质

土层	深度 /cm	细土颗粒组成 (粒径：mm)/(g/kg)			质地	砾石 含量/%	容重 /(g/cm³)
		砂粒 2~0.05	粉粒 0.05~0.002	黏粒 <0.002			
Az	0~14	329	262	409	黏土	0	1.01
AB	14~29	762	117	121	砂质壤土	0	1.39
Bw	29~51	562	321	117	砂质壤土	0	1.30
Br1	51~61	530	365	105	砂质壤土	0	1.52
Br2	61~71	122	774	104	粉壤土	0	1.56
Br3	71~81	239	672	89	粉壤土	0	1.42
Br4	81~128	785	153	62	壤质砂土	0	1.58

若羌系代表性单个土体化学性质

深度 /cm	pH (H₂O)	有机质 /(g/kg)	全磷 /(g/kg)	全钾 /(g/kg)	碱解氮 /(mg/kg)	速效磷 /(mg/kg)	速效钾 /(mg/kg)	电导率 (1∶1水土比) /(dS/m)	碳酸钙 /(g/kg)
0~14	8.3	24.2	0.42	9.99	24.49	2.98	1841.2	175.0	306
14~29	8.0	5.3	0.50	8.72	8.42	2.58	264.7	65.7	72
29~51	8.3	6.7	0.53	8.64	13.82	3.49	235.9	28.7	143
51~61	8.5	5.4	0.60	14.37	13.06	4.02	300.8	26.3	56
61~71	9.0	5.8	0.49	9.11	6.51	4.08	270.8	12.7	118
71~81	8.6	3.6	0.55	10.78	4.95	3.24	197.6	14.8	147
81~128	8.2	0.3	0.48	7.04	13.42	2.92	200.7	17.5	124

6.5 结壳潮湿正常盐成土

6.5.1 瓦石峡系（Washixia Series）

土　族：壤质混合型石灰性温性-结壳潮湿正常盐成土
拟定者：吴克宁，武红旗，鞠　兵，杜凯闯，郝士横等

分布与环境条件　日照时间长，暖温带大陆性荒漠干旱气候，年平均气温为 11.8 ℃，年平均降水量为 28.5 mm，地处若羌县瓦石峡镇。母质为冲积物，排水良好，土地利用类型为灌木林地，植被类型为旱生灌木。

瓦石峡系典型景观

土系特征与变幅　该土系诊断层有盐积层、盐结壳，诊断特性有潮湿土壤水分状况、温性土壤温度状况、氧化还原特征、石灰性。混合型矿物，质地以粉壤土为主，孔隙度高，25 cm 深以下至底层均有小铁质斑纹和少量结核，通体有石灰反应。

对比土系　塔里木系，砂质混合型石灰性温性-普通干旱正常盐成土。二者地形部位不同，母质相同，剖面构型不同，土类不同。塔里木系土体表层有薄层盐结皮，干旱气候特征明显，质地以砂质壤土为主。而瓦石峡系诊断特性有氧化还原特征，质地以粉壤土为主，25 cm 深以下至底层有小铁质斑纹和少量结核，地表有盐结壳，属于壤质混合型石灰性温性-结壳潮湿正常盐成土。

利用性能综述　该土系土层深厚，地势平坦，排水良好，外排水平衡，土体表面有轻度风蚀且生长着旱生灌木。

参比土种　干白盐土。

代表性单个土体　剖面于 2015 年 8 月 17 日采自新疆维吾尔自治区巴音郭楞蒙古自治州

若羌县瓦石峡镇（编号 XJ-15-29），38°44′53″N，87°26′31″E，海拔 951 m。母质类型为冲积物。受大陆性荒漠干旱气候影响，地表植被分布稀疏，土层干而坚硬，形成盐结壳。

瓦石峡系代表性单个土体剖面

Az: 0～12 cm，浅淡黄色（2.5Y 8/3，干），浊黄色（2.5Y 6/3，润），壤土，很弱发育的粒状结构，干态松散，少量极细根系，多量很细蜂窝状孔隙，有很少量蚂蚁，强石灰反应，清晰波状过渡。

AB: 12～23 cm，淡黄色（2.5Y 7/3，干），黄棕色（2.5Y 5/3，润），粉壤土，弱发育的块状结构，干态松软，少量根系，多量很细蜂窝状孔隙，位于结构体内，孔隙度高，强石灰反应，突变平滑过渡。

Br1: 23～33 cm，淡黄色（2.5Y 7/3，干），橄榄棕色（2.5Y 4/3，润），粉壤土，弱发育的块状结构，湿态疏松，很少根系，多量很细蜂窝状孔隙，中量小铁质斑纹，少量结核，强石灰反应，突变平滑过渡。

Br2: 33～51 cm，灰黄色（2.5Y 7/2，干），暗灰黄色（2.5Y 4/2，润），粉壤土，弱发育的块状结构，湿态坚实，很少根系，多量很细蜂窝状孔隙，位于结构体内，孔隙度很高，中量很小铁质斑纹，很少量结核，强石灰反应，突变平滑过渡。

Br3: 51～80 cm，灰黄色（2.5Y 7/2，干），暗灰黄色（2.5Y 5/2，润），粉壤土，弱发育的块状结构，湿态疏松，很少根系，多量很细蜂窝状孔隙，少量很小铁质斑纹，很少量结核，极强石灰反应，渐变平滑过渡。

Br4: 80～107 cm，灰黄色（2.5Y 7/2，干），黑棕色（2.5Y 3/2，润），粉壤土，弱发育的块状结构，湿态疏松，很少根系，多量很细蜂窝状孔隙，很少量小铁质斑纹，很少量结核，极强石灰反应，清晰平滑过渡。

Br5: 107～124 cm，灰黄色（2.5Y 7/2，干），暗灰黄色（2.5Y 5/2，润），粉土，弱发育的块状结构，湿态疏松，很少根系，多量很细蜂窝状孔隙，少量小铁质斑纹，少量结核，强石灰反应。

瓦石峡系代表性单个土体物理性质

土层	深度/cm	细土颗粒组成（粒径：mm)/(g/kg)			质地	砾石含量/%	容重/(g/cm³)
		砂粒 2～0.05	粉粒 0.05～0.002	黏粒 <0.002			
Az	0～12	428	380	192	壤土	0	0.91
AB	12～23	169	782	49	粉壤土	0	1.16
Br1	23～33	263	696	41	粉壤土	0	1.20
Br2	33～51	237	705	58	粉壤土	0	1.29
Br3	51～80	443	503	54	粉壤土	0	1.16
Br4	80～107	277	642	81	粉壤土	0	1.37
Br5	107～124	67	862	71	粉土	0	1.44

瓦石峡系代表性单个土体化学性质

深度 /cm	pH (H₂O)	有机质 /(g/kg)	全磷 /(g/kg)	全钾 /(g/kg)	碱解氮 /(mg/kg)	速效磷 /(mg/kg)	速效钾 /(mg/kg)	电导率 (1∶1水土比) /(dS/m)	碳酸钙 /(g/kg)
0～12	8.6	19.5	0.63	14.39	50.17	11.55	1887.4	38.3	151
12～23	8.6	11.3	0.68	10.79	67.95	8.67	590.9	19.5	162
23～33	8.2	16.1	0.62	11.44	79.63	9.74	466.8	14.9	175
33～51	8.2	18.7	0.70	11.67	42.65	8.83	510.7	14.1	211
51～80	8.7	7.4	0.66	7.32	17.44	5.77	302.0	4.9	175
80～107	9.4	5.1	0.59	8.48	14.82	6.65	245.8	8.2	194
107～124	8.7	10.0	0.68	16.48	13.49	7.21	369.1	12.1	199

6.5.2　艾丁湖底系（Aidinghudi Series）

土　　族：壤质混合型石灰性热性-结壳潮湿正常盐成土
拟定者：武红旗，吴克宁，鞠　兵，杜凯闯，王　泽，刘文惠，谷海斌

分布与环境条件　该土系地处吐鲁番市境内的山前洪-冲积扇扇缘潜水溢出带上或河滩低地、湖滨洼地，面积较小且分布零星。母质类型为湖积物，地形地貌为盆地，暖温带大陆性干旱荒漠气候，日照长、昼夜温差大、降水少、风力强。年平均气温为 7.9 ℃，年平均降水量为 64.7 mm，≥10 ℃年积温 3400 ℃。土地利用类型为盐碱地，无植被。

艾丁湖底系典型景观

土系特征与变幅　该土系诊断层有盐积层，诊断特性有潮湿土壤水分状况、热性土壤温度状况、潜育特征、氧化还原特征、石灰性。混合型矿物，质地主要为粉壤土或砂质壤土，以粒状结构为主，孔隙度高，表层和心土层有石灰反应，而 60 cm 深以下没有石灰反应。

对比土系　恰特喀勒系，壤质混合型石灰性热性-潜育潮湿正常盐成土；二者地形部位相似，母质类型相同，剖面构型不同，属于不同土族。恰特喀勒系土层深厚，质地主要为壤土，以块状结构为主，除 Br 层外，各层均有石膏和芒硝结核，含盐较重，潜在肥力低，改良比较困难。而艾丁湖底系质地主要为粉壤土或砂质壤土，以粒状结构为主，孔隙度高，质地黏重，而且所处地地势低洼，排水困难，含盐量略高，有盐结壳，表层无植被，属于壤质混合型石灰性热性-结壳潮湿正常盐成土。

利用性能综述　质地黏重，而且所处地地势低洼，排水困难，含盐量略高，有盐结壳，表层无植被，目前大多尚未利用，在地下水位未大幅度下降之前不宜开垦种植，个别开垦后要注意综合改良。

参比土种　湿壳盐土。

代表性单个土体　剖面于 2014 年 8 月 2 日采自新疆维吾尔自治区吐鲁番市艾丁湖湖底（编号 XJ-14-16），42°39′13″N，89°24′48″E，海拔–166 m。母质类型为湖积物。地表形成干硬的盐结壳。

Ac:　0～10 cm，淡灰色（2.5Y 7/2，干），暗灰棕色（2.5Y 4/2，润），砂土，高度发育的很厚的片状结构，干时极坚硬，中量细蜂窝状孔隙分布于结构体外，孔隙度中，轻度石灰反应，明显波状过渡。

Bw:　10～34 cm，淡棕色（2.5Y 8/2，干），淡灰色（2.5Y 7/2，润），粉壤土，中度发育的粒状结构，湿时松散，轻度石灰反应，渐变水平过渡。

Br1:　34～52 cm，淡棕灰色（2.5Y 6/2，干），灰棕色（2.5Y 5/2，润），砂质壤土，中度发育的粒状结构，湿时松散，少量锈斑，轻度石灰反应，突变波状过渡。

Br2:　52～60 cm，淡棕色（2.5Y 8/3，干），淡棕灰色（2.5Y 6/2，润），高度发育的很厚的片状结构，湿时坚硬，少量蜂窝状孔隙，少量锈斑，分布于结构体内外，孔隙度高，轻度石灰反应，突变波状过渡。

艾丁湖底系代表性单个土体剖面

Br3:　60～80 cm，淡灰色（2.5Y 7/1，干），暗灰色（2.5Y 4/1，润），中度发育的粒状结构，湿时松软，少量蜂窝状孔隙，孔隙度高，少量锈斑，无石灰反应，明显平行过渡。

Br4:　80～93 cm，淡棕色（2.5Y 7/3，干），暗灰棕色（2.5Y 4/2，润），砂土，中度发育的粒状结构，湿时松软，少量蜂窝状孔隙，孔隙度高，少量锈斑，无石灰反应。

艾丁湖底系代表性单个土体物理性质

土层	深度/cm	细土颗粒组成（粒径：mm）/(g/kg)			质地	砾石含量/%	容重/(g/cm³)
		砂粒 2～0.05	粉粒 0.05～0.002	黏粒 <0.002			
Ac	0～10	767	223	10	砂土	0	0.96
Bw	10～34	367	624	9	粉壤土	0	1.18
Br1	34～52	613	379	8	砂质壤土	0	1.22
Br2	52～60	—	—	—		0	1.30
Br3	60～80	—	—	—		0	1.45
Br4	80～93	772	220	8	砂土	0	—

艾丁湖底系代表性单个土体化学性质

深度 /cm	pH (H₂O)	有机质 /(g/kg)	全磷 /(g/kg)	全钾 /(g/kg)	碱解氮 /(mg/kg)	速效磷 /(mg/kg)	速效钾 /(mg/kg)	电导率 (1：1水土比) /(dS/m)	碳酸钙 /(g/kg)
0～10	8.2	63.6	0.75	0.89	38.0	7.25	216.4	199.1	54
10～34	8.4	28.1	0.50	3.68	22.5	4.64	216.4	99.5	61
34～52	9.2	9.0	0.49	2.13	15.8	2.78	101.0	79.1	31
52～60	—	43.8	—	—	—	3.56	88.54	—	34
60～80	9.0	8.7	0.55	2.44	9.9	2.00	105.4	99.5	64
80～93	8.9	8.1	0.44	1.98	13.6	1.51	83.2	96.8	—

6.6 潜育潮湿正常盐成土

6.6.1 恰特喀勒系 (Qiatekale Series)

土　族：壤质混合型石灰性热性–潜育潮湿正常盐成土
拟定者：武红旗，吴克宁，鞠　兵，杜凯闯，张文太，范燕敏，侯艳娜，盛建东

分布与环境条件　该土系地处吐鲁番市境内的冲积平原下部以及山前倾斜平原扇缘地带。母质类型为湖积物，地形地貌为盆地，暖温带大陆性干旱荒漠气候，日照长、气温高、昼夜温差大、降水少、风力强。年平均气温为 11.4 ℃，年平均降水量为 50.1 mm，≥10 ℃年积温 4273 ℃，无霜期 200 天。土地利用类型为盐碱地，地表植被稀疏，以盐穗木、芦苇为主。

恰特喀勒系典型景观

土系特征与变幅　该土系诊断层有盐积层、石膏层，诊断特性有潮湿土壤水分状况、热性土壤温度状况、潜育现象、氧化还原特征、石灰性。混合型矿物，土层深厚，质地主要为壤土，以块状结构为主，除 Br 层外，各层均有石膏和芒硝结核，通体有石灰反应。

对比土系　艾丁湖底系，壤质混合型石灰性热性–结壳潮湿正常盐成土。二者地形部位不同，母质类型相同，剖面构型不同，属于不同土族。艾丁湖底系质地主要为粉壤土或砂质壤土，以粒状结构为主，孔隙度高，质地黏重，而且所处地地势低洼，排水困难，含盐量略高，有盐结壳，表层无植被。而恰特喀勒系土层深厚，质地主要为壤土，以块状结构为主，除 Br 层外，各层均有石膏和芒硝结核，含盐较重，潜在肥力低，改良比较困难，属于壤质混合型石灰性热性–潜育潮湿正常盐成土。

利用性能综述　　含盐较重，潜在肥力低，改良比较困难，因此在垦殖时应首先建立良好的排水设施，控制地下水位上升，并可通过种稻洗盐等方法使土壤脱盐，同时还要加强培肥。

参比土种　　灰盐土。

代表性单个土体　　剖面于 2014 年 8 月 2 日采自新疆维吾尔自治区吐鲁番市高昌区恰特喀勒乡（编号 XJ-14-15），42°44′12″N，89°26′29″E，海拔–161 m，母质类型为湖积物。受大陆性荒漠干旱气候影响，地表植被分布稀疏，土层干而坚硬，形成盐结壳。

恰特喀勒系代表性单个土体剖面

Az：　0～11 cm，淡棕灰色（2.5Y 6/2，干），暗灰棕色（2.5Y 4/2，润），砂土，强发育的块状结构，干时硬，少量极细根系，多量蜂窝状细孔隙分布于结构体外，孔隙度很低，有石膏和芒硝结核，轻度盐化，中度石灰反应，清晰波状过渡。

By1：11～22 cm，淡灰色（2.5Y 7/2，干），灰棕色（2.5Y 5/2，润），壤土，中度发育的块状结构，干时松软，中量极细根系，少量细蜂窝状孔隙分布于结构体外，孔隙度中，中量石膏和芒硝结核，轻度盐化，中度石灰反应，渐变波状过渡。

By2：22～44 cm，淡黄棕色（2.5Y 6/3，干），淡橄榄棕色（2.5Y 5/3，润），砂质壤土，中度发育的块状结构，干时松软，中量细根系，孔隙度高，很多石膏和芒硝结核，轻度盐化，强石灰反应，平滑突变过渡。

By3：44～96 cm，淡灰棕色（2.5Y 6/2，干），暗灰棕色（2.5Y 4/2，润），壤土，中度发育的块状结构，干时松软，很少量细根系，孔隙度高，中量石膏，少量石膏和芒硝结核，强石灰反应，平滑突变过渡。

Br：　96～115 cm，淡灰色（2.5Y 7/2，干），灰棕色（2.5Y 5/2，润），壤土，中度发育的块状结构，干时松软，很少量细根系，孔隙度高，结构体表面可见锈斑，轻度盐化，中度石灰反应，平滑突变过渡。

BCg：115～140 cm，灰棕色（2.5Y 5/2，干），暗灰棕色（2.5Y 4/2，润），壤质砂土，中度发育的粒状结构，干时松散，很少量细根系，孔隙度高，很少量芒硝结核，轻度盐化，中度石灰反应。

恰特喀勒系代表性单个土体物理性质

| 土层 | 深度/cm | 细土颗粒组成 (粒径: mm)/(g/kg) | | | 质地 | 砾石含量/% | 容重/(g/cm³) |
		砂粒 2~0.05	粉粒 0.05~0.002	黏粒 <0.002			
Az	0~11	904	88	8	砂土	0	1.13
By1	11~22	520	381	99	壤土	0	0.89
By2	22~44	601	268	131	砂质壤土	0	1.13
By3	44~96	501	395	104	壤土	0	1.37
Br	96~115	502	400	98	壤土	0	1.26
BCg	115~140	775	200	25	壤质砂土	0	1.45

恰特喀勒系代表性单个土体化学性质

深度/cm	pH(H₂O)	有机质/(g/kg)	全磷/(g/kg)	全钾/(g/kg)	碱解氮/(mg/kg)	速效磷/(mg/kg)	速效钾/(mg/kg)	电导率(1:1水土比)/(dS/m)	碳酸钙/(g/kg)
0~11	7.9	45.0	0.15	1.51	38.2	4.56	294.8	174.9	4
11~22	8.6	13.0	0.73	5.07	20.3	7.35	142.4	0.1	24
22~44	8.7	7.0	0.30	1.67	4.1	3.16	40.3	15.8	19
44~96	8.5	7.4	0.42	3.62	17.9	3.81	67.0	12.2	25
96~115	8.5	5.6	0.63	5.16	10.8	4.65	77.3	13.6	13
115~140	8.9	3.3	0.79	1.98	10.1	3.35	71.4	8.0	30

第7章 潜 育 土

7.1 弱盐暗沃正常潜育土

7.1.1 博湖系（**Bohu Series**）

土　族：黏壤质混合型石灰性温性-弱盐暗沃正常潜育土
拟定者：吴克宁，武红旗，鞠　兵，赵　瑞，李方鸣，刘　楠等

分布与环境条件　该土系地处博斯腾湖边缘，主要分布于巴音郭楞蒙古自治州博湖县境内。中温带大陆性荒漠气候，年平均气温为 9.1 ℃，年平均降水量为 93.3 mm，母质为河流沉积物，地形平坦，土地利用类型为沼泽地，植被类型为中草地，主要种植芦苇。

博湖系典型景观

土系特征与变幅　该土系诊断层为暗沃表层、盐积现象，诊断特性有潮湿土壤水分状况、温性土壤温度状况、潜育特征、氧化还原特征、石灰性。混合型矿物，质地以黏壤土为主，孔隙度中-高，土体表层有少量蚂蚁等土壤动物，50 cm 深以下土体有中量铁斑纹，通体有石灰反应。

对比土系　石头城系，壤质混合型冷性-石灰简育正常潜育土。二者地形部位不同，母质不同，剖面构型不同，土类不同。石头城系有淡薄表层和冷性土壤温度状况，质地以砂质壤土为主，且 38 cm 深以下至底层结构体表内有很多铁质斑纹。而博湖系有暗沃表层

和温性土壤温度状况，质地以黏壤土为主，土体表层有少量蚂蚁等土壤动物，50 cm 深以下土体有中量铁斑纹，属于黏壤质混合型石灰性温性-弱盐暗沃正常潜育土。

利用性能综述 该土系地下水位高，排水大多困难，一般生长有芦苇和盐角草，杂草多而茂密。对生长茂密的成片芦苇等植被应合理利用和保护，这样不仅可以保护好生态环境，而且芦苇也是造纸业重要原料之一，应适度发展和利用。

参比土种 腐泥沼泽土。

代表性单个土体 剖面于 2015 年 8 月 13 日采自新疆维吾尔自治区巴音郭楞蒙古自治州博湖县（编号 XJ-15-07），42°9′47″N，86°44′30″E，海拔 1040 m。母质类型为河流沉积物。

Ap: 0~11 cm，淡灰色（2.5Y 5/1，干），黄灰色（2.5Y 3/1，润），粉壤土，团块状结构，湿时疏松，有多量根系，多量细蜂窝状孔隙分布于结构体内，有少量蚂蚁，强石灰反应，模糊波状过渡。

AB: 11~28 cm，淡灰色（2.5Y 5/1，干），黄灰色（2.5Y 3/1，润），黏壤土，块状结构，湿时疏松，有中量根系，中量细蜂窝状孔隙分布于结构体内，孔隙度中，强石灰反应，模糊波状过渡。

Bw: 28~50 cm，黄灰色（2.5Y 6/1，干），黑棕色（2.5Y 3/1，润），黏壤土，弱发育的块状结构，湿时疏松，有少量根系，孔隙度中，强石灰反应，模糊波状过渡。

Bg1: 50~67 cm，黄灰色（2.5Y 5/1，干），黑棕色（2.5Y 3/2，润），砂质黏壤土，中度发育结构，湿时疏松，有少量根系，有中量铁斑纹，强石灰反应，模糊波状过渡。

博湖系代表性单个土体剖面

Bg2: 67 cm 以下，淡灰色（2.5Y 7/1，干），黄灰色（2.5Y 4/1，润），粉壤土，很弱发育的粒状结构，湿时松散，有很少中根系，多量极细蜂窝状孔隙分布于结构体外，孔隙度高，结构体表有中量铁斑纹，中度石灰反应。

博湖系代表性单个土体物理性质

土层	深度/cm	细土颗粒组成（粒径：mm）/(g/kg)			质地	砾石含量/%	容重/(g/cm³)
		砂粒 2~0.05	粉粒 0.05~0.002	黏粒 <0.002			
Ap	0~11	206	662	132	粉壤土	0	1.27
AB	11~28	344	362	294	黏壤土	0	1.51
Bw	28~50	449	211	340	黏壤土	0	1.49
Bg1	50~67	510	200	290	砂质黏壤土	0	1.48
Bg2	67 以下	206	662	132	粉壤土	0	1.27

博湖系代表性单个土体化学性质

深度 /cm	pH (H₂O)	有机质 /(g/kg)	全磷 /(g/kg)	全钾 /(g/kg)	碱解氮 /(mg/kg)	速效磷 /(mg/kg)	速效钾 /(mg/kg)	电导率 (1∶1水土比) /(dS/m)	碳酸钙 /(g/kg)
0～11	8.9	37.3	0.54	6.35	26.48	11.71	449.7	0.01	162
11～28	8.6	30.1	0.53	7.49	12.66	7.77	440.4	4.32	170
28～50	8.6	13.5	0.46	6.40	12.08	8.37	370.6	3.45	166
50～67	8.9	9.3	0.45	6.58	17.51	10.07	342.8	3.55	140
67 以下	8.9	37.3	0.54	6.35	26.48	11.71	449.7	—	162

7.2 石灰简育正常潜育土

7.2.1 石头城系（**Shitoucheng Series**）

土　族：壤质混合型冷性-石灰简育正常潜育土
拟定者：吴克宁，武红旗，鞠　兵，黄　勤，高　星，刘　楠，郭　梦等

分布与环境条件　该土系地处喀什地区塔什库尔干塔吉克自治县库尔干河西岸的平川地带。高原高寒干旱-半干旱气候，年平均气温在 11 ℃以下，年降水量在 40 mm 以下，母质类型为冲积物，地势较平坦，土地利用类型为天然牧草地，植被类型为矮草地。

石头城系典型景观

土系特征与变幅　该土系诊断层为淡薄表层，诊断特性有潮湿土壤水分状况、冷性土壤温度状况、潜育特征、石灰性、氧化还原特征。混合型矿物，质地以砂质壤土为主，孔隙度高，38 cm 深以下至底层结构体表内有很多铁质斑纹，通体有石灰反应。60 cm 深以下是河床，下垫大量砾石。

对比土系　博湖系，黏壤质混合型石灰性温性-弱盐暗沃正常潜育土，二者地形部位不同，母质不同，剖面构型不同，土类不同。博湖系起源于沉积物，质地以黏壤土为主，土体表层有少量蚂蚁等土壤动物，50 cm 深以下土体有中量铁斑纹。而石头城系为冲积物母质，有淡薄表层和冷性土壤温度状况，质地以砂质壤土为主，且 38 cm 深以下至底层结构体表内有很多铁质斑纹，属于壤质混合型冷性-石灰简育正常潜育土。

利用性能综述　该土系起源于冲积物母质，土体厚度不足 1 m。所处地形平坦，地下水位高，外排水等级差，杂草多而茂密，为天然的牧草地。

参比土种　草甸土。

代表性单个土体　剖面于 2015 年 8 月 22 日采自新疆维吾尔自治区喀什地区塔什库尔干塔吉克自治县境内塔什库尔干镇（编号 XJ-15-22），37°48′3″N，75°13′51″E，海拔 3068 m。母质类型为冲积物。

石头城系代表性单个土体剖面

Ah1：0～24 cm，黄灰色（2.5Y 6/1，干），暗灰黄色（2.5Y 4/2，润），砂质壤土，中度发育的团块状结构，干时松软，湿时疏松，多量细根，中量细蜂窝状和管道状孔隙，轻度石灰反应，清晰平滑过渡。

Ah2：24～38 cm，灰黄色（2.5Y 7/2，干），暗灰黄色（2.5Y 4/2，润），砂质壤土，中度发育的团块状结构，干时松软，湿时疏松，中量细根，中量细蜂窝状和管道状孔隙，轻度石灰反应，清晰平滑过渡。

Bg：　38～60 cm，浊黄色（2.5Y 6/3，干），橄榄棕色（2.5Y 4/3，润），砂质壤土，弱发育的粒状结构，干时松软，湿时疏松，中量细根，中量细蜂窝状孔隙，潜育特征，有很多铁质斑纹，轻度石灰反应，清晰平滑过渡。

C：　60～65 cm，砾石层。

石头城系代表性单个土体物理性质

土层	深度/cm	细土颗粒组成（粒径：mm）/(g/kg)			质地	砾石含量/%	容重/(g/cm³)
		砂粒 2～0.05	粉粒 0.05～0.002	黏粒 <0.002			
Ah1	0～24	531	442	27	砂质壤土	0	1.07
Ah2	24～38	522	402	76	砂质壤土	0	1.20
Bg	38～60	633	300	67	砂质壤土	0	1.63
C	60～65	513	341	146	壤土	50	—

石头城系代表性单个土体化学性质

深度/cm	pH(H₂O)	有机质/(g/kg)	全磷/(g/kg)	全钾/(g/kg)	碱解氮/(mg/kg)	速效磷/(mg/kg)	速效钾/(mg/kg)	电导率(1:1水土比)/(dS/m)	碳酸钙/(g/kg)
0～24	9.0	31.3	0.75	4.73	13.41	7.96	84.8	0.9	78
24～38	8.6	22.5	0.75	4.16	12.26	5.72	46.1	0.4	63
38～60	8.0	21.4	0.77	4.44	11.88	5.38	49.8	0.7	—
60～65	8.4	15.5	1.24	4.52	4.72	3.30	63.3	0.4	73

第8章 均 腐 土

8.1 钙积暗沃干润均腐土

8.1.1 开斯克八系（**Kaisikeba Series**）

土　族：壤质混合型温性-钙积暗厚干润均腐土
拟定者：武红旗，吴克宁，鞠　兵，杜凯闯，王　泽，刘文惠，谷海斌

分布与环境条件　该土系地处伊犁哈萨克自治州的山地。年平均气温为 10 ℃，年平均降水量为 65.4 mm。母质为坡积物，地形地貌为中山，土地利用类型为旱地，种植作物为白菜。

开斯克八系典型景观

土系特征与变幅　该土系诊断层有钙积层、暗沃表层，诊断特性有干旱土壤水分状况、温性土壤温度状况、均腐殖质特性、石灰性。混合型矿物，土层深厚，质地主要为粉壤土，以棱块状结构为主，孔隙度低，耕作层有轻度石灰反应。

对比土系　农七队系，壤质混合型冷性-普通钙积干润均腐土。农七队系土层深厚，暗沃表层较薄，土体上部质地为壤质砂土，下部主要为粉壤土，以小棱块状结构为主，Bw2、Bw3 和 Bw4 层有不规则结核，孔隙度低，具有较好的供肥能力，含盐轻，土质疏松。而开斯克八系土层深厚，质地主要为粉壤土，以棱块状结构为主，孔隙度低，地下水位较高，有较高的肥力，含盐量不高，属于壤质混合型温性-钙积暗厚干润均腐土。

利用性能综述　地下水位较高，有较高的肥力，含盐量不高。

参比土种　灰沼土。

代表性单个土体　剖面于 2014 年 8 月 29 日采自新疆维吾尔自治区伊犁哈萨克自治州昭苏县洪纳海乡（编号 XJ-14-76），43°04′32″N，81°06′11″E，海拔 1700 m。母质类型为坡积物。

开斯克八系代表性单个土体剖面

Ap：　0～21 cm，极暗灰色（10YR 3/1，干），黑色（10YR 2/1，润），粉壤土，弱发育的棱块状结构，干时松散，少量极细根系，很少量细管道状孔隙分布于结构体外，孔隙度低，很细裂隙，少量长石组成的次圆状碎屑，很少量薄膜，轻度石灰反应，渐变波状过渡。

AB：　21～37 cm，暗灰色（10YR 4/1，干），黑色（10YR 2/1，润），壤土，弱发育的棱块状结构，湿时松散，少量极细根系，很少量很细的管道状孔隙分布于结构体外，连续性间断的地表裂隙，孔隙度低，中量长石组成的次圆状碎屑，无石灰反应，清晰平滑过渡。

Bw：　37～52 cm，暗灰棕色（10YR 4/2，干），极暗棕色（10YR 2/2，润），粉壤土，弱发育的棱块状结构，湿时松散，很少量极细根系，很少量很细的管道状孔隙分布于结构体外，连续性间断的地表裂隙，孔隙度低，中量长石组成的次圆状碎屑，无石灰反应，清晰平滑过渡。

Bk1：52～90 cm，极暗灰棕色（10YR 3/2，干），黑色（10YR 2/1，润），粉壤土，弱发育的棱块状结构，湿时松散，少量极细根系，很少量很细管道状孔隙分布于结构体外，连续性间断的地表裂隙，孔隙度低，中量中长石组成的次圆状碎屑，极强石灰反应，模糊波状过渡。

Bk2：90～131 cm，灰棕色（10YR 5/2，干），极暗灰棕色（10YR 3/2，润），粉壤土，弱发育的棱块状结构，湿时松散，很少量极细根系，很少量很细管道状孔隙分布于结构体外，孔隙度很低，少量中长石组成的次圆状碎屑，强石灰反应。

开斯克八系代表性单个土体物理性质

土层	深度 /cm	细土颗粒组成 (粒径: mm)/(g/kg)			质地	砾石含量/%	容重 /(g/cm³)
		砂粒 2～0.05	粉粒 0.05～0.002	黏粒 <0.002			
Ap	0～21	237	658	105	粉壤土	0	1.08
AB	21～37	207	665	128	壤土	0	0.98
Bw	37～52	92	735	173	粉壤土	0	1.06
Bk1	52～90	210	577	213	粉壤土	10	1.19
Bk2	90～131	130	670	200	粉壤土	10	1.31

开斯克八系代表性单个土体化学性质

深度 /cm	pH (H₂O)	有机质 /(g/kg)	全磷 /(g/kg)	全钾 /(g/kg)	碱解氮 /(mg/kg)	速效磷 /(mg/kg)	速效钾 /(mg/kg)	电导率 (1:1水土比) /(dS/m)	碳酸钙 /(g/kg)
0～21	7.4	86.1	1.34	17.80	162.2	49.70	360.6	1.2	5
21～37	7.7	82.7	1.13	17.02	163.9	49.00	314.6	2.3	3
37～52	7.6	59.3	0.81	18.31	186.3	19.14	278.2	0.6	6
52～90	7.9	49.1	0.89	17.80	65.0	13.19	236.9	0.7	101
90～131	8.0	33.5	0.91	14.17	32.6	10.81	195.7	0.5	189

8.2　普通钙积干润均腐土

8.2.1　农七队系（Nongqidui Series）

土　族：壤质混合型冷性-普通钙积干润均腐土
拟定者：武红旗，吴克宁，鞠　兵，杜凯闯，张文太，范燕敏，侯艳娜，盛建东

分布与环境条件　该土系地处博尔塔拉蒙古自治州，州境西、南、北三面环山，中间是谷地平原，西部较窄，东部开阔，整个地形由南、北、西逐渐向中、东部倾斜，并似喇叭状逐渐开阔。地貌特征大致由南北两侧山地、中部博尔塔拉谷地和东部艾比湖盆地这三个较大的地貌单元组成。大陆性干旱半荒漠和荒漠气候，日照时间长，昼夜温差大。年平均气温为 5.6 ℃，年平均降水量为 181 mm。土地利用类型为水浇地，种植作物为棉花。

农七队系典型景观

土系特征与变幅　该土系诊断层有暗沃表层、钙积层，诊断特性有半干润土壤水分状况、冷性土壤温度状况、均腐殖质特性、石灰性。混合型矿物，土层深厚，土体上部质地为壤质砂土，下部主要为粉壤土，以小棱块状结构为主，孔隙度低，Bk2、Bk3 和 Bk4 层有不规则石灰结核，通体有石灰反应。

对比土系　开斯克八系，壤质混合型温性-钙积暗厚干润均腐土。开斯克八系土层深厚，质地主要为粉壤土，以棱块状结构为主，孔隙度低，地下水位较高，有较高的肥力，含盐量不高。而农七队系土层深厚，土体上部质地为壤质砂土，下部主要为粉壤土，以小棱块状结构为主，Bk2、Bk3 和 Bk4 层有不规则结核，孔隙度低，具有较好的供肥能力，含盐轻，土质疏松，属于壤质混合型冷性-普通钙积干润均腐土。

利用性能综述　具有较好的供肥能力，含盐轻，土质疏松。要注意排水，降低地下水位，促进土壤熟化。

参比土种 黑沼土。

代表性单个土体 剖面于 2014 年 8 月 24 日采自新疆维吾尔自治区博尔塔拉蒙古自治州精河县八家户农场十八队（编号 XJ-14-59），44°39′08″N，82°49′06″E，海拔 272.8 m。母质类型为冲积物。

Ap1：0～21 cm，灰色（10YR 5/1，干），极暗灰色（10YR 3/1，润），壤质砂土，强发育的中度粒状结构，湿时极疏松，中量细根系和极细根系，很少量薄膜，强石灰反应，清晰波状过渡。

Ap2：21～32 cm，灰色（10YR 6/1，干），黑色（10YR 2/1，润），砂质黏壤土，强发育的鳞片状结构，湿时疏松，中量细根系和极细根系，少量管道状孔隙分布于结构体内，孔隙度低，很少量薄膜，强石灰反应，渐变平滑过渡。

Bk1：32～59 cm，淡灰色（10YR 7/1，干），灰棕色（10YR 5/2，润），壤土，中度发育的小棱块状结构，湿时疏松，少量细根系和极细根系，多量管道状和蜂窝状孔隙分布于结构体内，孔隙度低，轻度石灰反应，清晰平滑过渡。

农七队系代表性单个土体剖面

Bk2：59～80 cm，淡灰色（10YR 7/2，干），暗灰棕色（10YR 4/2，润），粉壤土，弱发育的小棱块状结构，湿时疏松，很少量细根系和极细根系，多量管道状和蜂窝状孔隙分布于结构体内，孔隙度中，少量不规则石灰结核，中度石灰反应，清晰平滑过渡。

Bk3：80～105 cm，灰白色（10YR 8/1，干），淡棕灰色（10YR 6/2，润），粉壤土，弱发育的小棱块状结构，湿时疏松，很少量细根系和极细根系，多量很细管道状和蜂窝状孔隙分布于结构体内，孔隙度低，多量不规则石灰结核，轻度石灰反应，清晰平滑过渡。

Bk4：105～130 cm，淡灰色（10YR 7/2，干），灰棕色（10YR 5/2，润），粉壤土，弱发育的小棱块状结构，湿时疏松，很少量细根系和极细根系，多量管道状和蜂窝状孔隙分布于结构体内，孔隙度中，中量不规则石灰结核，轻度石灰反应。

农七队系代表性单个土体物理性质

土层	深度/cm	细土颗粒组成（粒径：mm)/(g/kg)			质地	砾石含量/%	容重/(g/cm³)
		砂粒 2～0.05	粉粒 0.05～0.002	黏粒 <0.002			
Ap1	0～21	444	447	109	壤质砂土	0	0.94
Ap2	21～32	314	616	70	砂质黏壤土	0	1.05
Bk1	32～59	167	755	78	壤土	0	1.28
Bk2	59～80	125	700	175	粉壤土	0	1.24
Bk3	80～105	161	680	159	粉壤土	0	1.23
Bk4	105～130	67	698	235	粉壤土	0	1.21

农七队系代表性单个土体化学性质

深度 /cm	pH (H₂O)	有机质 /(g/kg)	全磷 /(g/kg)	全钾 /(g/kg)	碱解氮 /(mg/kg)	速效磷 /(mg/kg)	速效钾 /(mg/kg)	电导率 (1∶1水土比) /(dS/m)	碳酸钙 /(g/kg)
0～21	8.0	56.7	1.27	3.99	70.2	49.52	224.8	0.8	151
21～32	8.0	51.8	0.93	2.82	110.5	19.93	233.5	1.6	167
32～59	7.9	32.7	0.70	4.46	23.5	4.55	162.3	2.0	236
59～80	7.8	22.7	0.63	7.26	72.5	4.45	159.4	2.1	245
80～105	8.1	16.5	0.60	9.60	30.0	3.29	259.7	0.9	234
105～130	8.7	11.2	0.58	8.44	14.9	3.39	259.7	1.6	260

8.3 普通简育湿润均腐土

8.3.1 龙池系（Longchi Series）

土　族：壤质混合型非酸性冷性-普通简育湿润均腐土
拟定者：吴克宁，武红旗，鞠　兵，杜凯闯，郝士横等

分布与环境条件　该土系地处和静县巴音布鲁克镇。母质是坡积物，地势略起伏；四季分明，干燥少雨，光热条件充足，无霜期长，中温带大陆性干燥气候，年平均气温为 4.8 ℃，年平均降水量为 68 mm；土地利用类型为天然牧草地。

龙池系典型景观

土系特征与变幅　该土系诊断层有暗沃表层，诊断特性有湿润土壤水分状况、冷性土壤温度状况、均腐殖质特性、石质接触面。混合型矿物，质地以壤土为主，以团块状结构为主，孔隙度高，Bw 层有少量很大的次圆状微风化花岗岩石英碎屑，40 cm 深以下为石质接触面，通体无石灰反应。

对比土系　洪纳海系，壤质混合型温性-钙积暗沃干润雏形土。二者地形部位不同，母质类型不同，剖面构型不同，洪纳海系具备均腐殖质特性，不同土纲。洪纳海系土层深厚，质地主要为粉壤土，以粒状结构为主，潜在肥力高，宜耕易种，热量不足，适中早熟小麦、油菜、马铃薯等。而龙池系质地以壤土为主，以团块状结构为主，孔隙度高，Bw 层有少量很大的次圆状微风化花岗岩石英碎屑，40 cm 深以下为石质接触面，土体厚度不足 1 m，所处地形略起伏，排水良好，为天然的牧草地，属于壤质混合型非酸性冷性-普通简育湿润均腐土。

利用性能综述　该土系起源于冲积物母质，土体厚度不足 1 m，所处地形略起伏，排水

良好，为天然的牧草地。

参比土种　河阶薄层草甸土。

代表性单个土体　剖面于 2015 年 8 月 26 日采自新疆维吾尔自治区巴音郭楞蒙古自治州和静县巴音布鲁克镇 217 国道（编号 XJ-15-34），43°8′17″N，84°20′10″E，海拔 2584 m。母质类型为冲积物。

Ah：0～10 cm，暗红棕色（2.5Y 3/3，干），暗红棕色（2.5Y 3/2，润），粉黏壤土，强发育的团块状结构，干时松软，湿态疏松，多量细根系，中量粗根系，中量蜂窝状和管道状细孔隙分布于结构体内外，孔隙度很高，无石灰反应，渐变平滑过渡。

Bw：10～34 cm，暗红棕色（2.5Y 3/2，干），黑棕色（2.5Y 2/1，润），壤土，强发育的团块状结构，干时松软，湿态疏松，多量细根系，中量粗根系，中量蜂窝状和管道状细孔隙分布于结构体内外，孔隙度高，少量很大的次圆状微风化花岗岩石英碎屑，无石灰反应，清晰平滑过渡。

R：　34～40 cm，石质接触面。

龙池系代表性单个土体剖面

龙池系代表性单个土体物理性质

土层	深度/cm	砂粒 2～0.05	粉粒 0.05～0.002	黏粒 <0.002	质地
Ah	0～10	20	310	670	粉黏壤土
Bw	10～34	490	400	11	壤土

龙池系代表性单个土体化学性质

深度/cm	pH(H₂O)	有机质/(g/kg)	全磷/(g/kg)	全钾/(g/kg)	碱解氮/(mg/kg)	速效磷/(mg/kg)	速效钾/(mg/kg)	电导率(1:1水土比)/(dS/m)	碳酸钙/(g/kg)
0～10	6.9	39.5	1.59	0.36	—	—	276.0	5.57	59
10～34	7.2	11.2	1.87	0.40	—	—	526.9	6.25	59

第9章 雏 形 土

9.1 钙积草毡寒冻雏形土

9.1.1 巴音布鲁克系（Bayinbuluke Series）

土　族：壤质混合型–钙积草毡寒冻雏形土
拟定者：吴克宁，武红旗，鞠　兵，黄　勤，高　星，刘　楠，郭　梦等

分布与环境条件　该土系地处和静县巴音布鲁克镇。中温带大陆性干燥气候，年平均气温为 8.8 ℃，年平均降水量为 68 mm，母质是坡积物，地势为山地，土地利用类型为天然牧草地。

巴音布鲁克系典型景观

土系特征与变幅　该土系诊断层有雏形层、钙积层和草毡表层，诊断特性有半干润土壤水分状况、寒性土壤温度状况、冻融特征、石灰性。混合型矿物，质地为以壤质土为主，孔隙度高，Bk 层和 BC 层有中量不规则钙质结核，Bk 层有中量次圆状未风化花岗岩中砾，B 层以下有石灰反应。

对比土系　和静系，壤质混合型–钙积简育寒冻雏形土。二者地形部位不同，母质相同，剖面构型不同，和静系不具有草毡表层，亚类不同。和静系所处地形平坦，质地主要为粉壤土，且心土层以上具有少量碳酸钙结核和少量微风化花岗岩细砾，通体有石灰反应。而巴音布鲁克系质地为以壤质土为主，Bk 层和 BC 层有中量不规则钙质结核，B 层以下有石灰反应，属于壤质混合型–钙积草毡寒冻雏形土。

利用性能综述　该土系牧草生长良好，山高坡度大，部分土层较薄，有水土流失现象，因此要在利用中分区放牧，防止过牧，以保持水土和草场良好的环境。

参比土种　底砾生黄土。

代表性单个土体　剖面于 2015 年 8 月 26 日采自新疆维吾尔自治区巴音郭楞蒙古自治州和静县境内巴音布鲁克镇（编号 XJ-15-19），43°08′17″N，84°29′6″E，海拔 2596 m。母质类型为坡积物。

巴音布鲁克系代表性单个土体剖面

Ao：　0～10 cm，草毡表层，根系盘结，细土含量少。

Ah1：10～20 cm，黑棕色（10YR 3/2，干），黑棕色（10YR 2/2，润），粉壤土，中度发育的团块状结构，干时松软，湿时疏松，多量根系，中量很细蜂窝状孔隙，连续裂隙，清晰平滑过渡。

Ah2：20～41 cm，浊黄棕色（10YR 5/3，干），黑棕色（10YR 2/2，润），粉壤土，中度发育的团块状结构，干时松软，湿时疏松，少量根系，中量很细蜂窝状孔隙，清晰平滑过渡。

Bw：41～68 cm，浊黄橙色（10YR 7/4，干），浊黄棕色（10YR 5/4，润），壤土，块状结构，干时稍硬，湿时疏松，少量根系，多量很细蜂窝状孔隙，中度石灰反应，清晰波状过渡。

Bk：68～83 cm，浊黄橙色（10YR 7/3，干），浊黄棕色（10YR 5/4，润），壤土，中度发育的块状结构，干时稍硬，湿时疏松，中量很细蜂窝状孔隙，中量钙质结核，中量次圆状未风化花岗岩中砾，强石灰反应，清晰平滑过渡。

BC：83～110 cm，橙白色（10YR 8/2，干），浊黄棕色（10YR 6/3，润），砂质壤土，弱发育的屑粒状结构，干时松软，湿时松散，少量很细蜂窝状孔隙，中量钙质结核，很多次圆状微风化花岗岩中砾，强石灰反应。

巴音布鲁克系代表性单个土体物理性质

土层	深度/cm	砂粒 2～0.05	粉粒 0.05～0.002	黏粒 <0.002	质地	砾石含量/%	容重/(g/cm³)
Ah1	10～20	156	740	104	粉壤土	5	0.86
Ah2	20～41	38	761	201	粉壤土	1	1.10
Bw	41～68	287	468	245	壤土	5	0.99
Bk	68～83	378	429	193	壤土	20	1.17
BC	83～110	568	272	160	砂质壤土	30	1.55

巴音布鲁克系代表性单个土体化学性质

深度 /cm	pH (H₂O)	有机质 /(g/kg)	全磷 /(g/kg)	全钾 /(g/kg)	碱解氮 /(mg/kg)	速效磷 /(mg/kg)	速效钾 /(mg/kg)	电导率 (1∶1水土比) /(dS/m)	碳酸钙 /(g/kg)
10～20	6.7	222.8	1.26	9.96	177.53	9.58	257.1	—	232
20～41	8.8	92.1	1.03	10.60	49.50	5.27	137.6	0.3	96
41～68	8.6	18.9	0.69	9.99	3.45	4.82	118.4	0.3	95
68～83	8.5	14.0	0.84	7.15	10.36	4.82	109.7	0.2	102
83～110	9.0	16.4	0.75	6.03	5.81	5.94	108.6	0.3	92

9.2　石灰草毡寒冻雏形土

9.2.1　古龙沟系（Gulonggou Series）

土　族：黏壤至盖粗骨壤质混合型-石灰草毡寒冻雏形土
拟定者：吴克宁，武红旗，鞠　兵，赵　瑞，李方鸣，刘　楠等

分布与环境条件　该土系地处塔克拉玛干沙漠边缘，中温带大陆性干燥气候，年平均气温为 5.8 ℃，年平均降水量为 68 mm，母质是坡积物，地形为山地，土地利用类型为天然牧草地，植被类型为矮草地，主要种植风毛菊、火绒草。

古龙沟系典型景观

土系特征与变幅　该土系诊断层有雏形层、草毡表层和钙积现象，诊断特性有湿润土壤水分状况、寒冻土壤温度状况、冻融特征、石灰性。混合型矿物，质地为壤质，孔隙度高，通体有少量至多量次圆状或角状新鲜石英岩中、粗砾和石灰反应。

对比土系　红其拉甫山系，壤质混合型-石灰简育寒冻雏形土。二者地形部位不同，母质相同，剖面构型不同，红其拉甫山系具备草毡现象，不同亚类。红其拉甫山系为寒冻土壤温度状况，质地为以粉壤土和砂质壤土为主，且 60 cm 深度内含有中量次圆状未风化的花岗岩、长石中砾。而古龙沟系为寒冻土壤温度状况，质地为壤质，且通体有少量至多量次圆状或角状新鲜石英岩中、粗砾，属于黏壤至盖粗骨壤质混合型-石灰草毡寒冻雏形土。

利用性能综述　该土系起源于坡积物母质，土体厚度不足 1 m，所处地形略起伏，排水良好，外排水平衡，为天然的牧草地。

参比土种 底石型少砾质生草土。

代表性单个土体 剖面于 2015 年 8 月 12 日采自新疆维吾尔自治区巴音郭楞蒙古自治州和静县古龙沟（编号 XJ-15-04），43°5′17″N，86°3′14″E，海拔 3500 m。母质类型为坡积物。

Ah1：10~21 cm，淡黄色（2.5Y 7/3，干），淡棕色（2.5Y 5/3，润），壤质砂土，弱发育的粒状结构，湿时疏松，多量根系，多量很细蜂窝状空隙，少量次圆状新鲜石英岩粗砾，中度石灰反应，清晰平滑过渡。

Ah2：21~44 cm，浅淡黄色（2.5Y 8/3，干），浊黄色（2.5Y 6/3，润），粉质黏壤土，中度发育的团块状结构，湿时疏松，少量根系，多量细蜂窝状空隙，少量角状新鲜石英岩中砾，中度石灰反应，渐变波状过渡。

Bw：44~82 cm，淡黄色（2.5Y 7/3，干），黄棕色（2.5Y 5/3，润），粉壤土，中度发育的块状结构，湿时疏松，很少量根系，多量很细蜂窝状孔隙，很多量角状新鲜的石英岩石砾，中度石灰反应。

古龙沟系代表性单个土体剖面

古龙沟系代表性单个土体物理性质

土层	深度/cm	细土颗粒组成 (粒径: mm)/(g/kg)			质地	砾石含量/%	容重/(g/cm³)
		砂粒 2~0.05	粉粒 0.05~0.002	黏粒 <0.002			
Ah1	10~21	735	259	6	壤质砂土	50	0.74
Ah2	21~44	142	572	286	粉质黏壤土	5	1.50
Bw	44~82	205	526	269	粉壤土	65	1.68

古龙沟系代表性单个土体化学性质

深度/cm	pH (H₂O)	有机质/(g/kg)	全磷/(g/kg)	全钾/(g/kg)	碱解氮/(mg/kg)	速效磷/(mg/kg)	速效钾/(mg/kg)	电导率(1:1水土比)/(dS/m)	碳酸钙/(g/kg)
0~21	8.5	58.9	0.78	15.27	76.77	9.05	217.8	0.4	177
21~44	7.6	16.8	0.70	13.54	25.99	9.81	145.3	0.3	140
44~82	8.9	11.6	1.17	10.22	10.07	10.15	136.3	0.4	102

9.3　钙积简育寒冻雏形土

9.3.1　大河系（Dahe Series）

土　　族：壤质混合型-钙积简育寒冻雏形土
拟定者：武红旗，吴克宁，鞠　兵，杜凯闯，王　泽，刘文惠，谷海斌

分布与环境条件　该土系地处巴里坤哈萨克自治县境内的山前洪积扇中上部以及洪沟两侧地带。温带大陆性冷凉干旱气候，冬季严寒，夏季凉爽，光照充足，年平均气温为4.3 ℃，年平均降水量为 260 mm。地形地貌为平原，母质为洪-冲积物，土地利用类型为天然牧草地。

大河系典型景观

土系特征与变幅　该土系诊断层包括雏形层、钙积层，诊断特性包括干旱土壤水分状况、寒性土壤温度状况、石灰性。土体厚度 100~120 cm，通体壤质构型，石灰性结核出现在 30 cm 深以下，体积约占 5%~10%，通体有石灰反应。

对比土系　和静系，壤质混合型-钙积简育寒冻雏形土。二者属于同一亚类，母质不同，剖面构型不同。和静系地形为平原，母质类型为坡积物，混合型矿物，质地主要为粉壤土，孔隙度高，ABk 层和 Bk 层有少量很小球形碳酸钙结核，表土层和心土层有花岗岩细、中砾和石灰反应。而大河系母质为洪-冲积物，土体厚度 100~120 cm，通体壤质构型，石灰性结核出现在 30 cm 深以下，体积约占 5%~10%，通体有石灰反应，属于壤质混合型-钙积简育寒冻雏形土。

利用性能综述　由于土体中含有一定量的砾石，渗水较快，而且在土体干燥时，疏松表

土易遭风蚀。

参比土种　砾质棕黄土。

代表性单个土体　剖面于 2014 年 7 月 28 日采自新疆维吾尔自治区哈密市巴里坤哈萨克自治县大河镇（编号 XJ-14-01），42°37′31″N，93°40′05″E，海拔 1723 m。母质类型为洪-冲积物。

A:　0～6 cm，极淡棕色（10YR 8/4，干），极淡棕色（10YR 7/4，润），壤土，很弱发育的片状结构，干时松散，有少量的细根，少量很细气泡状孔隙，孔隙度很低，中度石灰反应，清晰平滑过渡。

AB:　6～27 cm，淡黄棕色（10YR 6/4，干），黄棕色（10YR 5/4，润），壤土，弱发育的块状结构，干时稍坚硬，有少量的粗根，很少细管道状孔隙分布于结构体内外，孔隙度很低，中度石灰反应，突变平滑过渡。

Bk1:　27～45 cm，黄棕色（10YR 5/4，干），暗黄棕色（10YR 4/4，润），粉壤土，弱发育的块状结构，干时松软，有少量的粗根，有少量（5%～10%）的白色石灰结核，轻度石灰反应，渐变波状过渡。

Bk2:　45～63 cm，棕色（10YR 5/3，干），暗棕色（10YR 3/3，润），壤土，发育的块状结构，干时稍坚硬，有少量的细根，有少量（5%～10%）的白色石灰结核，轻度石灰反应，突变平滑过渡。

大河系代表性单个土体剖面

Bk3:　63 cm 以下，极淡棕色（10YR 8/3，干），淡棕色（10YR 6/3，润），砂质壤土，很弱发育的粒状结构，干时松散，有很少的细根，无孔隙，有少量（5%～10%）的白色石灰结核，轻度石灰反应。

大河系代表性单个土体物理性质

土层	深度/cm	细土颗粒组成（粒径：mm)/(g/kg)			质地	砾石含量/%	容重/(g/cm³)
		砂粒 2～0.05	粉粒 0.05～0.002	黏粒 <0.002			
A	0～6	421	450	129	壤土	25	1.48
AB	6～27	443	427	130	壤土	20	1.39
Bk1	27～45	359	545	96	粉壤土	20	1.23
Bk2	45～63	472	457	71	壤土	15	1.33
Bk3	63 以下	683	246	71	砂质壤土	50	—

大河系代表性单个土体化学性质

深度 /cm	pH (H₂O)	有机质 /(g/kg)	全磷 /(g/kg)	全钾 /(g/kg)	碱解氮 /(mg/kg)	速效磷 /(mg/kg)	速效钾 /(mg/kg)	电导率 (1∶1 水土比) /(dS/m)
0~6	8.3	20.1	0.87	4.38	57.40	12.15	399.3	0.7
6~27	8.4	15.2	0.67	4.05	8.20	6.64	91.0	2.0
27~45	9.0	14.2	0.76	3.24	22.40	12.81	98.2	6.0
45~63	8.4	4.0	0.62	1.12	19.40	5.97	116.8	6.6
63 以下	8.4	3.4	0.62	0.96	4.70	4.45	70.9	5.0

9.3.2　和静系（Hejing Series）

土　族：壤质混合型-钙积简育寒冻雏形土
拟定者：吴克宁，武红旗，鞠　兵，赵　瑞，李方鸣，刘　楠等

分布与环境条件　该土系地处巴音郭楞蒙古自治州和静县平原地区，海拔 2726 m。地势较平坦，地形为平原，母质类型为坡积物，土地利用类型为天然牧草地，植被类型为矮草地，地表覆盖 40% 的羊茅、棘豆等植被。

和静系典型景观

土系特征与变幅　该土系诊断层有雏形层、钙积层，诊断特性有半干润土壤水分状况、寒性土壤温度状况、冻融特征、石灰性。混合型矿物，质地主要为粉壤土，孔隙度高，ABk 层和 Bk 层有少量（5%～10%）很小球形碳酸钙结核，表土层和心土层有花岗岩细、中砾和石灰反应。

对比土系　古龙沟系，黏壤至盖粗骨壤质混合型-石灰草毡寒冻雏形土。二者地形部位不同，母质相同，剖面构型不同，土族不同。古龙沟系质地为壤质，且通体有少量至多量次圆状或角状新鲜石英岩中、粗砾。而和静系质地主要为粉壤土，表土层和心土层有花岗岩细、中砾，属于壤质混合型-钙积简育寒冻雏形土。

利用性能综述　该土系有良好的牧场，产草量高，适合牧养羊群等。在草场利用过程中应建立划区轮牧制度，条件许可也可以开发水源发展灌溉，进一步发挥其生产潜力。

参比土种　厚土生黄土。

代表性单个土体　剖面于 2015 年 8 月 12 日采自新疆维吾尔自治区巴音郭楞蒙古自治州和静县（编号 XJ-15-05），43°6′10″N，85°23′43″E，海拔 2726 m。母质类型为坡积物。

Ah：　0～12 cm，橄榄棕色（2.5Y 4/4，干），橄榄棕色（2.5Y 4/3，润），粉壤土，中度发育的团块状结构，干时松软，有多量根系，多量细蜂窝状孔隙，少量次圆状微风化花岗岩细砾，中度石灰反应，清晰平滑过渡。

ABk：12～32 cm，橄榄棕色（2.5Y 4/6，干），橄榄棕色（2.5Y 4/3，润），粉壤土，中度发育的块状结构，干时稍硬，有中量根系，中量细蜂窝状孔隙，少量连续裂隙，有很少量（5%）碳酸钙结核，少量花岗岩细砾，中度石灰反应，清晰平滑过渡。

Bk：　32～70 cm，淡黄色（2.5Y 7/3，干），橄榄棕色（2.5Y 4/3，润），粉壤土，中度发育的块状结构，干时松软，有很少极细根系，中量细蜂窝状孔隙，有少量（5%～10%）碳酸钙结核，少量花岗岩中砾，强石灰反应，清晰平滑过渡。

和静系代表性单个土体剖面

Bw：　70～105 cm，淡黄色（2.5Y 7/3，干），橄榄棕色（2.5Y 4/3，润），壤土，中度发育的块状结构，干时稍硬，有很少根系，中量细蜂窝状孔隙分布于结构体内外，多量花岗岩中砾，强石灰反应，清晰平滑过渡。

C：　105～130 cm，浅淡黄色（2.5Y 8/3，干），橄榄棕色（2.5Y 5/4，润），砂土，弱发育的屑粒状结构，干时稍硬，少量细蜂窝状孔隙分布于结构体内外，中度石灰反应。

和静系代表性单个土体物理性质

| 土层 | 深度 /cm | 细土颗粒组成 (粒径：mm)/(g/kg) | | | 质地 | 砾石含量/% | 容重 /(g/cm³) |
		砂粒 2～0.05	粉粒 0.05～0.002	黏粒 <0.002			
Ah	0～12	99	826	75	粉壤土	0	0.89
ABk	12～32	73	783	144	粉壤土	0	1.04
Bk	32～70	492	363	145	粉壤土	10	1.05
Bw	70～105	—	—	—	壤土	—	—
C	105～130	—	—	—	砂土	—	—

和静系代表性单个土体化学性质

深度 /cm	pH (H₂O)	有机质 /(g/kg)	全磷 /(g/kg)	全钾 /(g/kg)	碱解氮 /(mg/kg)	速效磷 /(mg/kg)	速效钾 /(mg/kg)	电导率 (1∶1水土比) /(dS/m)	碳酸钙 /(g/kg)
0～12	8.6	67.3	0.24	3.76	118.3	10.41	504.4	0.8	123
12～32	8.5	39.1	0.16	3.72	86.6	7.52	364.3	0.4	—
32～70	8.6	16.4	0.16	3.27	52.4	8.54	223.5	0.4	—
70～105	8.8	9.4	0.15	1.77	16.1	6.67	127.9	—	—
105～130	8.7	6.7	0.12	0.65	16.7	8.71	92.8	—	—

9.4 石灰简育寒冻雏形土

9.4.1 红其拉甫山系（Hongqilafushan Series）

土　族：壤质混合型-石灰简育寒冻雏形土
拟定者：吴克宁，武红旗，鞠　兵，杜凯闯，郝士横等

分布与环境条件　该土系地处红其拉甫山口岸，位于喀什地区塔什库尔干塔吉克自治县境内，海拔 4695 m，同巴基斯坦毗邻。暖温带大陆性干旱气候，年平均气温在 0 ℃以下，年降水量在 40 mm 以下，母质是坡积物，地势起伏，植被类型为矮草地，如芦苇、冷蒿、冰草等。

红其拉甫山系典型景观

土系特征与变幅　该土系诊断层有雏形层、草毡现象和钙积现象，诊断特性有半干润土壤水分状况、寒冻土壤温度状况、冻融特征、石灰性。混合型矿物，质地以粉壤土或砂质壤土为主，孔隙度高，60 cm 深度内含有中量次圆状未风化的花岗岩、长石中砾，并且通体有石灰反应。

对比土系　和静系，壤质混合型-钙积简育寒冻雏形土。二者地形部位不同，母质相同，剖面构型不同，和静系具有钙积层，亚类不同。和静系所处地形平坦，质地为粉壤土，且心土层具有少量碳酸钙结核和少量微风化花岗岩细砾。而红其拉甫山系质地以粉壤土或砂质壤土为主，心土层下部至底部土层具有大量弱风化的岩石碎屑，土体构型整体与和静系不同，属于壤质混合型-石灰简育寒冻雏形土。

利用性能综述　生态环境恶劣，无交通条件，人迹罕见，土壤理化性质和营养条件差。

参比土种　底石型少砾质生草土。

代表性单个土体　剖面于 2015 年 8 月 21 日采自新疆维吾尔自治区喀什地区塔什库尔干塔吉克自治县境内中巴边境红其拉甫山口（编号 XJ-15-24），36°51′7″N，75°26′1″E，海拔 4695 m。母质类型为坡积物。

Ah：　0～12 cm，黄棕色（2.5Y 5/3，干），暗橄榄棕色（2.5Y 3/3，润），壤土，强发育的块状结构，干时稍硬，湿时疏松，多量细根，中量蜂窝状和管道状孔隙，中量次圆状未风化花岗岩、长石中砾，轻度石灰反应，清晰平滑过渡。

Bw1：12～60 cm，灰黄色（2.5Y 7/2，干），黄棕色（2.5Y 5/3，润），粉壤土，中度发育的块状结构，干时稍硬，湿时坚实，少量极细根，中量很细蜂窝状孔隙，中量次圆状未风化的花岗岩、长石中砾，中度石灰反应，渐变平滑过渡。

Bw2：60～80 cm，橄榄棕色（2.5Y 4/4，干），暗橄榄棕色（2.5Y 3/3，润），粉壤土，中度发育的块状结构，干时稍硬，湿时坚实，中量细蜂窝状孔隙，轻度石灰反应，清晰平滑过渡。

红其拉甫山系代表性单个土体剖面

2Bw1：80～160 cm，灰白色（2.5Y 8/2，干），黄棕色（2.5Y 5/3，润），砂质壤土，中度发育的块状结构，无根系，大量弱风化的岩石碎屑，多量细蜂窝状孔隙，中度石灰反应，清晰平滑过渡。

2C：　160～200 cm，灰白色（2.5Y 8/2，干），暗灰黄色（2.5Y 5/2，润），壤质砂土，干时稍硬，湿时坚实，无根系，大量弱风化的岩石碎屑，中量蜂窝状孔隙，中度石灰反应。

红其拉甫山系代表性单个土体物理性质

土层	深度/cm	细土颗粒组成 /(g/kg)（粒径：mm）			质地	砾石含量/%	容重/(g/cm³)
		砂粒 2～0.05	粉粒 0.05～0.002	黏粒 <0.002			
Ah	0～12	457	456	87	壤土	20	1.04
Bw1	12～60	290	558	152	粉壤土	30	0.99
Bw2	60～80	194	648	158	粉壤土	5	—
2Bw1	80～160	693	228	79	砂质壤土	35	—
2C	160～200	755	191	54	壤质砂土	65	—

红其拉甫山系代表性单个土体化学性质

深度/cm	pH (H₂O)	有机质/(g/kg)	全磷/(g/kg)	全钾/(g/kg)	碱解氮/(mg/kg)	速效磷/(mg/kg)	速效钾/(mg/kg)	电导率 (1:1水土比)/(dS/m)	碳酸钙/(g/kg)
0～12	8.1	86.0	1.02	9.76	38.66	15.52	242.2	0.1	187
12～60	8.6	30.4	0.78	9.59	43.02	4.57	44.9	0.6	194
60～80	8.3	33.2	0.77	11.31	3.95	6.97	43.5	0.4	178
80～160	8.3	11.9	0.86	5.86	18.70	4.57	46.3	0.9	178
160～200	8.6	8.7	1.01	5.73	20.81	5.29	50.2	0.5	—

9.5　弱盐淡色潮湿雏形土

9.5.1　精河系（Jinghe Series）

土　族：壤质混合型石灰性冷性-弱盐淡色潮湿雏形土
拟定者：武红旗，吴克宁，鞠　兵，杜凯闯，张文太，范燕敏，侯艳娜，盛建东

分布与环境条件　该土系地处博尔塔拉蒙古自治州的冲积平原。大陆性干旱半荒漠和荒漠气候，日照时间长，昼夜温差大。年平均气温为 5.6 ℃，年平均降水量为 181 mm。母质多为冲积物，地形地貌为平原，土地利用类型为水浇地。

精河系典型景观

土系特征与变幅　该土系诊断层有雏形层和盐积现象，诊断特性有冷性土壤温度状况、潮湿土壤水分状况、氧化还原特征、石灰性。土层深厚，土体构型上部为粉壤土，下部为粉土。通体有石灰反应，Ap、AB 和 Br1 层均有地膜。

对比土系　切木尔切克系，砂质混合型非酸性寒性-普通淡色潮湿雏形土。二者亚类不同，母质不同，土体构型不同。切木尔切克系无盐积现象，土体构型上部为砂质壤土，下层为砂土，表层以下均有铁。而精河系有盐积现象，土层深厚，土体构型上部为粉壤土，下部为粉土。精河系通体有石灰反应，Ap、AB 和 Br1 层均有地膜，属于壤质混合型石灰性冷性-弱盐淡色潮湿雏形土。

利用性能综述　土层深厚，质地大多较好，具有一定肥力水平。要坚持农田基本建设，平整土地，精耕细作。

参比土种　中硫盐化潮土。

代表性单个土体　剖面于 2014 年 8 月 24 日采自新疆维吾尔自治区博尔塔拉蒙古自治州精河县（编号 XJ-14-57），44°49′26″N，82°30′09″E，海拔 330 m。母质类型为冲积物。

精河系代表性单个土体剖面

Ap：　0～10 cm，淡棕色（2.5Y 7/3，干），橄榄棕色（2.5Y 4/3，润），粉壤土，弱发育的块状结构，干时松散，中量细根系和很少量中根系，很少量很细管道状孔隙分布于结构体外，孔隙度很低，很少量地膜，强石灰反应，清晰平滑过渡。

AB：　10～28 cm，灰白淡棕色（2.5Y 7/4，干），淡橄榄棕色（2.5Y 5/4，润），粉壤土，弱发育的块状结构，干时极疏松，少量中根系，很少量很细管道状孔隙分布于结构体外，孔隙度很低，很少量地膜，极强石灰反应，渐变平滑过渡。

Br1：28～58 cm，淡灰色（2.5Y 7/2，干），暗灰棕色（2.5Y 4/2，润），粉壤土，棱块状结构，湿时松散，少量中根系，中量很细蜂窝状孔隙分布于结构体内外，很少量很细管道状孔隙分布于结构体外，孔隙度很低，很少量地膜，少量铁锈斑纹，强石灰反应，突变波状过渡。

Bk1：58～77 cm，淡棕色（2.5Y 8/3，干），淡黄棕色（2.5Y 6/3，润），粉土，弱发育的块状结构，湿时松散，很少量粗根系，中量细蜂窝状孔隙分布于结构体内外，孔隙度高，轻度石灰反应，很多大的灰白色石膏和碳酸盐，突变平滑过渡。

Br2：77～100 cm，淡黄棕色（2.5Y 6/3，干），淡橄榄棕色（2.5Y 5/6，润），粉土，中度发育块状结构，湿时松散，少量很粗根系，很少量很细蜂窝状孔隙分布于结构体内外，孔隙度很低，强石灰反应，突变波状过渡。

Bk2：100～107 cm，淡棕色（2.5Y 7/3，干），淡橄榄棕色（2.5Y 5/3，润），粉土，中度发育棱块状结构，湿时松散，少量很粗根系，很少量很细管道状孔隙分布于结构体内外，孔隙度很低，轻度石灰反应，中量小的灰白色石膏，突变平滑过渡。

BC：107～120 cm，淡棕色（2.5Y 8/2，干），淡灰色（2.5Y 7/2，润），粉土，中度发育的厚棱块状结构，湿时松散，少量很细蜂窝状孔隙分布于结构体内外，孔隙度低，中度石灰反应。

精河系代表性单个土体物理性质

| 土层 | 深度/cm | 细土颗粒组成 (粒径: mm)/(g/kg) | | | 质地 | 砾石含量/% | 容重/(g/cm³) |
		砂粒 2~0.05	粉粒 0.05~0.002	黏粒 <0.002			
Ap	0~10	166	790	44	粉壤土	0	1.41
AB	10~28	137	821	42	粉壤土	0	1.40
Br1	28~58	134	822	44	粉壤土	0	1.66
Bk1	58~77	124	833	43	粉土	0	1.50
Br2	77~100	97	840	63	粉土	0	1.50
Bk2	100~107	101	855	44	粉土	0	1.32
BC	107~120	121	836	43	粉土	0	1.50

精河系代表性单个土体化学性质

深度/cm	pH (H₂O)	有机质/(g/kg)	全磷/(g/kg)	全钾/(g/kg)	碱解氮/(mg/kg)	速效磷/(mg/kg)	速效钾/(mg/kg)	电导率 (1:1水土比)/(dS/m)	碳酸钙/(g/kg)
0~10	7.9	18.6	1.15	8.52	18.1	20.12	295.0	2.6	103
10~28	7.9	18.7	1.09	8.78	28.6	17.12	274.0	2.4	81
28~58	7.9	16.1	1.10	8.52	16.4	15.09	304.9	2.8	82
58~77	—	7.9	0.67	7.47	17.0	6.84	299.3	—	85
77~100	8.0	9.7	0.72	6.41	7.0	3.87	285.2	3.3	98
100~107	8.0	5.9	0.76	7.03	11.2	1.64	282.4	4.1	84
107~120	8.0	10.4	0.76	4.92	3.4	1.45	240.3	3.7	79

9.6　石灰淡色潮湿雏形土

9.6.1　察布查尔锡伯系（Chabucha'erxibo Series）

土　　族：壤质盖粗骨混合型温性-石灰淡色潮湿雏形土
拟定者：武红旗，吴克宁，鞠　兵，杜凯闯，王　泽，刘文惠，谷海斌

分布与环境条件　该土系地处伊犁哈萨克自治州的冲积平原。母质为冲积物，地形地貌为平原，年平均气温为 7.9 ℃，年平均降水量为 205 mm。土地利用类型为水浇地，种植作物为大豆。

察布查尔锡伯系典型景观

土系特征与变幅　该土系诊断层有雏形层、肥熟表层和钙积层，诊断特性有半干润土壤水分状况、温性土壤温度状况、氧化还原特征、石灰性。混合型矿物，质地主要为粉壤土，以粒状结构为主，孔隙度低，Ap2 层以下至底层结构体表均有铁锰斑纹，除了 Br3 层，均发生石灰反应。

对比土系　老台系，壤质混合型冷性-石灰淡色潮湿雏形土。二者地形部位不同，成土母质相同，剖面构型不同，属于同一亚类，但不同土族。老台系土壤温度状况系冷性，土层深厚，母质类型为冲积物，质地主要为粉壤土，以粒状结构为主，Aup2 层以下至底层结构体表均有铁锰斑纹，质地偏黏，土体构型尚好，适种范围较广，耕性、通透性和保蓄性均较强。而察布查尔锡伯系质地主要为粉壤土，以粒状结构为主，Ap2 层以下至底层结构体表均有铁锰斑纹，孔隙度低，质地适中，结构好，含盐较轻，地下径流多较通畅，不易产生次生盐渍化，属于壤质盖粗骨混合型温性-石灰淡色潮湿雏形土。

利用性能综述 质地适中，结构好，含盐较轻，地下径流多较通畅，不易产生次生盐渍化。但保蓄能力较差，改良利用要防止淹灌和大水漫灌，精耕细作。并在多施有机肥的同时，配合科学使用化肥。

参比土种 中层锈灰土。

代表性单个土体 剖面于 2014 年 8 月 28 日采自新疆维吾尔自治区伊犁哈萨克自治州伊宁县奶牛场二连（编号 XJ-14-72），43°53′13″N，81°14′36″E，海拔 591.2 m。母质类型为冲积物。

Ap1：0～19 cm，淡灰色（2.5Y 7/1，干），暗灰棕色（2.5Y 4/2，润），粉壤土，中度发育的中粒状结构，湿时疏松，多量细根系和很少量中根系，多量细蜂窝状孔隙分布于结构体内，孔隙度中，很少量的小次圆状和圆状花岗岩碎屑，很少量地膜，少量蚯蚓，中度石灰反应，清晰间断过渡。

Ap2：19～33 cm，淡棕灰色（2.5Y 6/2，干），暗灰棕色（2.5Y 4/2，润），粉壤土，中度发育的中粒状结构，湿时疏松，少量细根系和很少量中根系，少量细蜂窝状和管道状孔隙分布于结构体内，孔隙度低，很少量的小次圆状和圆状岩屑，很少量很小的铁锰斑纹，很少量地膜，少量蚯蚓粪，强石灰反应，突变平滑过渡。

Br1：33～42 cm，灰白色（2.5Y 8/1，干），灰色（2.5Y 6/1，润），壤土，弱发育的中粒状结构，湿时疏松，很少量极细根系和中根系，中量细蜂窝状和管道状孔隙分布于

察布查尔锡伯系代表性单个土体剖面

结构体内，孔隙度低，很少量的小次圆状和圆状岩屑，很少量很小的铁锰斑纹，中度石灰反应，清晰波状过渡。

Br2：42～54 cm，淡灰色（2.5Y 7/2，干），暗灰棕色（2.5Y 4/2，润），粉壤土，弱发育的中粒状结构，湿时疏松，很少量极细根系和中根系，少量细蜂窝状和管道状孔隙分布于结构体内，孔隙度低，很少的小次圆状和圆状岩屑，很少量很小的铁锰斑纹，强石灰反应，清晰波状过渡。

Br3：54～82 cm，淡灰色（2.5Y 7/2，干），灰棕色（2.5Y 5/2，润），粉土，弱发育的小粒状结构，湿时极疏松，很少量极细根系和中根系，很少量很小的铁锰斑纹，无石灰反应，渐变平滑过渡。

C：82～100 cm，淡灰色（2.5Y 7/1，干），暗灰色（2.5Y 4/1，润），粉壤土，湿时松散，很少量细根系，极多的次圆状和圆状花岗岩碎屑，很少量很小的铁锰斑纹，轻度石灰反应。

察布查尔锡伯系代表性单个土体物理性质

土层	深度/cm	细土颗粒组成 (粒径: mm)/(g/kg)			质地	砾石含量/%	容重/(g/cm³)
		砂粒 2~0.05	粉粒 0.05~0.002	黏粒 <0.002			
Ap1	0~19	285	493	222	粉壤土	0	1.27
Ap2	19~33	185	673	142	粉壤土	0	1.63
Br1	33~42	31	847	122	壤土	0	1.50
Br2	42~54	95	725	180	粉壤土	0	1.42
Br3	54~82	776	174	50	粉土	0	1.47
C	82~100	884	94	22	粉壤土	80	—

察布查尔锡伯系代表性单个土体化学性质

深度/cm	pH(H₂O)	有机质/(g/kg)	全磷/(g/kg)	全钾/(g/kg)	碱解氮/(mg/kg)	速效磷/(mg/kg)	速效钾/(mg/kg)	电导率(1:1水土比)/(dS/m)	碳酸钙/(g/kg)
0~19	8.2	15.9	0.82	4.65	76.2	16.66	303.5	0.9	179
19~33	8.6	13.7	0.81	4.13	69.7	17.61	51.5	2.2	186
33~42	8.3	12.9	0.70	5.68	16.0	4.28	18.2	2.6	222
42~54	8.1	21.4	0.65	7.74	22.2	3.09	32.5	1.8	182
54~82	8.3	21.9	0.47	1.04	2.3	2.73	2.4	0.7	144
82~100	8.6	10.8	0.68	1.04	8.2	3.21	15.0	0.5	75

9.6.2 老台系（Laotai Series）

土 族：壤质混合型冷性-石灰淡色潮湿雏形土

拟定者：武红旗，吴克宁，鞠 兵，杜凯闯，张文太，范燕敏，侯艳娜，盛建东

分布与环境条件 该土系地处吉木萨尔县的河流冲积平原扇缘带、低洼地上。母质为冲积物，地形地貌为平原，温带大陆性干旱气候，冬季寒冷、夏季炎热，降水量少，昼夜温差大，年平均气温为 4.4 ℃，年平均降水量为 176.5 mm 左右，≥10 ℃年积温 2793 ℃，无霜期 153 天。土地利用类型为水浇地，主要种植小麦。

老台系典型景观

土系特征与变幅 该土系诊断层有雏形层、钙积现象，诊断特性有潮湿土壤水分状况、冷性土壤温度状况、氧化还原特征、石灰性。混合型矿物，土层深厚，质地主要为粉壤土，以粒状结构为主，Aup2 层以下至底层结构体表均有铁锰斑纹，通体有石灰反应。

对比土系 东地系，壤质混合型温性-石灰淡色潮湿雏形土。二者地形部位相同，母质类型相同，剖面构型不同，属于同一土类。东地系土层深厚，质地主要为粉壤土，土体上部为块状结构，下部为粒状结构，Br 层有多量石膏和少量铁锰斑纹，孔隙度低，质地大多较好，具有一定的肥力水平。而老台系以粒状结构为主，Aup2 层以下至底层结构体表均有铁锰斑纹，质地偏黏，土体构型尚好，适种范围较广，耕性、通透性和保蓄性均较强，属于壤质混合型冷性-石灰淡色潮湿雏形土。

利用性能综述 土层深厚，质地偏黏，土体构型尚好，适种范围较广，耕性、通透性和保蓄性均较强。但土壤肥力低，供磷不足，并含有少量盐分，对作物生长有轻度危害。改良利用上要加强灌排设施的建设，培肥土壤，防止继续积盐。要加强耕作管理，增施磷肥和大力推广微肥，合理轮作倒茬，才能进一步提高生产力。

参比土种　盐化潮土。

代表性单个土体　剖面于 2014 年 8 月 10 日采自新疆维吾尔自治区昌吉回族自治州吉木萨尔县老台乡（编号 XJ-14-30），44°10′12″N，88°49′48″E，海拔 596 m。母质类型为冲积物。

老台系代表性单个土体剖面

Aup1：0～33 cm，淡黄棕色（2.5Y 6/3，干），橄榄棕色（2.5Y 4/3，润），粉土，中度发育的小棱块状结构，湿时稍坚实，少量细根系，多量细气泡状和管道状孔隙分布于结构体内，孔隙度中，很少量薄膜，中度石灰反应，清晰波状过渡。

Aup2：33～58 cm，淡棕色（2.5Y 7/3，干），淡橄榄棕色（2.5Y 5/3，润），粉壤土，中度发育的中粒状结构，湿时稍坚实，很少量细根系，多量很细的气泡状和管道状孔隙分布于结构体内，孔隙度低，中量中型铁质，对比度明显，扩散状铁锰斑纹，中量白色的小石膏，轻度石灰反应，突变平滑过渡。

Br1：58～78 cm，淡棕灰色（2.5Y 6/2，干），淡橄榄棕色（2.5Y 5/4，润），粉壤土，中度发育的中粒状结构，湿时稍坚实，很少量细根系，多量很细的气泡状和管道状孔隙分布于结构体内，孔隙度中，中量中型铁质，对比度明显，扩散状铁锰斑纹，多量白色的小石膏，中度石灰反应，渐变平滑过渡。

Br2：78～97 cm，淡黄棕色（2.5Y 6/3，干），淡橄榄棕色（2.5Y 5/3，润），粉质黏土，中度发育的中粒状结构，湿时稍坚实，很少量细根系，多量细管道状孔隙分布于结构体内，孔隙度低，少量小型铁质，对比度明显，扩散状铁锰斑纹，中量白色的小石膏，轻度石灰反应，渐变平滑过渡。

Br3：97～130 cm，淡棕灰色（2.5Y 6/2，干），灰棕色（2.5Y 5/2，润），粉壤土，中度发育的中粒状结构，湿时稍坚实，很少量细根系，多量细气泡状和管道状孔隙分布于结构体内，孔隙度中，少量小型铁质，对比度模糊，扩散状铁锰斑纹，多量白色的小石膏，轻度石灰反应。

老台系代表性单个土体物理性质

土层	深度 /cm	细土颗粒组成（粒径：mm）/(g/kg)			质地	砾石含量/%	容重 /(g/cm³)
		砂粒 2～0.05	粉粒 0.05～0.002	黏粒 <0.002			
Aup1	0～33	317	551	132	粉土	5	1.36
Aup2	33～58	368	623	9	粉壤土	0	1.59
Br1	58～78	23	643	334	粉壤土	0	1.53
Br2	78～97	383	608	9	粉质黏土	0	1.59
Br3	97～130	429	562	9	粉壤土	0	1.61

老台系代表性单个土体化学性质

深度 /cm	pH (H$_2$O)	有机质 /(g/kg)	全磷 /(g/kg)	全钾 /(g/kg)	碱解氮 /(mg/kg)	速效磷 /(mg/kg)	速效钾 /(mg/kg)	电导率 (1:1水土比) /(dS/m)	碳酸钙 /(g/kg)
0～33	8.1	16.3	0.93	8.14	5.7	9.62	314.4	1.2	85
33～58	8.2	5.2	0.70	7.60	4.8	4.39	304.6	2.4	120
58～78	8.3	19.8	0.71	7.87	4.1	3.08	356.1	2.8	142
78～97	8.2	10.1	0.62	6.24	5.4	4.01	287.9	2.8	102
97～130	8.5	4.5	0.68	4.34	9.3	3.55	197.5	1.3	122

9.6.3　东地系（Dongdi Series）

土　　族：壤质混合型温性-石灰淡色潮湿雏形土
拟定者：武红旗，吴克宁，鞠　兵，杜凯闯，王　泽，刘文惠，谷海斌

分布与环境条件　该土系地处吉木萨尔县的冲积平原扇缘带，地下水溢出带和低洼地上。母质为冲积物，地形地貌为平原，温带大陆性干旱气候，冬季寒冷、夏季炎热，降水量少，昼夜温差大，年平均气温为 11.4 ℃，年平均降水量为 50.1 mm 左右，≥10 ℃年积温 4273 ℃。土地利用类型为水浇地，以种植小麦、玉米、棉花为主。

东地系典型景观

土系特征与变幅　该土系诊断层有淡薄表层，诊断特性有潮湿土壤水分状况、温性土壤温度状况、氧化还原特征、石灰性。混合型矿物，土层深厚，质地主要为粉壤土，土体上部为块状结构，下部为粒状结构，孔隙度低，Br 层有多量石膏和少量铁锰斑纹，通体有石灰反应。

对比土系　老台系，壤质混合型冷性-石灰淡色潮湿雏形土。二者地形部位相同，母质类型相同，但剖面构型不同，土壤温度状况不同，土族不同。老台系土壤温度状况系冷性，土层深厚，质地主要为粉壤土，以粒状结构为主，Aup2 层以下至底层结构体表均有铁锰斑纹，质地偏黏，土体构型尚好，适种范围较广，耕性、通透性和保蓄性均较强。而东地系土层深厚，质地主要为粉壤土，土体上部为块状结构，下部为粒状结构，Br 层有多量石膏和少量铁锰斑纹，孔隙度低，质地大多较好，具有一定的肥力水平，属于壤质混合型温性-石灰淡色潮湿雏形土。

利用性能综述　土层深厚，质地大多较好，具有一定的肥力水平。但其地下水普遍较高，土体内积盐较多，对农作物的危害一般较重，小麦产量多在 120 公斤/亩左右，改良的重

点是要坚持农田基本建设，进行渠道防渗，疏通排水渠系，严格限制灌溉定额，平整土地，精耕细作，创造一个良好的淡化的耕作层，保证作物能够正常生长。同时还要继续加强培肥，防止地下水位上升。

参比土种　中硫盐化潮土。

代表性单个土体　剖面于 2014 年 8 月 10 日采自新疆维吾尔自治区昌吉回族自治州吉木萨尔县三台镇（编号 XJ-14-29），44°13′42″N，88°55′39″E，海拔 571 m。母质类型为冲积物。

Ap1：0～15 cm，灰棕色（2.5Y 5/2，干），极暗灰棕色（2.5Y 3/2，润），粉壤土，弱发育的小块状结构，湿时疏松，中量细根系，少量细蜂窝状和管道状孔隙分布于结构体内外，孔隙度低，很少量薄膜，强石灰反应，清晰波状过渡。

Ap2：15～27 cm，淡橄榄棕色（2.5Y 5/3，干），橄榄棕色（2.5Y 4/3，润），粉壤土，弱发育的小块状结构，湿时疏松，少量细根系，少量细蜂窝状和管道状孔隙分布于结构体内外，孔隙度低，很少量薄膜，中度石灰反应，突变平滑过渡。

AB：27～39 cm，淡橄榄棕色（2.5Y 5/4，干），橄榄棕色（2.5Y 4/4，润），粉壤土，弱发育的小块状结构，湿时极疏松，少量极细根系，很少量细管道状孔隙分布于结构体内，孔隙度低，强石灰反应，突变平滑过渡。

东地系代表性单个土体剖面

Br：39～67 cm，淡棕色（2.5Y 7/3，干），淡橄榄棕色（2.5Y 5/3，润），粉土，弱发育的小粒状结构，湿时松散，很少量粗根系和中量中根系，很少量中蜂窝状和管道状孔隙分布于结构体内外，孔隙度中，少量扩散状铁锰斑纹分布于结构体表，对比度明显，多量白色小扁平的石膏，强石灰反应，突变平滑过渡。

Bw1：67～96 cm，淡黄棕色（2.5Y 6/3，干），橄榄棕色（2.5Y 4/3，润），粉壤土，弱发育的小粒状结构，湿时极疏松，很少量粗根系和中量中根系，很少量中蜂窝状和管道状孔隙分布于结构体内外，孔隙度中，中度石灰反应，渐变波状过渡。

Bw2：96～140 cm，淡棕灰色（2.5Y 6/2，干），暗灰棕色（2.5Y 4/2，润），粉土，弱发育的小粒状结构，湿时松散，很少量粗根系和中量中型根系，很少量细蜂窝状和管道状孔隙分布于结构体内，孔隙度低，强石灰反应。

东地系代表性单个土体物理性质

土层	深度 /cm	细土颗粒组成 (粒径：mm)/(g/kg)			质地	砾石 含量/%	容重 /(g/cm³)
		砂粒 2~0.05	粉粒 0.05~0.002	黏粒 <0.002			
Ap1	0~15	103	758	139	粉壤土	0	1.34
Ap2	15~27	—	—	—	粉壤土	0	1.27
AB	27~39	49	680	271	粉壤土	0	1.38
Br	39~67	14	946	40	粉土	0	1.37
Bw1	67~96	21	813	166	粉壤土	0	1.36
Bw2	96~140	74	811	115	粉土	0	1.38

东地系代表性单个土体化学性质

深度 /cm	pH (H₂O)	有机质 /(g/kg)	全磷 /(g/kg)	全钾 /(g/kg)	碱解氮 /(mg/kg)	速效磷 /(mg/kg)	速效钾 /(mg/kg)	电导率 (1∶1 水土比) /(dS/m)	碳酸钙 /(g/kg)
0~15	8.2	24.6	1.02	5.33	28.3	10.08	332.4	0.8	—
15~27	8.4	20.2	1.01	4.89	26.1	6.91	308.8	0.6	82
27~39	8.5	13.2	0.76	4.25	16.6	2.15	290.7	0.5	63
39~67	8.0	9.6	0.74	4.90	17.9	2.61	261.5	2.1	87
67~96	8.1	7.6	0.64	3.80	22.4	1.87	143.3	1.4	92
96~140	8.1	10.5	0.73	5.97	15.5	1.68	240.6	2.4	—

9.6.4 油坊庄系（Youfangzhuang Series）

土　族：黏壤质混合型冷性-石灰淡色潮湿雏形土
拟定者：吴克宁，武红旗，鞠　兵，杜凯闯，郝士横等

分布与环境条件　该土系主要分布在新疆维吾尔自治区玛纳斯河冲积平原北部，地势较为平坦，土层较厚，地下水位较高，镇区地下水位在 0.5～3 m 之间，土壤盐碱严重，母质类型为洪-冲积物，中温带大陆性半干旱半荒漠气候区，冬季严寒，夏季酷热，蒸发量大于降水量。

油坊庄系典型景观

土系特征与变幅　该土系诊断层包括雏形层、淡薄表层、钙积现象，诊断特性包括潮湿土壤水分状况、冷性土壤温度状况、石灰性、氧化还原特征。土体构型相对均一，耕性较好。混合型矿物，土层深厚，质地主要为粉壤土，以团粒状或块状结构为主，Bkr 层有多量锈纹锈斑，其中，Bkr1 层有少量钙结核，Bkr2 层有中量小钙斑，通体有石灰反应。

对比土系　北五岔系，黏壤质混合型石灰性冷性-普通简育干润雏形土。二者地形部位和母质类型相同，剖面构型不同，属于不同亚类。北五岔系土层深厚，质地主要为粉质黏壤土，以块状结构为主，Bw1 层和 Bw2 层有多量盐斑，地势平坦，表层土壤质地较黏，耕性较好。而油坊庄系土层深厚，质地主要为粉壤土，以团粒状或块状结构为主，Bkr 层有多量锈纹锈斑，其中，Bkr1 层有少量钙结核，Bkr2 层有中量小钙斑，通体有石灰反应；地势平坦，表层土壤质地较黏，耕性较好，属于黏壤质混合型冷性-石灰淡色潮湿雏形土。

利用性能综述　地势平坦，土体深厚，表层土壤质地较黏，耕性较好，保肥保墒。

参比土种　棕红土。

代表性单个土体　剖面于 2014 年 7 月 31 日采自新疆维吾尔自治区昌吉回族自治州玛纳斯县北五岔镇油坊庄村员村（编号 XJV-14-10），44°35′09″N，86°15′27″E，海拔 398 m。母质类型为洪-冲积物。

油坊庄系代表性单个土体剖面

Ap：　0～10 cm，淡红色（2.5YR 7/2，干），弱红色（2.5YR 5/2，润），粉壤土，强发育的团粒状结构，干时疏松，黏着性弱，可塑性弱，连续的、间距小、长度短、宽度中的裂隙，多量细蜂窝状孔隙，孔隙度高，强石灰反应，清晰平滑过渡。

Bkr1：10～31 cm，淡红色（2.5YR 6/2，干），弱红色（2.5YR 4/2，润），粉质黏壤土，强发育的团粒状结构，干时坚实，黏着性中，可塑性中，多量锈纹锈斑，很少量中等白色的角块状钙结核，强石灰反应，清晰波状过渡。

Bkr2：31～72 cm，淡红色（2.5YR 7/2，干），弱红色（2.5YR 5/2，润），粉壤土，湿时松散黏着性强，可塑性中，多量锈纹锈斑，中量小钙斑，强石灰反应，清晰平滑过渡。

Bkr3：72～106 cm，亮红棕色（2.5YR 7/3，干），红棕色（2.5YR 5/3，润），粉壤土，弱发育的块状结构，湿时疏松，黏着性强，可塑性强，少量中根系，多量锈纹锈斑，少量小钙斑在上部，强石灰反应，清晰波状过渡。

BC：106～120 cm，淡红色（2.5YR 7/2，干），红棕色（2.5YR 5/3，润），砂质壤土，湿时疏松，黏着性弱，可塑性弱，强石灰反应。

油坊庄系代表性单个土体物理性质

土层	深度 /cm	细土颗粒组成（粒径：mm）/(g/kg)			质地	砾石 含量/%	容重 /(g/cm³)
		砂粒 2～0.05	粉粒 0.05～0.002	黏粒 <0.002			
Ap	0～10	15	810	175	粉壤土	0	1.38
Bkr1	10～31	21	602	377	粉质黏壤土	0	1.54
Bkr2	31～72	21	703	276	粉壤土	0	1.49
Bkr3	72～106	15	772	213	粉壤土	0	1.55
BC	106～120	560	414	26	砂质壤土	0	1.42

油坊庄系代表性单个土体化学性质

深度 /cm	pH (H₂O)	有机质 /(g/kg)	全磷 /(g/kg)	全钾 /(g/kg)	碱解氮 /(mg/kg)	速效磷 /(mg/kg)	速效钾 /(mg/kg)	电导率 (1:1水土比) /(dS/m)	碳酸钙 /(g/kg)
0～10	9.4	33.8	0.40	9.93	28.9	11.51	500.6	3.7	117
10～31	9.0	31.7	0.53	5.38	32.2	19.48	470.6	9.2	122
31～72	8.7	24.8	0.43	5.89	16.9	5.14	374.6	8.4	98
72～106	9.0	24.6	0.40	7.91	1.6	2.15	387.4	4.9	88
106～120	9.3	18.8	0.34	3.36	36.4	2.55	238.2	2.9	79

9.6.5　愉群翁系（Yuqunweng Series）

土　族：壤质混合型冷性-石灰淡色潮湿雏形土
拟定者：武红旗，吴克宁，鞠　兵，杜凯闯，张文太，范燕敏，侯艳娜，盛建东

分布与环境条件　该土系地处伊犁哈萨克自治州的冲积平原。年平均气温为 7.4 ℃，年平均降水量为 260.2 mm。母质为冲积物，地形地貌为平原，土地利用类型为水浇地，种植作物为油葵。

愉群翁系典型景观

土系特征与变幅　该土系诊断层有雏形层和钙积现象，诊断特性有潮湿土壤水分状况、冷性土壤温度状况、氧化还原特征、石灰性。土层深厚，土体构型单一，质地均为粉壤土，通体有石灰反应。

对比土系　察布查尔锡伯系，壤质盖粗骨混合型温性-石灰淡色潮湿雏形土。二者地形部位和母质相同，土体构型不同，属于同一亚类，但是不同土族。察布查尔锡伯系母质类型为冲积物，质地主要为粉壤土，以粒状结构为主，Ap2 层以下至底层结构体表均有铁锰斑纹，孔隙度低，质地适中，结构好，含盐较轻，地下径流多较通畅，不易产生次生盐渍化。而愉群翁系土层深厚，土体构型单一，质地均为粉壤土，通体有石灰反应，属于壤质混合型冷性-石灰淡色潮湿雏形土。

利用性能综述　养分贮量相对较高，适宜种植小麦、玉米和油料作物。注意加强灌溉管理，改进灌水技术，开挖排水渠。

参比土种　下潮黄土。

代表性单个土体 剖面于 2014 年 8 月 28 日采自新疆维吾尔自治区伊犁哈萨克自治州伊宁县愉群翁回族乡阿勒泰大队（编号 XJ-14-71），43°50′03″N，81°37′01″E，海拔 700 m。母质类型为冲积物。

Ap： 0～8 cm，淡棕色（2.5Y 8/2，干），暗灰棕色（2.5Y 4/2，润），粉壤土，中度发育的小棱块状结构，干时坚硬，连续、很细的裂隙，有中量中根系，中量细管道状孔隙分布于结构体外，孔隙度中，强石灰反应，渐变波状过渡。

AB：8～30 cm，淡黄棕色（2.5Y 6/3，干），淡橄榄棕色（2.5Y 5/3，润），粉壤土，弱发育的小棱块状结构，湿时极疏松，间断、很细的裂隙，有少量中根系，中量很细蜂窝状孔隙和少量细管道状孔隙分布于结构体内外，孔隙度中度偏低，中度石灰反应，清晰平滑过渡。

Br1：30～60 cm，灰白色（2.5Y 8/1，干），淡橄榄棕色（2.5Y 5/3，润），粉壤土，弱发育的大块状结构，湿时稍黏着，间断、很细的裂隙，有很少极细根系，很少量细管道状孔隙分布于结构体外，孔隙度很低，少量铁锈斑纹，极强石灰反应，渐变平滑过渡。

愉群翁系代表性单个土体剖面

Br2：60～87 cm，淡棕色（2.5Y 8/3，干），淡黄棕色（2.5Y 6/3，润），粉壤土，弱发育的大块状结构，湿时稍黏着，间断、很细的裂隙，有铁形成的具有清楚界限模糊对比度的中量小斑纹在结构体内，少量铁锈斑纹，极强石灰反应，渐变波状过渡。

Br3：87～120 cm，淡灰色（2.5Y 7/2，干），暗灰棕色（2.5Y 4/2，润），粉壤土，弱发育的大块状结构，湿时稍黏着，少量小铁斑纹在结构体内，轻度石灰反应。

愉群翁系代表性单个土体物理性质

土层	深度 /cm	细土颗粒组成 (粒径：mm)/(g/kg)			质地	砾石 含量/%	容重 /(g/cm³)
		砂粒 2～0.05	粉粒 0.05～0.002	黏粒 <0.002			
Ap	0～8	58	724	218	粉壤土	0	1.29
AB	8～30	1	798	201	粉壤土	0	1.33
Br1	30～60	4	856	140	粉壤土	0	1.54
Br2	60～87	86	695	219	粉壤土	0	1.61
Br3	87～120	58	724	218	粉壤土	0	1.66

愉群翁系代表性单个土体化学性质

深度 /cm	pH (H$_2$O)	有机质 /(g/kg)	全磷 /(g/kg)	全钾 /(g/kg)	碱解氮 /(mg/kg)	速效磷 /(mg/kg)	速效钾 /(mg/kg)	电导率 (1∶1水土比) /(dS/m)	碳酸钙 /(g/kg)
0～8	8.5	18.7	1.27	8.77	47.9	37.02	76.9	0.7	153
8～30	8.4	21.1	1.22	8.26	55.3	27.37	314.6	2.0	156
30～60	8.8	6.7	0.80	8.00	11.7	5.94	265.5	0.9	197
60～87	8.8	8.0	0.65	8.26	11.4	3.56	225.9	0.6	188
87～120	8.7	5.6	0.66	8.26	1.9	5.23	198.9	0.4	199

9.7　普通淡色潮湿雏形土

9.7.1　切木尔切克系（Qiemu'erqieke Series）

土　族：砂质混合型非酸性寒性-普通淡色潮湿雏形土

拟定者：武红旗，吴克宁，鞠　兵，杜凯闯，王　泽，刘文惠，谷海斌

分布与环境条件　该土系地处阿勒泰地区的河流阶地、洪积扇缘和湖滨地带上。母质类型为泥灰岩，地形地貌为平原，地形平坦，中温带大陆性气候区，冬季漫长而寒冷，夏季短促、气温平和，年平均气温为 5.8 ℃，年平均降水量为 302 mm，≥10 ℃年积温 3564 ℃，无霜期 146 天。土地利用类型为天然牧草地，植被主要有芨芨草，伴有芦苇、苦豆子、甘草、三叶草等。

切木尔切克系典型景观

土系特征与变幅　该土系诊断层有雏形层，诊断特性有潮湿土壤水分状况、寒性土壤温度状况、氧化还原特征。土体构型上部为砂质壤土，下层为砂土，表层以下均有铁。

对比土系　精河系，壤质混合型石灰性冷性-弱盐淡色潮湿雏形土，二者亚类不同，母质不同，土体构型不同。精河系母质类型为冲积物，有盐积现象，土层深厚，土体构型上部为粉壤土，下部为粉土，通体有石灰反应，Ap 层、AB 层和 Br1 层均有地膜。而切木尔切克系母质类型为泥灰岩，无盐积现象，土体构型上部为砂质壤土，下层为砂土，表层以下均有铁，属于砂质混合型非酸性寒性-普通淡色潮湿雏形土。

利用性能综述　土层深厚，植被生长繁茂，为良好的草场和割草场。利用上应严禁开垦农用，切实保护好生长良好的植被，实行有计划的放牧，防止牲畜超载。

参比土种　黑砾质锈土。

代表性单个土体　剖面于 2014 年 8 月 17 日采自新疆维吾尔自治区阿勒泰地区阿勒泰市切木尔切克乡也克阿恰村（编号 XJ-14-43），47°30′05″N，87°34′20″E，海拔 482 m。母质类型为泥灰岩。

切木尔切克系代表性单个土体剖面

Ah1：0～5 cm，灰色（2.5Y 5/1，干），极暗灰色（2.5Y 3/1，润），砂质壤土，中度发育的小团粒状结构，湿时疏松，多量极细根系，多量细蜂窝状孔隙分布于结构体外，孔隙度中，少量很小次棱角状岩屑，无石灰反应，突变平滑过渡。

Ah2：5～17 cm，灰色（2.5Y 6/1，干），暗灰色（2.5Y 4/1，润），砂质壤土，中度发育的小粒状结构，湿时疏松，多量极细根系，多量很细气泡状孔隙分布于结构体内，孔隙度低，结构体内分布有模糊扩散的很少量很小的铁锰斑纹，少量次棱角状岩屑，无石灰反应，清晰波状过渡。

AB：17～39 cm，淡棕灰色（2.5Y 6/2，干），灰棕色（2.5Y 5/2，润），砂质壤土，弱发育的薄鳞片状结构，湿时极疏松，中量极细根系，多量很细气泡状和细管道状孔隙分布于结构体内，孔隙度低，结构体内分布有模糊扩散的多量小的铁锰斑纹，多量小次棱角状岩屑，无石灰反应，清晰波状过渡。

Br1：39～77 cm，淡棕色（2.5Y 7/4，干），淡黄棕色（2.5Y 6/4，润），砂土，弱发育的薄鳞片状结构，湿时疏松，少量极细根系，多量很细气泡状和管道状孔隙分布于结构体内，孔隙度低，结构体内分布有明显扩散的很多量小的铁锰斑纹，多量小次棱角状岩屑，无石灰反应，渐变波状过渡。

Br2：77 cm 以下，淡棕色（2.5Y 8/4，干），淡黄棕色（2.5Y 6/4，润），发育很弱的小粒状结构，湿时极疏松，很少量极细根系，无石灰反应，结构体内有明显扩散的多量中的铁锰斑纹，多量小次棱角状岩屑。

切木尔切克系代表性单个土体物理性质

土层	深度/cm	细土颗粒组成（粒径：mm）/(g/kg)			质地	砾石含量/%	容重/(g/cm³)
		砂粒 2～0.05	粉粒 0.05～0.002	黏粒 <0.002			
Ah1	0～5	618	373	9	砂质壤土	15	1.09
Ah2	5～17	616	375	9	砂质壤土	10	1.71
AB	17～39	640	255	105	砂质壤土	10	1.63
Br1	39～77	905	22	73	砂土	0	1.75
Br2	77 以下	—	—	—		0	—

切木尔切克系代表性单个土体化学性质

深度 /cm	pH (H₂O)	有机质 /(g/kg)	全磷 /(g/kg)	全钾 /(g/kg)	碱解氮 /(mg/kg)	速效磷 /(mg/kg)	速效钾 /(mg/kg)	电导率 (1：1水土 比) /(dS/m)	碳酸钙 /(g/kg)
0～5	7.0	108.3	0.62	4.04	88.7	9.40	151.8	3.1	9
5～17	8.0	13.4	0.52	5.08	16.8	5.31	119.5	1.1	7
17～39	8.2	8.8	0.30	1.96	6.7	6.51	36.6	0.4	3
39～77	7.7	3.4	0.41	0.92	7.3	7.80	21.2	0.3	6
77 以下	7.9	3.2	0.34	0.93	6.9	14.48	12.7	0.1	4

9.8　钙积灌淤干润雏形土

9.8.1　库西艾日克系（**Kuxi'airike Series**）

土　族：砂质混合型温性-钙积灌淤干润雏形土
拟定者：吴克宁，武红旗，鞠　兵，黄　勤，高　星，刘　楠，郭　梦等

分布与环境条件　该土系地处若羌县北部，台特马湖南部，主要分布于塔克拉玛干沙漠边缘。母质类型为冲积物，地势为平地，排水过快，日照时间长，蒸发量大，暖温带大陆性荒漠干旱气候，年平均温度为 11.8 ℃，年平均降水量为 28.5 mm，土地利用类型为水浇地，主要种植红枣或灰枣。

库西艾日克系典型景观

土系特征与变幅　该土系诊断层有雏形层、钙积层和灌淤现象，诊断特性有半干润土壤水分状况、温性土壤温度状况、石灰性。混合型矿物，质地以砂质壤土为主，以弱发育的块状细沉积层理结构为主，孔隙度高，土体上部 Ab 层有很少量很小的次圆状微风化石英正长石碎屑，通体有石灰反应。

对比土系　托喀依系,砂质混合型石灰性温性-弱盐灌淤干润雏形土。二者地形部位相同，母质不同，亚类不同。托喀依系质地以砂质壤土为主，以团块状结构为主，通体疏松绵软，适种性较广，耕性广。而库西艾日克系质地以砂质壤土为主，以弱发育的块状细沉积层理结构为主，土体上部 Ab 层有很少量很小的次圆状微风化石英正长石碎屑，土层深厚，地形平坦，排水状况良好，属于砂质混合型温性-钙积灌淤干润雏形土。

利用性能综述　该土系土层深厚，地形平坦，排水状况良好，植被覆盖度为 15%～40%，主要作物类型为枣树。

参比土种 厚淤黄板土。

代表性单个土体 剖面于 2015 年 8 月 16 日采自新疆维吾尔自治区巴音郭楞蒙古自治州若羌县吾塔木乡果勒艾日克村（编号 XJ-15-30），39°2′9″N，88°8′33″E，海拔 868 m。母质类型为冲积物。

库西艾日克系代表性单个土体剖面

Aup：0～21 cm，灰黄色（2.5Y 7/2，干），暗灰黄色（2.5Y 4/2，润），粉壤土，弱发育的块状结构，湿态疏松，很少量极细根系，多量细蜂窝状孔隙，位于结构体内，孔隙度高，强石灰反应，pH 为 8.8，清晰平滑过渡。

Ab： 21～37 cm，灰黄色（2.5Y 7/2，干），黑棕色（2.5Y 3/2，润），砂质壤土，弱发育的块状结构，湿态疏松，很少量极细根系，很少量粗根系，多量细蜂窝状孔隙，位于结构体内，孔隙度很高，很少量很小的次圆状微风化石英正长石碎屑，强石灰反应，清晰平滑过渡。

Bw1：37～60 cm，浅淡黄色（2.5Y 8/3，干），橄榄棕色（2.5Y 4/3，润），壤土，发育很弱的块状结构，湿态疏松，很少量极细根系和粗根系，多量很细蜂窝状孔隙，位于结构体内，孔隙度很高，中度石灰反应，渐变平滑过渡。

Bw2：60～82 cm，灰黄色（2.5Y 7/2，干），暗灰黄色（2.5Y 5/2，润），砂质壤土，发育很弱的块状结构，湿态疏松，很少量极细根系和粗根系，多量很细蜂窝状孔隙，位于结构体内，孔隙度高，中度石灰反应，渐变平滑过渡。

Bw3：82～98 cm，灰白色（2.5Y 8/2，干），暗灰黄色（2.5Y 4/2，润），砂质壤土，中度发育的团块状结构，湿态疏松，很少量极细根系和粗根系，多量很细蜂窝状孔隙，位于结构体内，孔隙度高，中度石灰反应，渐变平滑过渡。

C： 98～130 cm，灰黄色（2.5Y 7/3，干），橄榄棕色（2.5Y 4/3，润），粉壤土，发育很弱的块状结构，湿态疏松，很少量极细根系和粗根系，多量很细蜂窝状孔隙，位于结构体内，孔隙度高，轻度石灰反应。

库西艾日克系代表性单个土体物理性质

土层	深度 /cm	细土颗粒组成 (粒径: mm)/(g/kg)			质地	砾石 含量/%	容重 /(g/cm³)
		砂粒 2~0.05	粉粒 0.05~0.002	黏粒 <0.002			
Aup	0~21	300	582	118	粉壤土	0	1.24
Ab	21~37	590	304	106	砂质壤土	0	1.52
Bw1	37~60	447	467	86	壤土	0	1.29
Bw2	60~82	603	306	91	砂质壤土	0	1.41
Bw3	82~98	725	143	132	砂质壤土	0	1.30
C	98~130	292	567	141	粉壤土	0	1.23

库西艾日克系代表性单个土体化学性质

深度 /cm	pH (H₂O)	有机质 /(g/kg)	全磷 /(g/kg)	全钾 /(g/kg)	碱解氮 /(mg/kg)	速效磷 /(mg/kg)	速效钾 /(mg/kg)	电导率 (1:1水土比) /(dS/m)	碳酸钙 /(g/kg)
0~21	8.8	18.4	0.84	9.97	45.99	32.69	102.8	0.5	186
21~37	7.5	9.3	0.77	9.54	49.06	26.38	100.3	0.3	181
37~60	8.9	3.6	0.54	10.06	22.90	7.82	127.2	0.4	63
60~82	8.7	4.3	0.60	11.77	13.69	5.21	132.2	0.5	237
82~98	8.9	7.4	0.66	11.23	16.32	5.53	155.2	0.6	77
98~130	9.2	11.7	0.64	10.64	38.94	5.69	201.0	0.6	141

9.8.2 门莫墩系（Menmodun Series）

土　族：黏壤质混合型温性-钙积灌淤干润雏形土
拟定者：吴克宁，武红旗，鞠　兵，杜凯闯，郝士横等

分布与环境条件　该土系地处塔克拉玛干沙漠东北部边缘。母质为冲积物，地形平坦，外排水等级良好；中温带大陆性干燥气候，光热条件充足，无霜期长，年平均气温为 8.8 ℃，年平均降水量为 68 mm；土地利用类型为水浇地，主要是小麦-玉米-番茄轮作。

门莫墩系典型景观

土系特征与变幅　该土系诊断层有雏形层、钙积层、灌淤现象，诊断特性有半干润土壤水分状况、温性土壤温度状况、氧化还原特征、石灰性。混合型矿物，土层深厚，土体上部质地为粉质黏壤土，下部主要为壤土，以块状结构为主，孔隙度高，65 cm 深以下至底层均有铁锰斑纹，通体有石灰反应。

对比土系　新和系，壤质混合型温性-石灰底锈干润雏形土。新和系主要以块状结构为主，B 层以下至底层均有铁锰斑纹，肥力水平较高，通透性较好。而门莫墩系土体上部质地为粉质黏壤土，下部主要为壤土，65 cm 深以下至底层均有铁锰斑纹，地形平坦，土层深厚，排水状况中等，适宜作物生长，属于黏壤质混合型温性-钙积灌淤干润雏形土。

利用性能综述　地形平坦，土层深厚，内排水中等，外排水平衡，不易产生地表径流。土体上部质地为粉质黏壤土，下部主要为壤土，结构和孔隙状况良好，适宜作物生长。

参比土种　灰灌漠土-底砂燥黄土。

代表性单个土体　剖面于 2015 年 8 月 13 日采自新疆维吾尔自治区巴音郭楞蒙古自治州

和静县（编号 XJ-15-08），42°13′21″N，86°25′42″E，海拔 1075 m；母质类型为冲积物。

Aup1：0～25 cm，灰色（2.5Y 7/2，干），暗灰黄色（2.5Y 5/2，润），粉质黏壤土，中度发育的团块状结构，干时松软，少量极细根系和中根系，中量很细的蜂窝状孔隙分布于结构体内外，孔隙度中，强石灰反应，清晰平滑过渡。

Aup2：25～44 cm，淡黄色（2.5Y 6/2，干），黑棕色（2.5Y 3/2，润），粉质黏壤土，中度发育的块状结构，干时稍硬，少量细根系和中根系，中量细蜂窝状孔隙分布于结构体内外，孔隙度高，强石灰反应，清晰平滑过渡。

Bkr1：44～65 cm，灰黄色（2.5Y 7/2，干），暗灰黄色（2.5Y 5/2，润），粉质黏壤土，中度发育的块状结构，干时硬，很少量极细根系和中根系，中量细蜂窝状孔隙分布于结构体内外，孔隙度高，强石灰反应，清晰平滑过渡。

门莫墩系代表性单个土体剖面

Bkr2：65～82 cm，灰黄色（2.5Y 7/2，干），灰黄色（2.5Y 6/2，润），壤土，中度发育的块状结构，干时稍硬，无根系，中量细蜂窝状孔隙分布于结构体内外，孔隙度高，结构体表有多量铁锰斑纹，强石灰反应，清晰平滑过渡。

Bkr3：82～110 cm，灰白色（2.5Y 8/2，干），暗灰黄色（2.5Y 5/2，润），壤土，中度发育的团块状结构，干时松软，无根系，中量细蜂窝状孔隙分布于结构体内外，孔隙度高，结构体内外有多量铁锰斑纹，强石灰反应，清晰平滑过渡。

Bkr4：110～120 cm，灰黄色（2.5Y 7/2，干），暗灰黄色（2.5Y 5/2，润），砂质黏壤土，中度发育的团块状结构，干时松散，无根系，中量细蜂窝状孔隙分布于结构体内外，孔隙度高，结构体内外有多量铁锰斑纹，强石灰反应。

门莫墩系代表性单个土体物理性质

土层	深度/cm	细土颗粒组成（粒径：mm）/(g/kg)			质地	砾石含量/%	容重/(g/cm³)
		砂粒 2～0.05	粉粒 0.05～0.002	黏粒 <0.002			
Aup1	0～25	99	554	347	粉质黏壤土	0	1.00
Aup2	25～44	105	554	341	粉质黏壤土	0	1.39
Bkr1	44～65	146	576	278	粉质黏壤土	0	1.42
Bkr2	65～82	322	408	270	壤土	0	1.47
Bkr3	82～110	438	314	248	壤土	0	1.56
Bkr4	110～120	548	310	142	砂质壤土	0	1.57

门莫墩系代表性单个土体化学性质

深度 /cm	pH (H₂O)	有机质 /(g/kg)	全磷 /(g/kg)	全钾 /(g/kg)	碱解氮 /(mg/kg)	速效磷 /(mg/kg)	速效钾 /(mg/kg)	电导率 (1∶1水土比) /(dS/m)	碳酸钙 /(g/kg)
0~25	8.7	22.3	1.08	11.49	42.9	56.54	176.5	1.3	181
25~44	8.8	25.9	1.25	11.47	17.9	53.85	152.6	0.8	121
44~65	8.9	20.7	1.05	12.24	17.5	16.30	179.9	0.7	226
65~82	9.1	11.1	0.74	12.09	12.4	12.11	198.4	0.6	204
82~110	8.9	6.0	0.75	8.58	10.5	11.09	150.2	0.7	239
110~120	9.2	3.2	0.68	7.57	15.3	9.39	163.1	0.6	281

9.9　弱盐灌淤干润雏形土

9.9.1　托喀依系（Tuokayi Series）

土　族：砂质混合型石灰性温性-弱盐灌淤干润雏形土
拟定者：吴克宁，武红旗，鞠　兵，赵　瑞，李方鸣，刘　楠等

分布与环境条件　该土系地处阿拉尔市，天山南麓，塔克拉玛干沙漠北缘，主要分布于塔里木河洪-冲积平原。母质类型为风积物，地势为平地，总体雨量稀少，冬季少雪，地表蒸发强烈，暖温带极端大陆性干旱荒漠气候，年平均气温为 10.7 ℃，年平均降水量为40.1～82.5 mm，土地利用类型为旱地。

托喀依系典型景观

土系特征与变幅　该土系诊断层有雏形层、灌淤现象和盐积现象，诊断特性有半干润土壤水分状况、温性土壤温度状况、石灰性。混合型矿物，质地以砂质壤土为主，以团块状结构为主，孔隙度高，通体有石灰反应。

对比土系　库西艾日克系，砂质混合型温性-钙积灌淤干润雏形土。二者地形部位相同，母质不同，亚类不同。库西艾日克系质地以砂质壤土为主，以弱发育的块状细沉积层理结构为主，土体上部 Ab 层有很少量很小的次圆状微风化石英正长石碎屑，土层深厚，地形平坦，排水状况良好。而托喀依系质地以砂质壤土为主，以团块状结构为主，通体疏松绵软，适种性较广，耕性广，属于砂质混合型石灰性温性-弱盐灌淤干润雏形土。

利用性能综述　该土系通体石灰反应明显，除亚耕层稍紧实外，通体疏松绵软，适种性较广，耕性广，一般出苗快，出苗整齐，但后劲常显不足。

参比土种 灌淤黄土。

代表性单个土体 剖面于 2015 年 8 月 24 日采自新疆维吾尔自治区阿拉尔市托喀依乡（编号 XJ-15-16），40°35′53.4″N，81°4′23.6″E，海拔 974 m。母质类型为风积物。

Ap1：0～23 cm，灰白色（2.5Y 8/2，干），暗灰黄色（2.5Y 4/2，润），砂质壤土，中度发育的团块状结构，干时松软，湿时疏松，少量细根系，中量细蜂窝状孔隙，孔隙度高，分布于结构体内外，侵入体为薄膜，强石灰反应，模糊平滑过渡。

Ap2：23～38 cm，灰黄色（2.5Y 7/2，干），暗灰黄色（2.5Y 4/2，润），砂质壤土，中度发育的团块状结构，干时松软，湿时疏松，无根系，少量细蜂窝状孔隙，孔隙度高，分布于结构体内外，强石灰反应，渐变平滑过渡。

Bw1：38～78 cm，淡黄色（2.5Y 7/3，干），黄棕色（2.5Y 5/3，润），砂质壤土，中度发育的块状结构，干时松软，湿时疏松，无根系，少量细蜂窝状孔隙，中度孔隙度，分布于结构体内外，强石灰反应，清晰平滑过渡。

托喀依系代表性单个土体剖面

Bw2：78～110 cm，灰黄色（2.5Y 7/2，干），暗灰黄色（2.5Y 4/2，润），砂质壤土，中度发育的团块状结构，干时松软，湿时疏松，无根系，少量细蜂窝状孔隙，孔隙度高，强石灰反应。

托喀依系代表性单个土体物理性质

土层	深度 /cm	细土颗粒组成（粒径：mm）/(g/kg)			质地	砾石含量/%	容重 /(g/cm³)
		砂粒 2~0.05	粉粒 0.05~0.002	黏粒 <0.002			
Ap1	0～23	709	226	65	砂质壤土	0	1.44
Ap2	23～38	688	238	74	砂质壤土	0	1.70
Bw1	38～78	538	366	96	砂质壤土	0	1.65
Bw2	78～110	537	416	47	砂质壤土	0	1.61

托喀依系代表性单个土体化学性质

深度 /cm	pH (H₂O)	有机质 /(g/kg)	全磷 /(g/kg)	全钾 /(g/kg)	碱解氮 /(mg/kg)	速效磷 /(mg/kg)	速效钾 /(mg/kg)	电导率 (1:1水土比) /(dS/m)	碳酸钙 /(g/kg)
0～23	8.1	4.7	0.61	2.48	9.4	7.79	64.1	2.2	100
23～38	7.9	5.7	0.59	1.76	4.9	6.98	84.2	2.2	89
38～78	8.2	7.0	0.59	4.95	4.7	3.92	82.8	3.0	83
78～110	8.0	2.2	0.64	5.39	5.3	3.64	78.8	3.5	84

9.10　斑纹灌淤干润雏形土

9.10.1　四十里城子系（**Sishilichengzi Series**）

土　　族：壤质混合型石灰性温性-斑纹灌淤干润雏形土
拟定者：吴克宁，武红旗，鞠　兵，杜凯闯，郝士横等

分布与环境条件　该土系地处塔克拉玛干沙漠东北部，主要分布于焉耆回族自治县境内。母质是冲积物，地形平坦，排水等级为中等，气候干燥，降水稀少，蒸发量大，日照时间长，热量较为丰富，典型的大陆性气候，年平均温度为 7.9 ℃，年平均降水量为 64.7 mm，土地利用类型为旱地。

四十里城子系典型景观

土系特征与变幅　该土系诊断层有雏形层和灌淤现象，诊断特性有半干润土壤水分状况、温性土壤温度状况、氧化还原特征、石灰性。混合型矿物，以块状结构为主，质地以壤土为主，Bw 层以下至底层结构体内外有铁锈斑纹，通体有石灰反应。

对比土系　沙雅系，壤质混合型石灰性温性-斑纹灌淤干润雏形土。二者地形部位不同，母质相同，剖面构型不同，土族相同。沙雅系质地以粉壤土为主，Br1 层和 Br2 层结构体内外有多量铁斑纹。而四十里城子系质地以壤土为主，Bw 层以下至底层结构体内外有铁锈斑纹，其代表性作物为小麦，也可种植油菜、玉米和甜菜等，也属于壤质混合型石灰性温性-斑纹灌淤干润雏形土。

利用性能综述　该土系无盐碱化及干旱威胁，适种性较广，耕性好。代表性作物小麦，也可种植油菜、玉米和甜菜等。

参比土种 灌漠土。

代表性单个土体 剖面于 2015 年 8 月 14 日采自新疆维吾尔自治区巴音郭楞蒙古自治州
焉耆回族自治县四十里城子镇（编号 XJ-15-09），41°58′24″N，86°24′30″E，海拔 1046.6 m。
母质类型为冲积物。

Aup1: 0～12 cm，灰黄色（2.5Y 6/2，干），暗灰黄色（2.5Y 4/2，
润），粉壤土，中度发育的团块状结构，干时硬，少量
极细根系和很少量中根系，多量细蜂窝状孔隙分布于结
构体内，孔隙度高，少量田鼠等土壤动物，强石灰反应，
清晰平滑过渡。

Aup2: 12～31 cm，灰黄色（2.5Y 7/2，干），暗灰黄色（2.5Y
4/2，润），壤土，中度发育的团块状结构，干时稍硬，
很少量极细根系，多量细蜂窝状孔隙分布于结构体内，
孔隙度高，强石灰反应，清晰平滑过渡。

Bw: 31～64 cm，淡灰色（2.5Y 7/1，干），黄灰色（2.5Y 5/1，
润），壤土，强发育的鳞片状结构，干时稍硬，很少量
极细根系，多量很细蜂窝状孔隙分布于结构体内外，孔
隙度高，结构体内外有很少量铁锈斑纹，中度石灰反应，
清晰平滑过渡。

四十里城子系代表性单个土体剖面

Br1: 64～89 cm，淡灰色（2.5Y 7/1，干），黄灰色（2.5Y 5/1，润），壤土，强发育的块状结构，干
时稍硬，很少量极细根系，中量很细蜂窝状孔隙分布于结构体内外，孔隙度高，结构体内外有
中量铁锈斑纹，中度石灰反应，清晰平滑过渡。

Br2: 89～130 cm，灰白色（2.5Y 8/2，干），灰黄色（2.5Y 6/2，润），粉壤土，强发育的块状结构，
干时稍硬，很少量极细根系，多量细蜂窝状孔隙分布于结构体内外，孔隙度高，结构体内外有
中量铁锈斑纹，强石灰反应。

四十里城子系代表性单个土体物理性质

土层	深度/cm	细土颗粒组成 (粒径：mm)/(g/kg)			质地	砾石含量/%	容重/(g/cm³)
		砂粒 2～0.05	粉粒 0.05～0.002	黏粒 <0.002			
Aup1	0～12	255	515	230	粉壤土	0	1.33
Aup2	12～31	365	453	182	壤土	0	1.55
Bw	31～64	351	456	193	壤土	0	1.47
Br1	64～89	355	400	245	壤土	0	1.50
Br2	89～130	232	520	248	粉壤土	0	1.53

四十里城子系代表性单个土体化学性质

深度 /cm	pH (H$_2$O)	有机质 /(g/kg)	全磷 /(g/kg)	全钾 /(g/kg)	碱解氮 /(mg/kg)	速效磷 /(mg/kg)	速效钾 /(mg/kg)	电导率 (1:1水土比) /(dS/m)	碳酸钙 /(g/kg)
0～12	9.0	11.3	0.88	6.52	11.57	28.34	225.8	0.5	289
12～31	9.2	13.0	0.73	6.78	13.44	11.77	195.2	0.6	207
31～64	9.2	5.1	0.54	7.50	10.57	10.66	120.3	0.6	185
64～89	8.8	17.2	0.58	8.81	9.85	9.47	193.5	0.9	167
89～130	8.9	4.0	0.57	10.27	11.19	7.18	153.1	0.8	173

9.10.2 沙雅系（Shaya Series）

土　　族：壤质混合型石灰性温性-斑纹灌淤干润雏形土
拟定者：吴克宁，武红旗，鞠　兵，黄　勤，高　星，刘　楠，郭　梦等

分布与环境条件　该土系地处塔里木盆地北部，渭干河绿洲平原的南端，北靠天山，南拥大漠。母质是冲积物，地形平坦，日照充足，热量充沛，降水稀少，气候干燥，暖温带沙漠边缘气候，年平均气温为 10.7 ℃，年平均降水量为 47.3 mm，主要是小麦-枣树混种。

沙雅系典型景观

土系特征与变幅　该土系诊断层有雏形层和灌淤现象，诊断特性有半干润土壤水分状况、温性土壤温度状况、氧化还原特征、石灰性。混合型矿物，以块状结构为主，质地以粉壤土为主，孔隙度高，Br1 层和 Br2 层结构体内外有多量铁斑纹，通体有石灰反应。

对比土系　四十里城子系，壤质混合型石灰性温性-斑纹灌淤干润雏形土。二者地形部位不同，母质相同，剖面构型不同，土族相同。四十里城子系质地以壤土为主，Bw 层以下至底层结构体内外有铁锈斑纹，其代表性作物为小麦，也可种植油菜、玉米和甜菜等。而沙雅系质地以粉壤土为主，Br1 层和 Br2 层结构体内外有多量铁斑纹，也属于壤质混合型石灰性温性-斑纹灌淤干润雏形土。

利用性能综述　该土系耕性尚好，但因底土层有砂土层，土壤保肥能力多较差，潜在肥力不足。在改良利用上注意应完善排灌系统，实行定额灌溉，增施有机肥和化肥，积极扩种绿肥和豆科作物，提高土壤有机质含量和供肥能力。在利用的同时，可通过改革耕作制度，采取精耕细作、深耕晒垡等措施改善土壤水肥气热状况，加速土壤熟化。

参比土种　潮灌淤土-底砂潮黄淤土。

代表性单个土体　　剖面于 2015 年 8 月 24 日采自新疆维吾尔自治区西南部，阿克苏地区东偏南的沙雅县（编号 XJ-15-14），41°20′10″N，82°42′34″E，海拔 956 m。母质类型为冲积物。

Aup:　0～15 cm，橙白色（2.5Y 8/2，干），黑棕色（2.5Y 3/2，润），粉质黏壤土，强发育的团块状结构，干时松软，中量极细根系，多量细蜂窝状孔隙分布于结构体内外，孔隙度高，少量薄膜侵入体，强石灰反应，清晰平滑过渡。

AB:　15～42 cm，灰白色（2.5Y 8/2，干），黄灰色（2.5Y 4/1，润），粉壤土，中度发育的团块状结构，干时稍硬，少量极细根系，中量细蜂窝状孔隙分布于结构体内外，孔隙度高，强石灰反应，清晰平滑过渡。

Bw1:　42～60 cm，灰白色（2.5Y 8/1，干），黄灰色（2.5Y 5/1，润），粉壤土，中度发育的团块状结构，干时松软，无根系，中量细蜂窝状孔隙分布于结构体内外，孔隙度高，强石灰反应，清晰平滑过渡。

沙雅系代表性单个土体剖面

Bw2:　60～90 cm，灰白色（2.5Y 8/1，干），黄灰色（2.5Y 5/1，润），粉壤土，强发育的块状结构，干时稍硬，很少量极细根系，中量细蜂窝状孔隙分布于结构体内外，孔隙度高，强石灰反应，清晰平滑过渡。

Br1:　90～100 cm，黄灰色（2.5Y 6/1，干），黑棕色（2.5Y 3/1，润），粉壤土，强发育的块状结构，干时稍硬，很少量极细根系，中量极细蜂窝状孔隙分布于结构体内外，孔隙度高，结构体内外有多量铁斑纹，强石灰反应，清晰平滑过渡。

Br2:　100～110 cm，灰白色（2.5Y 8/2，干），暗灰黄色（2.5Y 5/2，润），壤质砂土，弱发育的粒状结构，干时松软，无根系，少量细蜂窝状孔隙分布于结构体内外，孔隙度很高，结构体内外有多量铁斑纹，强石灰反应。

沙雅系代表性单个土体物理性质

土层	深度/cm	细土颗粒组成（粒径：mm)/(g/kg)			质地	砾石含量/%	容重/(g/cm³)
		砂粒 2～0.05	粉粒 0.05～0.002	黏粒 <0.002			
Aup	0～15	59	558	383	粉质黏壤土	0	1.45
AB	15～42	143	617	240	粉壤土	0	1.75
Bw1	42～60	38	734	228	粉壤土	0	1.57
Bw2	60～90	16	769	215	粉壤土	0	1.58
Br1	90～100	325	628	47	粉壤土	0	1.40
Br2	100～110	827	163	10	壤质砂土	0	1.61

沙雅系代表性单个土体化学性质

深度 /cm	pH (H₂O)	有机质 /(g/kg)	全磷 /(g/kg)	全钾 /(g/kg)	碱解氮 /(mg/kg)	速效磷 /(mg/kg)	速效钾 /(mg/kg)	电导率 (1:1 水土比) /(dS/m)	碳酸钙 /(g/kg)
0～15	8.8	34.5	0.19	7.68	63.1	88.97	233.3	0.5	252
15～42	8.8	11.8	0.61	8.52	34.0	6.22	335.9	0.4	327
42～60	8.8	9.5	0.57	8.61	11.1	4.32	231.5	0.4	116
60～90	8.7	9.1	0.56	12.05	27.1	4.71	158.7	0.9	157
90～100	8.6	27.7	0.63	8.84	28.6	5.04	197.5	0.7	153
100～110	8.8	5.1	0.43	2.60	12.4	3.87	47.4	0.7	102

9.11　普通灌淤干润雏形土

9.11.1　查尔系（Cha'er Series）

土　　族：黏壤质混合型石灰性温性-普通灌淤干润雏形土
拟定者：武红旗，吴克宁，鞠　兵，杜凯闯，王　泽，刘文惠，谷海斌

分布与环境条件　该土系地处伊犁哈萨克自治州的低丘。年平均气温为 9 ℃，年平均降水量为 217 mm。母质为坡积物，地形地貌为低丘，土地利用类型为旱地，种植作物为小麦。

查尔系典型景观

土系特征与变幅　该土系诊断层有雏形层、钙积层、灌淤现象，诊断特性有温性土壤温度状况、半干润土壤水分状况、石灰性。土层深厚，土体构型为均质粉壤土，表层有少量蚯蚓，通体有石灰反应。

对比土系　察布查尔系，壤质盖粗骨混合型石灰性温性-普通灌淤干润雏形土。二者地形位置相同，母质不同，属于同一土类，但不同土族。察布查尔系母质类型为洪-冲积物，土体构型相对均一，质地均为粉壤土，上部有蚂蚁，通体有石灰反应。而查尔系母质类型为坡积物，土层深厚，土体构型为均质粉壤土，表层有少量蚯蚓，通体有石灰反应，属于黏壤质混合型石灰性温性-普通灌淤干润雏形土。

利用性能综述　土层较厚，质地适中，在多施有机肥的同时，要配合科学使用化肥。

参比土种　丘陵灰黄土。

代表性单个土体　剖面于 2014 年 8 月 28 日采自新疆维吾尔自治区伊犁哈萨克自治州察布查尔锡伯自治县加尕斯台乡二村（编号 XJ-14-73），43°35′38″N，81°10′57″E，海拔 1184.6 m。母质类型为坡积物。

Ap1：0～11 cm，淡黄棕色（2.5Y 6/3，干），淡橄榄棕色（2.5Y 5/3，润），粉壤土，中度发育的团粒状结构，湿时疏松，多量细根系和很少量中根系，多量细和中的蜂窝状、管道状和孔洞状孔隙分布于结构体内，孔隙度中，很少的次棱角状和棱角状石英颗粒，少量蚯蚓，强石灰反应，清晰波状过渡。

Ap2：11～24 cm，淡黄棕色（2.5Y 6/3，干），橄榄棕色（2.5Y 4/3，润），粉壤土，中度发育的团粒状结构，湿时稍坚实，多量细根系和很少量中根系，多量细和中的蜂窝状和管道状孔隙分布于结构体内，孔隙度中，有很少的次棱角状和棱角状石英颗粒，少量蚯蚓，强石灰反应，渐变波状过渡。

Bw：24～57 cm，淡黄棕色（2.5Y 6/4，干），淡橄榄棕色（2.5Y 5/4，润），粉壤土，块状结构，湿时稍坚实，少量细和

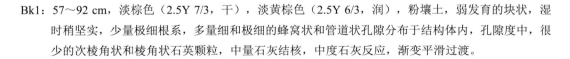

查尔系代表性单个土体剖面

极细根系，多量细和中的蜂窝状和管道状孔隙分布于结构体内，孔隙度中，很少的次棱角状和棱角状石英颗粒，中度石灰反应，渐变平滑过渡。

Bk1：57～92 cm，淡棕色（2.5Y 7/3，干），淡黄棕色（2.5Y 6/3，润），粉壤土，弱发育的块状，湿时稍坚实，少量极细根系，多量细和极细的蜂窝状和管道状孔隙分布于结构体内，孔隙度中，很少的次棱角状和棱角状石英颗粒，中量石灰结核，中度石灰反应，渐变平滑过渡。

Bk2：92～120 cm，淡棕色（2.5Y 8/2，干），淡棕色（2.5Y 7/3，润），粉壤土，弱发育的块状，湿时稍坚实，很少量极细根系，多量细和极细的蜂窝状和管道状孔隙分布于结构体内，孔隙度低，很少的极小的次棱角状和棱角状石英颗粒，中量石灰结核，轻度石灰反应。

查尔系代表性单个土体物理性质

土层	深度/cm	细土颗粒组成（粒径：mm）/(g/kg)			质地	砾石含量/%	容重/(g/cm³)
		砂粒 2～0.05	粉粒 0.05～0.002	黏粒 <0.002			
Ap1	0～11	86	694	220	粉壤土	0	1.28
Ap2	11～24	54	722	224	粉壤土	0	1.32
Bw	24～57	62	750	188	粉壤土	0	1.37
Bk1	57～92	61	690	249	粉壤土	0	1.36
Bk2	92～120	1	794	205	粉壤土	0	1.34

查尔系代表性单个土体化学性质

深度 /cm	pH (H$_2$O)	有机质 /(g/kg)	全磷 /(g/kg)	全钾 /(g/kg)	碱解氮 /(mg/kg)	速效磷 /(mg/kg)	速效钾 /(mg/kg)	电导率 (1:1水土比) /(dS/m)	碳酸钙 /(g/kg)
0~11	7.9	32.7	0.93	9.81	75.8	8.44	351.1	0.5	86
11~24	7.9	27.4	0.91	9.55	90.2	11.78	325.7	0.7	94
24~57	8.1	17.9	0.71	11.61	28.9	3.44	141.8	0.5	142
57~92	8.8	20.3	0.66	9.29	23.1	2.73	105.4	0.4	206
92~120	8.3	8.1	0.59	8.00	6.4	3.21	67.4	0.3	204

9.11.2 皇宫南系（**Huanggongnan Series**）

土　族：砂质硅质混合型石灰性冷性-普通灌淤干润雏形土
拟定者：武红旗，吴克宁，鞠　兵，杜凯闯，王　泽，刘文惠，谷海斌

分布与环境条件　该土系地处博尔塔拉蒙古自治州的冲积平原。母质为洪积物，地形地貌为平原，大陆性干旱半荒漠和荒漠气候，日照时间长，昼夜温差大。年平均气温为5.6 ℃，年平均降水量为 181 mm。土地利用类型为水浇地。种植作物为棉花。

皇宫南系典型景观

土系特征与变幅　该土系诊断层有雏形层和灌淤现象，诊断特性有半干润土壤水分状况、冷性土壤温度状况、石灰性。混合型矿物，土层深厚，含有中量砾石，土体上部质地为粉土，下部为砂质壤土，以块状结构为主，通体有石灰反应，呈弱碱性。

对比土系　博乐系，砂质盖粗骨砂质混合型冷性-石灰底锈干润雏形土。博乐系土层深厚，质地主要为粉壤土，土体上部为块状结构，下部为粒状结构，光照充沛，热量充足，质地适中。而皇宫南系土层深厚，土体上部质地为粉土，下部为砂质壤土，以块状结构为主，光热条件好，属于砂质硅质混合型石灰性冷性-普通灌淤干润雏形土。

利用性能综述　该土系分布地区光热条件好，目前主要用于种植棉花等经济作物。在土壤利用和保护方面，注意防止土壤风蚀，加剧沙化程度。

参比土种　少砾质漠灰土。

代表性单个土体　剖面于 2014 年 8 月 24 日采自新疆维吾尔自治区博尔塔拉蒙古自治州精河县茫丁乡皇宫南村（编号 XJ-14-58），44°34′27″N，82°54′34″E，海拔 340.6 m。母质类型为洪积物。

Aup1：0～18 cm，粉土，弱发育的小棱块状结构，少量次棱角状正长石碎屑，湿时极疏松，中量极细根系和细根系，很少量地膜和其他侵入体，轻度石灰反应，清晰波状过渡。

Aup2：18～34 cm，粉土，弱发育的小粒块状结构，中量次棱角状正长石碎屑，湿时疏松，少量极细根系和细根系，很少量地膜和其他侵入体，中度石灰反应，突变平滑过渡。

Bw1：34～76 cm，砂质壤土，弱发育的小粒块状结构，多量次棱角状和棱角状正长石碎屑，湿时疏松，很少量极细根系和细根系，轻度石灰反应，渐变平滑过渡。

Bw2：76～120 cm，壤质砂土，弱发育的小粒块状结构，多量次棱角状正长石碎屑，湿时疏松，很少量极细根系和细根系，轻度石灰反应。

皇宫南系代表性单个土体剖面

皇宫南系代表性单个土体物理性质

土层	深度/cm	细土颗粒组成 (粒径：mm)/(g/kg)			质地	砾石含量/%	容重/(g/cm³)
		砂粒 2～0.05	粉粒 0.05～0.002	黏粒 <0.002			
Aup1	0～18	681	257	62	粉土	5	1.54
Aup2	18～34	827	126	47	粉土	25	1.52
Bw1	34～76	804	150	46	砂质壤土	5	1.46
Bw2	76～120	713	71	216	壤质砂土	0	1.60

皇宫南系代表性单个土体化学性质

深度/cm	pH (H₂O)	有机质/(g/kg)	全磷/(g/kg)	全钾/(g/kg)	碱解氮/(mg/kg)	速效磷/(mg/kg)	速效钾/(mg/kg)	电导率 (1∶1水土比)/(dS/m)	碳酸钙/(g/kg)
0～18	8.4	9.2	0.57	2.35	19.9	5.13	56.3	0.2	91
18～34	8.6	4.3	0.42	1.42	13.2	2.61	42.2	0.2	96
34～76	8.6	5.7	0.43	1.65	3.5	3.10	29.6	0.2	92
76～120	8.6	8.7	0.44	1.89	27.0	4.74	40.1	0.3	97

9.11.3 南五宫系（Nanwugong Series）

土 族：壤质混合型石灰性温性-普通灌淤干润雏形土
拟定者：武红旗，吴克宁，鞠 兵，张文太，范燕敏，侯艳娜，盛建东

分布与环境条件 该土系地处塔城地区的冲积平原。属中温带干旱和半干旱气候区，春季升温快，冷暖波动大。年平均气温为 7.3 ℃，年平均降水量为 90.6 mm。母质为冲积物，地形地貌为平原，土地利用类型为水浇地，种植作物为番茄。

南五宫系典型景观

土系特征与变幅 该土系诊断层有雏形层、灌淤现象，诊断特性有温性土壤温度状况、半干润土壤水分状况、石灰性。土层深厚，土体构型单一，质地均为粉壤土，上部有很少地膜。

对比土系 查尔系，黏壤质混合型石灰性温性-普通灌淤干润雏形土。二者亚类相同，母质不同，剖面构型不同，不同土族。查尔系母质类型为坡积物，土层深厚，土体构型为均质粉壤土，表层有少量蚯蚓，通体有石灰反应。而南五宫系母质类型为冲积物，土层深厚，土体构型单一，质地均为粉壤土，上部有很少地膜，属于壤质混合型石灰性温性-普通灌淤干润雏形土。

利用性能综述 土层深厚，质地适中，适宜种植多种作物。但结构不良，土壤多显板结，容易造成作物减产，在利用中要坚持培肥。

参比土种 黄灰土。

代表性单个土体 剖面于 2014 年 9 月 1 日采自新疆维吾尔自治区塔城地区沙湾县兵团

农八师一四三团一连（编号 XJ-14-80），44°14′01″N，80°34′42″E，海拔 633 m。母质类型为冲积物。

南五宫系代表性单个土体剖面

Aup1：0～15 cm，极淡棕色（10YR 7/4，干），淡黄棕色（10YR 6/4，润），粉壤土，中等发育程度的粒状结构，很少很小的次棱角状碎屑，很细、短、小的间断、连续裂隙，干时疏松，很多细根系，很多细管道状和蜂窝状孔隙分布于结构体内，孔隙度中，很少地膜，无斑纹，清晰波状过渡。

Aup2：15～30 cm，黄棕色（10YR 5/4，干），暗黄棕色（10YR 4/4，润），粉壤土，中等发育程度的粒状结构，很少很小的次棱角状碎屑，很细、短、小的间断、连续裂隙，干时稍坚实，很多细根系，很多细管道状孔隙分布于结构体内，孔隙度中，很少地膜，无斑纹，突变水平过渡。

Bw1：30～55 cm，淡黄棕色（10YR 6/4，干），黄棕色（10YR 5/6，润），粉壤土，中等发育程度的片状结构，很少很小的次棱角状碎屑，干时稍坚实，很多细根系，很多细管道状孔隙分布于结构体内，孔隙度中，无斑纹，清晰波状过渡。

Bw2：55～69 cm，淡棕色（10YR 6/3，干），棕黄色（10YR 6/6，润），粉壤土，中等发育程度的片状结构，很少很小的次棱角状碎屑，组成物质为长石，干时稍坚实，很多细根系，很多细管道状孔隙分布于结构体内，孔隙度高，无斑纹，突变波状过渡。

Bk：　69～130 cm，黄色（10YR 7/6，干），棕黄色（10YR 6/6，润），粉壤土，发育程度很弱的块状结构，很少很小的次棱角状碎屑，干时疏松，很少量细根系，很多细管道状孔隙分布于结构体内，孔隙度高，无斑纹。

南五宫系代表性单个土体物理性质

土层	深度 /cm	细土颗粒组成（粒径：mm)/(g/kg)			质地	砾石 含量/%	容重 /(g/cm³)
		砂粒 2～0.05	粉粒 0.05～0.002	黏粒 <0.002			
Aup1	0～15	170	705	125	粉壤土	0	1.85
Aup2	15～30	230	594	176	粉壤土	0	1.68
Bw1	30～55	44	751	205	粉壤土	0	1.41
Bw2	55～69	43	714	243	粉壤土	0	1.42
Bk	69～130	44	751	205	粉壤土	0	1.45

南五宫系代表性单个土体化学性质

深度 /cm	pH (H₂O)	有机质 /(g/kg)	全磷 /(g/kg)	全钾 /(g/kg)	碱解氮 /(mg/kg)	速效磷 /(mg/kg)	速效钾 /(mg/kg)	电导率 (1∶1水土比) /(dS/m)	碳酸钙 /(g/kg)
0～15	7.9	25.9	0.72	7.49	58.7	8.82	187.8	0.6	78
15～30	8.0	15.7	0.72	7.23	29.2	9.52	176.7	0.4	74
30～55	8.1	28.5	0.62	8.00	19.0	5.65	138.7	0.5	93
55～69	8.1	16.6	0.65	8.77	26.1	5.55	140.3	0.8	102
69～130	8.2	14.8	0.62	7.75	17.1	3.66	130.8	0.5	90

9.11.4 察布查尔系（Chabucha'er Series）

土　　族：壤质盖粗骨混合型石灰性温性-普通灌淤干润雏形土
拟定者：武红旗，吴克宁，鞠　兵，张文太，范燕敏，侯艳娜，盛建东

分布与环境条件　该土系地处伊犁哈萨克自治州的冲积平原。年平均气温为 7.4 ℃，年平均降水量为 259 mm。母质为洪-冲积物，地形地貌为平原，土地利用类型为旱地，种植作物为小麦。

察布查尔系典型景观

土系特征与变幅　该土系诊断层有雏形层、灌淤现象，诊断特性有半干润土壤水分状况、温性土壤温度状况、石灰性。土体构型相对均一，质地均为粉壤土，上部有蚂蚁，通体有石灰反应。

对比土系　查尔系，黏壤质混合型石灰性温性-普通灌淤干润雏形土。二者地形位置相同，母质不同，属于同一土类，土体构型不同，不同土族。查尔系母质类型为坡积物，土层深厚，土体构型为均质粉壤土，表层有少量蚯蚓，通体有石灰反应。而察布查尔系母质类型为洪-冲积物，土体构型相对均一，质地均为粉壤土，上部有蚂蚁，通体有石灰反应，属于壤质盖粗骨混合型石灰性温性-普通灌淤干润雏形土。

利用性能综述　存在轻度的细沟侵蚀，改良要注意防止水土流失。

参比土种　平原灰黄土。

代表性单个土体　剖面于 2014 年 8 月 29 日采自新疆维吾尔自治区伊犁哈萨克自治州察布查尔锡伯自治县（编号 XJ-14-74），43°43′47″N，81°10′07″E，海拔 746.6 m。母质类型为洪-冲积物。

Aup1：0～14 cm，淡黄棕色（2.5Y 6/3，干），淡橄榄棕色（2.5Y 5/3，润），粉壤土，中度发育的粒状结构，湿时疏松，极细根系，中量蚂蚁、白蚁，多量很细和细蜂窝状和管道状孔隙分布于结构体内，孔隙度高，很少量小的微风化的次棱角状和次圆角状碎屑，很少量薄膜，强石灰反应，清晰波状过渡。

Aup2：14～26 cm，淡黄棕色（2.5Y 6/4，干），淡橄榄棕色（2.5Y 5/4，润），粉壤土，中度发育的块状结构，湿时坚实，大量细根系和极细根系，中量蚂蚁/白蚁，多量很细和细蜂窝状和管道状孔隙分布于结构体内，孔隙度中，很少量小的微风化的次棱角状和次圆角状碎屑，很少量薄膜，强石灰反应，突变平滑过渡。

察布查尔系代表性单个土体剖面

Bw： 26～60 cm，淡棕色（2.5Y 7/3，干），淡橄榄棕色（2.5Y 5/3，润），粉壤土，弱发育的棱块状结构，湿时坚实，中量细根系和极细根系，多量很细和细蜂窝状和管道状孔隙分布于结构体内，孔隙度低，少量中等大小的微风化的次棱角状和次圆角状碎屑，中度石灰反应，清晰波状过渡。

C： 60～80 cm，淡棕色（2.5Y 8/2，干），淡灰色（2.5Y 7/2，润），粉壤土，湿时很坚实，中量细根系和极细根系，大量的小的微风化的次棱角状和次圆角状碎屑，强石灰反应。

察布查尔系代表性单个土体物理性质

| 土层 | 深度 /cm | 细土颗粒组成（粒径：mm)/(g/kg) | | | 质地 | 砾石含量/% | 容重 /(g/cm³) |
		砂粒 2～0.05	粉粒 0.05～0.002	黏粒 <0.002			
Aup1	0～14	117	743	140	粉壤土	0	1.31
Aup2	14～26	90	792	118	粉壤土	0	1.44
Bw	26～60	125	704	171	粉壤土	20	1.34
C	60～80	386	433	181	粉壤土	75	—

察布查尔系代表性单个土体化学性质

深度 /cm	pH (H₂O)	有机质 /(g/kg)	全磷 /(g/kg)	全钾 /(g/kg)	碱解氮 /(mg/kg)	速效磷 /(mg/kg)	速效钾 /(mg/kg)	电导率 (1∶1水土比) /(dS/m)	碳酸钙 /(g/kg)
0～14	7.9	18.9	0.78	11.09	41.2	15.11	344.7	0.5	141
14～26	8.0	17.9	0.81	10.57	51.5	13.09	168.8	0.8	136
26～60	8.0	13.6	0.66	9.81	48.1	11.06	114.9	0.9	169
60～80	8.5	16.7	0.72	6.97	15.6	8.80	91.1	0.5	197

9.12　石灰底锈干润雏形土

9.12.1　新和系（Xinhe Series）

土　　族：壤质混合型温性-石灰底锈干润雏形土
拟定者：吴克宁，武红旗，鞠　兵，黄　勤，高　星，刘　楠，郭　梦等

分布与环境条件　该土系地处天山南麓、塔里木盆地北缘，主要分布于新疆维吾尔自治区阿克苏地区新和县境内。母质是冲积物，地形平坦，外排水等级良好；光照充足，气候干燥，蒸发量大，降水稀少，温带大陆性干旱气候，年平均气温为 10.5 ℃，年平均降水量为 63.7 mm；土地利用类型为水浇地，主要种植小麦和棉花。

新和系典型景观

土系特征与变幅　该土系诊断层有雏形层，诊断特性有半干润土壤水分状况、温性土壤温度状况、氧化还原特征、石灰性。混合型矿物，土层深厚，表土层、心土层质地以粉壤土为主，以块状结构为主，孔隙度高，B 层以下至底层结构体表均有铁锰斑纹，通体有石灰反应。

对比土系　门莫墩系，黏壤质混合型温性-钙积灌淤干润雏形土。门莫墩系土体上部质地为粉质黏壤土，下部主要为壤土，65 cm 深以下至底层均有铁锰斑纹，土层深厚，排水状况中等，结构和孔隙状况良好，适宜作物生长。而新和系表土层、心土层质地以粉壤土为主，B 层以下至底层结构体表均有铁锰斑纹，肥力水平较高，通透性较好，耕作一般较容易，属于壤质混合型温性-石灰底锈干润雏形土。

利用性能综述　该土系的肥力水平较高，无盐碱化威胁，通透性较好，代表性作物小麦和棉花。耕作一般较容易，作物出苗快。改良利用要注意培肥土壤，增加土壤有机质。

一般种植出的棉花和库尔勒香梨品质比较好。

参比土种　灰灌漠土-底砂燥黄土。

代表性单个土体　剖面于 2015 年 8 月 24 日采自新疆维吾尔自治区阿克苏地区新和县（编号 XJ-15-13），41°32′38″N，82°41′1″E，海拔 1005 m。母质类型为冲积物。

Ap：　0～21 cm，灰黄色（2.5Y 7/2，干），黄棕色（2.5Y 5/3，润），粉壤土，中度发育的块状结构，干时硬，中量极细根系，多量细蜂窝状孔隙分布于结构体内外，孔隙度高，很少量薄膜，少量裂隙，强石灰反应，模糊波状过渡。

Br1：21～30 cm，灰黄色（2.5Y 7/2，干），暗灰黄色（2.5Y 4/3，润），粉壤土，中度发育的片状结构，干时稍硬，少量极细根系，多量细蜂窝状孔隙分布于结构体内外，孔隙度高，结构体表有少量铁锰斑纹，中度石灰反应，模糊波状过渡。

Br2：30～58 cm，灰黄色（2.5Y 7/2，干），橄榄棕色（2.5Y 4/3，润），粉壤土，中度发育的块状结构，干时硬，很少量极细根系，中量很细的蜂窝状孔隙分布于结构体内外，孔隙度高，结构体内有多量铁锰斑纹，中度石灰反应，清晰平滑过渡。

新和系代表性单个土体剖面

Cr1：58～89 cm，灰黄色（2.5Y 7/2，干），橄榄棕色（2.5Y 4/3，润），壤质砂土，弱发育的块状结构，干时松软，很少量极细根系，多量很细的蜂窝状孔隙分布于结构体外，孔隙度高，结构体表有中量铁锰斑纹，轻度石灰反应，清晰平滑过渡。

Cr2：89～110 cm，浅淡黄色（2.5Y 8/3，干），浊黄色（2.5Y 6/3，润），壤土，弱发育的块状结构，湿时坚实，很少量极细根系，多量细蜂窝状和管道状孔隙分布于结构体内外，孔隙度高，结构体内外有多量铁锰斑纹，中度石灰反应，清晰平滑过渡。

Cr3：110～125 cm，灰黄色（2.5Y 7/2，干），橄榄棕色（2.5Y 4/4，润），砂土，弱发育的块状结构，湿时极疏松，很少量极细根系，多量很细的蜂窝状孔隙分布于结构体外，孔隙度高，结构体表有多量铁锰斑纹，轻度石灰反应。

新和系代表性单个土体物理性质

土层	深度 /cm	细土颗粒组成 (粒径：mm)/(g/kg)			质地	砾石 含量/%	容重 /(g/cm³)
		砂粒 2～0.05	粉粒 0.05～0.002	黏粒 <0.002			
Ap	0～21	88	778	134	粉壤土	0	1.36
Br1	21～30	125	651	224	粉壤土	0	1.62
Br2	30～58	169	673	158	粉壤土	0	1.53
Cr1	58～89	858	83	59	壤质砂土	0	1.45
Cr2	89～110	313	479	208	壤土	0	1.47
Cr3	110～125	943	19	38	砂土	0	1.35

新和系代表性单个土体化学性质

深度 /cm	pH (H₂O)	有机质 /(g/kg)	全磷 /(g/kg)	全钾 /(g/kg)	碱解氮 /(mg/kg)	速效磷 /(mg/kg)	速效钾 /(mg/kg)	电导率 (1：1水土比) /(dS/m)	碳酸钙 /(g/kg)
0～21	8.0	20.4	0.83	9.44	85.38	15.40	185.1	2.6	289
21～30	8.7	18.0	0.59	8.69	37.64	7.06	104.3	5.3	289
30～58	8.6	11.1	0.59	6.86	15.51	3.76	91.2	1.0	289
58～89	9.2	10.5	0.44	1.28	8.46	4.09	24.1	0.3	—
89～110	8.2	6.8	0.49	8.70	21.05	3.81	137.1	0.8	313
110～125	8.8	1.4	0.27	0.39	1.91	3.36	20.9	0.2	—

9.12.2 卡拉欧依系（Kala'ouyi Series）

土　族：壤质混合型温性-石灰底锈干润雏形土
拟定者：武红旗，吴克宁，鞠　兵，杜凯闯，张文太，范燕敏，侯艳娜，盛建东

分布与环境条件　该土系地处伊犁哈萨克自治州的冲积平原。母质为冲积物，地形地貌为平原，年平均气温为 8.7 ℃，年平均降水量为 267 mm。土地利用类型为水浇地，种植作物为葡萄。

卡拉欧依系典型景观

土系特征与变幅　该土系诊断层有雏形层和钙积现象，诊断特性有半干润土壤水分状况、温性土壤温度状况、氧化还原特征、石灰性。混合型矿物，土层深厚，质地主要为粉壤土，以块状结构为主，孔隙度低，剖面 50 cm 深以下可见少量铁锈斑纹等新生体，位于结构体表面及内部，通体有石灰反应，土壤 pH 约 8.0，呈碱性。

对比土系　新和系，壤质混合型温性-石灰底锈干润雏形土。二者地形部位不同，土壤温度状况相同，母质类型相同，属于同一土族。新和系母质类型为冲积物，混合型矿物，土层深厚，表土层、心土层质地以粉壤土为主，以块状结构为主，孔隙度高，B 层以下至底层结构体表均有铁锰斑纹，通体有石灰反应。而卡拉欧依系，混合型矿物，土层深厚，质地主要为粉壤土，以块状结构为主，孔隙度低，剖面 50 cm 深以下可见少量铁锈斑纹等新生体，位于结构体表面及内部，通体有石灰反应，土壤 pH 约 8.0，呈碱性，也属于壤质混合型温性-石灰底锈干润雏形土。

利用性能综述　所在地区热量资源比较丰富，适种范围广，适合发展园林、果木等经济作物。

参比土种　淡黄灰土。

代表性单个土体　剖面于 2014 年 8 月 26 日采自新疆维吾尔自治区伊犁哈萨克自治州霍尔果斯市莫乎尔乡卡拉欧依村（编号 XJ-14-63），44°11′31″N，80°30′29″E，海拔 708.8 m。母质类型为冲积物。

Ap1：0～14 cm，淡棕色（2.5Y 7/4，干），淡橄榄棕色（2.5Y 5/4，润），粉壤土，弱发育的块状结构，湿态松散，很少量极细根系，少量很细蜂窝状、管道状孔隙，位于结构体内，孔隙度低，很少量薄膜，强石灰反应，清晰平滑过渡。

Ap2：14～29 cm，淡黄棕色（2.5Y 6/3，干），橄榄棕色（2.5Y 4/3，润），粉壤土，中度发育的块状结构，湿态坚实，少量极细根系，中量细蜂窝状孔隙，位于结构体内，孔隙度低，很少量薄膜，强石灰反应，突变平滑过渡。

AB：29～52 cm，淡棕灰色（2.5Y 6/2，干），暗灰棕色（2.5Y 4/2，润），粉壤土，中度发育的块状结构，湿态坚实，很少量极细根系，多量细蜂窝状孔隙，位于结构体内，孔隙度低，强石灰反应，清晰平滑过渡。

卡拉欧依系代表性单个土体剖面

Br1：52～73 cm，淡橄榄棕色（2.5Y 5/3，干），暗棕色（2.5Y 4/3，润），粉壤土，中度发育的块状结构，湿态坚实，很少量极细根系，多量细蜂窝状孔隙，少量铁锈斑纹位于结构体内和表面，孔隙度低，强石灰反应，清晰平滑过渡。

Br2：73～86 cm，淡黄棕色（2.5Y 6/3，干），淡橄榄棕色（2.5Y 5/5，润），粉壤土，弱发育的块状结构，湿态疏松，很少量极细根系，多量细蜂窝状孔隙，少量铁锈斑纹位于结构体内和表面，孔隙度低，中度石灰反应，清晰平滑过渡。

BCr：86～130 cm，淡棕灰色（2.5Y 6/2，干），暗灰棕色（2.5Y 4/2，润），粉壤土，中度发育的块状结构，湿态坚实，很少量极细根系，多量细度蜂窝状孔隙，少量铁锈斑纹位于结构体内和表面，孔隙度低，轻度石灰反应。

卡拉欧依系代表性单个土体物理性质

土层	深度 /cm	细土颗粒组成（粒径：mm）/(g/kg)			质地	砾石含量/%	容重 /(g/cm³)
		砂粒 2～0.05	粉粒 0.05～0.002	黏粒 <0.002			
Ap1	0～14	268	681	51	粉壤土	0	1.30
Ap2	14～29	43	730	227	粉壤土	0	1.56
AB	29～52	247	749	4	粉壤土	0	1.73
Br1	52～73	127	758	115	粉壤土	0	1.43
Br2	73～86	260	651	89	粉壤土	0	1.30
BCr	86～130	149	567	284	粉壤土	0	1.39

卡拉欧依系代表性单个土体化学性质

深度 /cm	pH (H₂O)	有机质 /(g/kg)	全磷 /(g/kg)	全钾 /(g/kg)	碱解氮 /(mg/kg)	速效磷 /(mg/kg)	速效钾 /(mg/kg)	电导率 (1∶1水土比) /(dS/m)	碳酸钙 /(g/kg)
0～14	8.0	18.8	0.85	6.80	58.5	14.60	277.1	0.5	106
14～29	8.0	17.2	0.85	6.33	30.7	10.68	169.5	0.8	115
29～52	8.1	14.4	0.80	6.09	38.2	6.29	114.3	0.4	124
52～73	8.2	17.5	0.75	6.33	72.6	5.72	99.8	0.3	144
73～86	8.2	9.8	0.74	5.39	44.3	5.24	102.7	0.3	126
86～130	8.1	12.7	0.76	7.73	39.3	6.10	98.3	0.4	—

9.12.3　西上湖系（Xishanghu Series）

土　　族：壤质混合型温性-石灰底锈干润雏形土
拟定者：武红旗，吴克宁，鞠　兵，杜凯闯，王　泽，刘文惠，谷海斌

分布与环境条件　该土系地处吉木萨尔县的冲积扇扇缘和河阶地上。母质为冲积物，地形地貌为平原，温带大陆性干旱气候，冬季寒冷、夏季炎热，降水量少，昼夜温差大，年平均气温为 8.7 ℃，年平均降水量为 50.6 mm 左右，≥10 ℃年积温 3583 ℃，无霜期 163 天。土地利用类型为水浇地，主要种植小麦。

西上湖系典型景观

土系特征与变幅　该土系诊断层有雏形层、钙积层和石膏层，诊断特性有半干润土壤水分状况、温性土壤温度状况、石灰性、氧化还原特征。混合型矿物，土层深厚，质地为粉壤土，土体上部为棱块状结构，下部为粒状结构，孔隙度低，Bkr2 层和 Bkr1 层有少量灰白色结核，除 Bkr1 层外，通体有石灰反应。

对比土系　托克逊系，壤质混合型温性-石灰底锈干润雏形土。二者地形部位不同，母质类型相同，剖面构型相似，土族不同。托克逊系土层深厚，质地主要为壤土，以片状结构为主，孔隙度低，质地较适中，土体构型尚好，适种范围较广。而西上湖系土层深厚，质地为粉壤土，土体上部为棱块状结构，下部为粒状结构，Bkr2 层和 Bkr1 层有少量灰白色结核，孔隙度低，抗旱性强，土壤养分含量较高，属于壤质混合型温性-石灰底锈干润雏形土。

利用性能综述　土层深厚，抗旱性强，土壤养分含量较高，小麦单产一般在 150～200 kg 之间。不利因素是地下水位高，有一定的盐分危害，尤其是对农作物保苗不利。因此首

先要畅通水渠系，进行排水脱盐。其次要控制灌溉定额，提高灌溉技术，改大水漫灌为细流沟灌。多施热性肥料，作物收获后要及时伏耕或冬翻，进行晒垡、冻垡，促进土壤熟化，进一步发挥土壤潜在肥力。

参比土种 灌耕轻硫锈黄土。

代表性单个土体 剖面于 2014 年 8 月 10 日采自新疆维吾尔自治区昌吉回族自治州吉木萨尔县北庭镇（编号 XJ-14-28），44°05′38″N，89°11′35″E，海拔 632 m，母质类型为冲积物。

Ap1: 0~11 cm，灰棕色（2.5Y 5/2，干），极暗灰棕色（2.5Y 3/2，润），粉壤土，中度发育的小棱块状结构，湿时稍坚实，很少量很细的裂隙，很少量很小的次圆状正长石碎屑，中量极细根系，多量细蜂窝状和管道状孔隙分布于结构体内，孔隙度低，很少量建筑物碎屑和薄膜，中量的田鼠和蚯蚓，强石灰反应，清晰平滑过渡。

Ap2: 11~30 cm，淡棕灰色（2.5Y 6/2，干），灰棕色（2.5Y 5/2，润），粉壤土，中度发育的小棱块状结构，湿时稍坚实，中量极细根系，少量细管道状孔隙分布于结构体内，孔隙度低，很少量建筑物碎屑和薄膜，中量的田鼠和蚯蚓，强石灰反应，清晰平滑过渡。

AB: 30~46 cm，灰棕色（2.5Y 5/2，干），暗灰棕色（2.5Y 4/2，润），粉壤土，中度发育的小棱块状结构，湿时疏松，有中量极细根系，多量细管道状孔隙，少量铁锈斑纹分布于结构体内，孔隙度低，中度石灰反应，渐变平滑过渡。

西上湖系代表性单个土体剖面

Br: 46~75 cm，灰色（2.5Y 6/1，干），黄灰色（2.5Y 5/1，润），粉壤土，强发育的小粒状结构，湿时疏松，少量极细根系，多量细管道状孔隙，少量铁锈斑纹分布于结构体内，孔隙度低，中度石灰反应，清晰平滑过渡。

Bkr1: 75~114 cm，淡橄榄棕色（2.5Y 5/4，干），橄榄棕色（2.5Y 4/3，润），粉壤土，弱发育的小粒状结构，湿时极疏松，少量极细根系，多量细管道状孔隙，少量铁锈斑纹分布于结构体内，孔隙度低，很少量灰白色结核，无石灰反应，突变平滑过渡。

Bkr2: 114~130 cm，淡棕灰色（2.5Y 6/2，干），淡棕灰色（2.5Y 6/2，润），粉壤土，中度发育的小粒状结构，湿时疏松，很少量极细根系，多量细管道状孔隙，少量铁锈斑纹分布于结构体内，孔隙度低，少量灰白色结核，轻度石灰反应。

西上湖系代表性单个土体物理性质

土层	深度/cm	细土颗粒组成 (粒径: mm)/(g/kg)			质地	砾石含量/%	容重/(g/cm³)
		砂粒 2~0.05	粉粒 0.05~0.002	黏粒 <0.002			
Ap1	0~11	352	558	90	粉壤土	0	1.35
Ap2	11~30	136	717	147	粉壤土	0	1.30
AB	30~46	167	612	221	粉壤土	0	1.47
Br	46~75	139	640	221	粉壤土	0	1.05
Bkr1	75~114	354	561	85	粉壤土	0	1.51
Bkr2	114~130	107	640	253	粉壤土	0	1.46

西上湖系代表性单个土体化学性质

深度/cm	pH(H₂O)	有机质/(g/kg)	全磷/(g/kg)	全钾/(g/kg)	碱解氮/(mg/kg)	速效磷/(mg/kg)	速效钾/(mg/kg)	电导率(1:1水土比)/(dS/m)	碳酸钙/(g/kg)
0~11	8.2	33.2	1.99	4.47	33.1	46.22	488.2	0.8	121
11~30	8.1	25.4	1.68	3.81	58.6	12.14	247.6	0.5	355
30~46	8.2	20.6	0.95	3.81	13.2	3.83	147.4	0.4	119
46~75	8.3	15.1	0.69	1.86	10.9	4.29	87.6	0.4	386
75~114	8.2	4.1	0.69	1.42	8.9	2.33	73.7	0.3	10
114~130	8.1	9.3	0.73	4.24	8.8	1.87	172.5	0.5	19

9.12.4　农四连系（Nongsilian Series）

土　族：壤质混合型温性-石灰底锈干润雏形土
拟定者：武红旗，吴克宁，鞠　兵，杜凯闯，张文太，范燕敏，侯艳娜，盛建东

分布与环境条件　该土系地处塔城地区的冲积平原、河阶地以及河滩地上。母质为冲积物，地形地貌为平原。中温带干旱和半干旱气候区，春季升温快，冷暖波动大。年平均气温为 8.8 ℃，年平均降水量为 80 mm，≥10 ℃年积温 3450 ℃，无霜期 172 天。土地利用类型为水浇地，植被以芨芨草为主，还有混生甘草、苦豆子和骆驼刺等。

农四连系典型景观

土系特征与变幅　该土系诊断层有雏形层、钙积层，诊断特性有半干润土壤水分状况、温性土壤温度状况、氧化还原特征、石灰性。混合型矿物，土层深厚，质地主要为粉壤土，以粒状结构为主，孔隙度低，Br1 层、Br2 层和 Bkr 层有铁锰斑纹，Br1 层以下至底层均有很少量很小的铁锰斑纹，并发生石灰反应。

对比土系　红星牧场系，壤质混合型温性-石灰底锈干润雏形土。二者地形部位相同，母质类型相同，剖面构型相似，土族不同。红星牧场系土层深厚，质地主要为粉壤土，土体上部为块状结构，下部为粒状结构，孔隙度低，Bkr1 层和 Bkr2 层有少量铁锰斑纹，Bk 层以下至底层均有少量白色结核，肥力水平较高，而且土壤水分充足，适种多种农作物。而农四连系质地主要为粉壤土，以粒状结构为主，孔隙度低，Br1 层、Br2 层和 Bkr 层有铁锰斑纹，生产性能较好，水分充足，养分丰富，肥力较高，属于壤质混合型温性-石灰底锈干润雏形土。

利用性能综述　一种生产性能较好的土壤，水分充足，养分丰富，肥力较高，大多作为

自然放牧草场。其不利因素是：地下水位较高，土体潮湿，并有盐渍化危害。植被品种单一，覆盖度较低，草质较差。因此在利用上应以农、牧为主，农业利用时，首先要解决好灌溉水源，做好垦前总体规划，做到灌排配套，并注意培肥土壤，洗盐治碱。牧业利用重点在于对草场进行人工改良，应选择适宜当地栽培的优良牧草建立草库伦，另一方面应实行有计划地放牧。改良措施主要是开沟排水，降低地下水位，防止土壤盐渍化加剧等。

参比土种　硫盐化锈黄土。

代表性单个土体　剖面于 2014 年 8 月 20 日采自新疆维吾尔自治区塔城地区额敏县农四连（编号 XJ-14-49），46°30′02″N，83°29′08″E，海拔 482.3 m。母质类型为冲积物。

农四连系代表性单个土体剖面

Ap1：　0～35 cm，淡黄棕色（2.5Y 6/3，干），橄榄棕色（2.5Y 4/3，润），粉壤土，中度发育的棱块状结构，干时稍坚硬，连续、间距小、长度中等、细的裂隙，多量极细根系和细根系，很少量很细管道状和蜂窝状孔隙分布于结构体内，孔隙度很低，很少量其他侵入体，中度石灰反应，清晰波状过渡。

Ap2：　35～51 cm，灰色（2.5Y 6/1，干），暗灰色（2.5Y 4/1，润），壤土，中度发育的薄片状结构，干时稍坚硬，连续、间距很少、中等长度、很细的裂隙，中量极细根系和中根系，少量很细管道状和蜂窝状孔隙分布于结构体内，孔隙度很低，有很少量其他侵入体，轻度石灰反应，清晰波状过渡。

Br1：　51～67 cm，淡黄棕色（2.5Y 6/3，干），淡橄榄棕色（2.5Y 5/3，润），粉壤土，弱发育的粒状结构，湿时稍坚实，连续、间距很少、中等长度、很细的裂隙，少量极细根系，多量很细管道状和蜂窝状孔隙分布于结构体内，孔隙度低，中量小的铁锰斑纹，中度石灰反应，突变波状过渡。

Br2：67～96 cm，暗灰色（2.5Y 4/1，干），极暗灰色（2.5Y 3/1，润），粉壤土，弱发育的小粒状结构，湿时稍坚实，连续、间距小、中等长度、很细的裂隙，很少量极细根系，多量很细蜂窝状和管道状孔隙分布于结构体内，孔隙度低，很少量很小的铁锰斑纹，轻度石灰反应，清晰平滑过渡。

Bkr：96～120 cm，淡灰色（2.5Y 7/2，干），灰棕色（2.5Y 5/2，润），粉质黏壤土，很弱发育的粒状结构，湿时稍坚实，很少量极细根系，多量很细蜂窝状和管道状孔隙分布于结构体内，孔隙度低，很少量很小的铁锰斑纹，中度石灰反应。

农四连系代表性单个土体物理性质

土层	深度/cm	细土颗粒组成 (粒径: mm)/(g/kg)			质地	砾石含量/%	容重/(g/cm³)
		砂粒 2~0.05	粉粒 0.05~0.002	黏粒 <0.002			
Ap1	0~35	360	459	181	粉壤土	0	1.67
Ap2	35~51	175	698	127	壤土	0	1.45
Br1	51~67	72	769	159	粉壤土	0	1.35
Br2	67~96	79	631	290	粉壤土	0	1.49
Bkr	96~120	358	600	42	粉质黏壤土	0	1.51

农四连系代表性单个土体化学性质

深度/cm	pH (H₂O)	有机质/(g/kg)	全磷/(g/kg)	全钾/(g/kg)	碱解氮/(mg/kg)	速效磷/(mg/kg)	速效钾/(mg/kg)	电导率 (1:1水土比)/(dS/m)	碳酸钙/(g/kg)
0~35	8.6	15.3	0.84	3.06	32.0	24.43	144.8	0.7	77
35~51	8.1	39.5	0.94	8.00	15.3	13.25	245.9	3.7	30
51~67	8.1	24.3	0.90	5.66	18.5	1.80	120.9	3.8	82
67~96	8.4	21.2	0.96	2.80	12.8	1.71	158.8	1.9	80
96~120	8.3	17.1	0.76	3.85	13.3	2.06	181.3	1.9	146

9.12.5　克拉玛依系（Kelamayi Series）

土　　族：壤质混合型温性-石灰底锈干润雏形土
拟定者：吴克宁，武红旗，鞠　兵，赵　瑞，李方鸣，刘楠等

分布与环境条件　该土系主要分布于加依尔山南麓、准噶尔盆地、古尔班通古特沙漠西部，地形地貌以戈壁滩为主，母质为冲积物，典型的温带大陆性气候，常年干燥少雨，春秋两季多风，冬季温差大；年均降水量为 169 mm，蒸发量为 1618 mm。土地利用方式为旱地，周期性灌溉。

克拉玛依系典型景观

土系特征与变幅　该土系诊断层包括雏形层，诊断特性包括半干润土壤水分状况、温性土壤温度状况、氧化还原特征、石灰性等。土体构型相对均一，耕性较好。混合型矿物，土层深厚，质地主要为粉壤土，以块状结构为主，ABr 层以下至底层均有多量铁锰斑纹，通体有石灰反应。

对比土系　陕西工系，壤质混合型温性-石灰底锈干润雏形土。二者地形部位相同，母质类型不同，属于同一土族。陕西工系质地主要为粉壤土，以楔形结构为主，Br 层有铁锰斑纹，地势平坦，土体深厚，表层土壤质地较黏，耕性较好。而克拉玛依系土层深厚，质地主要为粉壤土，以块状结构为主，ABr 层以下至底层均有多量铁锰斑纹，地势平坦，表层土壤质地较黏，耕性较好，也属于壤质混合型温性-石灰底锈干润雏形土。

利用性能综述　地势平坦，土体深厚，表层土壤质地较黏，耕性较好，保肥保墒。

参比土种　灌耕漠灰土。

代表性单个土体　剖面于 2014 年 7 月 27 日采自新疆维吾尔自治区克拉玛依市克拉玛依区（编号 XJV-14-02），45°26′51″N，84°56′32″E，海拔 341 m。母质类型为冲积物。

Ap1：0～28 cm，淡红灰色（2.5YR 7/1，干），红灰色（2.5YR 5/1，润），黏土，块状结构，干时硬突，连续、间距很小、长度中等、细的裂隙，很少量极细根系，少量细蜂窝状孔隙，孔隙度很高，轻度石灰反应，模糊波状过渡。

Ap2：28～36 cm，淡红灰色（2.5YR 7/1，干），弱红色（2.5YR 4/2，润），粉壤土，块状结构，干时很坚硬，可塑性强，连续、间距很小、细的裂隙，很少量极细根系，中度石灰反应，清晰平滑过渡。

ABr：36～61 cm，淡红色（2.5YR 7/2，干），弱红色（2.5YR 5/2，润），粉壤土，弱发育的块状结构，干时松散，可塑性弱，间距很小的裂隙，很少量极细根系，很多中等大小的铁锰斑纹，强石灰反应，清晰平滑过渡。

克拉玛依系代表性单个土体剖面

Br1：61～82 cm，淡红灰色（2.5YR 7/1，干），弱红色（2.5YR 5/2，润），粉壤土，弱发育的块状结构，干时坚硬，黏着性中，可塑性中，很少量极细根系，很少量细管道状孔隙，孔隙度高，很多很小的铁锰斑纹，强石灰反应，模糊不规则过渡。

Br2：82～112 cm，淡红灰色（2.5YR 7/1，干），弱红色（2.5YR 5/2，润），粉壤土，弱发育的块状结构，干时坚硬，可塑性强，很少量细管道状孔隙，孔隙度高，多量很小的铁锰斑纹，强石灰反应，清晰平滑过渡。

Br3：112～120 cm，红灰色（2.5YR 6/1，干），弱红色（2.5YR 4/2），粉壤土，弱发育的块状结构，湿时松散，可塑性弱，很少量细管道状孔隙，孔隙度高，多量很小的铁锰斑纹，强石灰反应。

克拉玛依系代表性单个土体物理性质

土层	深度/cm	细土颗粒组成（粒径：mm）/(g/kg)			质地	砾石含量/%	容重/(g/cm³)
		砂粒 2～0.05	粉粒 0.05～0.002	黏粒 <0.002			
Ap1	0～28	154	432	414	黏土	0	1.56
Ap2	28～36	79	700	221	粉壤土	0	1.57
ABr	36～61	50	767	183	粉壤土	0	1.50
Br1	61～82	53	750	197	粉壤土	0	1.52
Br2	82～112	45	741	214	粉壤土	0	1.56
Br3	112～120	—	—	—	粉壤土	—	—

克拉玛依系代表性单个土体化学性质

深度 /cm	pH (H₂O)	有机质 /(g/kg)	全磷 /(g/kg)	全钾 /(g/kg)	碱解氮 /(mg/kg)	速效磷 /(mg/kg)	速效钾 /(mg/kg)	电导率 (1:1水土比) /(dS/m)
0～28	8.0	33.0	0.71	9.55	29.5	20.07	197.6	0.8
28～36	8.1	28.4	0.43	11.95	15.9	2.75	122.6	1.0
36～61	8.3	20.5	0.46	9.93	10.0	1.75	86.6	0.5
61～82	8.3	42.8	0.45	12.43	11.7	2.35	104.6	0.5
82～112	8.3	25.5	0.44	9.94	12.6	2.55	122.6	0.0
112～120	8.3	21.8	0.44	9.44	11.0	1.75	113.6	0.3

9.12.6 哈尔莫墩系（Ha'ermodun Series）

土　族：黏壤质混合型温性-石灰底锈干润雏形土
拟定者：吴克宁，武红旗，鞠　兵，赵　瑞，李方鸣，刘　楠等

分布与环境条件　该土系地处塔克拉玛干沙漠东北部，主要分布于巴音郭楞蒙古自治州焉耆回族自治县境内。母质类型为冲积物，地形平坦，气候干燥，降水稀少，蒸发量大，日照时间长，热量较为丰富，典型的大陆性气候，年平均温度为 7.9 ℃，年平均降水量为 64.7 mm，土地利用类型为旱地。

哈尔莫墩系典型景观

土系特征与变幅　该土系诊断层有雏形层和钙积现象，诊断特性有半干润土壤水分状况、温性土壤温度状况、氧化还原特征、石灰性。混合型矿物，质地以粉壤土、砂质壤土为主，以块状结构为主，孔隙度高，Br1 层和 Br2 层根系周围均有铁斑纹，通体有石灰反应。

对比土系　尉犁系，黏壤质混合型温性-石灰底锈干润雏形土。二者地形部位相同，母质相同，剖面构型不同，土族相同。尉犁系质地以黏壤土为主，Br 层结构体内外有多量锰斑纹，且地形平坦，排水等级差。而哈尔莫墩系质地以粉壤土、砂质壤土为主，B 层以下至底层根系周围均有铁斑纹，肥力水平较高，适种多种农作物，代表性作物为小麦，也属于黏壤质混合型温性-石灰底锈干润雏形土。

利用性能综述　该土系肥力水平较高，无盐碱化威胁，适种多种农作物，代表性作物为小麦，植被覆盖度 40%～80%。在改良利用中注意培肥土壤和合理使用化肥，灌溉宜少量多次。其次要坚持用养结合，坚持有机肥和无机肥结合。

参比土种　潮土。

代表性单个土体　　剖面于 2015 年 8 月 13 日采自新疆维吾尔自治区巴音郭楞蒙古自治州焉耆回族自治县（编号 XJ-15-10），42°15′7″N，86°2′6″E，海拔 1204 m。母质类型为冲积物。

哈尔莫墩系代表性单个土体剖面

Ap：0～15 cm，灰白色（2.5Y 8/2，干），暗灰黄色（2.5Y 5/2，润），粉壤土，中度发育的团块状结构，干时稍硬，中量细根系和中根系，中量细蜂窝状孔隙分布于结构体内外，孔隙度高，强石灰反应，清晰平滑过渡。

AB：15～40 cm，浊黄色（2.5Y 6/3，干），黄棕色（2.5Y 5/3，润），粉壤土，中度发育的团块状结构，干时稍硬，中量极细根系和很少量中根系，多量细蜂窝状孔隙分布于结构体内外，孔隙度高，强石灰反应，清晰平滑过渡。

Br1：40～60 cm，淡黄色（2.5Y 7/3，干），黄棕色（2.5Y 5/3，润），砂质黏壤土，中度发育的块状结构，干时稍硬，中量极细根系和很少量中根系，多量细蜂窝状孔隙分布于结构体内外，孔隙度高，根系周围有中量铁斑纹，强石灰反应，清晰平滑过渡。

Br2：60～100 cm，淡黄色（2.5Y 7/3，干），黄棕色（2.5Y 5/3，润），砂质壤土，强发育的块状结构，干时稍硬，很少量极细根系，多量细蜂窝状孔隙分布于结构体内外，孔隙度高，根系周围有少量铁斑纹，强石灰反应。

哈尔莫墩系代表性单个土体物理性质

土层	深度/cm	细土颗粒组成 (粒径：mm)/(g/kg)			质地	砾石含量/%	容重/(g/cm³)
		砂粒 2～0.05	粉粒 0.05～0.002	黏粒 <0.002			
Ap	0～15	328	514	158	粉壤土	0	1.44
AB	15～40	193	560	247	粉壤土	0	1.38
Br1	40～60	592	187	221	砂质黏壤土	0	1.39
Br2	60～100	534	305	161	砂质壤土	0	1.25

哈尔莫墩系代表性单个土体化学性质

深度/cm	pH (H₂O)	有机质/(g/kg)	全磷/(g/kg)	全钾/(g/kg)	碱解氮/(mg/kg)	速效磷/(mg/kg)	速效钾/(mg/kg)	电导率 (1∶1水土比)/(dS/m)	碳酸钙/(g/kg)
0～15	7.8	11.2	0.72	7.19	36.3	8.03	110.4	0.4	189
15～40	8.6	12.0	0.80	9.05	41.5	6.79	102.7	0.3	160
40～60	8.2	6.9	0.61	10.46	20.6	7.09	91.5	0.4	158
60～100	8.6	2.7	0.56	7.06	8.1	8.37	70.5	0.3	149

9.12.7 尉犁系（Yuli Series）

土　族：黏壤质混合型温性-石灰底锈干润雏形土
拟定者：吴克宁，武红旗，鞠　兵，杜凯闯，郝士横等

分布与环境条件　该土系地处塔克拉玛干沙漠东北部边缘，主要分布于巴音郭楞蒙古自治州境内。母质类型为冲积物，地形平坦，排水等级差，空气干燥，蒸发强劲，降水稀少，且年际变化大，光照充足，暖温带大陆性荒漠气候，年平均气温为 10.1 ℃，年平均降水量为 43 mm，土地利用类型为旱地。

尉犁系典型景观

土系特征与变幅　该土系诊断层有雏形层和钙积现象，诊断特性有半干润土壤水分状况、温性土壤温度状况、氧化还原特征、石灰性。混合型矿物，质地以黏壤土为主，以块状结构为主，孔隙度高，Br 层结构体内外有多量锰斑纹，通体有石灰反应。

对比土系　哈尔莫墩系，黏壤质混合型温性-石灰底锈干润雏形土。二者地形部位相同，母质相同，剖面构型不同，土族相同。哈尔莫墩系质地以粉壤土、砂质壤土为主，B 层以下至底层根系周围均有铁斑纹，肥力水平较高，适种多种农作物。而尉犁系质地以黏壤土为主，Br 层结构体内外有多量锰斑纹，且地形平坦，土壤水分状况良好，通透性和保蓄性适中，宜耕期长，适种范围广，生产水平较高，属于黏壤质混合型温性-石灰底锈干润雏形土。

利用性能综述　该土系土壤水分状况良好，通透性和保蓄性适中，宜耕期长，适种范围广，生产水平较高，代表性作物为棉花。改良利用上要进一步保持和培肥地力，协调水肥，增施有机肥，合理轮作倒茬，减少或不进行水作，防止地下水位上升而产生盐涝危害。

参比土种　二潮黄潮土。

代表性单个土体　剖面于 2015 年 8 月 14 日采自新疆维吾尔自治区巴音郭楞蒙古自治州尉犁县（编号 XJ-15-11），41°17′13″N，86°16′6″E，海拔 889 m。母质类型为冲积物。

Ah：　0～11 cm，淡灰色（2.5Y 7/1，干），黑棕色（2.5Y 3/1，润），壤土，中度发育的团块状结构，干时松软，中量极细根系和很少量中根系，中量很细蜂窝状孔隙分布于结构体内外，孔隙度高，强石灰反应，清晰平滑过渡。

AB：　11～24 cm，灰白色（2.5Y 8/1，干），黄灰色（2.5Y 4/1，润），黏壤土，强发育的块状结构，干时松软，中量极细根系和很少量中根系，中量很细蜂窝状孔隙分布于结构体内外，孔隙度高，强石灰反应，清晰平滑过渡。

Bw1：24～43 cm，黄灰色（2.5Y 6/1，干），黄灰色（2.5Y 4/1，润），黏壤土，强发育的块状结构，干时稍硬，中量细根系和少量中根系，中量细蜂窝状孔隙分布于结构体内外，孔隙度高，强石灰反应，清晰平滑过渡。

尉犁系代表性单个土体剖面

Bw2：43～68 cm，灰黄色（2.5Y 6/2，干），暗灰黄色（2.5Y 4/2，润），砂质黏壤土，中度发育的块状结构，干时稍硬，少量细根系和中量中根系，中量细蜂窝状孔隙分布于结构体内外，孔隙度高，强石灰反应，清晰平滑过渡。

Br：　68～110 cm，浊黄色（2.5Y 6/3，干），橄榄棕色（2.5Y 4/3，润），粉质黏壤土，中度发育的块状结构，干时松软，很少量细根系和少量中根系，少量细蜂窝状孔隙分布于结构体内外，孔隙度高，结构体内外有多量锰斑纹，强石灰反应。

尉犁系代表性单个土体物理性质

土层	深度/cm	细土颗粒组成 (粒径：mm)/(g/kg)			质地	砾石含量/%	容重/(g/cm³)
		砂粒 2～0.05	粉粒 0.05～0.002	黏粒 <0.002			
Ah	0～11	357	442	201	壤土	0	1.56
AB	11～24	208	438	354	黏壤土	0	1.58
Bw1	24～43	318	400	282	黏壤土	0	1.64
Bw2	43～68	480	249	271	砂质黏壤土	0	1.52
Br	68～110	63	663	274	粉质黏壤土	0	1.21

尉犁系代表性单个土体化学性质

深度 /cm	pH (H₂O)	有机质 /(g/kg)	全磷 /(g/kg)	全钾 /(g/kg)	碱解氮 /(mg/kg)	速效磷 /(mg/kg)	速效钾 /(mg/kg)	电导率 (1∶1 水土比) /(dS/m)	碳酸钙 /(g/kg)
0~11	8.3	16.3	0.30	0.03	26.1	12.06	243.1	3.1	167
11~24	8.5	5.9	0.67	6.79	87.7	8.60	324.2	5.8	142
24~43	7.8	11.0	0.63	5.69	6.6	9.64	344.3	6.0	184
43~68	8.0	13.3	0.64	5.85	4.5	10.75	328.8	5.6	181
68~110	8.5	6.7	0.58	12.20	16.3	9.56	266.6	5.5	203

9.12.8　托克逊系（Tuokexun Series）

土　　族：壤质混合型温性-石灰底锈干润雏形土
拟定者：武红旗，吴克宁，鞠　兵，杜凯闯，王　泽，刘文惠，谷海斌

分布与环境条件　该土系地处吐鲁番市境内的河流冲积平原扇缘带、低洼地。母质为冲积物，地形地貌为平原，大陆性暖温带荒漠气候，光照充足、热量丰富。年平均气温为13.9 ℃，年平均降水量为 176.5 mm，≥10 ℃年积温 2793 ℃，无霜期 153 天。土地利用类型为耕地-水浇地。

托克逊系典型景观

土系特征与变幅　该土系诊断层有雏形层和钙积现象，诊断特性有半干润土壤水分状况、温性土壤温度状况、氧化还原特征、石灰性。混合型矿物，土层深厚，质地主要为壤土，以片状结构为主，孔隙度低，通体有石灰反应。

对比土系　西上湖系，壤质混合型温性-石灰底锈干润雏形土。二者地形部位不同，母质类型相同，剖面构型相似，土族不同。西上湖系土层深厚，质地为粉壤土，土体上部为棱块状结构，下部为粒状结构，Bkr2 层和 Bkr1 层有少量灰白色结核，孔隙度低，抗旱性强，土壤养分含量较高。而托克逊系土层深厚，质地主要为壤土，以片状结构为主，孔隙度低，质地较适中，土体构型尚好，适种范围较广，属于壤质混合型温性-石灰底锈干润雏形土。

利用性能综述　土层深厚，质地较适中，土体构型尚好，适种范围较广，耕性、通透性和保蓄性均较强。但土壤肥力低，供磷不足，并含有少量盐分，对作物生长有轻度危害。改良利用上要加强灌排设施的建设，培肥土壤，防止继续积盐。要加强耕作管理，增施

磷肥和大力推广微肥，合理轮作倒茬，才能进一步提高生产力。

参比土种　轻硫盐化潮土。

代表性单个土体　剖面于 2014 年 8 月 3 日采自新疆维吾尔自治区吐鲁番市托克逊县（编号为 XJ-14-17），42°47′38″N，88°42′01″E，海拔–32 m。母质为冲积物。

Ap：　0～21 cm，淡棕灰色（2.5Y 6/2，干），灰棕色（2.5Y 5/2，润），砂质壤土，弱发育结构，湿时松软，很少量细根系和中根系，很少量细粒间孔隙，位于结构体外，孔隙度低，很少量薄膜，较强石灰反应，渐变平行过渡。

AB：　21～46 cm，灰色（2.5Y 6/1，干），暗灰色（2.5Y 4/1，润），砂质壤土，弱发育的片状结构，湿时松软，很少量中根和少量细根，位于结构体外，孔隙度低，很少量薄膜，强石灰反应，渐变平行过渡。

By：　46～59 cm，灰色（2.5Y 6/1，干），暗灰色（2.5Y 4/1，润），粉壤土，中度发育的薄片状结构，湿时稍坚硬，很少量中根系和细根系，少量小的灰白色块状石膏，很少量细根孔隙，位于结构体内，孔隙度低，较强石灰反应，明显水平过渡。

托克逊系代表性单个土体剖面

Br1：　59～77 cm，淡棕灰色（2.5Y 6/2，干），暗灰棕色（2.5Y 4/2，润），砂质壤土，中度发育的中粒状结构，湿时松软，很少量中根系和细根系，很少量细粒间孔隙，少量铁锈斑纹位于结构体表面，孔隙度低，轻度石灰反应，明显水平过渡。

Br2：　77～99 cm，淡黄棕色（2.5Y 6/3，干），橄榄棕色（2.5Y 4/3，润），粉壤土，弱发育的小粒状结构，湿时松散，很少量中根系和细根系，很少量细粒间孔隙，少量铁锈斑纹位于结构体表面，孔隙度低，轻度石灰反应，明显波状过渡。

Br3：　99～109 cm，淡灰色（2.5Y 7/2，干），淡黄棕色（2.5Y 6/3，润），粉壤土，弱发育的小块状结构，很少量中根系和细根系，少量细根孔隙和粒间孔隙，少量铁锈斑纹位于结构体表面，孔隙度低，轻度石灰反应，明显水平过渡。

By：　109～125 cm，砂质壤土，中度发育的厚片状结构，很少量细根系，少量小的灰白色块状石膏，少量细根孔隙和粒间孔隙，位于结构体外，孔隙度低，轻度石灰反应。

托克逊系代表性单个土体物理性质

土层	深度 /cm	细土颗粒组成（粒径：mm）/(g/kg)			质地	砾石 含量/%	容重 /(g/cm³)
		砂粒 2~0.05	粉粒 0.05~0.002	黏粒 <0.002			
Ap	0~21	564	404	32	砂质壤土	0	1.428
AB	21~46	548	411	41	砂质壤土	0	1.554
By	46~59	256	544	200	粉壤土	0	1.523
Br1	59~77	566	410	24	砂质壤土	0	1.577
Br2	77~99	191	588	221	粉壤土	5	1.755
Br3	99~109	200	552	248	粉壤土	5	1.454
By	109~125	548	443	9	砂质壤土	5	1.751

托克逊系代表性单个土体化学性质

深度 /cm	pH (H₂O)	有机质 /(g/kg)	全磷 /(g/kg)	全钾 /(g/kg)	碱解氮 /(mg/kg)	速效磷 /(mg/kg)	速效钾 /(mg/kg)	电导率 (1∶1水土比) /(dS/m)	碳酸钙 /(g/kg)
0~21	8.2	26.0	0.88	4.82	13.7	34.25	140.9	0.6	79
21~46	8.2	19.6	0.75	5.06	8.4	3.95	149.8	1.3	105
46~59	8.3	20.3	0.78	3.90	6.3	3.85	136.5	1.0	117
59~77	8.2	14.1	0.70	3.89	12.2	2.49	157.2	1.1	83
77~99	8.3	12.8	0.65	3.20	13.2	2.49	179.4	0.9	96
99~109	8.0	18.9	0.59	5.68	11.1	1.90	145.4	2.0	269
109~125	8.2	12.1	0.54	5.52	8.5	1.22	177.9	1.2	176

9.12.9　撒吾系（Sawu Series）

土　族：壤质混合型冷性-石灰底锈干润雏形土
拟定者：武红旗，吴克宁，鞠　兵，杜凯闯，张文太，范燕敏，侯艳娜，盛建东

分布与环境条件　该土系地处博尔塔拉蒙古自治州的冲积平原。母质为冲积物，地形地貌为平原，大陆性干旱半荒漠和荒漠气候，日照时间长，昼夜温差大。年平均气温为5.6 ℃，年平均降水量为 181 mm。土地利用类型为旱地，种植作物为小麦。

撒吾系典型景观

土系特征与变幅　该土系诊断层有雏形层，诊断特性有半干润土壤水分状况、冷性土壤温度状况、氧化还原特征、石灰性。混合型矿物，土层深厚，质地主要为粉壤土，以块状结构为主，Br1 层至底层孔隙度高，通体有石灰反应。

对比土系　博乐系，砂质盖粗骨砂质混合型冷性-石灰底锈干润雏形土。二者地形部位相同，母质类型不同，属于同一亚类。博乐系母质类型为洪-冲积物，混合型矿物，土层深厚，质地主要为粉壤土，土体上部为块状结构，下部为粒状结构，除 BCr 层，均有石灰反应；剖面下部结构体表面发育有少量铁锈斑纹。而撒吾系母质类型为冲积物，土层深厚，质地主要为粉壤土，以块状结构为主，Br1 层至底层孔隙度高，光热资源丰富，产量高，但质地易黏重，灌水后易板结，属于壤质混合型冷性-石灰底锈干润雏形土。

利用性能综述　土层深厚，光热资源丰富，产量高，但其质地易黏重，灌水后易板结。今后应增施有机肥和合理使用化肥，结合秋翻冬灌等措施，改善土壤结构，促进生产力进一步提高。

参比土种　灰黄土。

代表性单个土体　　剖面于 2014 年 8 月 25 日采集自新疆维吾尔自治区博尔塔拉蒙古自治州博乐市青得里镇撒吾村（编号 XJ-14-60），44°55′00″N，82°00′18″ E，海拔 593 m。母质类型为冲积物。

撒吾系代表性单个土体剖面

Ap1：0～12 cm，淡灰色（2.5Y 7/2，干），暗灰棕色（2.5Y 4/2，润），粉壤土，弱发育的棱块状结构，干时坚硬，很少量极细根系，少量很细管道状孔隙分布于结构体内外，孔隙度低，很少量薄膜，很少量的间断地表裂隙，极强石灰反应，渐变波状过渡。

Ap2：12～31 cm，淡灰色（2.5Y 7/1，干），淡橄榄棕色（2.5Y 5/3，润），粉壤土，弱发育的块状结构，干时坚硬，多量极细根系，很少量很细管道状孔隙分布于结构体内外，孔隙度低，很少量薄膜，很少量的间断地表裂隙，强石灰反应，渐变平滑过渡。

Br1：31～69 cm，淡灰色（2.5Y 7/2，干），灰棕色（2.5Y 5/2，润），粉壤土，弱发育的大棱块状结构，湿时稍坚硬，少量极细根系，中量细蜂窝状孔隙，少量铁锈斑纹分布于结构体外，孔隙度高，中度石灰反应，突变平滑过渡。

Br2：69～102 cm，淡棕灰色（2.5Y 6/2，干），极暗灰棕色（2.5Y　3/2，润），粉壤土，中度发育的大棱块状结构，湿时松散，很少量粗根系，多量很细蜂窝状孔隙，少量铁锈斑纹分布于结构体表面，孔隙度高，中度石灰反应，少量蚯蚓，清晰波状过渡。

Br3：102～122 cm，淡棕色（2.5Y 7/3，干），淡橄榄棕色（2.5Y 5/3，润），粉壤土，中度发育的中棱块状结构，湿时松散，多量很细蜂窝状孔隙，少量铁锈斑纹分布于结构体表面，孔隙度高，强石灰反应。

撒吾系代表性单个土体物理性质

土层	深度 /cm	细土颗粒组成（粒径：mm)/(g/kg)			质地	砾石 含量/%	容重 /(g/cm³)
		砂粒 2～0.05	粉粒 0.05～0.002	黏粒 <0.002			
Ap1	0～12	44	741	215	粉壤土	0	1.17
Ap2	12～31	118	666	216	粉壤土	0	1.32
Br1	31～69	256	691	53	粉壤土	0	1.44
Br2	69～102	213	717	70	粉壤土	0	1.35
Br3	102～122	186	789	25	粉壤土	0	1.39

撒吾系代表性单个土体化学性质

深度 /cm	pH (H₂O)	有机质 /(g/kg)	全磷 /(g/kg)	全钾 /(g/kg)	碱解氮 /(mg/kg)	速效磷 /(mg/kg)	速效钾 /(mg/kg)	电导率 (1∶1水土比) /(dS/m)	碳酸钙 /(g/kg)
0～12	7.9	32.4	0.57	13.82	119.4	41.69	412.4	1.1	126
12～31	8.1	38.5	1.02	12.12	93.1	29.31	457.4	0.6	118
31～69	8.0	29.4	0.87	9.84	25.0	5.22	349.8	1.2	124
69～102	8.1	18.0	0.97	10.31	39.7	3.58	191.4	1.1	—
102～122	8.2	11.9	0.76	9.38	37.6	4.16	166.6	1.1	178

9.12.10 博乐系（Bole Series）

土　族：砂质盖粗骨砂质混合型冷性-石灰底锈干润雏形土
拟定者：武红旗，吴克宁，鞠　兵，杜凯闯，王　泽，刘文惠，谷海斌

分布与环境条件　该土系地处博尔塔拉蒙古自治州的冲积平原。母质为洪-冲积物，地形地貌为平原，大陆性干旱半荒漠和荒漠气候，日照时间长，昼夜温差大。年平均气温为 5.6 ℃，年平均降水量为 181 mm。土地利用类型为水浇地，种植作物为棉花。

博乐系典型景观

土系特征与变幅　该土系诊断层有雏形层，诊断特性有半干润土壤水分状况、冷性土壤温度状况、氧化还原特征、石灰性。混合型矿物，土层深厚，质地主要为粉壤土，土体上部为块状结构，下部为粒状结构，除 BCr 层，均有石灰反应；剖面下部结构体表面发育有少量铁锈斑纹。

对比土系　撒吾系，壤质混合型冷性-石灰底锈干润雏形土。二者地形部位相同，母质类型不同，属于同一亚类。撒吾系母质类型为冲积物，土层深厚，质地主要为粉壤土，以块状结构为主，Br1 层至底层孔隙度高，光热资源丰富，产量高，但质地易黏重，灌水后易板结。而博乐系母质类型为洪-冲积物，混合型矿物，土层深厚，质地主要为粉壤土，土体上部为块状结构，下部为粒状结构，除 BCr 层，均有石灰反应；剖面下部结构体表面发育有少量铁锈斑纹，属于砂质盖粗骨砂质混合型冷性-石灰底锈干润雏形土。

利用性能综述　光照充沛，热量充足，土层深厚，质地适中。

参比土种　底砾灰漠黄土。

代表性单个土体　剖面于 2014 年 8 月 25 日采集自新疆维吾尔自治区博尔塔拉蒙古自治

州博乐市八十六团九连一斗（编号 XJ-14-61），44°51′21″N，82°10′50″E，海拔 421.9 m。母质类型为洪-冲积物。

Ap1：0～17 cm，淡灰色（10YR 7/2，干），淡棕灰色（10YR 6/2，润），粉壤土，中度发育的棱块状结构，湿时稍坚硬，多量细根系和极细根系，少量管道状孔隙分布于结构体内，孔隙度低，多量次棱角状岩屑，很少量薄膜，强石灰反应，清晰波状过渡。

Ap2：17～30 cm，淡棕色（10YR 6/3，干），棕色（10YR 5/3，润），粉壤土，中度发育的薄棱块状结构，湿时很坚硬，中量细根系和极细根系，少量管道状孔隙分布于结构体内，孔隙度低，多量次棱角状和次圆状岩屑，很少量地膜，强石灰反应，突变平滑过渡。

Bw：30～51 cm，淡棕灰色（10YR 6/2，干），极暗灰色（10YR 3/2，润），粉壤土，弱发育的中度粒状结构，湿时疏松，少量极细根系，中量管道状和蜂窝状孔隙分布于结构体内，孔隙度低，很少量小次棱角状和次圆状砾石，中度石灰反应，渐变平滑过渡。

博乐系代表性单个土体剖面

BCr：51～110 cm，极淡棕色（10YR 7/4，干），暗黄棕色（10YR 4/4，润），粉壤土，很弱发育的中度粒状结构，湿时疏松，很少量极细根系，少量铁锈斑纹，极多次棱角状和次圆状砾石，无石灰反应。

博乐系代表性单个土体物理性质

土层	深度/cm	砂粒 2～0.05	粉粒 0.05～0.002	黏粒 <0.002	质地	砾石含量/%	容重/(g/cm³)
Ap1	0～17	266	499	235	粉壤土	40	1.36
Ap2	17～30	468	517	15	粉壤土	50	1.81
Bw	30～51	655	332	13	粉壤土	5	1.56
BCr	51～110	722	211	67	粉壤土	60	—

博乐系代表性单个土体化学性质

深度/cm	pH(H₂O)	有机质/(g/kg)	全磷/(g/kg)	全钾/(g/kg)	碱解氮/(mg/kg)	速效磷/(mg/kg)	速效钾/(mg/kg)	电导率(1∶1水土比)/(dS/m)	碳酸钙/(g/kg)
0～17	8.0	21.4	0.89	7.97	41.9	10.64	172.5	0.6	106
17～30	8.1	16.8	0.83	7.74	57.4	5.90	236.4	0.5	113
30～51	8.1	13.0	0.57	7.50	20.5	3.00	118.7	0.4	73
51～110	8.3	4.9	0.29	3.62	12.1	2.13	83.8	0.3	24

9.12.11　茫丁系（Mangding Series）

土　　族：壤质混合型冷性-石灰底锈干润雏形土
拟定者：武红旗，吴克宁，鞠　兵，杜凯闯，王　泽，刘文惠，谷海斌

分布与环境条件　该土系地处博尔塔拉蒙古自治州的冲积平原。大陆性干旱半荒漠和荒漠气候，日照时间长，昼夜温差大。均气温为 5.6 ℃，年平均降水量为 181 mm。母质为冲积物，地形地貌为平原，土地利用类型为水浇地。

茫丁系典型景观

土系特征与变幅　该土系诊断层有雏形层和钙积层，诊断特性有半干润土壤水分状况、冷性土壤温度状况、氧化还原特征、石灰性。混合型矿物，土层深厚，质地主要为粉壤土，以块状结构为主，Bkr 层和 Br 层均有铁锰斑纹，通体有石灰反应。

对比土系　西上湖系，壤质混合型温性-石灰底锈干润雏形土。二者剖面构型不同，母质类型相同，属于同一亚类。西上湖系母质类型为冲积物，混合型矿物，土层深厚，质地为粉壤土，土体上部为棱块状结构，下部为粒状结构，孔隙度低，Bkr2 层和 Bkr1 层有少量灰白色结核，除 Bkr1 层外，通体有石灰反应。而茫丁系土层深厚，质地主要为粉壤土，以块状结构为主，Bkr 层和 Br 层均有铁锰斑纹，生产性能较好，水分充足，养分丰富，属于壤质混合型冷性-石灰底锈干润雏形土。

利用性能综述　生产性能较好，水分充足，养分丰富。改良措施主要是开沟排水，降低地下水位，防止土壤盐渍化加剧。

参比土种　硫盐化锈黄土。

代表性单个土体　剖面于 2014 年 8 月 24 日采自新疆维吾尔自治区博尔塔拉蒙古自治州

精河县茫丁乡蘑菇滩村 5 队（编号 XJ-14-56），44°42′36″N，82°47′44″E，海拔 275 m，母质类型为冲积物。

Ap1：0～17 cm，灰色（10YR 6/1，干），灰色（10YR 5/1，润），粉质黏壤土，中度发育的棱块状结构，少量薄膜，干时很坚硬，中量中根系，孔隙度很低，很少量细根孔，强石灰反应，渐变波状过渡。

Ap2：17～36 cm，淡灰色（10YR 7/1，干），暗灰色（10YR 4/1，润），粉壤土，中度发育的棱块状结构，很少量薄膜，干时很坚硬，少量中根系，极强的石灰反应，清晰平滑过渡。

Bk：36～75 cm，暗灰色（10YR 4/1，干），极暗灰色（10YR 3/1，润），粉壤土，弱发育的棱块状结构，干时坚硬，很少量很粗的根系，孔隙度很低，很少量细根孔，极强的石灰反应，模糊波状过渡。

茫丁系代表性单个土体剖面

Bkr：75～97 cm，淡灰色（10YR 7/1，干），淡棕灰色（10YR 6/2，润），粉壤土，强发育的块状结构，干时稍坚硬，少量中根系，在土体内有中量小的明显的铁锰斑纹，边界扩散，极强的石灰反应，渐变波状过渡。

Br：97～140 cm，淡棕灰色（10YR 6/2，干），暗灰棕色（10YR 4/2，润），粉壤土，强发育的块状结构，湿时松散，在土体内有多量中型的明显的铁锰斑纹，边界扩散，土体内含有少量中等白色的碳酸钙（镁）结核，轻度石灰反应。

茫丁系代表性单个土体物理性质

土层	深度 /cm	细土颗粒组成 (粒径：mm)/(g/kg)			质地	砾石含量	容重 /(g/cm³)
		砂粒 2～0.05	粉粒 0.05～0.002	黏粒 <0.002			
Ap1	0～17	15	712	273	粉质黏壤土	0	1.03
Ap2	17～36	15	744	241	粉壤土	0	1.10
Bk	36～75	78	674	248	粉壤土	0	0.94
Bkr	75～97	227	691	82	粉壤土	0	1.30
Br	97～140	441	507	52	粉壤土	0	1.32

茫丁系代表性单个土体化学性质

深度 /cm	pH (H₂O)	有机质 /(g/kg)	全磷 /(g/kg)	全钾 /(g/kg)	碱解氮 /(mg/kg)	速效磷 /(mg/kg)	速效钾 /(mg/kg)	电导率 (1∶1水土比) /(dS/m)	碳酸钙 /(g/kg)
0~17	7.6	48.8	0.91	7.22	24.5	16.83	245.9	4.9	357
17~36	7.8	54.7	0.83	5.89	30.9	12.77	175.7	1.6	331
36~75	7.7	63.7	0.75	5.37	56.9	13.74	102.6	2.2	255
75~97	7.9	27.2	0.62	8.54	27.1	5.51	156.0	0.8	251
97~140	7.8	13.6	0.77	11.14	18.4	10.83	222.0	0.8	47

9.12.12 红星牧场系（Hongxingmuchang Series）

土　　族：壤质混合型温性-石灰底锈干润雏形土
拟定者：武红旗，吴克宁，鞠　兵，杜凯闯，张文太，范燕敏，侯艳娜，盛建东

分布与环境条件　该土系地处塔城地区的冲积平原中下部、高阶地以及大河三角洲上。母质为冲积物，地形地貌为平原。中温带干旱和半干旱气候区，春季升温快，冷暖波动大。年平均气温为 9.8 ℃，年平均降水量为 53.6 mm，≥10 ℃年积温 3802 ℃，无霜期188 天。土地利用类型为水浇地，种植小麦、玉米为主。

红星牧场系典型景观

土系特征与变幅　该土系诊断层有雏形层和钙积层，诊断特性有半干润土壤水分状况、温性土壤温度状况、氧化还原特征、石灰性。混合型矿物，土层深厚，质地主要为粉壤土，土体上部为块状结构，下部为粒状结构，孔隙度低，Bkr1 层和 Bkr2 层有少量铁锰斑纹，Bk 层以下至底层均有少量白色结核，通体有石灰反应。

对比土系　农四连系，壤质混合型温性-石灰底锈干润雏形土。二者地形部位相同，母质类型相同，剖面构型相似，土族不同。农四连系质地主要为粉壤土，以粒状结构为主，孔隙度低，Br1 层、Br2 层和 Bkr 层有铁锰斑纹，生产性能较好，水分充足，养分丰富，肥力较高。而红星牧场系土层深厚，质地主要为粉壤土，土体上部为块状结构，下部为粒状结构，孔隙度低，Bkr1 层和 Bkr2 层有少量铁锰斑纹，Bk 层以下至底层均有少量白色结核，肥力水平较高，而且土壤水分充足，适种多种农作物，属于壤质混合型温性-石灰底锈干润雏形土。

利用性能综述　土层深厚，肥力水平较高，而且土壤水分充足，适种多种农作物，小麦

单产一般可达 300 kg 以上，是新疆主要高产土壤之一。目前主要障碍因素是土体潮湿，早春地温偏低，对作物出苗和生长不利。因此在改良利用中采取深耕晒垡，不仅可以提高地温，还能改善土壤的物理性状，使作物产量提高。其次要坚持用养结合，坚持有机肥和无机肥相结合，走以无机促有机的无机农业与有机农业相结合的道路。

参比土种　二潮灰土。

代表性单个土体　剖面于 2014 年 8 月 20 日采自新疆维吾尔自治区塔城地区额敏县红星牧场（编号 XJ-14-48），46°32′18″N，83°43′9″E，海拔 542 m。母质类型为冲积物。

红星牧场系代表性单个土体剖面

Ap1：0～16 cm，淡棕灰色（10YR 6/2，干），极暗灰棕色（10YR 3/2，润），壤土，中度发育的小棱块状结构，干时坚硬，连续垂直中长宽的裂隙，中量细根系和极细根系，多量很细蜂窝状孔隙分布于结构体内，孔隙度低，很少量薄膜，强石灰反应，清晰波状过渡。

Ap2：16～31 cm，灰色（10YR 6/1，干），极暗灰色（10YR 3/1，润），粉壤土，中度发育的大棱块状结构，干时坚硬，连续垂直中长宽的裂隙，少量极细根系，中量很细蜂窝状和管道状孔隙分布于结构体内，孔隙度很低，很少量薄膜，中度石灰反应，突变平滑过渡。

Bk：31～67 cm，灰色（10YR 6/1，干），极暗灰色（10YR 3/1，润），粉壤土，中度发育的中粒状结构，湿时很坚实，连续垂直的裂隙，多量极细根系，多量很细蜂窝状和管道状孔隙分布于结构体内，孔隙度低，很少量很小的灰白色石灰结核，中度石灰反应，清晰平滑过渡。

Bkr1：67～99 cm，灰色（10YR 6/1，干），灰色（10YR 5/1，润），粉壤土，弱发育的中粒状结构，湿时很坚实，少量细根系和极细根系，多量很细蜂窝状和管道状孔隙分布于结构体内，孔隙度低，很少量很小的铁锰斑纹，很少量很小的灰白色石灰结核，轻度石灰反应，清晰平滑过渡。

Bkr2：99～150 cm，淡灰色（10YR 7/1，干），灰棕色（10YR 5/2，润），粉壤土，很弱发育的小粒状结构，湿时稍坚实，很少量极细根系，多量很细蜂窝状和管道状孔隙分布于结构体内，孔隙度中，很少量很小的铁锰斑纹，少量很小的灰白色石灰结核，轻度石灰反应。

红星牧场系代表性单个土体物理性质

土层	深度/cm	细土颗粒组成 (粒径: mm)/(g/kg)			质地	砾石含量/%	容重/(g/cm^3)
		砂粒 2~0.05	粉粒 0.05~0.002	黏粒 <0.002			
Ap1	0~16	111	738	151	壤土	0	1.37
Ap2	16~31	262	712	26	粉壤土	0	1.53
Bk	31~67	403	560	37	粉壤土	0	1.34
Bkr1	67~99	330	588	82	粉壤土	0	1.40
Bkr2	99~150	386	544	70	粉壤土	0	1.43

红星牧场系代表性单个土体化学性质

深度/cm	pH (H$_2$O)	有机质/(g/kg)	全磷/(g/kg)	全钾/(g/kg)	碱解氮/(mg/kg)	速效磷/(mg/kg)	速效钾/(mg/kg)	电导率 (1:1水土比)/(dS/m)	碳酸钙/(g/kg)
0~16	8.0	28.5	1.13	9.04	6.0	6.96	306.3	0.6	95
16~31	8.1	27.8	1.10	5.92	13.2	6.69	316.1	0.5	102
31~67	8.2	24.1	0.71	2.28	2.4	4.07	144.8	0.5	362
67~99	8.3	14.7	0.48	3.07	2.6	2.76	113.9	0.5	419
99~150	8.4	16.8	0.61	3.58	6.3	2.41	97.0	0.4	295

9.12.13　陕西工系（**Shanxigong Series**）

土　　族：壤质混合型温性-石灰底锈干润雏形土
拟定者：吴克宁，武红旗，鞠　兵，黄　勤，高　星，刘　楠，郭　梦等

分布与环境条件　该土系主要分布于加依尔山南麓、准噶尔盆地、古尔班通古特沙漠西部，地形地貌以戈壁滩为主，母质类型为洪-冲积物，典型的温带大陆性气候，常年干燥少雨，春秋两季多风，冬季温差大；年均降水量为 169 mm，蒸发量为 1618 mm。

陕西工系典型景观照

土系特征与变幅　该土系诊断层包括雏形层，诊断特性包括半干润土壤水分状况、温性土壤温度状况、氧化还原特征、石灰性。土体构型相对均一，耕性较好。混合型矿物，质地主要为粉壤土，以楔形结构为主，Br 层有铁锰斑纹，通体有石灰反应。

对比土系　克拉玛依系，壤质混合型温性-石灰底锈干润雏形土。二者地形部位相同，母质类型不同，属于同一土族。克拉玛依系土层深厚，质地主要为粉壤土，以块状结构为主，ABr 层以下至底层均有多量铁锰斑纹，地势平坦，表层土壤质地较黏，耕性较好。而陕西工系质地主要为粉壤土，以楔形结构为主，Br 层有铁锰斑纹，地势平坦，土体深厚，表层土壤质地较黏，耕性较好，也属于壤质混合型温性-石灰底锈干润雏形土。

利用性能综述　地势平坦，土体深厚，表层土壤质地较黏，耕性较好，保肥保墒。

参比土种　灰红土。

代表性单个土体　剖面于 2014 年 8 月 7 日采自新疆维吾尔自治区乌鲁木齐市米东区羊毛工镇留子庙村（编号 XJV-14-23），44°09′11″N，87°35′30″E，海拔 550 m。母质类型为洪-冲积物。

Ap：0～23 cm，亮红灰色（2.5YR 7/1，干），暗红灰色（2.5YR 4/1，润），粉壤土，强发育块状结构，干时坚实，黏着性中，可塑性中，少量极细根系，孔隙度中，强石灰反应，清晰平滑过渡。

Bw：23～42 cm，亮红灰色（2.5YR 7/1，干），暗红灰色（2.5YR 4/1，润），粉壤土，强发育的小楔形状结构，湿时疏松，黏着性中，可塑性中，很少量细根系，孔隙度中，强石灰反应，清晰平滑过渡。

Br： 42～70 cm，灰白色（2.5YR 8/1，干），弱红色（2.5Y 5/2，润），粉壤土，强发育的小楔形结构，湿时疏松，黏着性强，可塑性强，孔隙度中，中等大小、对比度模糊、边界渐变的铁锰斑纹，强石灰反应。

陕西工系代表性单个土体剖面

陕西工系代表性单个土体物理性质

土层	深度/cm	细土颗粒组成 (粒径：mm)/(g/kg)			质地	砾石含量/%	容重/(g/cm³)
		砂粒 2～0.05	粉粒 0.05～0.002	黏粒 <0.002			
Ap	0～23	25	785	190	粉壤土	0	1.35
Bw	23～42	46	685	269	粉壤土	0	1.42
Br	42～70	11	803	186	粉壤土	0	1.42

陕西工系代表性单个土体化学性质

深度/cm	pH (H₂O)	有机质/(g/kg)	全磷/(g/kg)	全钾/(g/kg)	碱解氮/(mg/kg)	速效磷/(mg/kg)	速效钾/(mg/kg)	电导率(1∶1水土比)/(dS/m)	碳酸钙/(g/kg)
0～23	6.8	43.3	0.67	12.45	51.3	78.62	337.7	0.8	—
23～42	7.7	25.8	0.47	9.92	46.6	6.13	114.8	0.3	—
42～70	7.8	32.9	0.42	10.41	3.4	4.74	144.5	0.4	—

9.12.14　阔克布喀系（Kuokebuka Series）

土　　族：砂质混合型寒性-石灰底锈干润雏形土
拟定者：武红旗，吴克宁，鞠　兵，张文太，范燕敏，侯艳娜，盛建东

分布与环境条件　该土系地处阿勒泰地区的古老阶地平原上。母质类型为冲积物，地形地貌为平原，中温带大陆性气候区，冬季漫长而寒冷，夏季短促、气温平和，年平均气温为 1.7 ℃，年平均降水量为 158.2 mm，≥10 ℃年积温 2846.7 ℃，无霜期 108 天。土地利用类型为水浇地，主要种植小麦。

阔克布喀系典型景观

土系特征与变幅　该土系诊断层有雏形层，诊断特性有半干润土壤水分状况、寒性土壤温度状况、氧化还原特征、石灰性。土层深厚，土体构型上砂下壤，底层有很少量明显的铁斑纹。

对比土系　阿克阿热勒系，黏壤质混合型非酸性冷性-普通底锈干润雏形土。二者地形部位相同，母质相同，土体构型不同，属于不同亚类。阿克阿热勒系母质类型为冲积物，混合型矿物，土层深厚，质地主要为粉壤土，以块状结构为主，通体有氧化还原特征。而阔克布喀系土层深厚，土体构型上砂下壤，底层有很少量明显的铁斑纹，属于砂质混合型寒性-石灰底锈干润雏形土。

利用性能综述　质地适中，宜耕易种，但潜在肥力低，生产水平较低，目前小麦单产约在 150 公斤左右，今后应重视农田基本建设，平整土地，逐步扩大苜蓿种植面积。提倡近田养畜，做到以草养畜，以畜肥田，农牧结合，使土壤肥力不断提高。在提高单产的前提下，可适当将一些薄层土退耕还牧。同时大搞秸秆还田，增加化肥投入量，提高科学种田的水平。合理灌溉并提倡配方施肥新技术，以提高农作物的产量。

参比土种　淡棕黄土。

代表性单个土体　剖面于 2014 年 8 月 16 日采自新疆维吾尔自治区阿勒泰地区阿勒泰市红墩镇阔克布喀村护林八队（编号 XJ-14-38），47°38′25″N，88°16′6″E，海拔 753 m。母质类型为冲积物。

Ap：　0～11 cm，淡黄棕色（10YR 6/4，干），黄棕色（10YR 5/4，润），砂土，中度发育的大棱块状结构，干时松软，很少量粗根系，很少量细的蜂窝状和气泡状孔隙分布于结构体外，孔隙度很低，无石灰反应，很少量间断的裂隙，渐变波状过渡。

AB：　11～29 cm，淡黄棕色（10YR 6/4，干），暗黄棕色（10YR 4/4，润），砂质壤土，中度发育的大棱块状结构，干时稍坚硬，很少量粗根系，少量细的蜂窝状和气泡状孔隙分布于结构体内外，孔隙度低，无石灰反应，很少量间断的裂隙，渐变平滑过渡。

Bw1：　29～43 cm，黄棕色（10YR 5/4，干），暗黄棕色（10YR 4/4，润），砂质壤土，弱发育的中棱块状结构，干时极坚硬，很少量粗根系，少量细的蜂窝状孔隙分布于结构体外，孔隙度低，无石灰反应，渐变波状过渡。

阔克布喀系代表性单个土体剖面

Bw2：　43～61 cm，淡棕色（10YR 6/3，干），棕色（10YR 5/3，润），砂质壤土，弱发育的小棱块状结构，干时坚硬，轻度石灰反应，突变波状过渡。

Br：　61～120 cm，极淡棕色（10YR 8/2，干），灰棕色（10YR 5/2，润），砂质壤土，弱发育的大粒状结构，干时坚硬，轻度石灰反应，结构体表很少量明显的铁斑纹。

阔克布喀系代表性单个土体物理性质

土层	深度 /cm	细土颗粒组成（粒径：mm）/(g/kg)			质地	砾石含量/%	容重 /(g/cm³)
		砂粒 2～0.05	粉粒 0.05～0.002	黏粒 <0.002			
Ap	0～11	518	292	190	砂土	0	1.60
AB	11～29	618	272	110	砂质壤土	0	1.55
Bw1	29～43	662	183	155	砂质壤土	0	1.59
Bw2	43～61	595	358	47	砂质壤土	0	1.67
Br	61～120	808	111	81	砂质壤土	20	1.62

阔克布喀系代表性单个土体化学性质

深度 /cm	pH (H₂O)	有机质 /(g/kg)	全磷 /(g/kg)	全钾 /(g/kg)	碱解氮 /(mg/kg)	速效磷 /(mg/kg)	速效钾 /(mg/kg)	电导率 (1:1水土比) /(dS/m)	碳酸钙 /(g/kg)
0~11	7.3	19.0	1.15	5.16	26.8	10.93	157.4	0.2	0
11~29	7.3	18.0	1.00	4.88	32.4	5.65	153.2	0.1	1
29~43	7.8	12.7	0.93	4.36	27.6	4.55	125.1	0.2	2
43~61	8.5	12.9	1.19	2.54	3.4	3.95	38.0	0.2	55
61~120	8.7	7.3	2.06	2.81	13.4	1.26	26.8	0.1	60

9.12.15　莫索湾系（Mosuowan Series）

土　族：砂质混合型温性-石灰底锈干润雏形土
拟定者：吴克宁，武红旗，鞠　兵，杜凯闯，郝士横等

分布与环境条件　该土系主要分布在天山北麓中段、准噶尔盆地南缘，地势自东南向西北缓缓倾斜，母质类型为风积物，中温带大陆性气候，冬季长而严寒，夏季短而酷热，昼夜温差大。年平均气温 7.2 ℃，年平均降水量 173.3 mm。

莫索湾系典型景观

土系特征与变幅　该土系诊断层包括雏形层，诊断特性包括半干润土壤水分状况、温性土壤温度状况、石灰性、氧化还原特征。土体构型相对均一，耕性较好。通体有石灰反应，底层有铁锰斑纹。

对比土系　阔克布喀系，砂质混合型寒性-石灰底锈干润雏形土。二者母质不同，土体构型不同，属于同一亚类。阔克布喀系母质类型为冲积物，土层深厚，土体构型上砂下壤，底层有很少量明显的铁斑纹。而莫索湾系母质类型为风积物，土体构型相对均一，耕性较好。通体有石灰反应，底层有铁锰斑纹，属于砂质混合型温性-石灰底锈干润雏形土。

利用性能综述　地势平坦，土体深厚，表层土壤质地较黏，心土层以风积砂为主。

参比土种　砂质林灌土。

代表性单个土体　剖面于 2014 年 8 月 1 日采自新疆维吾尔自治区昌吉回族自治州玛纳斯县莫索湾一五〇团良繁三连（编号 XJV-14-12），45°04′34″N，86°06′46″E，海拔 323 m。母质类型为风积物。

Ap：　0～19 cm，粉白色（2.5YR 8/2，干），弱红色（2.5YR 5/2，润），粉壤土，高度发育的块状结构，干时坚硬，湿时黏着性强，很少量细根系，很多量细气孔状孔隙，分布于结构体内，孔隙度很高，强石灰反应，清晰水平过渡。

2Br1：19～48 cm，红灰色（2.5YR 6/1，干），红灰色（2.5YR 5/1，润），砂土，粒状结构，土体底部含有少量模糊的铁锰斑纹，湿时松散，黏着性弱，很少量细根系，弱石灰反应，不明显不规则过渡。

2Br2：48～120 cm，淡红色（2.5YR 6/2，干），弱红色（2.5YR 5/2，润），砂土，粒状结构，土体底部含有很多大的模糊铁锰斑纹，湿时松散，黏着性弱，很少量细根系，弱石灰反应。

莫索湾系代表性单个土体剖面

莫索湾系代表性单个土体物理性质

土层	深度 /cm	细土颗粒组成 （粒径：mm)/(g/kg)			质地	砾石含量/%	容重 /(g/cm³)
		砂粒 2～0.05	粉粒 0.05～0.002	黏粒 <0.002			
Ap	0～19	137	621	242	粉壤土	0	1.50
2Br1	19～48	800	181	19	砂土	0	1.49
2Br2	48～120	902	82	16	砂土	0	1.45

莫索湾系代表性单个土体化学性质

深度 /cm	pH (H₂O)	有机质 /(g/kg)	全磷 /(g/kg)	全钾 /(g/kg)	碱解氮 /(mg/kg)	速效磷 /(mg/kg)	速效钾 /(mg/kg)	电导率 (1∶1水土比) /(dS/m)
0～19	8.8	50.4	0.33	8.93	7.15	5.14	387.4	1.32
19～48	8.8	35.4	0.20	1.35	20.83	2.95	103.6	0.40
48～120	8.4	27.6	0.20	0.85	7.31	3.35	77.2	0.74

9.12.16 海纳洪系（Hainahong Series）

土 族：壤质混合型冷性-石灰底锈干润雏形土
拟定者：武红旗，吴克宁，鞠 兵，杜凯闯，王 泽，刘文惠，谷海斌

分布与环境条件 该土系地处伊犁哈萨克自治州的山地。年平均气温为 2.6 ℃，年平均降水量为 512.2 mm。母质为坡积物，地形地貌为中山，土地利用类型为旱地，种植作物为小麦。

海纳洪系典型景观

土系特征与变幅 该土系诊断层有暗沃表层，诊断特性有半干润土壤水分状况、冷性土壤温度状况、石灰性、氧化还原特征。混合型矿物，质地主要以粉壤土为主，孔隙度低，通体有石灰反应。

对比土系 莫索湾系，砂质混合型温性-石灰底锈干润雏形土。二者母质不同，土体构型不同，属于同一亚类。莫索湾系母质类型为风积物，土体构型相对均一，耕性较好，通体有石灰反应，底层有铁锰斑纹。而海纳洪系母质类型为坡积物，混合型矿物，质地主要以粉壤土为主，孔隙度低，通体有石灰反应，属于壤质混合型冷性-石灰底锈干润雏形土。

利用性能综述 在合理利用上要坚持用养结合，重视有机肥施用，配合兴修农田水利措施进行辅助灌溉，使之成为稳产高产农田。

参比土种 旱酥黑土。

代表性单个土体 剖面于 2014 年 8 月 29 日采自新疆维吾尔自治区伊犁哈萨克自治州昭苏县洪纳海乡（编号 XJ-14-77），43°01′17″N，81°06′29″E，海拔 1600 m。母质类型为坡积物。

海纳洪系代表性单个土体剖面

Ap：　0～17 cm，暗灰色（2.5Y 4/1，干），极暗灰色（2.5Y 3/1，润），粉壤土，弱发育的棱块状结构，干时松散，少量中细根系，有石灰反应，渐变波动过渡。

AB：　17～39 cm，灰棕色（2.5Y 5/2，干），极暗灰棕色（2.5Y 3/2，润），粉壤土，弱发育的棱块状结构，湿时疏松，中量细根系，很少量很细管道状孔隙分布于结构体外，孔隙度很低，有石灰反应，清突变平滑过渡。

Bw1：39～51 cm 疏松，淡棕灰色（2.5Y 6/2，干），暗灰棕色（2.5Y 4/2，润），粉壤土，中度发育的棱块状结构，干时松散，中量细根系，少量很细管道状孔隙分布于结构体外，孔隙度低，有石灰反应，清晰平滑过渡。

Br：　51～107 cm，淡黄棕色（2.5Y 6/3，干），淡橄榄棕色（2.5Y 5/3，润），粉壤土，弱发育的棱块状结构，干时松软，少量极细根系，少量很细管道状孔隙分布于结构体外，孔隙度低，在根系周围有少量小的明显鲜明的铁斑纹，有很细短的间断裂隙，有石灰反应，清晰平滑过渡。

Bw2：107～134 cm，灰棕色（2.5Y 5/2，干），暗灰棕色（2.5Y 4/2，润），粉壤土，中度发育的棱块状结构，干时松软，少量极细根系，中量很细蜂窝状孔隙分布于结构体内外，孔隙度中，很细短、间距小的间断裂隙，有石灰反应。

海纳洪系代表性单个土体物理性质

土层	深度 /cm	细土颗粒组成（粒径：mm)/(g/kg)			质地	砾石 含量/%	容重 /(g/cm³)
		砂粒 2～0.05	粉粒 0.05～0.002	黏粒 <0.002			
Ap	0～17	147	676	177	粉壤土	0	1.16
AB	17～39	98	799	103	粉壤土	0	1.08
Bw1	39～51	284	632	84	粉壤土	0	1.26
Br	51～107	593	274	133	粉壤土	0	1.30
Bw2	107～134	348	459	193	粉壤土	0	1.17

海纳洪系代表性单个土体化学性质

深度 /cm	pH (H₂O)	有机质 /(g/kg)	全磷 /(g/kg)	全钾 /(g/kg)	碱解氮 /(mg/kg)	速效磷 /(mg/kg)	速效钾 /(mg/kg)	电导率 (1:1水土比) /(dS/m)	碳酸钙 /(g/kg)
0～17	7.8	61.0	1.22	8.78	192.8	31.34	381.2	0.6	94
17～39	7.7	66.2	1.16	8.26	186.3	17.55	301.9	0.7	99
39～51	8.1	16.0	0.82	4.91	65.2	5.25	145.0	0.4	145
51～107	8.2	12.4	0.77	4.14	35.4	4.75	95.9	0.3	127
107～134	8.2	14.3	0.78	4.91	41.9	10.51	54.7	0.7	137

9.12.17 吾塔木系（Wutamu Series）

土　族：砂质混合型温性-石灰底锈干润雏形土
拟定者：吴克宁，武红旗，鞠　兵，杜凯闯，郝士横等

分布与环境条件　该土系地处巴音郭楞蒙古自治州东南部，塔克拉玛干沙漠东南缘，主要分布于若羌县。母质是冲积物，地势为平地，排水等级为中等，日照时间长，蒸发量大，暖温带大陆性荒漠干旱气候，年平均气温为 11.8 ℃，年平均降水量为 28.5 mm，主要种植红枣和玉米等。

吾塔木系典型景观

土系特征与变幅　该土系诊断特性有半干润土壤水分状况、温性土壤温度状况、冲积物岩性特征、氧化还原特征、石灰性。混合型矿物，以团块状结构为主，质地以砂质壤土为主，孔隙度高，Br1 层以下至底层结构体内外有中量小铁质斑纹，通体有石灰反应。

对比土系　木吾塔系，壤质混合型石灰性温性-普通干旱冲积新成土。二者母质不同，质地相似，剖面构型不同，属于不同土纲。木吾塔系母质类型为洪-冲积物，质地以砂质壤土为主，孔隙度中，通体有多量很小的圆、微风化石英、云母、长石和花岗岩黄晶碎屑和石灰反应。而吾塔木系母质类型为冲积物，质地以砂质壤土为主，Br1 层以下至底层结构体内外有中量小铁质斑纹，土层厚，通透性和排水性良好，主要种植甜瓜、西瓜、小麦和枣树等，属于砂质混合型温性-石灰底锈干润雏形土。

利用性能综述　光热条件较好，土层厚，通透性和排水性良好，主要种植甜瓜、西瓜、小麦和枣树等。

参比土种　定沙土。

代表性单个土体　剖面于 2015 年 8 月 17 日采自新疆维吾尔自治区巴音郭楞蒙古自治州若羌县境吾塔木乡西塔提让村（编号 XJ-15-28），39°0′34″N，88°5′13″E，海拔 879 m。母质类型为冲积物。

Ap：　0～24 cm，灰白色（2.5Y 8/2，干），暗灰黄色（2.5Y 5/2，润），粉壤土，中度发育的团块状结构，干时松软，湿态坚实，很少细根系，中量粗根系，多量细蜂窝状孔隙，位于结构体内外，孔隙度高，强石灰反应，清晰平滑过渡。

Br1：24～56 cm，灰黄色（2.5Y 7/2，干），暗灰黄色（2.5Y 4/2，润），壤质砂土，弱发育的团块状结构，干时松软，湿态疏松，无根系，少量很细蜂窝状孔隙，位于结构体内外，孔隙度高，中量小铁质斑纹，对比度明显，边界清楚，轻度石灰反应，渐变平滑过渡。

Br2：56～74 cm，灰白色（2.5Y 8/2，干），暗灰黄色（2.5Y 5/2，润），砂土，弱发育的团块状结构，干时松软，湿态疏松，无根系，少量很细蜂窝状孔隙，位于结构体内外，孔隙度高，中量小铁质斑纹，对比度明显，边界清楚，中度石灰反应，渐变平滑过渡。

吾塔木系代表性单个土体剖面

Br3：74～95 cm，浅淡黄色（2.5Y 8/3，干），浊黄色（2.5Y 6/3，润），砂质壤土，中度发育的团块状结构，干时松软，湿态疏松，无根系，中量细蜂窝状孔隙，位于结构体内外，孔隙度高，中量小铁质斑纹，位于结构体表，对比度明显，边界清楚，中度石灰反应，渐变平滑过渡。

BCr：95～120 cm，灰白色（2.5Y 8/2，干），浊黄色（2.5Y 6/3，润），砂质壤土，中度发育的团块状结构，干时松软，湿态疏松，无根系，中量细蜂窝状孔隙，位于结构体内外，孔隙度高，中量小铁质斑纹，位于结构体表，对比度明显，边界扩散，中量小的圆状微风化石英长石碎屑，中度石灰反应。

吾塔木系代表性单个土体物理性质

| 土层 | 深度/cm | 细土颗粒组成（粒径：mm)/(g/kg) | | | 质地 | 砾石含量/% | 容重/(g/cm³) |
		砂粒 2～0.05	粉粒 0.05～0.002	黏粒 <0.002			
Ap	0～24	282	683	35	粉壤土	0	1.44
Br1	24～56	862	113	25	壤质砂土	0	1.53
Br2	56～74	854	141	5	砂土	0	1.53
Br3	74～95	601	392	7	砂质壤土	0	1.46
BCr	95～120	609	387	4	砂质壤土	0	—

吾塔木系代表性单个土体化学性质

深度 /cm	pH (H₂O)	有机质 /(g/kg)	全磷 /(g/kg)	全钾 /(g/kg)	碱解氮 /(mg/kg)	速效磷 /(mg/kg)	速效钾 /(mg/kg)	电导率 (1∶1水土比) /(dS/m)	碳酸钙 /(g/kg)
0～24	8.6	10.8	1.10	5.30	13.65	122.62	221.5	3.4	168
24～56	8.2	9.6	0.56	1.97	2.80	5.69	136.3	3.8	156
56～74	8.8	5.0	0.55	1.20	5.15	6.33	114.8	1.4	162
74～95	8.6	2.0	0.68	4.44	9.05	6.76	82.9	2.7	171
95～120	8.5	1.6	0.63	4.74	12.17	5.64	132.3	0.0	145

9.13　普通底锈干润雏形土

9.13.1　阿克阿热勒系（Ake'arele Series）

土　　族：黏壤质混合型非酸性冷性-普通底锈干润雏形土
拟定者：武红旗，吴克宁，鞠　兵，杜凯闯，王　泽，刘文惠，谷海斌

分布与环境条件　该土系地处阿勒泰地区的河流阶地、洪积扇缘和湖滨地带上。母质为冲积物，地形地貌为平原，地形平坦，中温带大陆性气候，冬季漫长而寒冷，夏季短促、气温平和，年平均气温为 5.8 ℃，年平均降水量为 302 mm，≥10 ℃年积温 3564 ℃，无霜期 146 天。土地利用类型为天然牧草地，植被主要有芨芨草、芦苇、苦豆子、甘草、三叶草等。

阿克阿热勒系典型景观

土系特征与变幅　该土系诊断层有雏形层，诊断特性有半干润土壤水分状况、冷性土壤温度状况、氧化还原特征。混合型矿物，土层深厚，质地主要为粉壤土，以块状结构为主，通体有氧化还原特征。

对比土系　阿苇滩系，黏壤质混合型石灰性温性-普通简育干润雏形土。二者地形部位相似，母质类型相似，剖面构型不同，亚类不同。阿苇滩系土层深厚，质地主要为砂质黏壤土，以粒状结构为主，孔隙度低，Ap 层、ABk 层和 Bk 层均有少量白色石膏和石灰结核，质地轻，耕作一般较容易，易耕期长，作物出苗快，但是结构性和保蓄性均较差，各种养分含量较低。而阿克阿热勒系土层深厚，质地主要为粉壤土，以片状结构为主，植被生长繁茂，为良好的草场和割草场，属于黏壤质混合型非酸性冷性-普通底锈干润雏形土。

利用性能综述　土层深厚，植被生长繁茂，为良好的草场和割草场。利用上应严禁开垦农用，切实保护好生长良好的植被，实行有计划的放牧，防止牲畜超载。

参比土种　黑底砂锈土。

代表性单个土体　剖面于 2014 年 8 月 17 日采自新疆维吾尔自治区阿勒泰地区阿勒泰市阿苇滩镇阿克阿热勒村（编号 XJ-14-41），47°25′31″N，87°42′34″E，海拔 472.9 m。母质类型为冲积物。

Ap:　0～7 cm，淡灰色（2.5Y 7/2，干），暗灰棕色（2.5Y 4/2，润），壤土，弱发育的薄鳞片状结构，多量极细根系，多量很细气泡状和管道状孔隙分布于结构体内，干时疏松，结构体内有明显的铁锰斑纹，多丰度、对比度模糊，突变平滑过渡。

ABr:　7～20 cm，淡棕色（2.5Y 7/3，干），橄榄棕色（2.5Y 4/3，润），粉壤土，弱发育的块状结构，多量极细根系，多量很细气泡状和管道状孔隙分布于结构体内，湿时疏松，结构体内有明显的铁锰斑纹，多丰度、对比度模糊，突变波状过渡。

Br1:　20～40 cm，淡棕灰色（2.5Y 6/2，干），灰棕色（2.5Y 5/2，润），粉壤土，弱发育的块状结构，多量极细根系，多量很细气泡状和管道状孔隙分布于结构体内，湿时疏松，间断的裂隙，结构体内有明显的铁锰斑纹，少丰度、对比度模糊，突变波状过渡。

阿克阿热勒系代表性单个土体剖面

Br2:　40～56 cm，淡棕灰色（2.5Y 6/2，干），暗灰棕色（2.5Y 4/2，润），粉壤土，弱发育的块状结构，中量极细根系，多量很细气泡状和管道状孔隙分布于结构体内，湿时疏松，间断的裂隙，结构体内有明显的，多铁锰斑纹，中丰度、对比度模糊，清晰波状过渡。

Br3:　56～79 cm，灰色（2.5Y 6/1，干），灰棕色（2.5Y 5/2，润），粉壤土，弱发育的块状结构，中量极细根系，多量很细气泡状和管道状孔隙分布于结构体内，湿时疏松，结构体内有明显的铁锰斑纹，中丰度、对比度模糊，清晰不规则过渡。

BCr:　79～150 cm，淡灰色（2.5Y 7/2，干），淡灰棕色（2.5Y 4/2，润），壤土，弱发育的块状结构，很少量极细根系，湿时疏松，结构体表有明显的铁锰斑纹，中丰度、对比度显著。

阿克阿热勒系代表性单个土体物理性质

土层	深度 /cm	细土颗粒组成 (粒径: mm)/(g/kg)			质地	砾石 含量/%	容重 /(g/cm³)
		砂粒 2~0.05	粉粒 0.05~0.002	黏粒 <0.002			
Ap	0~7	209	754	37	壤土	0	1.04
ABr	7~20	113	675	212	粉壤土	0	1.28
Br1	20~40	23	740	237	粉壤土	0	1.21
Br2	40~56	52	772	176	粉壤土	0	1.23
Br3	56~79	332	430	238	粉壤土	0	1.39
BCr	79~150	—	—	—	壤土	0	1.55

阿克阿热勒系代表性单个土体化学性质

深度 /cm	pH (H₂O)	有机质 /(g/kg)	全磷 /(g/kg)	全钾 /(g/kg)	碱解氮 /(mg/kg)	速效磷 /(mg/kg)	速效钾 /(mg/kg)	电导率 (1:1水土比) /(dS/m)	碳酸钙 /(g/kg)
0~7	6.3	61.7	0.74	8.11	78.9	14.68	125.1	0.4	2
7~20	6.7	29.8	0.59	5.86	85.1	12.38	102.6	0.3	1
20~40	7.3	28.2	0.61	6.03	10.8	13.58	88.6	0.3	0
40~56	7.3	13.2	0.65	3.78	19.0	18.46	85.8	0.2	1
56~79	7.2	19.4	0.75	5.68	22.2	27.93	71.7	0.2	3
79~150	7.6	6.7	0.52	0.31	8.4	6.31	15.5	63.6	4

9.14 钙积暗沃干润雏形土

9.14.1 洪纳海系（**Hongnahai Series**）

土　族：壤质混合型温性-钙积暗沃干润雏形土
拟定者：武红旗，吴克宁，鞠　兵，杜凯闯，张文太，范燕敏，侯艳娜，盛建东

分布与环境条件　该土系地处伊犁哈萨克自治州的冲积平原。年平均气温为 7.4 ℃，年平均降水量为 259 mm。母质为洪-冲积物，地形地貌为平原，土地利用类型为旱地，种植作物为小麦等。

洪纳海系典型景观

土系特征与变幅　该土系诊断层有暗沃表层、钙积层，诊断特性有半干润土壤水分状况、温性土壤温度状况、均腐殖质特性、石灰性。混合型矿物，土层深厚，质地主要为粉壤土，以粒状结构为主，孔隙度低，通体有石灰反应。

对比土系　拉格托格系，壤质混合型冷性-钙积简育干润雏形土。二者地形部位不同，母质类型相似，剖面构型不同，高级分类单元不同。拉格托格系母质类型为冲积物，土层深厚，土体构型单一，质地以砂质壤土、粉壤土为主，通体有石灰反应。而洪纳海系母质类型为洪-冲积物，土层深厚，质地主要为粉壤土，以粒状结构为主，孔隙度低，潜在肥力高，宜耕易种，热量不足，适中早熟小麦、油菜、马铃薯等，属于壤质混合型温性-钙积暗沃干润雏形土。

利用性能综述　潜在肥力高，宜耕易种，热量不足，适中早熟小麦、油菜、马铃薯等。应进一步加强土壤的培肥和改良工作。

参比土种　黑壤土。

代表性单个土体　　剖面于 2014 年 8 月 29 日采自新疆维吾尔自治区伊犁哈萨克自治州昭苏县洪纳海乡（编号 XJ-14-75），43°07′26″N，81°06′28″E，海拔 1805.2 m。母质类型为洪-冲积物。

洪纳海系代表性单个土体剖面

Ap1：0～13 cm，极暗灰色（7.5YR 3/1，干），黑色（7.5YR 2/1，润），粉壤土，粒状结构，湿时极疏松，多量极细根系和细根系，多量很细管道状及蜂窝状孔隙分布于结构体内，孔隙度低，很少量很小的次棱角状碎屑，弱石灰反应，清晰波状过渡。

Ap2：13～29 cm，暗灰色（7.5YR 4/1，干），极暗灰色（7.5YR 3/1，润），壤土，粒状结构，湿时疏松，多量极细根系和细根系，中量很细管道状及细蜂窝状孔隙分布于结构体内，孔隙度很低，很少量很小的次棱角状碎屑，弱石灰反应，突变平滑过渡。

AB：29～40 cm，暗棕色（7.5YR 3/2，干），极暗棕色（7.5YR 2/2，润），粉壤土，粒状结构，湿时疏松，多量极细根系和细根系，多量很细蜂窝状及管道状孔隙分布于结构体内，孔隙度中，很少量很小的次棱角状碎屑，弱石灰反应，渐变波状过渡。

Bk1：40～73 cm，棕色（7.5YR 5/2，干），暗棕色（7.5YR 3/2，润），粉壤土，棱块状结构，干时稍坚硬，中量极细根系和细根系，多量很细管道状及蜂窝状孔隙分布于结构体内，孔隙度低，中量小的次棱角状碎屑，中度石灰反应，渐变平滑过渡。

Bk2：73～98 cm，粉灰色（7.5YR 7/2，干），棕色（7.5YR 5/3，润），粉壤土，棱块状结构，干时稍坚硬，中量极细根系，多量很细管道状及蜂窝状孔隙分布于结构体内，孔隙度中，中量小的次棱角状碎屑，中度石灰反应，渐变波状过渡。

Bk3：98～130 cm，粉色（7.5YR 7/4，干），淡棕色（7.5YR 6/4，润），粉壤土，粒状结构，干时稍坚硬，中量极细根系，中量很细管道状及蜂窝状孔隙分布于结构体内，孔隙度低，很少量次棱角状和次圆状碎屑，很少量很小的不规则碳酸钙凝聚物，中度石灰反应。

洪纳海系代表性单个土体物理性质

土层	深度/cm	细土颗粒组成（粒径：mm)/(g/kg)			质地	砾石含量/%	容重/(g/cm³)
		砂粒 2～0.05	粉粒 0.05～0.002	黏粒 <0.002			
Ap1	0～13	236	649	115	粉壤土	0	0.97
Ap2	13～29	303	577	120	壤土	0	1.15
AB	29～40	122	714	164	粉壤土	0	1.18
Bk1	40～73	127	637	236	粉壤土	5	1.18
Bk2	73～98	140	703	157	粉壤土	5	1.27
Bk3	98～130	848	44	108	粉壤土	65	—

洪纳海系代表性单个土体化学性质

深度 /cm	pH (H$_2$O)	有机质 /(g/kg)	全磷 /(g/kg)	全钾 /(g/kg)	碱解氮 /(mg/kg)	速效磷 /(mg/kg)	速效钾 /(mg/kg)	电导率 (1∶1水土比) /(dS/m)	碳酸钙 /(g/kg)
0～13	7.4	89.8	0.91	15.48	158.5	55.95	267.1	0.2	7
13～29	7.3	91.3	0.89	16.75	164.4	40.11	309.9	0.7	3
29～40	7.7	76.8	0.76	14.95	83.8	16.78	183.1	0.6	28
40～73	8.0	30.5	0.63	12.39	48.2	5.85	122.8	0.4	160
73～98	8.2	23.7	0.67	9.81	20.2	4.66	94.3	0.3	282
98～130	8.1	9.3	0.50	6.97	7.6	7.33	61.0	0.1	213

9.14.2　尼勒克系（Nileke Series）

土　　族：壤质混合型温性-钙积暗沃干润雏形土
拟定者：武红旗，吴克宁，鞠　兵，张文太，范燕敏，侯艳娜，盛建东

分布与环境条件　该土系地处伊犁哈萨克自治州的冲积平原。年平均气温为 6.6 ℃，年平均降水量为 150 mm。母质为冲积物，地形地貌为平原，土地利用类型为水浇地，种植作物为小麦。

尼勒克系典型景观

土系特征与变幅　该土系诊断层有暗沃表层、钙积层，诊断特性有半干润土壤水分状况、温性土壤温度状况、石灰性。土层深厚，土体构型为均质粉壤土，通体有石灰反应，且上部石灰反应剧烈，通体有根系。

对比土系　胡地亚系，壤质混合型石灰性温性-普通简育干润雏形土。二者母质相同，土体构型不同。尼勒克系土体构型为均质粉壤土，胡地亚系土体构型较为单一，从上至下均为壤土。

利用性能综述　土层厚，潜在肥力高。但地下水位高，土体潮湿。改良措施主要是开沟排水，降低地下水位，消除地下水的影响。

参比土种　湿潮青土。

代表性单个土体　剖面于 2014 年 8 月 30 日采自新疆维吾尔自治区伊犁哈萨克自治州尼勒克县（编号 XJ-14-79），43°46′31″N，82°34′35″E，海拔 1128.4 m。母质类型为冲积物。

Ah1：　0～13 cm，淡橄榄棕色（2.5Y 5/3，干），极暗灰棕色
　　　（2.5Y 3/2，润），粉壤土，中度发育的粒状，湿态极疏
　　　松，多的细根系和极细根系，中量中等孔洞状孔隙、少
　　　量中等管道状孔隙和很少中等蜂窝状孔隙，位于结构体
　　　内外，孔隙度中，很少量很小的次棱角状的微风化碎屑，
　　　强石灰反应，有少量蚯蚓，pH 为 7.9，清晰波状过渡。

Ah2：　13～31 cm，淡黄棕色（2.5Y 6/3，干），极暗灰棕色（2.5Y
　　　3/2，润），粉壤土，中度发育的粒状，湿态疏松，中量
　　　极细根系，中量很细蜂窝状孔隙，位于结构体内外，孔
　　　隙度中，很少量很小的次棱角状的微风化碎屑，强石灰
　　　反应，有少量蚯蚓，pH 为 8.0，清晰波状过渡。

Bk1：　31～54 cm，淡棕色（2.5Y 7/3，干），橄榄棕色（2.5Y 4/3，
　　　润），砂质壤土，弱发育的粒状，湿态疏松，中量极细

尼勒克系代表性单个土体剖面

根系，中量很细蜂窝状孔隙，位于结构体内外，孔隙度中，很少量小的不规则的微风化碎屑，中
度石灰反应，pH 为 8.2，突变平滑过渡。

Bk2：　54～74 cm，淡灰色（2.5Y 7/2，干），淡橄榄棕色（2.5Y 5/4，润），粉壤土，弱发育的粒状，
　　　湿态疏松，少量极细根系，多量很细蜂窝状孔隙，位于结构体内外，孔隙度中，很少量小的微风
　　　化碎屑，中度石灰反应，pH 为 8.2，突变平滑过渡。

Bk3：　74～101 cm，淡灰色（2.5Y 7/1，干），暗灰棕色（2.5Y 4/2，润），粉壤土，弱发育的粒状，湿
　　　态疏松，少量极细根系，多量很细蜂窝状孔隙，位于结构体内外，孔隙度中，很少量小的不规则
　　　的微风化碎屑，中度石灰反应，pH 为 8.3，清晰波状过渡。

Bk4：　101～120 cm，很弱发育的粒状，湿态松散，很少极细根系，多量很细蜂窝状孔隙，位于结构体
　　　内外，孔隙度中，中量大小不一的不规则的微风化碎屑，轻度石灰反应。

尼勒克系代表性单个土体物理性质

土层	深度 /cm	细土颗粒组成 （粒径：mm)/(g/kg)			质地	砾石 含量/%	容重 /(g/cm³)
		砂粒 2～0.05	粉粒 0.05～0.002	黏粒 <0.002			
Ah1	0～13	218	769	13	粉壤土	0	1.31
Ah2	13～31	57	757	186	粉壤土	0	1.49
Bk1	31～54	740	218	42	砂质壤土	0	1.48
Bk2	54～74	302	622	76	粉壤土	0	1.42
Bk3	74～101	214	674	112	粉壤土	20	1.49
Bk4	101～120	—	—	—	—	—	—

尼勒克系代表性单个土体化学性质

深度 /cm	pH (H₂O)	有机质 /(g/kg)	全磷 /(g/kg)	全钾 /(g/kg)	碱解氮 /(mg/kg)	速效磷 /(mg/kg)	速效钾 /(mg/kg)	电导率 (1∶1水土比) /(dS/m)	碳酸钙 /(g/kg)
0～13	7.9	29.6	0.72	6.97	75.4	16.06	119.7	0.4	24
13～31	8.0	29.4	0.83	6.97	48.4	12.79	111.7	0.4	22
31～54	8.2	30.9	0.76	7.22	21.4	8.23	83.2	0.3	97
54～74	8.2	17.3	0.71	6.19	12.7	5.45	70.5	0.3	97
74～101	8.3	19.4	0.68	5.16	12.1	3.66	65.8	0.2	177
101～120	—	—	—	—	—	—	—	—	—

9.15　普通暗沃干润雏形土

9.15.1　兰州湾系（Lanzhouwan Series）

土　族：壤质混合型石灰性温性-普通暗沃干润雏形土

拟定者：吴克宁，武红旗，鞠　兵，赵　瑞，李方鸣，刘　楠等

分布与环境条件　该土系主要分布在尕山的一段，中部为洪积、冲积平原，地势较为平坦，北部为准噶尔盆地西南缘的德佐索腾艾里松沙漠区，母质类型为洪-冲积物，大陆性中温带干旱半干旱气候区，年平均气温 7.2 ℃，年降水量为 181.1 mm，年蒸发量为 1803.5 mm。

兰州湾系典型景观

土系特征与变幅　该土系诊断层包括暗沃表层，诊断特性包括干旱土壤水分状况、温性土壤温度状况、石灰性。土体构型相对均一，暗沃表层深厚，通体有石灰反应，通体有侵入体。

对比土系　新地系，黏壤质盖粗骨质混合型石灰性冷性-普通简育干润雏形土。二者母质不同，地形位置不同，属于同一亚纲。新地系母质类型为坡积物，土层深厚，质地以粉壤土为主，通体有根系，下部有石灰反应。而兰州湾系母质类型为洪-冲积物，土体构型相对均一，暗沃表层深厚，通体有石灰反应，通体有侵入体，属于壤质混合型石灰性温性-普通暗沃干润雏形土。

利用性能综述　地势平坦，土体深厚，表层土壤质地较黏，耕性较好，保肥性较好。

参比土种　棕红土。

代表性单个土体　剖面于 2014 年 7 月 30 日采自新疆维吾尔自治区昌吉回族自治州玛纳斯县兰州湾镇下桥子村（编号 XJV-14-08），44°18′37″N，85°52′28″E，海拔 414 m。母质类型为洪-冲积物。

Ah：　0～29 cm，淡红色（2.5YR 5/2，干），弱红色（2.5YR 3/2，润），粉壤土，强发育的团粒状结构，湿时疏松，很多量细气孔孔隙，孔隙度低，少量地膜侵入物，强石灰反应，清晰波状过渡。

ABh：29～45 cm，淡红色（2.5YR 6/2，干），浊红色（2.5YR 3/2，润），粉土，强发育的团粒状结构，湿时坚实，少量地膜侵入物，强石灰反应，清晰平滑过渡。

Bw：　45～70 cm，粉色（2.5YR 8/3，干），红棕色（2.5YR 5/3，润），粉壤土，强发育的很小的块状结构，湿时疏松，中量细气孔孔隙，孔隙度低，少量根侵入物，强石灰反应。

兰州湾系代表性单个土体剖面

兰州湾系代表性单个土体物理性质

土层	深度/cm	细土颗粒组成 (粒径：mm)/(g/kg)			质地	砾石含量/%	容重/(g/cm³)
		砂粒 2～0.05	粉粒 0.05～0.002	黏粒 <0.002			
Ah	0～29	116	764	120	粉壤土	0	1.51
ABh	29～45	17	843	140	粉土	0	1.50
Bw	45～70	245	645	110	粉壤土	0	1.51

兰州湾系代表性单个土体化学性质

深度/cm	pH (H₂O)	有机质/(g/kg)	全磷/(g/kg)	全钾/(g/kg)	碱解氮/(mg/kg)	速效磷/(mg/kg)	速效钾/(mg/kg)	电导率 (1∶1水土比)/(dS/m)	碳酸钙/(g/kg)
0～29	8.0	20.9	0.58	6.88	45.5	10.71	236.6	0.23	—
29～45	7.9	14.3	0.55	7.40	44.8	7.33	230.6	0.31	—
45～70	7.6	13.2	0.48	7.39	21.3	5.54	212.6	1.72	—

9.16　钙积简育干润雏形土

9.16.1　玛纳斯系（Manasi Series）

土　族：　壤质混合型温性-钙积简育干润雏形土
拟定者：吴克宁，武红旗，鞠　兵，杜凯闯，郝士横等

分布与环境条件　该土系主要分布于新疆维吾尔自治区中北部，昌吉回族自治州最西部，地处天山北麓中段、准噶尔盆地南缘，地势自东南向西北缓缓倾斜，母质为冲积物，中温带大陆性气候，冬季长而严寒，夏季短而酷热，昼夜温差大。年平均气温 7.2 ℃，极端最高气温 39.6 ℃，极端最低气温–37.4 ℃，年平均降水量 173.3 mm。

玛纳斯系典型景观

土系特征与变幅　该土系诊断层包括钙积层、雏形层，诊断特性包括半干润土壤水分状况、温性土壤温度状况、石灰性。土体构型相对均一，耕性较好。剖面通体强烈的石灰反应，碳酸钙相当物主要淀积于心土层上部和表土层，系该地区强烈的蒸发过程造成的，但由于该地区季节性的人工灌溉过程，土壤表面尚未发育明显的干旱表层，不属于干旱土。

对比土系　尼勒克系，壤质混合型温性-钙积暗沃干润雏形土。二者不同土族，母质相同，地形不同。二者均有钙积层。

利用性能综述　地势平坦，土体深厚，表层土壤质地较黏，耕性较好，保肥保墒。

参比土种　棕红土。

代表性单个土体　剖面于 2014 年 8 月 2 日采自新疆维吾尔自治区昌吉回族自治州玛纳斯县平原林场（编号 XJV-14-14），44°15′19″N，86°20′47″E，海拔 448 m。母质类型为冲积物。

玛纳斯系代表性单个土体剖面

Ap：0～21 cm，亮红棕色（2.5Y 6/3，干），红棕色（2.5Y 4/3，润），粉壤土，团块状结构，干时硬实，黏着性中，可塑性中，少量薄膜，强石灰反应，明显不规则过渡。

ABk：21～51 cm，淡红色（2.5Y 7/2，干），弱红色（2.5Y 4/2，润），粉壤土，块状结构，湿时疏松，黏着性中，可塑性中，很少量粗根系，中量气孔状孔隙，强石灰反应，模糊平滑过渡。

Bk：51～102 cm，淡红色（2.5Y 7/2，干），红棕色（2.5Y 5/3，润），粉壤土，块状结构，湿时疏松，黏着性黏，可塑性强，很少量粗根系，多量细气孔状孔隙，弱石灰反应，模糊平滑过渡。

Bw：102～120 cm，亮红棕色（2.5Y 7/3，干），红棕色（2.5Y 4/3，润），粉壤土，块状结构，湿时疏松，黏着性弱，可塑性弱，很少量细根系，多量细蜂窝状孔隙分布于结构体内外，弱石灰反应。

玛纳斯系代表性单个土体物理性质

土层	深度/cm	细土颗粒组成 (粒径：mm)/(g/kg)			质地	砾石含量/%	容重/(g/cm³)
		砂粒 2～0.05	粉粒 0.05～0.002	黏粒 <0.002			
Ap	0～21	62	790	148	粉壤土	0	1.39
ABk	21～51	55	768	178	粉壤土	0	1.45
Bk	51～102	79	720	201	粉壤土	0	1.41
Bw	102～120	158	663	179	粉壤土	0	1.39

玛纳斯系代表性单个土体化学性质

深度/cm	pH(H₂O)	有机质/(g/kg)	全磷/(g/kg)	全钾/(g/kg)	碱解氮/(mg/kg)	速效磷/(mg/kg)	速效钾/(mg/kg)	电导率(1∶1水土比)/(dS/m)	碳酸钙/(g/kg)
0～21	7.5	23.8	0.40	5.89	28.3	8.52	118.2	0.7	324
21～51	7.6	29.8	0.42	6.41	47.6	3.74	159.2	0.3	437
51～102	7.7	21.4	0.38	5.40	18.5	1.75	100.7	0.2	211
102～120	7.8	14.6	0.38	4.37	11.4	1.75	106.5	0.2	127

9.16.2 拉格托格系（Lagetuoge Series）

土　族：壤质混合型冷性-钙积简育干润雏形土
拟定者：武红旗，吴克宁，鞠　兵，杜凯闯，王　泽，刘文惠，谷海斌

分布与环境条件　该土系地处伊犁哈萨克自治州的山地。年平均气温为 5.3 ℃，年平均降水量为 375 mm。母质为冲积物，地形地貌为低山山前阶地，土地利用类型为旱地，种植作物为小麦等。

拉格托格系典型景观

土系特征与变幅　该土系诊断层有雏形层、钙积层，诊断特性有半干润土壤水分状况、冷性土壤温度状况、石灰性。土层深厚，土体构型单一，质地以砂质壤土、粉壤土为主，通体有石灰反应。

对比土系　洪纳海系，壤质混合型温性-钙积暗沃干润雏形土。二者地形部位不同，母质类型相似，剖面构型不同，土壤温度状况不同，而高级分类单元不同。洪纳海系母质类型为洪-冲积物，土层深厚，质地主要为粉壤土，以粒状结构为主，孔隙度低，潜在肥力高，宜耕易种，热量不足，适中早熟小麦、油菜、马铃薯等。而拉格托格系母质类型为冲积物，土层深厚，土体构型单一，质地以砂质壤土、粉壤土为主，通体有石灰反应，属于壤质混合型冷性-钙积简育干润雏形土。

利用性能综述　土层深厚，质地适中，尤其适合种植小麦、玉米等作物，小麦单产一般在 300 公斤以上。今后应加强农田基本建设，合理轮作。

参比土种　灌耕栗黄土。

代表性单个土体　剖面于 2014 年 8 月 30 日采自新疆维吾尔自治区伊犁哈萨克自治州尼勒克县（编号 XJ-14-78），43°46′31″N，82°34′35″E，海拔 1100 m。母质类型为冲积物。

拉格托格系代表性单个土体剖面

Ap： 0～16 cm，淡棕灰色（2.5Y 6/2，干），淡橄榄棕色（2.5Y 5/3，润），砂质壤土，弱发育的棱块状结构，干态坚硬，少量极细根系，中量细管道状孔隙，位于结构体外，孔隙度中，很细、中等长度、小间距的裂隙，中度石灰反应，渐变波状过渡。

AB： 16～35 cm，灰黄色灰棕色（2.5Y 5/2，干），暗灰棕色（2.5Y 4/2，润），壤土，弱发育的棱块状结构，湿态稍坚实，很少量极细根系，少量细管道状孔隙，位于结构体外，孔隙度低，中量很细蜂窝状孔隙，位于结构体外，孔隙度中，很细短间断的裂隙，强石灰反应，清晰平滑过渡。

Bw： 35～53 cm，灰白色淡棕色（2.5Y 8/2，干），灰棕色（2.5Y 5/2，润），粉壤土，弱发育的棱块状结构，湿态稍坚实，很少量极细根系，中量细管道状孔隙，位于结构体外，孔隙度很低，大量很细蜂窝状孔隙，位于结构体外，孔隙度高，细短的间断的裂隙，强石灰反应，pH 为 8.1，清晰平滑过渡。

Bk1： 53～78 cm，淡黄棕色（2.5Y 6/3，干），橄榄棕色（2.5Y 4/3，润），粉壤土，发育很弱的棱块状结构，湿态松散，很少量极细根系，中量细管道状孔隙，位于结构体外，孔隙度很低，中量很细蜂窝状孔隙，位于结构体外，孔隙度很高，极强的石灰反应，渐变平滑过渡。

Bk2： 78～122 cm，淡棕色（2.5Y 8/2，干），淡橄榄棕色（2.5Y 5/3，润），粉壤土，弱发育的棱块状结构，湿态松散，很少量极细根系，少量细管道状孔隙和多量很细蜂窝状孔隙，位于结构体外，孔隙度低，极强的石灰反应。

拉格托格系代表性单个土体物理性质

土层	深度/cm	细土颗粒组成（粒径：mm）/(g/kg)			质地	砾石含量/%	容重/(g/cm³)
		砂粒 2～0.05	粉粒 0.05～0.002	黏粒 <0.002			
Ap	0～16	6	735	259	砂质壤土	0	1.51
AB	16～35	171	760	69	壤土	0	1.67
Bw	35～53	218	742	40	粉壤土	0	1.51
Bk1	53～78	218	769	13	粉壤土	0	1.37
Bk2	78～122	57	757	186	粉壤土	0	1.45

拉格托格系代表性单个土体化学性质

深度 /cm	pH (H$_2$O)	有机质 /(g/kg)	全磷 /(g/kg)	全钾 /(g/kg)	碱解氮 /(mg/kg)	速效磷 /(mg/kg)	速效钾 /(mg/kg)	电导率 (1∶1 水土比) /(dS/m)	碳酸钙 /(g/kg)
0～16	8.0	37.3	1.01	15.22	80.1	18.05	284.5	0.4	66
16～35	8.0	41.7	0.71	14.96	66.1	14.08	268.6	0.4	68
35～53	8.1	21.4	0.81	14.70	18.3	6.04	170.4	0.4	65
53～78	8.1	37.9	0.79	13.66	34.5	6.14	176.7	0.3	120
78～122	8.2	36.9	0.71	13.41	15.8	7.53	146.6	0.3	180

9.16.3　吉木萨尔系（Jimusa'er Series）

土　　族：黏壤质混合型冷性–钙积简育干润雏形土
拟定者：武红旗，吴克宁，鞠　兵，张文太，范燕敏，侯艳娜，盛建东

分布与环境条件　该土系地处吉木萨尔县的洪–冲积扇上。母质为冲积物，地形地貌为平原，温带大陆性干旱气候，冬季寒冷、夏季炎热，降水量少，昼夜温差大，年平均气温为 5.4 ℃，年平均降水量为 193.8 mm 左右，≥10 ℃年积温 3042.2 ℃，无霜期 170 天。土地利用类型为水浇地，以种植小麦为主。

吉木萨尔系典型景观

土系特征与变幅　该土系诊断层有雏形层、钙积现象，诊断特性有半干润土壤水分状况、冷性土壤温度状况、石灰性。混合型矿物，土层深厚，质地主要为壤土，以粒状结构为主，孔隙度低，通体有石灰反应。

对比土系　伊宁系，壤质混合型温性–钙积简育干润雏形土。二者母质类型相同，利用方式相同，剖面构型不同，土族不同。伊宁系有钙积层，吉木萨尔系有钙积现象，为黏壤质混合型冷性–钙积简育干润雏形土。

利用性能综述　土层深厚、肥沃，灌排条件良好，无盐碱化现象，光热资源也较丰富，适种作物广，产量高，小麦产量在 350 公斤/亩左右，玉米产量在 400 公斤/亩以上，高者达 600 公斤/亩以上，皮棉产量在 60～80 公斤/亩左右，高者达 100 公斤/亩以上。但其质地较黏重，灌水后易板结，今后应增施有机肥和合理施用化肥，并大力推广麦田套种草木樨，利用麦收后的光热资源生产一季绿肥还田，以恢复和提高地力。并结合秋翻冬灌，改进灌溉技术等措施，改善土壤结构，促进其生产力的进一步提高。

参比土种　灰黄土。

代表性单个土体　剖面于 2014 年 8 月 10 日采自新疆维吾尔自治区昌吉回族自治州吉木萨尔县吉木萨尔镇北地村蔬菜一队（编号 XJ-14-26），44°01′09″N，89°11′22″E，海拔 694 m。母质类型为冲积物。

Ap1: 0～15 cm，淡灰色（2.5Y 7/2，干），极灰棕色（2.5Y 4/2，润），壤质砂土，中度发育的中粒状结构，湿时稍松散和黏着，中量极细根系，少量很细气孔、根孔状孔隙分布于结构体内外，孔隙度低，强石灰反应，清晰波状过渡。

Ap2: 15～34 cm，灰棕色（2.5Y 5/2，干），极暗灰棕色（2.5Y 3/2，润），粉壤土，中度发育的大团块状结构，湿时稍坚实和黏着，中量极细根系，少量很细气孔、根孔状孔隙分布于结构体内外，孔隙度低，中度石灰反应，模糊平滑过渡。

AB: 34～64 m，淡棕灰色（2.5Y 6/2，干），暗灰棕色（2.5Y 4/2，润），粉质黏壤土，中度发育的小粒状结构，湿时稍松散，中量极细根系，中度石灰反应，渐变波状过渡。

Bk1: 64～81 cm，灰棕色（2.5Y 5/2，干），极暗灰棕色（2.5Y 3/2，润），粉质黏土，中度发育的小屑粒状结构，中量极细根系，中度石灰反应，清晰波状过渡。

吉木萨尔系代表性单个土体剖面

Bk2: 81～110 cm，淡棕色（2.5Y 7/3，干），淡黄棕色（2.5Y 6/3，润），粉质黏壤土，弱发育的中棱块状结构，湿时稍松散，少量极细根系，极强石灰反应，中量小长石碎屑，渐变平滑过渡。

BC: 110～120 cm，淡棕色（2.5Y 7/4，干），淡橄榄棕色（2.5Y 5/4，润），粉壤土，弱发育的小屑粒状结构，干时稍松散，极少量极细根系，强石灰反应，中量的中型铁。

吉木萨尔系代表性单个土体物理性质

土层	深度 /cm	细土颗粒组成（粒径：mm）/(g/kg)			质地	砾石含量/%	容重 /(g/cm³)
		砂粒 2～0.05	粉粒 0.05～0.002	黏粒 <0.002			
Ap1	0～15	386	576	38	壤质砂土	0	1.49
Ap2	15～34	127	623	250	粉壤土	0	1.38
AB	34～64	51	635	314	粉质黏壤土	0	1.55
Bk1	64～81	21	610	369	粉质黏土	0	1.44
Bk2	81～110	48	761	191	粉质黏壤土	0	1.54
BC	110～120	21	744	235	粉壤土	0	1.63

吉木萨尔系代表性单个土体化学性质

深度 /cm	pH (H$_2$O)	有机质 /(g/kg)	全磷 /(g/kg)	全钾 /(g/kg)	碱解氮 /(mg/kg)	速效磷 /(mg/kg)	速效钾 /(mg/kg)	电导率 (1∶1水土比) /(dS/m)	碳酸钙 /(g/kg)
0～15	8.0	28.2	1.09	5.12	51.0	16.25	304.6	0.6	83
15～34	8.2	26.6	1.07	5.12	15.9	7.47	346.4	0.5	80
34～64	8.2	18.7	1.13	5.11	42.0	5.04	221.2	0.6	116
64～81	8.5	19.8	1.03	5.32	26.0	2.52	230.9	73.6	144
81～110	8.3	5.6	0.69	2.72	16.1	2.05	162.7	0.5	147
110～120	8.3	4.5	0.69	3.38	12.4	2.52	169.7	0.6	133

9.16.4 南闸系（Nanzha Series）

土　族：黏壤质混合型冷性-钙积简育干润雏形土
拟定者：武红旗，吴克宁，鞠　兵，张文太，范燕敏，侯艳娜，盛建东

分布与环境条件　该土系地处木垒哈萨克自治县境内的部分山地。母质为坡积物，地形地貌为中山，干旱大陆性气候特征，光照充足。年平均气温为 2.9 ℃，年平均降水量为 400 mm 左右，≥10 ℃年积温 2490 ℃，无霜期 130 天左右。冬季长而偏暖，夏季短而偏凉。土地利用类型为旱地。

南闸系典型景观

土系特征与变幅　该土系诊断层有雏形层、钙积层，诊断特性有半干润土壤水分状况、冷性土壤温度状况、石灰性。土层深厚，土体构型相对均一，质地主要为粉壤土，Ap1 层有少量布条，底层有强石灰反应。

对比土系　城关系，壤质混合型冷性-钙积简育干润雏形土。二者均处于中山山前倾斜平原，母质类型不同，但在高级单元中，检索钙积层；在土族级别中，城关系颗粒大小级别为壤质，而南闸系为黏壤质。

利用性能综述　土层较厚，且粗骨性强，水土易流失，应注意合理利用。

参比土种　砾质暗栗土。

代表性单个土体　剖面于 2014 年 8 月 7 日采自新疆维吾尔自治区昌吉回族自治州木垒哈萨克自治县照壁山乡南闸村十组（编号 XJ-14-21），43°46′20″N，90°13′30″E，海拔 1399 m。母质类型为坡积物。

南闸系代表性单个土体剖面

Ap1：0～17 cm，淡黄棕色（2.5Y 6/4，干），淡橄榄棕色（2.5Y 5/4，润），粉壤土，强发育的中等大小粒状结构，有很少的磷灰石，干时稍坚硬，有细的裂隙，有多量根系，少量很细蜂窝状孔隙，有很少的布条，轻度的石灰反应，清晰波状过渡。

Ap2：17～29 cm，淡橄榄棕色（2.5Y 5/3，干），橄榄棕色（2.5Y 4/3，润），粉壤土，强发育的很大的团块状结构，有很少的磷灰石，干时坚硬，有细的裂隙，有很少量细根系，很少量很细蜂窝状孔隙，渐变平滑过渡。

Bw：29～74 cm，淡黄棕色（2.5Y 6/3，干），暗灰棕色（2.5Y 4/2，润），粉壤土，强发育的中等大小团块状结构，有很少的磷灰石，干时稍坚硬，有很细的裂隙，有很少量细根系，中量细蜂窝状孔隙，清晰波状过渡。

Bk1：74～107 cm，淡棕色（2.5Y 7/3，干），淡黄棕色（2.5Y 6/3，润），粉壤土，弱发育的中等大小粒状结构，有石英颗粒组成的磷灰石碎屑，干时稍坚硬，有很少量极细根系，多量细蜂窝状孔隙，有多的石灰膜类、灰白色碳酸钙，强石灰反应，清晰平滑过渡。

Bk2：107～130 cm，淡棕色（2.5Y 8/2，干），橄榄棕色（2.5Y 4/3，润），壤土，弱发育的中等大小粒状结构，中量磷灰石，干时松软，有很少极细根系，多量细蜂窝状孔隙，有中量石灰膜类、灰白色碳酸钙，强石灰反应。

南闸系代表性单个土体物理性质

土层	深度/cm	细土颗粒组成（粒径：mm)/(g/kg)			质地	砾石含量/%	容重/(g/cm³)
		砂粒 2～0.05	粉粒 0.05～0.002	黏粒 <0.002			
Ap1	0～17	76	665	259	粉壤土	1	1.25
Ap2	17～29	75	671	254	粉壤土	1	1.63
Bw	29～74	234	544	222	粉壤土	5	1.26
Bk1	74～107	373	451	176	粉壤土	30	1.67
Bk2	107～130	113	665	222	壤土	30	1.67

南闸系代表性单个土体化学性质

深度/cm	pH(H₂O)	有机质/(g/kg)	全磷/(g/kg)	全钾/(g/kg)	碱解氮/(mg/kg)	速效磷/(mg/kg)	速效钾/(mg/kg)	电导率(1∶1水土比)/(dS/m)	碳酸钙/(g/kg)
0～17	8.0	20.5	0.60	4.13	26.5	8.55	190.6	0.3	15
17～29	8.0	20.7	0.55	4.59	19.0	3.46	171.1	0.3	5
29～74	7.9	17.2	0.63	4.59	29.2	4.15	132.1	0.2	2
74～107	8.4	16.0	0.77	3.66	23.7	4.25	119.6	0.2	127
107～130	8.3	6.3	0.72	6.41	14.8	6.20	126.6	0.3	117

9.16.5 新源系（Xinyuan Series）

土　族：黏壤质混合型冷性-钙积简育干润雏形土
拟定者：吴克宁，武红旗，鞠　兵，赵　瑞，李方鸣，刘　楠等

分布与环境条件　该土系地处伊犁河谷地东端，主要分布于新疆伊犁河谷东部的那拉提草原腹地，系新源县境内。母质类型为坡积物，地形略起伏，外排水等级良好，日照时间长，蒸发量大，温带大陆性半干旱气候，年平均气温为 6.0～9.3 ℃，年平均降水量为 476 mm，土地利用类型为天然牧草地，种植类型为矮草地。

新源系典型景观

土系特征与变幅　该土系诊断层有雏形层、钙积层，诊断特性有半干润土壤水分状况、冷性土壤温度状况、石灰性。混合型矿物，质地以粉壤土为主，土体上部有多量根系，孔隙度高，通体有石灰反应。

对比土系　恰合吉系，壤质混合型冷性-钙积简育干润雏形土。二者地形不同，母质不同。在剖面构型中，新源系控制层段内颗粒大小级别为黏壤质，而恰合吉系为壤质。在土族内，二者属于不同的土族类型。

利用性能综述　该土系土层深厚，地形略起伏，排水等级良好，外排水平衡，植被覆盖度为 40%～80%，为天然的牧草地。

参比土种　壤质草甸土。

代表性单个土体　剖面于 2015 年 8 月 12 日采自新疆维吾尔自治区伊犁哈萨克自治州新源县（编号 XJ-15-03），43°6′31″N，83°37′42″E，海拔 2952 m。母质类型为坡积物。

新源系代表性单个土体剖面

Ah:　0～12 cm，橄榄棕色（2.5Y 4/4，干），暗橄榄棕色（2.5Y 3/3，润），粉壤土，中度发育的团粒状结构，干时松软，多量细根系，中量粗根系，多量细管道状空隙，孔隙度高，中度石灰反应，渐变平滑过渡。

ABk：12～33 cm，浊黄色（2.5Y 6/4，干），黄棕色（2.5Y 5/4，润），粉壤土，中度发育的团块状结构，干时松软，中量极细根系，少量粗根系，中量细蜂窝状与管道状空隙，孔隙度高，中度石灰反应，清晰平滑过渡。

Bk：　33～50 cm，淡黄色（2.5Y 7/3，干），橄榄棕色（2.5Y 4/3 润），粉壤土，中度发育的团块状结构，干时松软，少量极细根系，很少量粗根系，中量很细蜂窝状空隙，孔隙度高，强石灰反应，清晰平滑过渡。

Bw：　50～75 cm，浊黄色（2.5Y 6/3，干），暗橄榄棕色（2.5YR 3/3，润），粉壤土，强发育的片状结构，干时稍硬，很少量极细根系，无粗根系，中量很细蜂窝状空隙，孔隙度高，强石灰反应，清晰平滑过渡。

BC：75～110 cm，浊棕色（2.5Y 5/3，干），暗灰黄色（2.5Y 4/2，润），粉壤土，中度发育的块状结构，干时稍硬，无根系，中量细蜂窝状空隙，孔隙度高，轻度石灰反应，无过渡。

新源系代表性单个土体物理性质

土层	深度 /cm	细土颗粒组成（粒径：mm)/(g/kg)			质地	砾石含量/%	容重 /(g/cm³)
		砂粒 2～0.05	粉粒 0.05～0.002	黏粒 <0.002			
Ah	0～12	320	680	0	粉壤土	1	1.06
ABk	12～33	143	711	146	粉壤土	0	1.00
Bk	33～50	192	595	213	粉壤土	0	1.00
Bw	50～75	99	655	246	粉壤土	0	0.95
BC	75～110	79	666	255	粉壤土	25	0.94

新源系代表性单个土体化学性质

深度 /cm	pH (H₂O)	有机质 /(g/kg)	全磷 /(g/kg)	全钾 /(g/kg)	碱解氮 /(mg/kg)	速效磷 /(mg/kg)	速效钾 /(mg/kg)	电导率 (1:1水土比) /(dS/m)	碳酸钙 /(g/kg)
0～12	8.4	67.0	1.02	10.59	101.05	12.87	233.7	0.5	126
12～33	8.3	66.8	1.02	13.44	120.15	10.52	81.0	1.1	185
33～50	8.6	3.4	0.83	11.07	56.36	8.71	76.2	6.2	252
50～75	8.6	71.2	1.20	14.14	19.90	9.64	38.7	0.4	—
75～110	8.0	73.4	1.17	16.58	120.86	8.65	111.4	0.4	30

9.16.6 郝家庄系（Haojiazhuang Series）

土　　族：黏壤质混合型温性-钙积简育干润雏形土

拟定者：吴克宁，武红旗，鞠　兵，赵　瑞，李方鸣，刘　楠等

分布与环境条件　该土系主要分布在准噶尔盆地西南部，母质为第四系黄土状冲沉积物，旱作耕地。该分布区地处北温带干旱地区，属典型的大陆性气候，冬夏长、春秋短，四季分明，降水量少，蒸发量大，相对湿度小。

郝家庄系典型景观

土系特征与变幅　该土系诊断层包括雏形层、钙积层，诊断特性包括半干润土壤水分状况、温性土壤温度状况、石灰性。土体构型相对均一，耕性较好。混合型矿物，土层深厚，质地主要为粉壤土，以块状结构为主，通体有石灰反应。

对比土系　农八师系，壤质混合型石灰性温性-普通简育干润雏形土，二者属不同亚类，母质不同，地形不同。农八师系剖面具有石灰反应，但是未形成钙积层。郝家庄系在高级分类单元中属于钙积简育干润雏形土。

利用性能综述　地势平坦，土体深厚，表层土壤质地较黏，耕性较好，保肥保墒。

参比土种　灰漠黄土。

代表性单个土体　剖面于 2014 年 7 月 27 日采自新疆维吾尔自治区塔城地区乌苏市甘河子镇郝家庄子村（编号 XJV-14-03），44°27′20″N，84°32′50″E，海拔 547 m。母质类型为黄土状沉积物。

郝家庄系代表性单个土体剖面

Ap: 0～22 cm，亮红棕色（2.5Y 6/3，干），红棕色（2.5Y 4/3，润），粉壤土，团块状结构，干时硬结，黏着，可塑性强，连续的宽度中、长度中、间距中的裂隙，中量薄膜，强石灰反应，模糊波状过渡。

Bk: 22～49 cm，亮红棕色（2.5Y 7/3，干），红棕色（2.5Y 5/3，润），粉壤土，团块状结构，湿时疏松，黏着性中，可塑性中，强石灰反应，清晰平滑过渡。

Bw1: 49～64 cm，亮红棕色（2.5Y 7/3，干），红棕色（2.5Y 5/4，润），粉壤土，块状结构，湿时松散，黏着性弱，可塑性弱，多量细气泡状孔隙分布于结构体内外，孔隙度高，弱石灰反应，清晰平滑过渡。

Bw2: 64～120 cm，粉白色（2.5Y 8/2，干），红棕色（2.5Y 5/4，润），粉壤土，块状结构，湿时疏松，黏着性强，可塑性强，强石灰反应。

郝家庄系代表性单个土体物理性质

土层	深度/cm	细土颗粒组成（粒径：mm)/(g/kg)			质地	砾石含量/%	容重/(g/cm³)
		砂粒 2～0.05	粉粒 0.05～0.002	黏粒 <0.002			
Ap	0～22	32	685	283	粉壤土	2	1.52
Bk	22～49	105	585	310	粉壤土	2	1.50
Bw1	49～64	25	703	272	粉壤土	1	1.43
Bw2	64～120	171	678	151	粉壤土	0	1.41

郝家庄系代表性单个土体化学性质

深度/cm	pH(H₂O)	有机质/(g/kg)	全磷/(g/kg)	全钾/(g/kg)	碱解氮/(mg/kg)	速效磷/(mg/kg)	速效钾/(mg/kg)	电导率(1:1水土比)/(dS/m)
0～22	8.1	22.0	0.52	7.39	24.0	5.54	209.6	2
22～49	8.2	23.6	0.50	6.92	30.1	3.55	200.6	160
49～64	8.2	10.8	0.36	1.85	14.9	1.95	53.6	96
64～120	8.1	948.4	0.43	6.38	19.1	1.95	158.6	109

9.16.7 农六连系（Nongliulian Series）

土　族：黏壤质混合型温性-钙积简育干润雏形土
拟定者：武红旗，吴克宁，鞠　兵，杜凯闯，王　泽，刘文惠，谷海斌

分布与环境条件　该土系地处塔城地区的低山丘陵缓坡地带。母质为黄土状物质（次生黄土），地形地貌为平原，地势有起伏，坡度大。中温带干旱和半干旱气候区，春季升温快，冷暖波动大。年平均气温为 7.1 ℃，年平均降水量为 600 mm，无霜期 120 天。土地利用类型为旱地，主要种植小麦。

农六连系典型景观

土系特征与变幅　该土系诊断层有雏形层、钙积层，诊断特性有半干润土壤水分状况、温性土壤温度状况、石灰性。混合型矿物，土层深厚，质地主要为粉壤土，以小棱块状结构为主，Bk1 层、Bk2 层有少量白色石灰结核，孔隙度中等，通体有石灰反应。

对比土系　泉水地系，黏壤质混合型石灰性温性-普通简育干润雏形土。二者母质不同，地形一样，但泉水地系在高级分类单元与农六连系不同，后者发育有钙积层，系钙积简育干润雏形土。

利用性能综述　土系种质地适中，通透性好，肥力水平较高，但因地势起伏，坡度大，引水困难，季节性干旱影响较大，限制农业生产的稳定发展，在雨水多的年份，小麦亩产可达 250～350 kg。因无霜期短，种植作物比较单纯，多以小麦为主，施有机肥较少，故土壤肥力下降，且表层疏松，雨后易受冲刷。因此，在坡度大的地方应实行等高种植，同时注意用养结合，克服连作，实行有计划的轮作倒茬和施肥制度。

参比土种　栗绵土。

代表性单个土体　剖面于 2014 年 8 月 19 日采自新疆维吾尔自治区塔城地区额敏县一六五团农六连（编号 XJ-14-45），46°52′22″N，84°13′04″E，海拔 889 m。母质类型为黄土状物质（次生黄土）。

农六连系代表性单个土体剖面

Ap：0～21 cm，淡橄榄棕色（2.5Y 5/3，干），极暗灰棕色（2.5Y 3/2，润），粉壤土，强发育的小棱块状结构，干时松软，多量极细根系，多量很细的蜂窝状和管道状孔隙分布于结构体内外，孔隙度中，间距小的间断裂隙，很少量地膜，中度石灰反应，清晰波状过渡。

AB：21～31 cm，灰棕色（2.5Y 5/2，干），极暗灰棕色（2.5Y 3/2，润），粉质黏壤土，中度发育的很小棱块状结构，干时稍坚硬，多量细根系和极细根系，少量细蜂窝状和管道状孔隙分布于结构体内外，孔隙度很低，间距很小的裂隙，很少量地膜，强石灰反应，突变平滑过渡。

Bw：31～58 cm，淡橄榄棕色（2.5Y 5/4，干），橄榄棕色（2.5Y 4/4，润），粉壤土，中度发育的小棱块状结构，湿时稍坚实，中量细根系和极细根系，多量很细的蜂窝状和管道状孔隙分布于结构体内外，孔隙度中，很少量白色扁平和角块状结核，中度石灰反应，渐变不规则过渡。

Bk1：58～108 cm，淡棕色（2.5Y 7/3，干），淡黄棕色（2.5Y 6/3，润），粉壤土，弱发育的很小棱块状结构，湿时稍坚实，少量细根系和极细根系，多量很细的蜂窝状和管道状孔隙分布于结构体内外，孔隙度中，间距很小的裂隙，少量白色石灰结核，极强的石灰反应，渐变不规则过渡。

Bk2：108～140 cm，淡棕色（2.5Y 7/4，干），淡黄棕色（2.5Y 6/4，润），粉壤土，很弱发育的很小棱块状结构，湿时疏松，很少量细根系和极细根系，多量很细的蜂窝状和管道状孔隙分布于结构体内外，孔隙度中，少量白色石灰结核，强石灰反应。

农六连系代表性单个土体物理性质

土层	深度/cm	细土颗粒组成（粒径：mm）/(g/kg)			质地	砾石含量/%	容重/(g/cm³)
		砂粒 2～0.05	粉粒 0.05～0.002	黏粒 <0.002			
Ap	0～21	104	789	107	粉壤土	0	1.30
AB	21～31	68	659	273	粉质黏壤土	0	1.39
Bw	31～58	40	700	260	粉壤土	0	1.21
Bk1	58～108	130	717	153	粉壤土	0	1.40
Bk2	108～140	67	665	268	粉壤土	0	1.45

农六连系代表性单个土体化学性质

深度 /cm	pH (H$_2$O)	有机质 /(g/kg)	全磷 /(g/kg)	全钾 /(g/kg)	碱解氮 /(mg/kg)	速效磷 /(mg/kg)	速效钾 /(mg/kg)	电导率 (1∶1水土比) /(dS/m)	碳酸钙 /(g/kg)
0～21	7.7	30.8	0.65	3.58	85.9	27.13	220.6	0.4	3
21～31	7.7	35.9	0.60	1.76	79.4	12.78	206.6	0.3	5
31～58	8.1	19.1	0.62	3.58	49.2	8.50	119.5	0.3	57
58～108	8.1	9.6	0.67	1.77	19.4	5.41	71.7	0.3	181
108～140	8.2	9.7	0.62	2.02	18.8	3.72	77.3	0.4	152

9.16.8　照壁山系（Zhaobishan Series）

土　　族：黏壤质混合型温性-钙积简育干润雏形土
拟定者：武红旗，吴克宁，鞠　兵，杜凯闯，张文太，范燕敏，侯艳娜，盛建东

分布与环境条件　该土系地处木垒哈萨克自治县境内的低山丘陵区。干旱大陆性气候特征，光照充足，冬季长而偏暖，夏季短而偏凉。年平均气温为 7.9 ℃，年平均降水量为 350 mm 左右。地形为中山，母质为坡积物。土地利用类型为旱地，主要种植小麦。

照壁山系典型景观

土系特征与变幅　该土系诊断层有淡薄表层、钙积层、雏形层，诊断特性有半干润土壤水分状况、温性土壤温度状况、石灰性。土体构型相对均一，耕性较好。混合型矿物，土层深厚，质地主要为壤土，上部以粒状结构为主，下部以棱块状结构为主，通体有石灰反应。

对比土系　泉水地系，黏壤质混合型石灰性温性-普通简育干润雏形土。二者高级分类单元不同，母质不同，地形也不同。照壁山系在单个土体中发育有钙积层，在高级分类单元中属于钙积简育干润雏形土，而泉水地系属于普通简育干润雏形土。

利用性能综述　因地理位置一般偏高，无霜期比较短，产量多低而不稳。同时靠自然降水，耕作较粗放，垦后很少施肥，造成土壤肥力普遍下降。今后应重视农田基本建设和旱田耕作制度改革。

参比土种　旱耕栗土。

代表性单个土体　剖面于 2014 年 8 月 7 日采自新疆维吾尔自治区昌吉回族自治州木垒哈萨克自治县照壁山乡南闸村（编号 XJ-14-20），43°47′41″N，90°13′53″E，海拔 1300 m。母质类型为坡积物。

A1：　0～27 cm，棕色（10YR 5/3，干），棕色（10YR 4/3，润），壤土，中度发育的粒状结构，干时松软，有中量细根系，有细小裂隙，轻度石灰反应，清晰波状过渡。

A2：　27～36 cm，黄棕色（10YR 5/4，干），暗黄棕色（10YR 4/4，润），壤土，中度发育的粒状结构，湿时松软，有少量极细根系，有细小的裂隙，中度石灰反应，清晰平滑过渡。

Bk1：36～85 cm，极淡棕色（10YR 7/3，干），棕色（10YR 4/3，润），粉质黏壤土，弱发育的棱块状结构，湿时坚硬，有很少量极细根系，有细小裂隙，强石灰反应，渐变平滑过渡。

Bk2：85～140 cm，极淡棕色（10YR 7/4，干），淡黄棕色（10YR 6/4，润），粉壤土，弱发育的棱块状结构，湿时稍坚硬，有很少量极细根系，有细小裂隙，强石灰反应。

照壁山系代表性单个土体剖面

照壁山系代表性单个土体物理性质

| 土层 | 深度/cm | 细土颗粒组成 (粒径: mm)/(g/kg) | | | 质地 | 砾石含量/% | 容重/(g/cm³) |
		砂粒 2～0.05	粉粒 0.05～0.002	黏粒 <0.002			
A1	0～27	100	700	200	壤土	0	1.36
A2	27～36	66	710	224	壤土	0	1.47
Bk1	36～85	12	715	273	粉质黏壤土	0	1.48
Bk2	85～140	13	759	228	粉壤土	0	1.39

照壁山系代表性单个土体化学性质

深度/cm	pH (H₂O)	有机质/(g/kg)	全磷/(g/kg)	全钾/(g/kg)	碱解氮/(mg/kg)	速效磷/(mg/kg)	速效钾/(mg/kg)	电导率 (1:1水土比)/(dS/m)	碳酸钙/(g/kg)
0～27	8.1	16.6	0.65	5.75	30.1	6.00	165.5	0.3	12
27～36	8.1	16.1	0.63	5.99	12.4	5.91	182.2	0.3	10
36～85	8.3	8.5	0.74	4.13	7.5	4.15	126.6	0.3	157
85～140	8.5	3.8	0.63	3.20	9.1	4.05	108.5	0.3	129

9.16.9　库玛克系（Kumake Series）

土　　族：壤质混合型寒性-钙积简育干润雏形土
拟定者：武红旗，吴克宁，鞠　兵，张文太，范燕敏，侯艳娜，盛建东

分布与环境条件　该土系地处塔城地区的山前谷地或山前倾斜平原中下部。母质类型为冲积物，地形地貌为平原，地形平坦，中温带干旱和半干旱气候区，春季升温快，冷暖波动大。年平均气温为 5.8 ℃，年平均降水量为 289 mm，≥10 ℃年积温 2564.6 ℃，无霜期 135 天。土地利用类型为水浇地，主要种植小麦、玉米、甜菜、油料作物等。

库玛克系典型景观

土系特征与变幅　该土系诊断层有钙积层、雏形层，诊断特性有半干润土壤水分状况、寒性土壤温度状况、石灰性。土层深厚，质地以壤土和粉土为主，通体有石灰反应，Bk2 层有很多灰白色石灰结核。

对比土系　吉拉系，壤质混合型石灰性寒性-普通简育干润雏形土，二者母质相同，土体构型不同，吉拉系主要诊断层为雏形层，库玛克系有钙积层。

利用性能综述　北疆主要耕种土壤之一，生产性较好，土层厚，肥力居中，多属二等耕地，适种小麦、玉米、甜菜、油料作物等，目前小麦产量在 250 公斤/亩左右。存在问题主要是用养失调，缺磷少氢，土壤略有板结。今后应合理轮作倒茬，重视农田基本建设，建立禾本科-豆科作物复合式农田生态系统，增施有机肥，调整氮磷比例，增肥防板，提高土壤生产力。

参比土种　棕黄土。

代表性单个土体　剖面于 2014 年 8 月 19 日采自新疆维吾尔自治区塔城地区额敏县上户

乡库玛克村（编号 XJ-14-44），46°44′38″N，83°54′11″E，海拔 725 m。母质类型为冲积物。

Ap：　0～17 cm，淡棕色（2.5Y 7/3，干），淡橄榄棕色（2.5Y 5/3，润），粉质黏壤土，中度发育的大棱块状结构，干时松散，多量细根系和很少量粗根系，很少量细蜂窝状孔隙分布于结构体外，孔隙度很低，间距很小的中短间断裂隙，中度石灰反应，渐变平滑过渡。

AB：　17～32 cm，淡灰色（2.5Y 7/2，干），橄榄棕色（2.5Y 4/3，润），粉土，中度发育的中棱块状结构，干时松散，中量细根系，少量细管道状孔隙分布于结构体内外，孔隙度低，间距很小的中短间断裂隙，强石灰反应，清晰平滑过渡。

Bk1：32～43 cm，淡黄棕色（2.5Y 6/4，干），淡橄榄棕色（2.5Y 5/4，润），粉壤土，中度发育的中棱块状结构，湿时松散，少量细根系，很少量细管道状孔隙分布于结构体内外，孔隙度很低，间距小的细短间断裂隙，中度石灰反应，渐变平滑过渡。

库玛克系代表性单个土体剖面

Bk2：43～71 cm，淡棕色（2.5Y 7/3，干），淡黄棕色（2.5Y 6/3，润），粉质黏壤土，中度发育的中棱块状结构，湿时松散，很少量细根系，中量细蜂窝状孔隙分布于结构体外，孔隙度中，间距很小的细短间断裂隙，很多灰白色石灰结核，极强的石灰反应，渐变平滑过渡。

Bk3：71～90 cm，淡棕色（2.5Y 7/4，干），淡橄榄棕色（2.5Y 5/4，润），粉土，弱发育的小棱块状结构，湿时松散，少量粗根系，很少量很细蜂窝状孔隙分布于结构体外，孔隙度很低，间距小的细短间断裂隙，强石灰反应，渐变波状过渡。

BC：90 cm 以下，淡黄棕色（2.5Y 6/3，干），淡橄榄棕色（2.5Y 5/3，润），粉质黏壤土，弱发育的小棱块状结构，湿时松散，很少量极细根系，中量很细蜂窝状孔隙分布于结构体外，孔隙度中，间距小的细短间断裂隙，极强的石灰反应。

库玛克系代表性单个土体物理性质

土层	深度/cm	细土颗粒组成（粒径：mm)/(g/kg）			质地	砾石含量/%	容重/(g/cm³)
		砂粒 2~0.05	粉粒 0.05~0.002	黏粒 <0.002			
Ap	0~17	67	662	271	粉质黏壤土	0	1.36
AB	17~32	137	816	47	粉土	0	1.60
Bk1	32~43	51	811	138	粉壤土	0	1.58
Bk2	43~71	13	695	292	粉质黏壤土	0	1.44
Bk3	71~90	51	829	120	粉土	0	1.41
BC	90 以下	13	702	285	粉质黏壤土	0	1.46

库玛克系代表性单个土体化学性质

深度 /cm	pH (H₂O)	有机质 /(g/kg)	全磷 /(g/kg)	全钾 /(g/kg)	碱解氮 /(mg/kg)	速效磷 /(mg/kg)	速效钾 /(mg/kg)	电导率 (1∶1水土比) /(dS/m)	碳酸钙 /(g/kg)
0～17	7.8	15.7	0.79	8.00	21.8	5.91	278.2	0.5	54
17～32	8.0	23.0	0.79	9.05	47.9	9.40	296.4	0.4	61
32～43	8.1	23.0	0.83	8.01	49.0	6.51	140.5	0.4	125
43～71	8.2	8.7	0.72	5.93	20.8	6.81	91.4	0.4	137
71～90	8.4	7.2	0.68	4.63	22.2	5.51	81.6	0.5	129
90 以下	8.4	7.3	0.70	3.32	6.7	6.21	77.3	0.3	140

9.16.10　城关系（Chengguan Series）

土　族：壤质混合型冷性-钙积简育干润雏形土
拟定者：武红旗，吴克宁，鞠　兵，张文太，范燕敏，侯艳娜，盛建东

分布与环境条件　该土系地处木垒哈萨克自治县境内的低山丘陵区。干旱大陆性气候特征，光照充足。年平均气温为 5.5 ℃，年平均降水量为 300 mm 左右。母质为黄土状物质，土地利用类型为旱地。

城关系典型景观

土系特征与变幅　该土系诊断层有雏形层、钙积层，诊断特性有半干润土壤水分状况、冷性土壤温度状况、石灰性。A 层和 AB 层有少量薄膜，通体有石灰反应。

对比土系　南闸系，黏壤质混合型冷性-钙积简育干润雏形土，二者均处于中山山前倾斜平原，母类类型不同，但在高级分类单元中，检索钙积层；在土族级别中，城关系颗粒大小级别为壤质，而南闸系为黏壤质。

利用性能综述　分布区自然坡降较大，缺乏灌溉条件，自然肥力一般较低，作物对水分的需求主要靠自然降水，因而产量低而不稳，多数地区是靠休闲来恢复地力，所以土壤熟化程度较低。

参比土种　旱耕栗黄土。

代表性单个土体　剖面于 2014 年 8 月 6 日采自新疆维吾尔自治区昌吉回族自治州木垒哈萨克自治县木垒镇城关村（编号 XJ-14-18），43°48′57″N，90°18′55″E，海拔 1300 m，母质为黄土状物质。

城关系代表性单个土体剖面

A:　0～7 cm，淡棕色（2.5Y 7/3，干），淡橄榄棕色（2.5Y 5/3，润），粉壤土，中度发育的块状结构，干时松散，有中量细根，中量细蜂窝状孔隙，有很少量薄膜，中度石灰反应，明显平行过渡。

AB:　7～28 cm，淡棕色（2.5Y 7/4，干），淡橄榄棕色（2.5Y 5/4，润），粉壤土，中度发育的中块状结构，干时稍坚硬，有较少量中根，中量细蜂窝状孔隙，有很少量薄膜，强石灰反应，渐变波状过渡。

Bk:　28～65 cm，淡棕色（2.5Y 7/3，干），淡橄榄棕色（2.5Y 5/6，润），粉壤土，中度发育的很小棱柱状结构，干时坚硬，很少细根，中量细管道状孔隙分布于结构体内外，强石灰反应，渐变波状过渡。

By1：65～87 cm，淡棕色（2.5Y 7/4，干），淡橄榄棕色（2.5Y 5/4，润），壤土，中度发育的很小粒状结构，湿时松软，

很少极细根，有少量石膏结核，很少细管道状孔隙，强石灰反应，渐变穿插过渡。

By2：87～140 cm，淡黄棕色（2.5Y 6/3，干），淡橄榄棕色（2.5Y 5/4，润），壤土，中度发育的很小粒状结构，湿时松软，很少极细根，含有少量的灰白色石膏结核，中度石灰反应。

城关系代表性单个土体物理性质

土层	深度/cm	细土颗粒组成（粒径：mm)/(g/kg)			质地	砾石含量/%	容重/(g/cm³)
		砂粒 2～0.05	粉粒 0.05～0.002	黏粒 <0.002			
A	0～7	118	668	214	粉壤土	0	1.22
AB	7～28	21	788	191	粉壤土	0	1.37
Bk	28～65	22	785	193	粉壤土	0	1.54
By1	65～87	326	498	176	壤土	0	1.45
By2	87～140	347	457	196	壤土	0	1.46

城关系代表性单个土体化学性质

深度/cm	pH (H₂O)	有机质/(g/kg)	全磷/(g/kg)	全钾/(g/kg)	碱解氮/(mg/kg)	速效磷/(mg/kg)	速效钾/(mg/kg)	电导率(1:1水土比)/(dS/m)	碳酸钙/(g/kg)
0～7	8.6	13.6	0.70	5.52	5.1	8.94	173.5	0.5	49
7～28	8.7	11.5	0.70	5.75	2.5	5.91	138.0	0.5	55
28～65	8.9	7.8	0.65	5.52	6.4	3.56	121.7	1.0	107
65～87	8.6	5.9	0.62	4.12	4.2	1.70	103.9	3.9	91
87～140	8.6	3.8	0.64	3.43	4.7	1.22	95.1	4.4	91

9.16.11 克尔古提系（Ke'erguti Series）

土　　族：壤质混合型冷性-钙积简育干润雏形土
拟定者：吴克宁，武红旗，鞠　兵，赵　瑞，李方鸣，刘　楠等

分布与环境条件　该土系地处天山中段南麓，主要分布于和静县城东北部山地峡谷区坡积中山地区，系和静县境内。母质类型为坡积物，地形为丘陵，外排水等级良好，总体降水稀少，蒸发量大，中温带大陆性干燥气候，年平均气温为 8.8 ℃，年平均降水量为 68 mm，土地利用类型为天然牧草地，植被类型为矮草地。

克尔古提系典型景观

土系特征与变幅　该土系诊断层有雏形层、钙积层，诊断特性有半干润土壤水分状况、冷性土壤温度状况、石灰性。混合型矿物，质地主要为粉质黏壤土、壤土、粉壤土，AB层有连续的土体内裂隙，并有中量白色粉末状碳酸钙结核，通体有少量次圆状或角状新鲜的微风化花岗岩细、中砾和石灰反应。

对比土系　城关系，壤质混合型冷性-钙积简育干润雏形土，二者同一土族，地形不同，母质不同。

利用性能综述　该土系土层深厚，所处地形为丘陵，排水等级良好，外排水流失，植被覆盖度为 15%～40%，为天然的牧草地。

参比土种　厚土生黄土。

代表性单个土体　剖面于 2015 年 8 月 10 日采自新疆维吾尔自治区巴音郭楞蒙古自治州和静县境内克尔古提乡（编号 XJ-15-02），42°53′44″N，86°54′24″E，海拔 3089 m。母质类型为坡积物。

Ah： 0～12 cm，浊黄色（2.5Y 6/3，干），暗橄榄棕色（2.5YR 3/3，润），壤土，中度发育的团块状结构，干时松软，中量极细根系，少量粗根系，中量很细蜂窝状空隙，孔隙度高，少量次圆状微风化花岗岩中砾，强石灰反应，清晰平滑过渡。

AB： 12～35 cm，淡黄色（2.5Y 7/3，干），橄榄棕色（2.5Y 4/3，润），粉质黏壤土，中度发育的块状结构，干时稍硬，中量极细根系，很少量粗根系，中量很细蜂窝状空隙，孔隙度中，细长、间距小的连续土体内裂隙，中量白色碳酸钙粉末，少量次圆状花岗岩细砾，强石灰反应，模糊平滑过渡。

Bw： 35～58 cm，浅淡黄色（2.5Y 8/3，干），黄棕色（2.5YR 5/3，润），粉壤土，中度发育的块状结构，干时稍硬，少量极细根系，很少量粗根系，多量很细蜂窝状空隙，

克尔古提系代表性单个土体剖面

孔隙度高，很细、中等长、间距很大的连续土体内裂隙，少量角状花岗岩细砾，极强的石灰反应，模糊平滑过渡。

Bk： 58～92 cm，浅淡黄色（2.5Y 8/4，干），橄榄棕色（2.5Y 4/4，润），黏壤土，中度发育的块状结构，干时稍硬，很少量极细根系，无粗根系，多量很细蜂窝状空隙，孔隙度中，多量角状花岗岩中砾，中度石灰反应，模糊平滑过渡。

C： 92～140 cm，浅淡黄色（2.5Y 8/4，干），橄榄棕色（2.5Y 4/4，润），砂质黏壤土，干时稍硬，很少量极细根系，无粗根系，多量很细蜂窝状孔隙，孔隙度中，多量角状花岗岩细砾，中度石灰反应。

克尔古提系代表性单个土体物理性质

土层	深度 /cm	细土颗粒组成（粒径：mm)/(g/kg)			质地	砾石含量/%	容重 /(g/cm³)
		砂粒 2～0.05	粉粒 0.05～0.002	黏粒 <0.002			
Ah	0～12	347	464	189	壤土	1	1.09
AB	12～35	72	642	286	粉质黏壤土	0	1.01
Bw	35～58	131	699	170	粉壤土	0	1.06
Bk	58～92	284	379	337	黏壤土	5	1.49
C	92～140	511	256	233	砂质黏壤土	20	1.72

克尔古提系代表性单个土体化学性质

深度 /cm	pH (H₂O)	有机质 /(g/kg)	全磷 /(g/kg)	全钾 /(g/kg)	碱解氮 /(mg/kg)	速效磷 /(mg/kg)	速效钾 /(mg/kg)	电导率 (1：1水土比) /(dS/m)	碳酸钙 /(g/kg)
0～12	7.8	56.1	0.65	10.02	48.7	18.05	339.9	0.5	107
12～35	8.5	21.7	0.54	15.25	71.4	10.58	111.2	4.5	30
35～58	8.7	17.6	0.67	13.19	54.3	11.94	134.3	3.7	61
58～92	8.9	6.2	0.53	16.24	23.4	8.26	217.8	1.9	166
92～140	9.1	8.8	0.66	12.63	9.5	9.16	144.0	0.7	26

9.16.12　额郊系（Ejiao Series）

土　　族：壤质混合型冷性-钙积简育干润雏形土
拟定者：武红旗，吴克宁，鞠　兵，杜凯闯，王　泽，刘文惠，谷海斌

分布与环境条件　　该土系地处塔城地区的山前谷底或山前倾斜平原中下部。母质为冲积物，地形地貌为平原。中温带干旱和半干旱气候区，春季升温快，冷暖波动大。年平均气温为 5.8 ℃，年平均降水量为 289 mm，≥10 ℃年积温 2564.6 ℃，无霜期 135 天。土地利用类型为水浇地，主要种植小麦、玉米、甜菜、油料作物等。

额郊系典型景观

土系特征与变幅　　该土系诊断层有雏形层、钙积层，诊断特性有半干润土壤水分状况、冷性土壤温度状况、石灰性。混合型矿物，土层深厚，质地主要为粉质黏壤土，以棱块状结构为主，Bk1 层以下至底层结构体表均有白色石灰结核，通体有石灰反应。

对比土系　　甘泉系，壤质混合型冷性-钙积简育干润雏形土。二者同一土族，地形相同，母质相同。

利用性能综述　　北疆主要耕种土壤之一，生产性较好，土层厚，肥力居中，多属二等耕地，适种小麦、玉米、甜菜、油料作物等，存在问题主要是用养失调、缺磷少氮、土壤盐化、略有板结。今后应合理轮作倒茬，重视农田基本建设，建立禾本科-豆科作物复合式农田生态系统，增施有机肥，调整氮磷比例，增肥防板，提高土壤生产力。

参比土种　　中硫灰棕黄土。

代表性单个土体　　剖面于 2014 年 8 月 20 日采自新疆维吾尔自治区塔城地区额敏县郊区乡（编号 XJ-14-46），46°34′26″N，83°37′35″E，海拔 541 m。母质类型为冲积物。

Aup1：0～16 cm，灰棕色（2.5Y 5/2，干），极暗灰棕色（2.5Y 3/2，润），粉质黏壤土，中度发育的中棱块状结构，干时松散，间断的裂隙，多量细根系，很少量细蜂窝状孔隙分布于结构体外，孔隙度低，很少量薄膜，中度石灰反应，渐变平滑过渡。

Aup2：16～38 cm，淡灰色（2.5Y 7/1，干），灰色（2.5Y 6/1，润），粉壤土，强发育的小棱块状结构，湿时松散，间断的裂隙，中量细根系，很少量细蜂窝状孔隙分布于结构体外，孔隙度低，很少量薄膜，中度石灰反应，突变平滑过渡。

Bk1：38～52 cm，淡灰色（2.5Y 7/2，干），淡棕灰色（2.5Y 6/2，润），粉土，中度发育的小棱块状结构，湿时松散，很少量粗根系，很少量细蜂窝状孔隙分布于结构体外，孔隙度中，中量白色石灰结核，强石灰反应，渐变波状过渡。

额郊系代表性单个土体剖面

Bk2：52～110 cm，淡棕色（2.5Y 7/3，干），淡黄棕色（2.5Y 6/3，润），粉质黏壤土，强发育的中棱块状结构，湿时松散，中量细根系，很少量细蜂窝状孔隙分布于结构体外，孔隙度中，多量白色石灰结核，强石灰反应，清晰平滑过渡。

Bk3：110～125 cm，淡棕色（2.5Y 8/2，干），淡灰色（2.5Y 7/2，润），粉质黏壤土，强发育的小棱块状结构，湿时稍黏着，中量细根系，很少量细蜂窝状孔隙分布于结构体外，孔隙度中，少量白色石灰结核，极强石灰反应。

额郊系代表性单个土体物理性质

土层	深度 /cm	细土颗粒组成 (粒径：mm)/(g/kg)			质地	砾石 含量/%	容重 /(g/cm³)
		砂粒 2～0.05	粉粒 0.05～0.002	黏粒 <0.002			
Aup1	0～16	96	714	190	粉质黏壤土	0	1.31
Aup2	16～38	53	877	70	粉壤土	0	1.25
Bk1	38～52	—	—	—	粉土	0	1.57
Bk2	52～110	146	769	85	粉质黏壤土	0	1.62
Bk3	110～125	113	709	178	粉质黏壤土	0	1.69

额郊系代表性单个土体化学性质

深度 /cm	pH (H₂O)	有机质 /(g/kg)	全磷 /(g/kg)	全钾 /(g/kg)	碱解氮 /(mg/kg)	速效磷 /(mg/kg)	速效钾 /(mg/kg)	电导率 (1∶1 水土比) /(dS/m)	碳酸钙 /(g/kg)
0～16	8.0	24.5	0.82	1.76	20.5	7.70	278.2	2.6	100
16～38	8.2	27.1	1.12	5.92	29.4	65.58	376.5	4.8	101
38～52	8.4	—	—	—	—	—	—	2.5	151
52～110	8.2	5.9	0.48	5.66	13.0	2.62	164.4	2.4	146
110～125	8.3	4.8	0.45	3.07	12.5	2.52	91.4	1.7	156

9.16.13 甘泉系（Ganquan Series）

土 族：壤质混合型冷性-钙积简育干润雏形土

拟定者：武红旗，吴克宁，鞠 兵，杜凯闯，张文太，范燕敏，侯艳娜，盛建东

分布与环境条件 该土系地处塔城地区的山前谷底或山前倾斜平原中下部。母质为冲积物，地形地貌为平原。中温带干旱和半干旱气候区，春季升温快，冷暖波动大。年平均气温为 5.8 ℃，年平均降水量为 289 mm，≥10 ℃年积温 2564.6 ℃，无霜期 135 天。土地利用类型为水浇地，主要种植小麦、玉米、甜菜、油料作物等。

甘泉系典型景观

土系特征与变幅 该土系诊断层有雏形层、钙积层，诊断特性有半干润土壤水分状况、冷性土壤温度状况、石灰性。混合型矿物，土层深厚，质地主要为粉壤土和壤土，以棱块状结构为主，Bk1 层以下至底层结构体表均有灰白色结核，通体有石灰反应。

对比土系 额郊系，壤质混合型冷性-钙积简育干润雏形土。二者同一土族，地形相同，母质相同。

利用性能综述 北疆主要耕种土壤之一，生产性较好，土层厚，肥力居中，多属二等耕地，适种小麦、玉米、甜菜、油料作物等。存在问题主要是用养失调、缺磷少氮。今后应合理轮作倒茬，重视农田基本建设，建立禾本科-豆科作物复合式农田生态系统，增施有机肥，调整氮磷比例，增肥防板，提高土壤生产力。

参比土种 棕黄土。

代表性单个土体 剖面于 2014 年 8 月 20 日采自新疆维吾尔自治区塔城地区额敏县郊区乡甘泉村（编号 XJ-14-47），46°33′21″N，83°36′28″E，海拔 516 m。母质类型为冲积物。

甘泉系代表性单个土体剖面

Aup1：0～13 cm，淡棕色（2.5Y 7/3，干），淡橄榄棕色（2.5Y 5/3，润），粉壤土，中度发育的大棱块状结构，干时松散，间断的裂隙，中量中等根系，少量细管道状孔隙分布于结构体内外，孔隙度低，中度石灰反应，渐变波状过渡。

Aup2：13～32 cm，淡黄棕色（2.5Y 6/4，干），淡橄榄棕色（2.5Y 5/4，润），粉壤土，强发育的大棱块状结构，干时松散，间断的裂隙，少量细根系，很少量细管道状孔隙分布于结构体内外，孔隙度低，强石灰反应，突变平滑过渡。

Bk1：32～51 cm，淡棕色（2.5Y 7/4，干），淡橄榄棕色（2.5Y 5/6，润），壤土，中度发育的大棱块状结构，干时松散，很少量细根系，中量细蜂窝状孔隙分布于结构体外，孔隙度中，很少量小灰白色结核，极强的石灰反应，渐变平滑过渡。

Bk2：51～80 cm，淡灰色（2.5Y 7/2，干），淡黄棕色（2.5Y 6/4，润），壤土，中度发育的中棱块状结构，湿时松散，中量细根系，很少量细蜂窝状孔隙分布于结构体外，孔隙度低，中量小灰白色结核，极强的石灰反应，渐变平滑过渡。

Bk3：80～122 cm，淡棕色（2.5Y 7/3，干），淡黄棕色（2.5Y 6/3，润），壤土，弱发育的中棱块状结构，湿时松散，中量细根系，很少量细蜂窝状孔隙分布于结构体外，孔隙度低，中量小灰白色结核，强石灰反应。

甘泉系代表性单个土体物理性质

| 土层 | 深度/cm | 细土颗粒组成（粒径：mm）/(g/kg) | | | 质地 | 砾石含量/% | 容重/(g/cm³) |
		砂粒 2～0.05	粉粒 0.05～0.002	黏粒 <0.002			
Aup1	0～13	287	660	53	粉壤土	0	1.58
Aup2	13～32	348	494	158	粉壤土	0	1.54
Bk1	32～51	422	455	123	壤土	0	1.81
Bk2	51～80	356	485	159	壤土	0	1.74
Bk3	80～122	442	453	105	壤土	0	1.74

甘泉系代表性单个土体化学性质

深度/cm	pH (H₂O)	有机质/(g/kg)	全磷/(g/kg)	全钾/(g/kg)	碱解氮/(mg/kg)	速效磷/(mg/kg)	速效钾/(mg/kg)	电导率(1∶1水土比)/(dS/m)	碳酸钙/(g/kg)
0～13	8.0	14.6	0.73	5.92	22.9	11.79	151.8	0.5	52
13～32	8.2	14.9	0.71	4.10	10.8	13.58	136.3	0.3	40
32～51	8.4	22.2	0.53	3.32	14.9	4.16	68.9	0.4	134
51～80	8.3	9.8	0.41	3.33	3.0	3.20	67.5	0.4	212
80～122	8.5	6.7	0.46	2.81	2.2	2.50	46.4	0.3	162

9.16.14 阿西尔系（Axi'er Series）

土　族：壤质混合型冷性-钙积简育干润雏形土
拟定者：武红旗，吴克宁，鞠　兵，杜凯闯，王　泽，刘文惠，谷海斌

分布与环境条件　该土系地处塔城地区的低山丘陵缓坡地带。母质为黄土状物质（次生黄土），地形地貌为平原，地势有起伏，坡度大。中温带干旱和半干旱气候区，春季升温快，冷暖波动大。年平均气温为 7.1 ℃，年平均降水量为 600 mm，无霜期 120 天。土地利用类型为旱地，种植小麦为主。

阿西尔系典型景观

土系特征与变幅　该土系诊断层有雏形层、钙积层，诊断特性有半干润土壤水分状况、冷性土壤温度状况、石灰性。混合型矿物，土层深厚，质地主要为砂质壤土，以块状结构为主，Bk1 层和 Bk3 层有少量石膏，孔隙度中等，Bk1 层以下至底层有石灰反应。

对比土系　额敏系，壤质混合型冷性-钙积简育干润雏形土，二者土族相同，母质不同，地形相似。

利用性能综述　土系质地适中，通透性好，肥力水平较高，但因地势起伏，坡度大，引水困难，季节性干旱影响较大，限制农业生产的稳定发展，在雨水多的年份，小麦亩产可达 250～350 kg。因无霜期短，种植作物比较单纯，多以小麦为主，施有机肥较少，故土壤肥力处于下降，且表层疏松，雨后易受冲刷。因此，在坡度大的地方应实行等高种植，同时注意用养结合，克服连作，实行有计划的轮作倒茬和施肥制度。

参比土种　栗绵土。

代表性单个土体　剖面于 2014 年 8 月 22 日采自新疆维吾尔自治区塔城地区塔城市阿西

尔达斡尔民族乡曼古奴尔村（编号 XJ-14-52），46°56′18″N，83°07′14″E，海拔 884 m。母质类型为次生黄土。

阿西尔系代表性单个土体剖面

Ap1：0~17 cm，橄榄棕色（2.5Y 4/3，干），暗橄榄棕色（2.5Y 3/3，润），砂土，中度发育的小棱块状结构，湿时疏松，少量小的石膏，少量中、细根系，多量极细根系，很少量细蜂窝状和管道状孔隙分布于结构体内，孔隙度中，很少量薄膜，无石灰反应，很少量、间断的、细、短的裂隙，清晰波状过渡。

Ap2：17~30 cm，淡橄榄棕色（2.5Y 5/4，干），橄榄棕色（2.5Y 4/4，润），砂质壤土，中度发育的小棱块状结构，干时坚硬，中量极细根系和很少的中等根系，少量很细的管道状孔隙分布于结构体内外，孔隙度低，很少量薄膜，无石灰反应，很少量、间断的、细、短的裂隙，突变平滑过渡。

Bk1：30~59 cm，淡棕色（2.5Y 8/3，干），淡黄棕色（2.5Y 6/3，润），砂质壤土，弱发育的小团块状结构，湿时稍坚实，少量中等根系和极细根系，很少量细蜂窝状和管道状孔隙分布于结构体内，孔隙度中，少量小的石膏石灰膜和结核，强石灰反应，清晰波状过渡。

Bk2：59~103 cm，淡棕色（2.5Y 7/3，干），淡橄榄棕色（2.5Y 5/3，润），砂质壤土，弱发育的小团块状结构，湿时稍坚实，少量中等根系，少量石灰结核，中度石灰反应，渐变平滑过渡。

Bk3：103~150 cm，淡黄棕色（2.5Y 6/3，干），橄榄棕色（2.5Y 4/3，润），砂质壤土，发育很弱的小团块状结构，湿时疏松，很少量中等和极细根系，很少量细蜂窝状和管道状孔隙分布于结构体内，孔隙度很低，少量很小的石膏，轻度石灰反应。

阿西尔系代表性单个土体物理性质

土层	深度 /cm	细土颗粒组成（粒径：mm)/(g/kg)			质地	砾石含量/%	容重 /(g/cm³)
		砂粒 2~0.05	粉粒 0.05~0.002	黏粒 <0.002			
Ap1	0~17	18	805	177	砂土	0	1.34
Ap2	17~30	31	789	180	砂质壤土	0	1.35
Bk1	30~59	56	835	109	砂质壤土	0	1.45
Bk2	59~103	27	793	180	砂质壤土	0	1.44
Bk3	103~150	30	826	144	砂质壤土	0	1.36

阿西尔系代表性单个土体化学性质

深度 /cm	pH (H₂O)	有机质 /(g/kg)	全磷 /(g/kg)	全钾 /(g/kg)	碱解氮 /(mg/kg)	速效磷 /(mg/kg)	速效钾 /(mg/kg)	电导率 (1∶1水土比) /(dS/m)	碳酸钙 /(g/kg)
0～17	8.0	20.7	0.69	8.01	19.6	10.45	206.6	0.3	8
17～30	8.0	32.7	0.68	9.30	25.1	7.31	199.5	0.3	14
30～59	8.3	13.2	0.68	7.47	15.8	3.11	113.9	0.3	217
59～103	8.4	10.5	0.59	5.62	17.5	2.15	91.4	0.3	147
103～150	8.3	6.8	0.57	5.36	8.9	2.67	88.6	0.3	140

9.16.15　额敏系（Emin Series）

土　　族：壤质混合型冷性-钙积简育干润雏形土
拟定者：武红旗，吴克宁，鞠　兵，杜凯闯，王　泽，刘文惠，谷海斌

分布与环境条件　该土系地处塔城地区的山前谷底或山前倾斜平原中下部。母质为冲积物，地形地貌为平原。中温带干旱和半干旱气候区，春季升温快，冷暖波动大。年平均气温为 5.8 ℃，年平均降水量为 289 mm，≥10 ℃年积温 2564.6 ℃，无霜期 135 天。土地利用类型为水浇地，主要种植小麦、玉米、甜菜、油料作物等。

额敏系典型景观

土系特征与变幅　该土系诊断层有雏形层、钙积层，诊断特性有半干润土壤水分状况、冷性土壤温度状况、石灰性。混合型矿物，土层深厚，质地主要为粉壤土，以棱块状结构为主，孔隙度低，通体有石灰反应。

对比土系　阿西尔系，壤质混合型冷性-钙积简育干润雏形土。二者土族相同，母质不同，地形相似。

利用性能综述　北疆主要耕种土壤之一，生产性较好，土层厚，肥力居中，多属二等耕地，适种小麦、玉米、甜菜、油料作物等。存在问题主要是用养失调、缺磷少氢、土壤略有板结。今后应合理轮作倒茬，重视农田基本建设，建立禾本科-豆科作物复合式农田生态系统，增施有机肥，调整氮磷比例，增肥防板，提高土壤生产力。

参比土种　棕黄土。

代表性单个土体　剖面于 2014 年 8 月 21 日采自新疆维吾尔自治区塔城地区额敏县农九师一六六团十一连（编号 XJ-14-50），46°45′00″N，83°35′56″E，海拔 766 m。母质类型为冲积物。

Aup1：0～18 cm，灰棕色（2.5Y 5/2，干），暗灰棕色（2.5Y 4/2，润），粉壤土，中度发育的大棱块状结构，少量次圆状正长石碎屑，干时稍坚硬，间断、间距很少、短、细的裂隙，中量中根系，中量细管道状孔隙分布于结构体内外，孔隙度低，少量地膜，轻度石灰反应，渐变波状过渡。

Aup2：18～29 cm，淡橄榄棕色（2.5Y 5/3，干），橄榄棕色（2.5Y 4/3，润），粉壤土，中度发育的大棱块状结构，少量小次圆状正长石碎屑，湿时松散，间断、间距很少、短、细的裂隙，中量细根系，少量细管道状孔隙分布于结构体内外，孔隙度低，少量地膜，轻度石灰反应，清晰波状过渡。

Bw：　29～48 cm，淡黄棕色（2.5Y 6/3，干），橄榄棕色（2.5Y 4/3，润），粉土，强发育结构的大棱块状结构，中量小次圆状正长石碎屑，湿时松散，间断、间距很少、短、中等宽度的裂隙，少量细根系，很少量很细管道状孔隙，

额敏系代表性单个土体剖面

分布于结构体内外，孔隙度很低，很少量地膜，轻度石灰反应，渐变平滑过渡。

Bk1：　48～81 cm，淡棕色（2.5Y 7/4，干），淡黄棕色（2.5Y 6/4，润），粉壤土，弱发育的棱块状结构，很少量小次圆状正长石碎屑，湿时松散，少量细蜂窝状孔隙分布于结构体外，孔隙度低，极强石灰反应，渐变平滑过渡。

Bk2：　81～131 cm，淡棕色（2.5Y 7/3，干），淡橄榄棕色（2.5Y 5/3，润），粉壤土，弱发育的棱块状结构，很少量小次圆状正长石碎屑，湿时松散，很少量细蜂窝状孔隙分布于结构体外，孔隙度很低，强石灰反应。

额敏系代表性单个土体物理性质

土层	深度/cm	细土颗粒组成（粒径：mm)/(g/kg)			质地	砾石含量/%	容重/(g/cm³)
		砂粒 2～0.05	粉粒 0.05～0.002	黏粒 <0.002			
Aup1	0～18	84	842	74	粉壤土	0	1.70
Aup2	18～29	95	702	203	粉壤土	5	1.64
Bw	29～48	119	705	176	粉土	5	1.89
Bk1	48～81	103	655	242	粉壤土	0	1.51
Bk2	81～131	153	640	207	粉壤土	0	1.48

额敏系代表性单个土体化学性质

深度 /cm	pH (H₂O)	有机质 /(g/kg)	全磷 /(g/kg)	全钾 /(g/kg)	碱解氮 /(mg/kg)	速效磷 /(mg/kg)	速效钾 /(mg/kg)	电导率 (1∶1水土比) /(dS/m)	碳酸钙 /(g/kg)
0～18	8.0	24.7	0.89	1.50	201.5	13.42	141.9	0.6	31
18～29	8.1	20.9	0.86	5.93	17.6	15.35	127.9	0.3	21
29～48	8.2	27.6	0.86	7.98	69.3	14.82	153.2	0.3	23
48～81	8.3	14.3	0.70	6.15	32.4	3.81	66.1	0.4	151
81～131	8.4	11.0	0.64	3.79	28.9	3.11	46.4	0.4	115

9.16.16 恰合吉系（Qiaheji Series）

土　族：壤质混合型冷性-钙积简育干润雏形土
拟定者：武红旗，吴克宁，鞠　兵，杜凯闯，王　泽，刘文惠，谷海斌

分布与环境条件　该土系地处塔城地区的山前洪-冲积扇中下部的局部洼地或河流二级阶地上。母质为洪-冲积物，地形地貌为平原，地形较为平坦。中温带干旱和半干旱气候区，春季升温快，冷暖波动大。年平均气温为 4.4 ℃，年平均降水量为 104 mm，≥10 ℃年积温 2948 ℃。土地利用类型为水浇地，植被以假木贼、小蓬为主。

恰合吉系典型景观

土系特征与变幅　该土系诊断层有雏形层、钙积层，诊断特性有半干润土壤水分状况、冷性土壤温度状况、石灰性。混合型矿物，土层深厚，质地主要为粉壤土，以棱块状或小棱块状结构为主，孔隙度低，Bk1 层、Bk2 层和 Bk3 层均有灰白色石灰结核，通体有石灰反应。

对比土系　新源系，黏壤质混合型冷性-钙积简育干润雏形土。二者同一亚类，但控制层段内的颗粒大小级别不同，新源系为黏壤质，而恰合吉系为壤质，土族不同，地形不同，母质不同。

利用性能综述　地形较平坦，质地适中，但地下水矿化度一般较高，土体含盐较重，植被覆盖度低，目前大多做为过渡草场。因灌溉引水困难，改良难度大，一般不宜开垦。对现有植被应尽力加以保护，以防风蚀砂化的发生造成土壤生产力进一步恶化。

参比土种　中硫棕黄土。

代表性单个土体　剖面于 2014 年 8 月 21 日采自新疆维吾尔自治区塔城地区塔城市恰合吉牧场（编号 XJ-14-51），46°32′41″N，83°18′56″E，海拔 468 m。母质类型为洪-冲积物。

恰合吉系代表性单个土体剖面

Ap1：0～10 cm，淡棕色（10YR 6/3，干），棕色（10YR 4/3，润），粉壤土，中度发育的小棱块状结构，很少量很小的次圆状岩屑，干时松软，间断、中等间距、中等长度、细的裂隙，中量极细根系和细根系，中量细管道状孔隙分布于结构体内，孔隙度很低，很少量地薄膜和其他侵入体，中度石灰反应，清晰波状过渡。

Ap2：10～31 cm，棕色（10YR 5/3，干），暗黄棕色（10YR 4/4，润），粉壤土，中度发育的棱块状结构，很少量很小的次圆状岩屑，干时稍坚硬，间断、中等间距、中等长度、很细的裂隙，中量极细根系和中根系，很少量很细管道状孔隙分布于结构体内，孔隙度很低，很少量地薄膜和其他侵入体，强石灰反应，清晰波状过渡。

Bk1：31～49 cm，黄棕色（10YR 5/4，干），暗黄棕色（10YR 4/4，润），粉土，弱发育的棱块状结构，很少量小次棱

角状岩屑，湿时很坚实，少量极细根系和细根系，少量很细管道状孔隙分布于结构体内，孔隙度很低，少量（5%）很小的角块状的灰白色石灰结核，中度石灰反应，渐变波状过渡。

Bk2：49～96 cm，极淡棕色（10YR 7/4，干），棕色（10YR 5/3，润），粉壤土，弱发育的小棱块状结构，少量小次棱角状岩屑，湿时很坚实，间断、间距中等、长、很细的裂隙，很少量极细根系和细根系，很少量很细管道状孔隙分布于结构体内，孔隙度很低，中量中等大小的角块状的灰白色石灰结核，中度石灰反应，清晰波状过渡。

Bk3：96～120 cm，淡棕色（10YR 6/3，干），暗棕色（10YR 3/3，润），粉壤土，发育很弱的小棱块状结构，少量很小的次棱角状岩屑，湿时很坚实，间断、中等间距、中等长度、很细的裂隙，很少量极细根系，很少量很细管道状孔隙分布于结构体内，孔隙度很低，多量中等大小的角块状的灰白色石灰结核，轻度石灰反应。

恰合吉系代表性单个土体物理性质

土层	深度 /cm	细土颗粒组成 (粒径：mm)/(g/kg)			质地	砾石 含量/%	容重 /(g/cm³)
		砂粒 2～0.05	粉粒 0.05～0.002	黏粒 <0.002			
Ap1	0～10	158	610	232	粉壤土	0	1.26
Ap2	10～31	152	669	179	粉壤土	0	1.45
Bk1	31～49	443	304	253	粉土	5	1.61
Bk2	49～96	325	627	48	粉壤土	0	1.81
Bk3	96～120	404	452	144	粉壤土	5	1.72

恰合吉系代表性单个土体化学性质

深度 /cm	pH (H₂O)	有机质 /(g/kg)	全磷 /(g/kg)	全钾 /(g/kg)	碱解氮 /(mg/kg)	速效磷 /(mg/kg)	速效钾 /(mg/kg)	电导率 (1:1水土比) /(dS/m)	碳酸钙 /(g/kg)
0～10	8.2	23.1	0.93	7.99	56.3	5.30	212.2	0.8	108
10～31	8.3	23.4	0.95	8.26	62.2	13.07	334.4	0.6	105
31～49	8.5	10.4	0.45	7.47	12.7	3.81	215.0	0.5	112
49～96	9.1	11.1	0.52	8.26	14.9	2.94	172.8	0.6	177
96～120	8.5	5.0	0.54	5.62	18.8	2.76	119.5	1.2	90

9.16.17 五里系（Wuli Series）

土　　族：壤质混合型冷性-钙积简育干润雏形土
拟定者：武红旗，吴克宁，鞠　兵，杜凯闯，王　泽，刘文惠，谷海斌

分布与环境条件　该土系地处塔城地区的冲积平原。地形地貌为平原，母质为冲积物，中温带干旱和半干旱气候区，春季升温快，冷暖波动大。年平均气温为 5.5 ℃，年平均降水量为 270.2 mm。土地利用类型为水浇地。

五里系典型景观

土系特征与变幅　该土系诊断层有雏形层、钙积现象，诊断特性有半干润土壤水分状况、冷性土壤温度状况、石灰性。混合型矿物，土层深厚，质地主要为黏壤土，土体上部孔隙度低，下部孔隙度高，通体有石灰反应。

对比土系　新源系，黏壤质混合型冷性-钙积简育干润雏形土。二者同一亚类，但地形不同，母质不同。新源系在土族控制层段内的颗粒大小级别为黏壤质，而五里系为壤质，属于不同土族。

利用性能综述　土层深厚，质地适中，肥力较高，是较好的土地资源。

参比土种　棕壤土。

代表性单个土体　剖面于 2014 年 8 月 22 日采自新疆维吾尔自治区塔城地区塔城市二工镇五里村（编号 XJ-14-55），46°42′26″N，82°57′08″E，海拔 549 m。母质类型为冲积物。

Ap: 0～14 cm，淡灰色（2.5Y 7/2，干），暗灰棕色（2.5Y 4/2，润），粉壤土，中度发育结构，干时松散，间断间距很小的裂隙，中量中根系，中量薄膜，弱石灰反应，渐变波状过渡。

AB: 14～30 cm，灰棕色（2.5Y 5/2，干），极暗灰棕色（2.5Y 3/2，润），粉壤土，中度发育结构，干时坚硬，间断间距很小的裂隙，中量中根系，少量中管道状孔隙分布于结构体外，孔隙度低，中量薄膜，弱石灰反应，清晰波状过渡。

Bk1: 30～62 cm，淡棕灰色（2.5Y 6/2，干），暗灰棕色（2.5Y 4/2，润），粉质黏壤土，弱发育结构，中度小次圆状正长石碎屑，干时稍坚硬，少量粗根系，中量细蜂窝状孔隙分布于结构体外，孔隙度中，很少量薄膜，有石灰反应，渐变波状过渡。

五里系代表性单个土体剖面

Bk2: 62～92 cm，淡棕色（2.5Y 7/3，干），淡橄榄棕色（2.5Y 5/3，润），粉质黏壤土，弱发育结构，干时稍坚硬，连续且间距很大的裂隙，很少量很粗的根系，多量很细的蜂窝状孔隙分布于结构体外，孔隙度高，有石灰反应，渐变平滑过渡。

BC: 92～112 cm，淡黄棕色（2.5Y 6/3，干），橄榄棕色（2.5Y 4/3，润），粉壤土，中度发育结构，干时松散，连续且间距很大的裂隙，少量中根系，多量很细的蜂窝状孔隙分布于结构体外，孔隙度高，有石灰反应。

五里系代表性单个土体物理性质

土层	深度 /cm	砂粒 2～0.05	粉粒 0.05～0.002	黏粒 <0.002	质地	砾石含量/%	容重 /(g/cm³)
		细土颗粒组成（粒径：mm)/(g/kg)					
Ap	0～14	78	643	279	粉壤土	0	1.46
AB	14～30	134	601	265	粉壤土	0	1.36
Bk1	30～62	291	639	70	粉质黏壤土	5	1.46
Bk2	62～92	49	732	219	粉质黏壤土	5	1.41
BC	92～112	71	730	199	粉壤土	0	1.37

五里系代表性单个土体化学性质

深度 /cm	pH (H₂O)	有机质 /(g/kg)	全磷 /(g/kg)	全钾 /(g/kg)	碱解氮 /(mg/kg)	速效磷 /(mg/kg)	速效钾 /(mg/kg)	电导率 (1:1水土比) /(dS/m)	碳酸钙 /(g/kg)
0～14	8.2	27.6	1.08	9.57	27.8	9.09	188.3	0.1	57
14～30	8.2	38.3	1.02	8.78	4.1	6.67	186.9	0.4	56
30～62	8.3	30.3	1.02	8.25	20.3	5.51	164.4	0.4	111
62～92	8.4	11.2	0.78	8.52	11.0	2.81	68.9	0.4	126
92～112	8.5	15.7	0.76	8.00	14.2	2.90	54.9	0.5	99

9.16.18　伊宁系（Yining Series）

土　　族：壤质混合型温性-钙积简育干润雏形土
拟定者：武红旗，吴克宁，鞠　兵，张文太，范燕敏，侯艳娜，盛建东

分布与环境条件　该土系分布于塔城盆地山前洪积扇中上部，属温带大陆干旱气候区。年平均气温为 8.7 ℃，年平均降水量为 290 mm。母质为冲积物，地形地貌为平原，土地利用类型为水浇地，种植小麦为主。

伊宁系典型景观

土系特征与变幅　该土系诊断层包括钙积层，诊断特性包括温性土壤温度状况、半干润土壤水分状况，此外还有盐积现象、石膏现象。土层深厚，土体构型相对均一，质地通体为壤土和粉壤土，通体有盐化反应。

对比土系　呼图壁系，黏壤质混合型石灰性温性-普通简育干润雏形土。二者母质相同，伊宁系含钙积层，在高级分类单元中属于钙积简育干润雏形土，呼图壁系剖面偏红，未发育钙积层，系普通简育干润雏形土。

利用性能综述　耕性差，漏水漏肥，开春升温快，灌溉费水，灌后易板结，产量低而不稳，小麦产量多在 120 公斤/亩。由于土体中含有一定量的砾石，渗水较快，而且在土体干燥时，硫松表土易遭风蚀。在改良利用中，应重视兴修水利，搞好农田基本建设，通过引洪灌淤、培土去砾等措施不断的培肥土壤。要坚持秸秆还田，增施有机肥以及推广草田轮作。

参比土种　砾质棕黄土。

代表性单个土体　剖面于 2014 年 8 月 22 日采自新疆维吾尔自治区伊犁哈萨克自治州伊

宁县下一棵树村（编号 XJ-14-53），46°49′16″N，83°1′52″E，海拔 664 m。母质类型为冲积物。

Ap：0～19 cm，淡黄棕色（2.5Y 6/3，干），橄榄棕色（2.5Y 4/3，润），粉壤土，中度发育的小棱块状结构，湿时稍坚实，有裂隙，有多量根系，多量很细管道状孔隙、蜂窝状孔隙分布于结构体内，存在很少地膜，中度盐化反应，清晰波状过渡。

Bk1：19～30 cm，淡黄棕色（2.5Y 6/3，干），淡橄榄棕色（2.5Y 5/3，润），粉壤土，中度发育的小棱块状结构，湿时很坚实，有中量根系，中量很细管道状孔隙、蜂窝状孔隙分布于结构体内，存在很少地膜，有很少量的白色假菌丝体，强盐化反应，清晰波状过渡。

Bk2：30～64 cm，淡黄棕色（2.5Y 6/3，干），淡橄榄棕色（2.5Y 5/4，润），壤土，弱发育的很小棱块状结构，湿时稍坚实，有中量极细根系和细根系，少量很细蜂窝状孔隙、管道状孔隙分布于结构体内，有很少量的白色假菌丝体，中度盐化反应，渐变平滑过渡。

伊宁系代表性单个土体剖面

Bk3：64～92 cm，淡棕色（2.5Y 8/2，干），淡棕色（2.5Y 7/3，润），粉壤土，很弱发育的很小棱块状结构，湿时稍坚实，有少量极细根系，多量很细管道状孔隙、蜂窝状孔隙分布于结构体内，有少量的白色假菌丝体，中度盐化反应，渐变波状过渡。

Bk4：92～120 cm，灰白色（2.5Y 8/1，干），淡黄棕色（2.5Y 6/2，润），壤土，很弱发育的很小团块状结构，存在多微风化正长石硬度中、大次棱角状长石碎屑，湿时疏松，有很少极细根系，很少量很细管道状孔隙、蜂窝状孔隙分布于结构体内，有少量的白色假菌丝体，中度盐化反应。

伊宁系代表性单个土体物理性质

土层	深度 /cm	细土颗粒组成（粒径：mm)/(g/kg)			质地	砾石含量/%	容重 /(g/cm³)
		砂粒 2～0.05	粉粒 0.05～0.002	黏粒 <0.002			
Ap	0～19	339	470	191	粉壤土	0	1.42
Bk1	19～30	265	588	147	粉壤土	0	1.48
Bk2	30～64	331	449	220	壤土	0	1.51
Bk3	64～92	183	598	219	粉壤土	0	1.61
Bk4	92～120	210	570	220	壤土	40	—

伊宁系代表性单个土体化学性质

深度 /cm	pH (H₂O)	有机质 /(g/kg)	全磷 /(g/kg)	全钾 /(g/kg)	碱解氮 /(mg/kg)	速效磷 /(mg/kg)	速效钾 /(mg/kg)	电导率 (1:1水土比) /(dS/m)	碳酸钙 /(g/kg)
0～19	8.1	40.9	0.65	7.47	21.9	6.61	147.6	0.4	238
19～30	8.1	15.7	0.64	8.51	28.5	5.56	164.4	0.3	16
30～64	8.5	13.2	0.63	7.20	19.9	4.16	91.4	0.4	84
64～92	8.3	8.1	0.46	4.05	20.5	3.46	57.7	0.3	265
92～120	8.4	8.5	0.44	4.05	20.1	3.02	43.6	0.2	14

9.16.19　焉耆系（Yanqi Series）

土　　族：壤质混合型温性-钙积简育干润雏形土
拟定者：吴克宁，武红旗，鞠　兵，杜凯闯，郝士横等

分布与环境条件　该土系地处塔克拉玛干沙漠边缘，主要分布于泽普县叶尔羌河流域冲积平原地区。母质是冲积物，地形平坦；气候干燥，降水稀少，蒸发量大，日照时间长，典型的大陆性气候，年平均气温为 7.9 ℃，年平均降水量为 64.7 mm；土地利用类型为水浇地，主要是小麦-西红柿轮作。

焉耆系典型景观

土系特征与变幅　该土系诊断层有钙积层、雏形层，诊断特性有半干润土壤水分状况、温性土壤温度状况、石灰性。混合型矿物，质地以粉壤土为主，表层孔隙度较高，B 层孔隙度较高，Bk 层和 Bw 层有很小的不规则结核，通体有石灰反应。

对比土系　胡地亚系，壤质混合型石灰性温性-普通简育干润雏形土。与焉耆系相比，胡地亚系在高级分类单元中未发育有钙积层，而属于普通简育干润雏形土。

利用性能综述　该土系土层深厚，质地适中，适种范围广，加之热能、光能资源优越，水源有保证，但要注意合理灌溉，严格控制灌水定额，防止地下水位上升。

参比土种　灌淤潮土。

代表性单个土体　剖面于 2015 年 8 月 13 日采自新疆维吾尔自治区巴音郭楞蒙古自治州和硕县农二师二十四团八连（编号 XJ-15-06），42°16′43″N，86°41′21″E，海拔 1055.4 m，母质类型为冲积物。

焉耆系代表性单个土体剖面

Ap1：0～13 cm，灰白色（2.5Y 8/2，干），暗灰黄色（2.5Y 5/2，润），粉壤土，中度发育的块状结构，湿时疏松，中量细根系和很少量中根系，多量很细的蜂窝状孔隙分布于结构体外，孔隙度高，很少量薄膜，中度石灰反应，清晰平滑过渡。

Ap2：13～47 cm，灰白色（2.5Y 8/2，干），暗灰黄色（2.5Y 5/2，润），粉壤土，中度发育的块状结构，湿时坚实，少量细根系和很少量中根系，中量很细的蜂窝状孔隙分布于结构体外，孔隙度高，很少量薄膜，强石灰反应，清晰平滑过渡。

Bk：47～68 cm，灰白色（2.5Y 8/2，干），浊黄色（2.5Y 6/3，润），粉壤土，弱发育结构，湿时疏松，很少量极细根系，中量很细的蜂窝状孔隙分布于结构体内外，孔隙度中，很少的小扁平结核，中度石灰反应，模糊波状过渡。

Bw：68～130 cm，浅淡黄色（2.5Y 8/3，干），黄棕色（2.5Y 5/3，润），粉壤土，弱发育的块状结构，湿时疏松，很少量极细根系，多量细蜂窝状孔隙分布于结构体内外，孔隙度高，中量的小块不规则结核，强石灰反应。

焉耆系代表性单个土体物理性质

土层	深度/cm	细土颗粒组成（粒径：mm)/(g/kg)			质地	砾石含量/%	容重/(g/cm³)
		砂粒 2～0.05	粉粒 0.05～0.002	黏粒 <0.002			
Ap1	0～13	889	42	69	粉壤土	40	1.31
Ap2	13～47	54	683	263	粉壤土	0	1.40
Bk	47～68	42	803	155	粉壤土	0	1.32
Bw	68～130	129	731	140	粉壤土	0	1.40

焉耆系代表性单个土体化学性质

深度/cm	pH (H₂O)	有机质/(g/kg)	全磷/(g/kg)	全钾/(g/kg)	碱解氮/(mg/kg)	速效磷/(mg/kg)	速效钾/(mg/kg)	电导率(1∶1水土比)/(dS/m)	碳酸钙/(g/kg)
0～13	8.0	16.8	1.01	17.08	64.32	57.17	176.56	1.8	324
13～47	8.2	14.8	1.08	16.26	36.52	57.42	140.93	2.1	437
47～68	8.1	9.7	0.69	12.46	36.41	10.92	195.47	1.7	211
68～130	8.2	12.2	0.63	12.25	22.32	13.41	196.29	0.6	127

9.16.20 二道河子系（Erdaohezi Series）

土　族：壤质混合型温性-钙积简育干润雏形土

拟定者：武红旗，吴克宁，鞠　兵，杜凯闯，王　泽，刘文惠，谷海斌

分布与环境条件　该土系地处伊犁哈萨克自治州的冲积平原。年平均气温为 9.2 ℃，年平均降水量为 326 mm。母质为冲积物，地形地貌为平原，土地利用类型为水浇地，种植作物为玉米、葡萄等。

二道河子系典型景观

土系特征与变幅　该土系诊断层有雏形层、钙积层，诊断特性有温性土壤温度状况、半干润土壤水分状况，诊断现象有灌淤现象。土层深厚，土体构型单一，质地以壤土为主。

对比土系　焉耆系，壤质混合型温性-钙积简育干润雏形土。二者土族相同，母质相同，均有钙积层。

利用性能综述　一般肥力较高，在改良利用上，重视有机肥，适时进行田间作业，掌握好耕期，提高耕作质量。

参比土种　灰壤土。

代表性单个土体　剖面于 2014 年 8 月 26 日采自新疆维吾尔自治区伊犁哈萨克自治州霍城县清水河镇二道河村（编号 XJ-14-64），44°08′46″N，80°43′46″E，海拔 708 m。母质类型为冲积物。

中国土系志·新疆卷

Ap1：0～19 cm，淡灰色（2.5Y 7/2，干），暗灰棕色（2.5Y 4/2，润），壤土，弱发育的块状结构，干态极硬，极少量极细根系，很少量很细管道状孔隙，位于结构体外，孔隙度很低，强石灰反应，渐变波状过渡。

Ap2：19～34 cm，淡棕色（2.5Y 7/3，干），淡黄棕色（2.5Y 6/3，润），壤土，弱发育的块状结构，干态极硬，少量中等粗细根系，少量细管道状孔隙，位于结构体外，孔隙度低，强石灰反应，清晰平滑过渡。

Bk1：34～80 cm，淡灰色（2.5Y 7/2，干），淡橄榄棕色（2.5Y 5/3，润），壤土，中度发育的块状结构，干态坚硬，少量中等粗细根系，多量很细蜂窝状孔隙，位于结构体外，孔隙度低，中量碳酸钙结核，极强石灰反应，渐变波状过渡。

二道河子系代表性单个土体剖面

Bk2：80～110 cm，淡棕色（2.5Y 7/3，干），淡黄棕色（2.5Y 6/4，润），砂质壤土，中度发育的块状结构，干态松散，很少量中等粗细根系，中量很细蜂窝状孔隙，位于结构体外，孔隙度很低，中量碳酸钙结核，极强石灰反应，突变平滑过渡。

Bk3：110～126 cm，淡棕色（2.5Y 7/3，干），淡橄榄棕色（2.5Y 5/3，润），壤土，中度发育的块状结构，湿态松散，多量很细蜂窝状孔隙，位于结构体外，孔隙度低，中量碳酸钙结核，极强石灰反应。

二道河子系代表性单个土体物理性质

土层	深度 /cm	砂粒 2～0.05	粉粒 0.05～0.002	黏粒 <0.002	质地	砾石 含量/%	容重 /(g/cm³)
Ap1	0～19	—	—	—	壤土	0	1.42
Ap2	19～34	—	—	—	壤土	0	1.46
Bk1	34～80	—	—	—	壤土	0	1.36
Bk2	80～110	—	—	—	砂壤土	0	1.55
Bk3	110～126	—	—	—	壤土	0	1.38

表头：细土颗粒组成（粒径：mm)/(g/kg)

二道河子系代表性单个土体化学性质

深度 /cm	pH (H₂O)	有机质 /(g/kg)	全磷 /(g/kg)	全钾 /(g/kg)	碱解氮 /(mg/kg)	速效磷 /(mg/kg)	速效钾 /(mg/kg)	电导率 (1∶1水土比) /(dS/m)	碳酸钙 /(g/kg)
0～19	8.4	18.1	0.80	5.39	49.5	11.64	96.8	0.4	171
19～34	8.3	14.3	0.85	6.80	40.6	3.42	40.1	0.4	173
34～80	8.3	11.6	0.73	7.27	8.5	4.95	127.4	0.3	222
80～110	8.6	6.7	0.54	2.59	4.2	3.33	56.1	0.2	232
110～126	8.3	10.2	0.71	7.26	23.5	5.14	108.5	0.3	196

9.16.21　塔城系（Tacheng Series）

土　　族：壤质混合型温性-钙积简育干润雏形土
拟定者：武红旗，吴克宁，鞠　兵，杜凯闯，王　泽，刘文惠，谷海斌

分布与环境条件　该土系分布于塔城市南部额敏河的河滩地上，母质为冲积物，地形地貌为平原，温带大陆性干旱气候，年平均气温为 8.7 ℃，年平均降水量为 290 mm，蒸发量 1600 mm。无霜期 130～190 天。土地利用类型为水浇地，种植籽瓜为主。

塔城系典型景观

土系特征与变幅　该土系诊断层包括雏形层、钙积层，诊断特性包括半干润土壤水分状况、温性土壤温度状况、石灰性。混合型矿物，土层深厚，质地主要为粉壤土，土体上部为粒状结构，下部为棱块状结构，通体有石灰反应。

对比土系　焉耆系，壤质混合型温性-钙积简育干润雏形土。二者土族相同，母质相同，均有钙积层。

利用性能综述　灌溉条件较好，地形平坦，土层较厚，潜在肥力高，宜耕宜种，是较好的土壤之一。改良措施主要是合理轮作，科学使用化肥，培肥土壤，提高地力。

参比土种　砾质棕黄土。

代表性单个土体　剖面于 2014 年 8 月 22 日采自新疆维吾尔自治区塔城地区塔城市兵团一六二团三连（编号为 XJ-14-54），46°31′10″N，82°53′59″E，海拔 439 m，母质为冲积物。

Ap1：0～18 cm，淡黄棕色（2.5Y 6/2，干），灰棕色（2.5Y 5/2，润），粉壤土，中等发育的小粒状结构，干时松散，中量细根，很少量细根孔状孔隙分布于结构体外，孔隙度低，很少量薄膜，强石灰反应，渐变波状过渡。

Ap2：18～31 cm，灰棕色（2.5Y 5/2，干），橄榄棕色（2.5Y 4/3，润），粉壤土，中等发育的中粒状结构，湿时松散，很少量粗根系，很少量细根孔隙分布于结构体外，孔隙度低，很少量薄膜，强石灰反应，渐变平滑过渡。

Bw：31～61 cm，淡黄棕色（2.5Y 6/3，干），橄榄棕色（2.5Y 4/3，润），砂质壤土，中等发育的大棱块状结构，湿时松散，很少量极细根系，很少量细根孔状孔隙分布于结构体外，孔隙度低，中度石灰反应，突变平滑过渡。

Ahb：61～79 cm，灰色（2.5Y 5/1，干），极暗灰色（2.5Y 3/1，润），壤土，强发育的大棱块柱状结构，湿时稍坚实，中等极细根系，强石灰反应，突变波状过渡。

塔城系代表性单个土体剖面

Bkb：79～115 cm，淡灰色（2.5Y 7/2，干），淡黄棕色（2.5Y 6/3，润），粉壤土，弱发育的大棱块柱状结构，湿时疏松，少量极细根系，极强石灰反应，清晰波状过渡。

Bwb：115～137 cm，灰色（2.5Y 5/1，干），暗灰色（2.5Y 4/1，润），粉壤土，强发育的大棱块柱状结构，湿时稍坚实，很少量极细根系，极强石灰反应。

塔城系代表性单个土体物理性质

| 土层 | 深度/cm | 细土颗粒组成（粒径：mm)/(g/kg) | | | 质地 | 砾石含量/% | 容重/(g/cm³) |
		砂粒 2～0.05	粉粒 0.05～0.002	黏粒 <0.002			
Ap1	0～18	460	428	112	粉壤土	0	1.56
Ap2	18～31	394	494	112	粉壤土	0	1.36
Bw	31～61	660	233	107	砂质壤土	0	1.39
Ahb	61～79	218	700	82	壤土	0	1.37
Bkb	79～115	253	732	15	粉壤土	0	1.36
Bwb	115～137	454	532	14	粉壤土	0	1.33

塔城系代表性单个土体化学性质

深度/cm	pH (H₂O)	有机质/(g/kg)	全磷/(g/kg)	全钾/(g/kg)	碱解氮/(mg/kg)	速效磷/(mg/kg)	速效钾/(mg/kg)	电导率(1:1水土比)/(dS/m)	碳酸钙/(g/kg)
0～18	8.1	8.4	0.62	3.52	32.0	5.65	77.3	0.4	52
18～31	8.2	10.2	0.66	3.79	28.3	13.07	90.0	0.4	46
31～61	7.7	5.8	0.61	2.21	14.9	3.81	40.8	0.4	44
61～79	7.3	23.2	0.66	6.42	65.9	3.46	91.4	0.7	80
79～115	7.6	11.6	0.62	7.73	26.2	3.55	77.3	0.4	227
115～137	7.7	8.8	0.50	6.15	8.6	3.25	90.0	0.4	38

9.16.22 白碱滩系（Baijiantan Series）

土　族：壤质混合型温性-钙积简育干润雏形土
拟定者：武红旗，吴克宁，鞠　兵，杜凯闯，王　泽，刘文惠，谷海斌

分布与环境条件　该土系主要分布在准噶尔盆地西北缘，北面接壤扎伊尔山山脉，地形轮廓呈条形，母质为第四系坡、洪积物质，典型的大陆性荒漠气候，干燥、多风、温差大；年平均气温为 8.4 ℃，年均降水量为 169 mm，蒸发量为 2558 mm，无霜期 225 天。

白碱滩系典型景观

土系特征与变幅　诊断层包括雏形层和钙积层，诊断特性包括半干润土壤水分状况、温性土壤温度状况、石灰性。土地厚度 50 cm，地表龟裂纹明显，强烈发育孔泡结皮层，亚层以下质地松散，具有强烈的石灰性特征，发育有石灰结核等新生体，pH 在 8.0～8.5 之间，呈碱性。

对比土系　阿勒泰系，砂质混合型寒性-钙积简育干润雏形土。二者同一亚类，地形不同，母质不同，土壤温度状况不同，在土族控制层段内的颗粒大小级别也不同，二者属于不同土族。

利用性能综述　地势平坦，土体浅薄，强烈干旱，耕性较差，不适宜耕作。

参比土种　棕红土。

代表性单个土体　剖面于 2014 年 7 月 26 日采自新疆维吾尔自治区克拉玛依市白碱滩区（编号 XJV-14-01），45°39′49″N，85°02′43″E，海拔 418 m。母质类型为第四系坡、洪积物。

A: 0～11 cm，粉白色（2.5YR 8/2，干），亮红棕色（2.5YR 6/3，润），粉质黏壤土，强发育的厚片状结构，干时很坚硬，很少量细根系和中根系，多量细气泡状孔隙分布于结构表层，孔隙度高，强石灰反应，清晰平滑过渡。

Bk: 11～32 cm，粉色（2.5YR 7/1，干），红棕色（2.5YR 5/3，润），粉壤土，强发育的很小的楔形结构，少量微风化的小块状正长石碎屑，干时坚硬，多量很细气泡状孔隙分布于结构体上部，孔隙度高，多量对比度显著的碳酸钙在结构面，强石灰反应。

白碱滩系代表性单个土体剖面

白碱滩系代表性单个土体物理性质

| 土层 | 深度/cm | 细土颗粒组成（粒径：mm)/(g/kg) | | | 质地 | 砾石含量/% | 容重/(g/cm³) |
		砂粒 2～0.05	粉粒 0.05～0.002	黏粒 <0.002			
A	0～11	25	695	280	粉质黏壤土	0	1.53
Bk	11～32	170	720	110	粉壤土	11	1.49

白碱滩系代表性单个土体化学性质

深度/cm	pH (H₂O)	有机质/(g/kg)	全磷/(g/kg)	全钾/(g/kg)	碱解氮/(mg/kg)	速效磷/(mg/kg)	速效钾/(mg/kg)	电导率 (1∶1水土比)/(dS/m)
0～11	8.2	24.0	0.29	6.89	66.66	8.52	134.6	0.0
11～32	8.1	22.7	0.28	4.88	20.71	8.92	140.6	1.8

9.16.23 阿勒泰系（Aletai Series）

土　族：砂质混合型寒性-钙积简育干润雏形土
拟定者：武红旗，吴克宁，鞠　兵，杜凯闯，王　泽，刘文惠，谷海斌

分布与环境条件　该土系地处阿勒泰地区的古老阶地平原上。母质为坡积物，地形地貌为中山，中温带大陆性气候，冬季漫长而寒冷，夏季短促、气温平和，年平均气温为 1.7 ℃，年平均降水量为 158.2 mm，≥10 ℃年积温 2846.7 ℃，无霜期 108 天。土地利用类型为旱地，主要种植小麦。

阿勒泰系典型景观

土系特征与变幅　该土系诊断层有雏形层、钙积层，诊断特性有半干润土壤水分状况、寒性土壤温度状况、石灰性。混合型矿物，土层深厚，质地主要为砂质壤土，以粒状结构为主，ABk 层有少量石灰结核，通体有石灰反应，Bk 层最强烈。

对比土系　福海系，壤质混合型石灰性冷性-普通简育干润雏形土。二者地形部位相同，母质类型不同，剖面构型不同，土族不同。

利用性能综述　质地适中，宜耕易种，但潜在肥力低，生产水平较低，目前小麦单产约在 150 公斤左右，今后应重视农田基本建设，平整土地，逐步扩大苜蓿种植面积。提倡近田养畜，做到以草养畜，以畜肥田，农牧结合，使土壤肥力不断提高。在提高单产的前提下，可适当将一些薄层土退耕还牧。同时大搞秸秆还田，增加化肥投入量，提高科学种田的水平。合理灌溉并提倡配方施肥新技术，以提高农作物的产量。

参比土种　淡棕黄土。

代表性单个土体　　剖面于 2014 年 8 月 16 日采自新疆维吾尔自治区阿勒泰地区阿勒泰市（编号 XJ-14-36），47°46′40″N，88°02′28″E，海拔 861 m。母质类型为坡积物。

阿勒泰系代表性单个土体剖面

Ap1：0～18 cm，棕色（10YR 4/3，干），暗棕色（10Y 3/3，润），砂质壤土，中度发育的片状结构，干时松散，中量细根系，中量细管道状孔隙分布于结构体内外，孔隙度中，轻度石灰反应，渐变波状过渡。

Ap2：18～29 cm，棕色（10YR 5/3，干），棕色（10Y 4/3，润），砂质壤土，弱发育的粒状结构，稍干时松散，少量极细根系，少量细管道状孔隙分布于结构体外，孔隙度低，中度石灰反应，渐变平滑过渡。

ABk：29～48 cm，黄棕色（10YR 5/4，干），暗黄棕色（10YR 4/4，润），砂质壤土，弱发育的粒状结构，润时松散，中量极细根系，中量中蜂窝状和管道状孔隙分布于结构体内外，孔隙度中，少量石灰结核，强石灰反应，渐变平滑过渡。

Bk：　48～90 cm，淡棕色（10YR 8/2，干），淡棕色（10YR 7/3，润），砂质壤土，弱发育的粒状结构，润时松散，很少量细蜂窝状孔隙分布于结构体内外，孔隙度很低，很少量大块结核，多量次棱角状的岩石和矿物碎屑，强石灰反应。

阿勒泰系代表性单个土体物理性质

土层	深度/cm	细土颗粒组成（粒径：mm)/(g/kg)			质地	砾石含量/%	容重/(g/cm³)
		砂粒 2～0.05	粉粒 0.05～0.002	黏粒 <0.002			
Ap1	0～18	774	121	105	砂质壤土	0	1.47
Ap2	18～29	708	189	103	砂质壤土	0	1.45
ABk	29～48	703	185	112	砂质壤土	0	1.57
Bk	48～90	619	313	68	砂质壤土	0	1.47

阿勒泰系代表性单个土体化学性质

深度/cm	pH (H₂O)	有机质/(g/kg)	全磷/(g/kg)	全钾/(g/kg)	碱解氮/(mg/kg)	速效磷/(mg/kg)	速效钾/(mg/kg)	电导率(1∶1水土比)/(dS/m)	碳酸钙/(g/kg)
0～18	7.7	11.0	1.01	3.80	56.3	19.89	52.1	0.7	9
18～29	8.0	13.3	0.99	4.34	28.1	18.50	46.4	0.2	12
29～48	8.0	14.8	0.91	4.62	46.6	8.14	66.1	0.2	10
48～90	7.9	20.2	0.72	2.71	38.7	2.76	29.6	0.5	304

9.16.24 英吾斯塘系（Yingwusitang Series）

土　　族：砂质混合型温性-钙积简育干润雏形土
拟定者：吴克宁，武红旗，鞠　兵，杜凯闯，郝士横等

分布与环境条件　该土系地处位于东昆仑山、阿尔金山北麓，塔里木盆地东南缘，主要分布于且末县叶尔羌河流域冲积平原地区。母质是冲积物，地势为平地。日照时间长，年平均气温为 11.7 ℃，年平均降水量为 17.8 mm，土地利用类型为旱地和果园。

英吾斯塘系典型景观

土系特征与变幅　该土系诊断层有雏形层、钙积层，诊断现象有肥熟现象，诊断特性有半干润土壤水分状况、温性土壤温度状况、石灰性。混合型矿物，质地主要为砂质壤土，以块状结构为主，孔隙度高，通体有石灰反应。

对比土系　巴热提买里系，壤质混合型石灰性温性-普通简育干润雏形土，地形相同，母质相同。在高级分类单元中，巴热提买里系无钙积层，与英吾斯塘系不同。

利用性能综述　地形平坦，土层深厚，内排水良好，外排水流失。质地主要为砂质壤土，结构状况良好，孔隙度高，适宜果树生长。

参比土种　灌淤潮土。

代表性单个土体　剖面于 2015 年 8 月 18 日采自新疆维吾尔自治区巴音郭楞蒙古自治州且末县英吾斯塘乡（编号 XJ-15-26），38°11′03″N，85°26′45″E，海拔 1243 m。母质类型为冲积物。

Ap1: 0～15 cm, 灰黄色（2.5Y 7/2, 干），橄榄棕色（2.5Y 4/3, 润），砂质壤土，中度发育的团块状结构，干时松软，中量细根系，少量粗根系，中量细蜂窝状孔隙分布于结构体内外，孔隙度高，强石灰反应，模糊平滑过渡。

Ap2: 15～31 cm, 灰白色（2.5Y 8/2, 干），橄榄棕色（2.5Y 4/3, 润），砂质壤土，中度发育的团块状结构，干时松软，湿态疏松，少量极细根系，中量很细蜂窝状孔隙分布于结构体内外，孔隙度高，强石灰反应，模糊平滑过渡。

AB: 31～46 cm, 灰黄色（2.5Y 7/2, 干），橄榄棕色（2.5Y 4/4, 润），砂质壤土，弱发育的块状结构，干时稍硬，湿态疏松，少量极细根系，中量很细蜂窝状孔隙分布于结构体内外，孔隙度高，强石灰反应，突变波状过渡。

Bw1: 46～60 cm, 灰黄色（2.5Y 7/2, 干），橄榄棕色（2.5Y 4/4, 润），砂土，弱发育的粒状结构，干时松软，湿态疏松，

英吾斯塘系代表性单个土体剖面

无根系，少量细蜂窝状孔隙分布于结构体内外，孔隙度高，中度石灰反应，突变间断过渡。

Bw2: 60～98 cm, 灰黄色（2.5Y 7/2, 干），黄棕色（2.5Y 5/4, 润），砂质壤土，中度发育的团块状结构，干时松软，湿态疏松，很少量细根系，少量细蜂窝状和管道状孔隙分布于结构体内外，孔隙度高，强石灰反应，清晰平滑过渡。

BC: 98～120 cm, 灰白色（2.5Y 8/2, 干），黄棕色（2.5Y 5/4, 润），壤土，弱发育的团块状结构，干时松软，湿态疏松，无根系，多量细蜂窝状孔隙分布于结构体内外，孔隙度高，强石灰反应。

英吾斯塘系代表性单个土体物理性质

土层	深度/cm	细土颗粒组成 (粒径: mm)/(g/kg)			质地	砾石含量/%	容重/(g/cm³)
		砂粒 2～0.05	粉粒 0.05～0.002	黏粒 <0.002			
Ap1	0～15	526	331	143	砂质壤土	0	1.37
Ap2	15～31	648	248	104	砂质壤土	0	1.49
AB	31～46	716	235	49	砂质壤土	0	1.62
Bw1	46～60	875	124	1	砂土	0	1.60
Bw2	60～98	771	191	38	壤质砂土	0	1.66
BC	98～120	437	407	156	壤土	0	1.57

英吾斯塘系代表性单个土体化学性质

深度 /cm	pH (H₂O)	有机质 /(g/kg)	全磷 /(g/kg)	全钾 /(g/kg)	碱解氮 /(mg/kg)	速效磷 /(mg/kg)	速效钾 /(mg/kg)	电导率 (1：1 水土比) /(dS/m)	碳酸钙 /(g/kg)
0～15	8.7	15.6	0.70	5.23	7.68	16.00	143.40	3.9	132
15～31	9.1	11.9	0.66	5.13	9.95	7.34	119.07	0.4	199
31～46	9.6	8.4	0.58	3.53	15.84	5.96	125.52	0.3	145
46～60	9.1	8.4	0.42	2.17	10.97	6.01	72.49	0.2	168
60～98	9.1	5.6	0.54	3.27	5.02	7.02	104.04	0.4	170
98～120	8.9	8.7	0.56	5.91	4.34	5.85	132.86	0.7	158

9.17　普通简育干润雏形土

9.17.1　塔什系（Tashi Series）

土　　族：粗骨砂质盖壤质多层混合型石灰性冷性-普通简育干润雏形土
拟定者：吴克宁，武红旗，鞠　兵，黄　勤，高　星，郭　梦等

分布与环境条件　该土系地处塔什库尔干塔吉克自治县，位于新疆维吾尔自治区西南部。母质类型为洪-冲积物，地势为平地，排水良好，干旱少雨，光能充足，热量欠缺，高原高寒干旱-半干旱气候，昼夜温差大，平均日较差 14.7 ℃左右，最大日较差 25.2 ℃，年平均气温 3.4 ℃，年平均降水量为 68.1 mm，土地利用类型为人工草地，主要种植雀麦和豌豆。

塔什系典型景观

土系特征与变幅　该土系诊断层有雏形层、钙积现象，诊断特性有半干润土壤水分状况、冷性土壤温度状况、石灰性。混合型矿物，质地以壤质土为主，以块状结构为主，孔隙度高，通体有次圆状花岗岩中砾、粗砾和石灰反应。

对比土系　尼勒克系，壤质混合型温性-钙积暗沃干润雏形土。尼勒克系的剖面中，发育有暗沃表层、钙积层，在高级单元分类中属于钙积暗沃干润雏形土；而塔什系剖面心土层结构发育较弱，仅具有雏形层，且土族控制层段内出现多层颗粒大小级别强烈对比，二者土体构型差异大。

利用性能综述　该土壤分布区地势平坦，土壤养分低或缺乏，大部分属中低产土壤，作物产量低而不稳。必须加强土壤的合理利用与改良。发展灌溉，加强农田基本建设，并建立排水与农田林网措施，消除或减轻旱、涝、盐、碱危害，培肥土壤，改善种植结构，提高生产潜力。

参比土种 腰砾草甸土。

代表性单个土体 剖面于 2015 年 8 月 22 日采自新疆维吾尔自治区喀什地区塔什库尔干塔吉克自治县境内塔什库尔干镇（编号 XJ-15-23），37°47′4″N，75°13′8″E，海拔 3119 m。母质类型为洪-冲积物。

塔什系代表性单个土体剖面

Ap: 0～20 cm，灰黄色（2.5Y 7/2，干），暗橄榄棕色（2.5Y 4/1，润），砂质壤土，弱发育的粒状结构，湿时疏松，多量细根系，少量中根系，多量很细蜂窝状孔隙，孔隙度很高，分布于结构体内外，很少量砖瓦等建筑物碎屑，少量次圆状花岗岩细砾，强石灰反应，渐变平滑过渡。

Bw: 20～43 cm，淡黄色（2.5Y 7/3，干），暗灰黄色（2.5Y 3/3，润），壤土，弱发育的块状结构，湿时坚实，少量极细根系，多量很细蜂窝状孔隙，孔隙度高，分布于结构体内外，很少量砖瓦等建筑物碎屑，中量次圆状花岗岩中砾，中度石灰反应，清晰平滑过渡。

2C: 43～57 cm，灰黄色（2.5Y 7/2，干），暗灰黄色（2.5Y 5/2，润），壤质砂土，弱发育的块状结构，干时稍硬，很少量极细根，多量很细蜂窝状孔隙，孔隙度很高，分布于结构体内外，极多次圆状花岗岩粗砾，轻度石灰反应，清晰平滑过渡。

2Bw1: 57～76 cm，灰白色（2.5Y 8/2，干），暗灰黄色（2.5Y 4/2，润），壤土，发育很弱的块状结构，很少量极细根系，多量很细蜂窝状孔隙，孔隙度高，分布于结构体内外，中量次圆状花岗岩中砾，轻度石灰反应，清晰平滑过渡。

2Bw2: 76～95 cm，淡黄色（2.5Y 7/3，干），黄棕色（2.5Y 5/3，润），壤质砂土，弱发育的粒状结构，湿时疏松，很少量极细根系，中量很细蜂窝状孔隙，孔隙度高，分布于结构体内外，很多次圆状花岗岩粗砾，中度石灰反应。

塔什系代表性单个土体物理性质

土层	深度 /cm	细土颗粒组成 (粒径: mm)/(g/kg)			质地	砾石 含量/%	容重 /(g/cm³)
		砂粒 2～0.05	粉粒 0.05～0.002	黏粒 <0.002			
Ap	0～20	587	351	62	砂质壤土	15	1.19
Bw	20～43	481	395	124	壤土	16	1.43
2C	43～57	797	124	79	壤质砂土	60	—
2Bw1	57～76	465	406	129	壤土	5	1.41
2Bw2	76～95	847	85	69	壤质砂土	60	1.63

塔什系代表性单个土体化学性质

深度 /cm	pH (H$_2$O)	有机质 /(g/kg)	全磷 /(g/kg)	全钾 /(g/kg)	碱解氮 /(mg/kg)	速效磷 /(mg/kg)	速效钾 /(mg/kg)	电导率 (1∶1水土比) /(dS/m)	碳酸钙 /(g/kg)
0~20	8.76	41.76	1.42	9.06	15.1	6.33	196.5	0.4	74
20~43	8.69	16.98	0.77	6.94	3.1	3.22	118.4	0.3	73
43~57	8.09	12.14	1.26	5.29	1.5	3.83	64.3	0.3	115
57~76	8.58	12.14	1.14	12.17	2.6	3.62	94.2	0.3	74
76~95	8.75	7.20	1.34	6.07	0.7	4.36	67.9	0.3	140

9.17.2 新地系（Xindi Series）

土　族：黏壤质盖粗骨质混合型石灰性冷性-普通简育干润雏形土
拟定者：武红旗，吴克宁，鞠　兵，杜凯闯，王　泽，刘文惠，谷海斌

分布与环境条件　该土系地处吉木萨尔县的中山地区。母质类型为坡积物，地形地貌为中山，温带大陆性干旱气候，冬季寒冷、夏季炎热，降水量少，昼夜温差大，年平均气温为 3~6 ℃，年平均降水量为 400 mm 左右。土地利用类型为有林地，植被以云杉为主，林下伴生大量薹草、山芹等植物。

新地系典型景观

土系特征与变幅　该土系诊断层有暗沃表层，诊断特性有半干润土壤水分状况、冷性土壤温度状况、石灰性。土层深厚，质地以粉壤土为主，通体有根系，下部有石灰反应。

对比土系　兰州湾系，壤质混合型石灰性温性-普通暗沃干润雏形土。二者母质不同，地形位置不同，在高级单元中，属于同一亚纲，而不同亚类。兰州湾系母质类型为洪-冲积物，土体构型相对均一，暗沃表层深厚，通体有石灰反应，通体有侵入体。而新地系母质类型为坡积物，土层深厚，质地以粉壤土为主，通体有根系，下部有石灰反应，属于黏壤质盖粗骨质混合型石灰性冷性-普通简育干润雏形土。

利用性能综述　林木长势好，树木高大，出材率高，但目前大部分已被砍伐，实有林木很少，地面大都逐渐呈草原化。因此从保护森林出发，从长远着想，应该重视对森林的抚育更新工作，要留足母树，加快育林造林，特别是抓紧对采伐迹地的更新造林工作。

参比土种　厚层灰褐土。

代表性单个土体　剖面于 2014 年 8 月 9 日采自新疆维吾尔自治区昌吉回族自治州吉木萨尔县新地乡新地沟村（编号 XJ-14-27），43°47′30″N，88°55′24″E，海拔 1936 m。母质类型为坡积物。

新地系代表性单个土体剖面

Ah:　　0~14 cm，极暗灰色（2.5Y 3/1，干），黑色（2.5Y 2/1，润），粉壤土，干湿状况为潮，强发育的小粒状结构，湿时极疏松，很少量粗根系和多量细根系，多量很细蜂窝状孔隙分布于结构体内外，孔隙度很高，很少量棱角状石英岩和长石碎屑，无石灰反应，清晰波状过渡。

Bw1:　14~32 cm，橄榄棕色（2.5Y 4/3，干），极暗灰棕色（2.5Y 3/2，润），粉壤土，干湿状况为潮，强发育的小粒状结构，湿时极疏松，很少量的细根系，少量小、中的棱角状石英岩和长石碎屑，无石灰反应，清晰波状过渡。

Bw2:　32~58 cm，淡橄榄棕色（2.5Y 5/4，干），暗橄榄棕色（2.5Y 3/3，润），粉壤土，干湿状况为潮，中度发育的小粒状结构，湿时极疏松，很少量中根系和中量细根系，中量中、大的棱角状石英岩和长石碎屑，强石灰反应，清晰波状过渡。

Bw3:　　58~77 cm，橄榄棕色（2.5Y 4/3，干），极暗灰棕色（2.5Y 3/2，润），粉壤土，干湿状况为潮，强发育的小粒状结构，很少量中根系和少量细根系，湿时极疏松，中量小的微风化的棱角状石英岩和长石碎屑，中度石灰反应，渐变不规则过渡。

Bw/R:　77 cm 以下，橄榄棕色（2.5Y 4/4，干），极暗灰棕色（2.5Y 3/2，润），粉壤土，干湿状况为潮，中度发育的小粒状结构，湿时极疏松，很少量细根系，很多大的微风化的棱角状石英岩和长石碎屑，中度石灰反应。

新地系代表性单个土体物理性质

土层	深度/cm	细土颗粒组成（粒径：mm)/(g/kg)			质地	砾石含量/%	容重/(g/cm³)
		砂粒 2~0.05	粉粒 0.05~0.002	黏粒 <0.002			
Ah	0~14	21	744	235	粉壤土	5	1.08
Bw1	14~32	86	714	200	粉壤土	20	1.28
Bw2	32~58	69	711	220	粉壤土	20	1.33
Bw3	58~77	22	748	230	粉壤土	20	1.37
Bw/R	77 以下	130	763	107	粉壤土	85	—

新地系代表性单个土体化学性质

深度 /cm	pH (H₂O)	有机质 /(g/kg)	全磷 /(g/kg)	全钾 /(g/kg)	碱解氮 /(mg/kg)	速效磷 /(mg/kg)	速效钾 /(mg/kg)	电导率 (1∶1水土比) /(dS/m)	碳酸钙 /(g/kg)
0～14	6.9	219.0	1.29	4.58	66.8	13.44	193.3	—	—
14～32	7.0	142.2	1.06	9.31	56.4	10.92	162.7	—	—
32～58	7.8	64.8	0.99	5.01	68.3	11.48	179.4	0.4	11
58～77	8.1	60.8	0.78	5.87	39.0	13.35	134.9	0.5	22
77 以下	7.9	54.6	0.84	6.31	32.9	7.19	141.9	0.5	—

9.17.3　木垒系（Mulei Series）

土　　族：黏壤质混合型石灰性冷性-普通简育干润雏形土

拟定者：武红旗，吴克宁，鞠　兵，张文太，范燕敏，侯艳娜，盛建东

分布与环境条件　该土系地处木垒哈萨克自治县境内的低山丘陵区。母质类型为黄土状物质（次生黄土），地形地貌为低丘，干旱大陆性气候特征，光照充足。年平均气温为5.5 ℃，年平均降水量为 300 mm 左右，≥10 ℃年积温 2600 ℃，无霜期 139 天。冬季长而偏暖，夏季短而偏凉。土地利用类型为旱地，种植小麦。

木垒系典型景观

土系特征与变幅　该土系诊断层有雏形层，诊断特性有半干润土壤水分状况、冷性土壤温度状况、石灰性。土层深度 1 m 左右，通体有石灰反应，通体有根系。

对比土系　东城口系，黏壤质混合型石灰性冷性-普通简育干润雏形土。二者母质相同，东城口系有钙积现象，属于同一土族。

利用性能综述　通体壤质、没有砾石，土层厚，海拔低。分布区自然坡降较大，缺乏灌溉条件，自然肥力一般较低，作物对水分的需求主要靠自然降水，因而产量低而不稳，多数地区是靠休闲来恢复地力，所以土壤熟化程度较低。

参比土种　旱耕栗黄土。

代表性单个土体　剖面于 2014 年 8 月 7 日采自新疆维吾尔自治区昌吉回族自治州木垒哈萨克自治县照壁山乡北闸村（编号 XJ-14-22），43°50′26″N，90°11′37″E，海拔 1361 m。母质类型为黄土状物质（次生黄土）。

Ap: 0～8 cm，淡黄棕色（2.5Y 6/4，干），淡橄榄棕色（2.5Y 5/4，润），粉质砂壤土，中度发育的中块状结构，不连续、间断、间距小的裂隙，干时松散，中量粗根系和少量细根系，孔隙位于结构体外，孔隙丰度很少，细孔，孔隙度很低，中度石灰反应，渐变波状过渡。

AB: 8～29 cm，淡黄棕色（2.5Y 6/3，干），淡橄榄棕色（2.5Y 5/3，润），粉壤土，中度发育的小块状结构，干时松散，中量细根系和少量粗根系，很少量很细的蜂窝状孔隙分布于结构体内外，孔隙度低，强石灰反应，突变平滑过渡。

Bw: 29～101 cm，淡棕色（2.5Y 7/4，干），淡橄榄棕色（2.5Y 5/4，润），粉壤土，中度发育的薄片状结构，干时稍坚硬，很少量极细根系，中量蜂窝状和管道状孔隙分布于结构体内外，孔隙度中，中度石灰反应。

木垒系代表性单个土体剖面

木垒系代表性单个土体物理性质

土层	深度/cm	砂粒 2～0.05	粉粒 0.05～0.002	黏粒 <0.002	质地	砾石含量/%	容重/(g/cm³)
Ap	0～8	15	763	222	粉质砂壤土	0	1.24
AB	8～29	15	763	222	粉壤土	0	1.24
Bw	29～101	44	670	286	粉壤土	0	1.27

（细土颗粒组成（粒径：mm)/(g/kg)）

木垒系代表性单个土体化学性质

深度/cm	pH (H₂O)	有机质/(g/kg)	全磷/(g/kg)	全钾/(g/kg)	碱解氮/(mg/kg)	速效磷/(mg/kg)	速效钾/(mg/kg)	电导率(1:1水土比)/(dS/m)	碳酸钙/(g/kg)
0～8	8.2	19.8	0.73	7.71	26.8	8.64	171.1	8.2	20
8～29	8.2	16.6	0.67	7.50	8.4	8.55	180.8	8.2	17
29～101	8.3	14.2	0.75	7.28	11.5	3.27	123.8	8.3	14

9.17.4 东城口系（Dongchengkou Series）

土　族：黏壤质混合型石灰性冷性-普通简育干润雏形土
拟定者：武红旗，吴克宁，鞠　兵，张文太，范燕敏，侯艳娜，盛建东

分布与环境条件　该土系地处木垒哈萨克自治县境内的低山丘陵区。母质类型为黄土状物质（次生黄土），地形地貌为低丘，干旱大陆性气候特征，光照充足。年平均气温为5.5 ℃，年平均降水量为 300 mm 左右，≥10 ℃年积温 2600 ℃，无霜期 139 天。冬季长而偏暖，夏季短而偏凉。土地利用类型为旱地，种植小麦。

东城口系典型景观

土系特征与变幅　该土系诊断层有雏形层，诊断特性有半干润土壤水分状况、冷性土壤温度状况、石灰性，此外还有钙积现象。土层深厚，土体构型单一，质地均为粉壤土，通体有石灰反应。

对比土系　木垒系，黏壤质混合型石灰性冷性-普通简育干润雏形土。二者母质相同，东城口系有钙积现象。

利用性能综述　分布区自然坡降较大，缺乏灌溉条件，自然肥力一般较低，作物对水分的需求主要靠自然降水，因而产量低而不稳，所以土壤熟化程度较低。

参比土种　旱耕栗黄土。

代表性单个土体　剖面于 2014 年 8 月 7 日采自新疆维吾尔自治区昌吉回族自治州木垒哈萨克自治县东城镇东城口村（编号 XJ-14-23），43°51′32″N，90°08′08″E，海拔 1139 m。母质类型为黄土状物质（次生黄土）。

A:　　0～33 cm，淡黄棕色（2.5Y 6/3，干），橄榄棕色（2.5Y 4/3，润），粉壤土，弱发育的棱柱状结构，干时稍坚硬，少量细根系，少量很细气泡状和管道状孔隙分布于结构体内，孔隙度很低，轻度石灰反应，清晰平滑过渡。

Bw1:　33～58 cm，淡橄榄棕色（2.5Y 5/3，干），淡橄榄棕色（2.5Y 5/4，润），粉壤土，弱发育的棱柱状结构，间断的很细裂隙，干时坚硬，很少量细根系，中量很细气泡状和管道状孔隙分布于结构体内，孔隙度很低，中度石灰反应，渐变平滑过渡。

Bw2:　58～105 cm，淡黄棕色（2.5Y 6/4，干），淡橄榄棕色（2.5Y 5/4，润），粉壤土，弱发育的棱柱状结构，间断的很细裂隙，干时坚硬，中量很细气泡状孔隙分布于结构体内，孔隙度很低，强石灰反应，渐变平滑过渡。

东城口系代表性单个土体剖面

BC:　　105～130 cm，淡橄榄棕色（2.5Y 5/3，干），橄榄棕色（2.5Y 4/3，润），粉壤土，弱发育的棱柱状结构，干时坚硬，中量很细气泡状孔隙分布于结构体内，孔隙度很低，轻度石灰反应。

东城口系代表性单个土体物理性质

| 土层 | 深度/cm | 细土颗粒组成 (粒径：mm)/(g/kg) | | | 质地 | 砾石含量/% | 容重/(g/cm³) |
		砂粒 2～0.05	粉粒 0.05～0.002	黏粒 <0.002			
A	0～33	13	765	222	粉壤土	0	1.46
Bw1	33～58	40	738	222	粉壤土	0	1.33
Bw2	58～105	13	728	259	粉壤土	0	1.42
BC	105～130	40	738	222	粉壤土	0	1.45

东城口系代表性单个土体化学性质

深度/cm	pH (H₂O)	有机质/(g/kg)	全磷/(g/kg)	全钾/(g/kg)	碱解氮/(mg/kg)	速效磷/(mg/kg)	速效钾/(mg/kg)	电导率(1：1水土比)/(dS/m)	碳酸钙/(g/kg)
0～33	8.1	16.4	0.63	7.50	20.1	5.22	210.0	0.2	4
33～58	8.2	17.2	0.42	7.93	34.6	3.27	112.7	0.3	66
58～105	9.2	8.1	0.67	6.41	7.3	5.61	58.4	0.5	111
105～130	8.6	5.1	0.63	6.19	10.9	1.51	87.6	0.3	81

9.17.5　北五岔系（Beiwucha Series）

土　　族：黏壤质混合型石灰性冷性-普通简育干润雏形土
拟定者：吴克宁，武红旗，鞠　兵，黄　勤，高　星，刘　楠，郭　梦等

分布与环境条件　该土系主要分布在新疆维吾尔自治区玛纳斯河冲积平原北部，地势较为平坦，土层较厚，地下水位较高，镇区地下水位在 0.5～3 m，土壤盐碱严重，母质类型为洪-冲积物，中温带大陆性半干旱半荒漠气候区，冬季严寒，夏季酷热，蒸发量大于降水量。

北五岔系典型景观

土系特征与变幅　该土系诊断层包括雏形层，诊断特性包括半干润土壤水分状况、寒性土壤温度状况、石灰性。土体构型相对均一，耕性较好。混合型矿物，土层深厚，质地主要为粉质黏壤土，以块状结构为主，Bw1 层和 Bw2 层有多量盐斑，通体有石灰反应。

对比土系　呼图壁系，黏壤质混合型石灰性温性-普通简育干润雏形土。二者同一亚类，母质类似，地形不同，剖面构型相同。

利用性能综述　地势平坦，土体深厚，表层土壤质地较黏，耕性较好，保肥保墒。

参比土种　棕红土。

代表性单个土体　剖面于 2014 年 7 月 30 日采自新疆维吾尔自治区昌吉回族自治州玛纳斯县北五岔镇朱家团庄村（编号 XJV-14-09），44°32′20″N，86°14′30″E，海拔 389 m。母质类型为洪-冲积物。

Ap: 0～18 cm，淡红色（2.5YR 7/2，干），红棕色（2.5YR 5/3，润），粉质黏壤土，块状结构，湿时坚实，黏着性强，可塑性强，连续、间距小、长度中、宽度细的裂隙，很少量粗根系，少量地膜，强石灰反应，不规则模糊过渡。

AB: 18～39 cm，淡红色（2.5YR 7/2，干），红棕色（2.5YR 5/3，润），粉质黏壤土，粒状结构，湿时疏松，黏着性中，可塑性中，强石灰反应，清晰平滑过渡。

Bw1: 39～68 cm，亮红棕色（2.5YR 7/3，干），红棕色（2.5YR 4/3，润），粉质黏壤土，块状结构，湿时疏松，黏着性强，可塑性强，清楚界限、对比度明显的多量小盐斑，强石灰反应，清晰平滑过渡。

Bw2: 68～86 cm，淡红色（2.5YR 6/2，干），弱红色（2.5YR 5/2，润），粉质黏壤土，块状结构，湿时疏松，黏着性强，可塑性强，渐变界限、对比度明显的多量小盐斑，强石灰反应，清晰平滑过渡。

北五岔系代表性单个土体剖面

Bw3: 86～120 cm，淡红色（2.5YR 7/2，干），红棕色（2.5YR 5/3，润），砂质壤土，块状结构，湿时疏松，黏着性弱，可塑性弱，强石灰反应。

北五岔系代表性单个土体物理性质

土层	深度/cm	细土颗粒组成 (粒径：mm)/(g/kg)			质地	砾石含量/%	容重/(g/cm³)
		砂粒 2～0.05	粉粒 0.05～0.002	黏粒 <0.002			
Ap	0～18	101	546	353	粉质黏壤土	0	1.52
AB	18～39	99	543	358	粉质黏壤土	0	1.51
Bw1	39～68	87	525	388	粉质黏壤土	0	1.55
Bw2	68～86	71	525	404	粉质黏壤土	0	1.56
Bw3	86～120	623	196	181	砂质壤土	0	1.41

北五岔系代表性单个土体化学性质

深度/cm	pH(H₂O)	有机质/(g/kg)	全磷/(g/kg)	全钾/(g/kg)	碱解氮/(mg/kg)	速效磷/(mg/kg)	速效钾/(mg/kg)	电导率(1：1水土比)/(dS/m)	碳酸钙/(g/kg)
0～18	8.3	35.3	0.55	9.43	23.2	17.68	386.6	3.7	121
18～39	8.1	25.6	0.42	8.91	41.6	3.35	320.6	3.1	105
39～68	8.3	20.2	0.38	3.87	16.7	1.95	146.6	3.0	98
68～86	8.8	26.3	0.37	3.87	25.0	2.35	230.6	4.2	111
86～120	9.2	42.1	0.41	6.40	6.5	5.54	176.6	7.0	87

9.17.6　包头湖系（Baotouhu Series）

土　　族：黏壤质混合型石灰性温性-普通简育干润雏形土
拟定者：吴克宁，武红旗，鞠　兵，杜凯闯，郝士横等

分布与环境条件　该土系主要分布在天山北麓中段、准噶尔盆地南缘，地势自东南向西北缓缓倾斜，母质类型为洪-冲积物，中温带大陆性气候，冬季长而严寒，夏季短而酷热，昼夜温差大。年平均气温约为 7.2 ℃，年平均降水量约为 173.3 mm。

包头湖系典型景观

土系特征与变幅　该土系诊断层包括雏形层，诊断特性包括半干润土壤水分状况、温性土壤温度状况、石灰性。土体构型相对均一，耕性较好。混合型矿物，土层深厚，质地主要为粉壤土，以块状结构为主，通体有石灰反应。

对比土系　阿苇滩系，黏壤质混合型石灰性温性-普通简育干润雏形土，二者同一土族。母质相同，构型不同，诊断层与诊断特性相同。

利用性能综述　地势平坦，土体深厚，表层土壤质地较黏，耕性较好，保肥保墒。

参比土种　棕红土。

代表性单个土体　剖面于 2014 年 8 月 1 日采自新疆维吾尔自治区昌吉回族自治州玛纳斯县包家店镇（编号 XJV-14-13），44°15′55″N，86°18′51″E，海拔 481 m。母质类型为洪-冲积物。

Ap1：0～16 cm，淡红色（2.5YR 7/2，干），弱红色（2.5YR 5/2，润），团块状结构，宽度细、长度短、间距很小的连续裂隙，湿时疏松，极少量细根系，很少量薄膜，强石灰反应，波状不明显过渡。

Ap2：16～49 cm，亮红棕色（2.5YR 6/3，干），红棕色（2.5YR 4/3，润），强发育的块状结构，湿时紧实，极少量细根系，强石灰反应，水平明显过渡。

Bw1：49～112 cm，亮红棕色（2.5YR 6/3，干），红棕色（2.5YR 5/3，润），弱发育的块状结构，湿时疏松，强石灰反应，水平明显过渡。

Bw2：112～120 cm，亮红灰色（2.5YR 7/1，干），暗红灰色（2.5YR 4/1，润），粉壤土，弱发育的块状结构，湿时疏松，弱石灰反应。

包头湖系代表性单个土体剖面

包头系代表性单个土体物理性质

土层	深度 /cm	细土颗粒组成（粒径：mm）/(g/kg)			质地	砾石含量/%	容重 /(g/cm³)
		砂粒 0.05	粉粒 0.05～0.002	黏粒 <0.002			
Ap1	0～16	—	—	—	—	—	—
Ap2	16～49	—	—	—	—	—	—
Bw1	49～112	—	—	—	—	—	—
Bw2	112～120	80	675	245	粉壤土	—	—

包头系代表性单个土体化学性质

深度 /cm	pH (H₂O)	有机质 /(g/kg)	全磷 /(g/kg)	全钾 /(g/kg)	碱解氮 /(mg/kg)	速效磷 /(mg/kg)	速效钾 /(mg/kg)	电导率 (1∶1水土比) /(dS/m)	碳酸钙 /(g/kg)
0～16	7.1	2.1	0.48	9.94	38.01	1.95	320.1	0.2	—
16～49	7.3	4.6	0.44	8.44	33.95	21.07	264.5	0.2	—
49～112	7.6	23.9	0.38	10.93	17.71	1.35	247.0	0.2	—
112～120	7.5	23.9	0.41	8.39	31.67	2.95	162.1	0.2	—

9.17.7　下吐鲁番于孜系（Xiatulufanyuzi Series）

土　　族：黏壤质混合型石灰性温性-普通简育干润雏形土
拟定者：武红旗，吴克宁，鞠　兵，杜凯闯，王　泽，刘文惠，谷海斌

分布与环境条件　该土系地处伊犁哈萨克自治州的冲积平原。母质为冲积物，地形地貌为平原，年平均气温为 9.2 ℃，年平均降水量为 326 mm。土地利用类型为水浇地，种植作物为小麦。

下吐鲁番于孜系典型景观

土系特征与变幅　该土系诊断层有雏形层，诊断特性有半干润土壤水分状况、温性土壤温度状况、石灰性。混合型矿物，土层深厚，质地主要为粉壤土，以块状结构为主，通体有石灰反应。

对比土系　阿苇滩系，黏壤质混合型石灰性温性-普通简育干润雏形土，二者同一土族。地形均为平原，母质类似，构型不同，诊断层与诊断特性也一样。

利用性能综述　一般肥力较高，在改良利用上，重视有机肥，适时进行田间作业，掌握好耕期，提高耕作质量。

参比土种　灰壤土。

代表性单个土体　剖面于 2014 年 8 月 27 日采自新疆维吾尔自治区伊犁哈萨克自治州伊宁县吐鲁番于孜乡下吐鲁番于孜村（编号 XJ-14-68），43°59′27″N，81°27′4″E，海拔 738 m。母质类型为冲积物。

Ap1：0～11 cm，淡灰棕色（2.5Y 6/2，干），暗灰棕色（2.5Y 4/2，润），粉壤土，弱发育的大棱块状结构，干时坚硬，中量细根系，中量很细蜂窝状孔隙和很少量中管道状孔隙分布于结构体内外，孔隙度高，极强石灰反应，渐变波状过渡。

Ap2：11～31 cm，淡橄榄棕色（2.5Y 5/3，干），暗灰棕色（2.5Y 4/2，润），粉壤土，弱发育的块状结构，湿时疏松，少量中根系，少量细管道状孔隙分布于结构体内，孔隙度低，很少量薄膜，极强石灰反应，突变平滑过渡。

Bw1：31～52 cm，淡黄棕色（2.5Y 6/2，干），橄榄棕色（2.5Y 4/3，润），粉壤土，弱发育的块状结构，湿时极疏松，很少量细根系，多量很细蜂窝状孔隙和少量细管道状孔隙分布于结构体内外，孔隙度很高，强石灰反应，清晰平滑过渡。

下吐鲁番于孜系代表性单个土体剖面

Bw2：52～89 cm，淡棕色（2.5Y 7/3，干），淡橄榄棕色（2.5Y 5/3，润），粉壤土，弱发育的块状结构，湿时松散，很少量极细根系，中量很细蜂窝状孔隙和少量细管道状孔隙分布于结构体内外，孔隙度高，强石灰反应，渐变平滑过渡。

Bw3：89～132 cm，淡灰色（2.5Y 7/2，干），淡橄榄棕色（2.5Y 5/3，润），粉壤土，中度发育的棱块状结构，湿时松散，很少量极细根系，多量很细蜂窝状孔隙和少量细管道状孔隙分布于结构体内外，孔隙度很高，强石灰反应。

下吐鲁番于孜系代表性单个土体物理性质

| 土层 | 深度 /cm | 细土颗粒组成（粒径：mm）/(g/kg) | | | 质地 | 砾石 含量/% | 容重 /(g/cm³) |
		砂粒 2～0.05	粉粒 0.05～0.002	黏粒 <0.002			
Ap1	0～11	426	560	14	粉壤土	0	1.33
Ap2	11～31	64	689	248	粉壤土	0	1.62
Bw1	31～52	126	641	233	粉壤土	0	1.44
Bw2	52～89	93	669	238	粉壤土	0	1.36
Bw3	89～132	225	595	180	粉壤土	0	1.43

下吐鲁番于孜系代表性单个土体化学性质

深度 /cm	pH (H₂O)	有机质 /(g/kg)	全磷 /(g/kg)	全钾 /(g/kg)	碱解氮 /(mg/kg)	速效磷 /(mg/kg)	速效钾 /(mg/kg)	电导率 (1：1水土比) /(dS/m)	碳酸钙 /(g/kg)
0～11	8.2	17.6	0.93	7.75	54.0	8.97	176.8	0.3	124
11～31	8.3	19.0	0.90	9.04	58.9	7.63	150.6	0.2	118
31～52	8.0	15.3	0.84	8.26	30.7	6.19	127.4	0.4	113
52～89	8.3	11.8	0.86	8.00	26.9	5.72	128.8	0.3	109
89～132	8.4	6.5	0.66	5.68	25.1	8.01	76.5	0.2	137

9.17.8　阿苇滩系（Aweitan Series）

土　　族：黏壤质混合型石灰性温性-普通简育干润雏形土
拟定者：武红旗，吴克宁，鞠　兵，张文太，范燕敏，侯艳娜，盛建东

分布与环境条件　该土系地处阿勒泰地区受风沙侵袭的洪积-冲积扇下部及冲积平原与沙丘的接壤地带。母质为洪-冲积物，地形地貌为平原，中温带大陆性气候区，冬季漫长而寒冷，夏季短促、气温平和，年平均气温为 11.30 ℃，年平均降水量为 25.3 mm，无霜期 151 天左右。土地利用类型为水浇地，以种植玉米和小麦为主。

阿苇滩系典型景观

土系特征与变幅　该土系诊断层有雏形层，诊断特性有半干润土壤水分状况、温性土壤温度状况、石灰性。混合型矿物，土层深厚，质地主要为砂质黏壤土，以粒状结构为主，孔隙度低，Ap 层、ABk 层和 Bk 层均有少量白色石膏和石灰结核，且发生石灰反应。

对比土系　下吐鲁番于孜系，黏壤质混合型石灰性温性-普通简育干润雏形土，二者同一土族。地形均为平原，母质类似，构型不同，诊断层与诊断特性也一样。

利用性能综述　耕种历史较长，但受风沙影响造成土壤的肥力水平和熟化程度较低。因质地轻，耕作一般较容易，易耕期长，作物出苗快，但是结构性和保蓄性均较差，各种养分含量也较低，作物易受旱，后期易早衰，生产水平较低，小麦产量在 120 公斤/亩左右。改良利用要以增加土壤有机质为主，广种绿肥，大搞秸秆还田，配合客土改砂，引洪淤土，并加强农田防护林的建设。

参比土种　砂质二潮黄土。

代表性单个土体 剖面于 2014 年 8 月 16 日采自新疆维吾尔自治区阿勒泰地区阿勒泰市阿苇滩镇阿克库都克牧场（二牧场）农大队（编号 XJ-14-37），47°29′3″N，87°51′5″E，海拔 500 m。母质类型为洪–冲积物。

Ap：　0～18 cm，淡橄榄棕色（2.5Y 5/4，干），橄榄棕色（2.5Y 4/4，润），砂质壤土，弱发育的很小粒状结构，很少量次圆状正长石碎屑，干时松软，很少量极细根系，很少量很小白色石膏和石灰结核，很少量薄膜，强石灰反应，清晰平滑过渡。

ABk：18～30 cm，淡橄榄棕色（2.5Y 5/3，干），淡橄榄棕色（2.5Y 5/3，润），砂质黏壤土，弱发育的小棱块状结构，很少量次圆状正长石碎屑，湿时稍坚实，少量极细根系，很少量很小白色石灰结核，中度石灰反应，清晰波状过渡。

Bk：　30～43 cm，灰棕色（2.5Y 5/2，干），暗灰棕色（2.5Y 4/2，润），砂质壤土，很弱发育的小棱块状结构，中量小次圆状正长石碎屑，湿时稍坚实，很少量极细和细根系，中量很细蜂窝状孔隙分布于结构体内外，很少量细管道状和少量很细蜂窝状孔隙分布于结构体内，孔隙度很低，很少量很小石灰结核，中度石灰反应，清晰波状过渡。

阿苇滩系代表性单个土体剖面

Bw1：43～74 cm，淡棕色（2.5Y 7/3，干），淡橄榄棕色（2.5Y 5/3，润），砂质黏壤土，很弱发育的很小粒状结构，多量次圆状砾石，湿时疏松，很少量极细和中根系，无石灰反应，清晰波状过渡。

Bw2：74～130 cm，淡棕灰色（2.5Y 6/2，干），灰棕色（2.5Y 5/2，润），砂土，很弱发育的薄粒状结构，湿时极疏松，很少量极细和中的根系，无石灰反应。

阿苇滩系代表性单个土体物理性质

| 土层 | 深度 /cm | 细土颗粒组成（粒径：mm)/(g/kg) | | | 质地 | 砾石含量/% | 容重 /(g/cm³) |
		砂粒 2～0.05	粉粒 0.05～0.002	黏粒 <0.002			
Ap	0～18	479	286	235	砂质壤土	0	1.47
ABk	18～30	581	148	271	砂质黏壤土	5	1.57
Bk	30～43	451	268	281	砂质壤土	0	1.73
Bw1	43～74	—	—	—	砂质黏壤土	40	1.56
Bw2	74～130	916	18	66	砂土	0	1.53

阿苇滩系代表性单个土体化学性质

深度 /cm	pH (H₂O)	有机质 /(g/kg)	全磷 /(g/kg)	全钾 /(g/kg)	碱解氮 /(mg/kg)	速效磷 /(mg/kg)	速效钾 /(mg/kg)	电导率 (1:1水土比) /(dS/m)	碳酸钙 /(g/kg)
0～18	8.0	16.5	0.82	6.23	37.6	21.69	198.1	0.9	41
18～30	8.1	16.4	0.82	5.96	13.0	12.42	192.5	0.8	45
30～43	8.3	16.3	0.70	5.93	33.9	11.72	143.4	0.6	32
43～74	8.7	8.3	0.40	1.50	11.2	2.56	61.9	0.1	14
74～130	8.7	9.0	0.56	0.98	11.0	1.16	18.4	0.1	4

9.17.9　西大沟系（Xidagou Series）

土　族：黏壤质混合型石灰性温性-普通简育干润雏形土
拟定者：吴克宁，武红旗，鞠　兵，黄　勤，高　星，刘　楠，郭　梦等

分布与环境条件　该土系主要分布在加依尔山南麓、准噶尔盆地、古尔班通古特沙漠西部，母质为冲积物，典型的温带大陆性气候，常年干燥少雨，春秋两季多风，冬季温差大；年均降水量为 169 mm，蒸发量为 1618 mm。

西大沟系典型景观

土系特征与变幅　该土系诊断层包括雏形层，诊断特性包括半干润土壤水分状况、温性土壤温度状况、石灰性。土体构型相对均一，耕性较好。混合型矿物，土层深厚，质地主要为黏壤土，以块状结构为主，通体有石灰反应。

对比土系　沙湾系，壤质混合型石灰性温性-普通简育干润雏形土。二者地形部位不同，剖面构型相似，但是土族控制层段内的颗粒大小级别不同，属于不同土族。沙湾系质地主要为粉壤土，以块状结构为主，孔隙度高，Bw2 层有中量石灰结核，地势平坦，表层土壤质地以壤质为主，耕性较好。而西大沟系土层深厚，质地主要为黏壤土，以块状结构为主，地势平坦，表层土壤质地较黏，耕性较好，属于黏壤质混合型石灰性温性-普通简育干润雏形土。

利用性能综述　地势平坦，土体深厚，表层土壤质地较黏，耕性较好，保肥保墒。

参比土种　棕红土。

代表性单个土体　剖面于 2014 年 8 月 16 日采自新疆维吾尔自治区塔城地区乌苏市西大沟镇扎哈山村（编号 XJV-14-04），44°19′34″N，84°34′39″E，海拔 737 m。母质类型为冲积物。

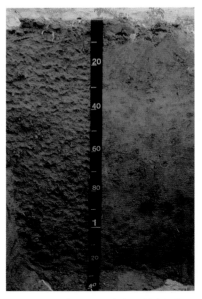

西大沟系代表性单个土体剖面

Ap:　0～22 cm，亮红棕色（2.5Y 7/3，干），红棕色（2.5Y 5/3，润），黏壤土，中度发育的小块状结构，湿时紧实，黏着性中，可塑性中，间断的宽度小、长度中、间距大的裂隙，中量秸秆，强石灰反应。

AB:　22～46 cm，亮红棕色（2.5Y 7/3，干），红棕色（2.5Y 5/3，润），黏壤土，中度发育的小块状结构，湿时松散，可塑性弱，少量薄膜，中度石灰反应。

Bw1:　46～84 cm，粉色（2.5Y 8/3，干），亮红棕色（2.5Y 6/3，润），黏壤土，强发育的块状结构，湿时紧实，可塑性强，多量细的气泡状孔隙分布于结构体内，孔隙度高，连续的宽度小、长度中度、间距中的裂隙，强石灰反应，模糊不规则过渡。

Bw2:　84～120 cm，亮红棕色（2.5Y 7/3，干），亮红棕色（2.5Y 6/3，润），黏壤土，块状结构，湿时松散，可塑性弱，很少量很粗的根系，中度石灰反应。

西大沟系代表性单个土体物理性质

土层	深度 /cm	细土颗粒组成（粒径：mm)/(g/kg)			质地	砾石含量	容重 /(g/cm³)
		砂粒 2～0.05	粉粒 0.05～0.002	黏粒 <0.002			
Ap	0～22	242	458	300	黏壤土	0	1.49
AB	22～46	288	434	278	黏壤土	0	1.54
Bw1	46～84	258	422	320	黏壤土	0	1.45
Bw2	84～120	325	400	275	黏壤土	0	1.47

西大沟系代表性单个土体化学性质

深度 /cm	pH (H₂O)	有机质 /(g/kg)	全磷 /(g/kg)	全钾 /(g/kg)	碱解氮 /(mg/kg)	速效磷 /(mg/kg)	速效钾 /(mg/kg)	电导率 (1∶1水土比) /(dS/m)
0～22	8.0	16.5	0.44	4.89	25.57	5.34	206.6	203.0
22～46	8.2	16.5	0.41	2.87	24.92	3.15	131.6	170.0
46～84	8.0	22.5	0.43	5.39	35.27	4.94	230.6	249.0
84～120	7.9	16.9	0.43	3.37	32.68	6.33	200.6	280.0

9.17.10 呼图壁系（Hutubi Series）

土　　族：黏壤质混合型石灰性温性-普通简育干润雏形土
拟定者：吴克宁，武红旗，鞠　兵，杜凯闯，郝士横等

分布与环境条件　该土系主要分布于新疆维吾尔自治区中北部，地势南高北低，自东南向西北倾斜。母质类型为冲积物，温带大陆性干旱半干旱气候。平原地区平均气温 6.7 ℃，年降水量 167 mm，无霜期平均 180 天。

呼图壁系典型景观

土系特征与变幅　该土系诊断层包括雏形层，诊断特性包括半干润土壤水分状况、温性土壤温度状况、石灰性。土体构型相对均一，耕性较好。该土系剖面通体以红棕色为主，石灰性强。

对比土系　伊宁系，壤质混合型温性-钙积简育干润雏形土。伊宁系含钙积层，而呼图壁系心土层发育弱，仅具有雏形层，二者在高级单元中分属不同亚类。

利用性能综述　地势平坦，土体深厚，表层土壤质地较黏，耕性较好，保肥保墒。

参比土种　灰红土。

代表性单个土体　剖面于 2014 年 8 月 3 日采自新疆维吾尔自治区昌吉回族自治州呼图壁县大丰镇大土古里村（编号 XJV-14-15），44°11′22″N，86°33′36″E，海拔 558 m。母质类型为冲积物。

Ap:　　0～12 cm，淡红色（2.5YR 7/2，干），红棕色（2.5YR 5/3，润），粉壤土，强发育的很厚的片状结构，干时坚实，很少量很粗根系，多量细蜂窝状孔隙，孔隙度很高，中等长度、小间距连续的裂隙，少量地膜侵入土壤，黏着性中，可塑性中，强石灰反应，模糊不规则过渡。

AB:　　12～37 cm，亮红棕色（2.5YR 7/3，干），红棕色（2.5Y 5/3，润），粉壤土，弱发育的中等大小的块状结构，湿态疏松，多量根系填充物，少量地膜侵入土壤，黏着性中，可塑性中，强石灰反应，清晰平滑过渡。

Bw1:　37～65 cm，亮红棕色（2.5YR 7/3，干），红棕色（2.5Y 5/4，润），粉壤土，弱发育的中等大小的块状结构，湿态疏松，多量细气泡状孔隙，孔隙度很高，黏着性中，可塑性中，强石灰反应，清晰平滑过渡。

呼图壁系代表性单个土体剖面

Bw2:　65～104 cm，亮红棕色（2.5YR 7/3，干），红棕色（2.5Y 5/4，润），粉壤土，弱发育的很小的块状结构，湿态疏松，很少量中等根系，多量细蜂窝状孔隙，孔隙度中，黏着性强，可塑性强，强石灰反应，清晰平滑过渡。

Bw3:　104～120 cm，亮红棕色（2.5YR 7/4，干），红棕色（2.5Y 4/4，润），粉壤土，湿态疏松，黏着性弱，中度石灰反应。

呼图壁系代表性单个土体物理性质

土层	深度/cm	细土颗粒组成（粒径：mm)/(g/kg)			质地	砾石含量/%	容重/(g/cm³)
		砂粒 2～0.05	粉粒 0.05～0.002	黏粒 <0.002			
Ap	0～12	89	701	210	粉壤土	0	1.49
AB	12～37	39	712	249	粉壤土	0	1.51
Bw1	37～65	29	721	250	粉壤土	0	1.50
Bw2	65～104	16	725	259	粉壤土	0	1.48
Bw3	104～120	191	655	154	粉壤土	0	1.46

呼图壁系代表性单个土体化学性质

深度/cm	pH (H₂O)	有机质/(g/kg)	全磷/(g/kg)	全钾/(g/kg)	碱解氮/(mg/kg)	速效磷/(mg/kg)	速效钾/(mg/kg)	电导率(1:1水土比)/(dS/m)	碳酸钙/(g/kg)
0～12	7.9	29.5	0.83	9.44	26.5	11.71	247.0	0.2	104
12～37	7.8	23.0	0.59	8.69	35.6	13.30	258.7	0.2	89
37～65	7.4	21.8	0.59	6.86	8.0	7.73	211.8	0.2	79
65～104	7.7	28.6	0.44	1.28	4.4	4.14	168.0	0.2	89
104～120	8.1	6.5	0.49	8.70	8.9	2.35	71.4	0.1	85

9.17.11　泉水地系（Quanshuidi Series）

土　　族：黏壤质混合型石灰性温性–普通简育干润雏形土
拟定者：武红旗，吴克宁，鞠　兵，杜凯闯，张文太，范燕敏，侯艳娜，盛建东

分布与环境条件　该土系地处哈密盆地，多位于洪–冲积扇的中下部。母质为冲积物，地形地貌为平原，温带大陆性干旱气候，空气干燥，大气透明度好，云量遮蔽少，日照充足，年平均气温为 8.7 ℃，年平均降水量为 50.6 mm，≥10 ℃年积温 3590 ℃，无霜期 184 天，土地利用类型为水浇地，以种植小麦为主。

泉水地系典型景观

土系特征与变幅　该土系诊断层包括雏形层，诊断特性包括半干润土壤水分状况、温性土壤温度状况。该土系以农业生产利用为主，剖面深度 100 cm 以上，剖面构型均一，质地主要壤土、粉质黏壤土、砂质壤土、黏壤质，以块状结构为主，孔隙度低，Brb1 层以下至底层均有少量至中量的铁锰斑纹，并随深度增加有逐渐增加的趋势，通体有石灰反应。

对比土系　焉耆系，壤质混合型温性–钙积简育干润雏形土。焉耆系具有钙积层，而泉水地系在心土层中仅具有雏形层，在高级单元分类中属于不同亚类。

利用性能综述　所处地光热资源丰富，人工熟化层较厚，肥力较高，保水保肥性能较好，无盐碱化威胁，灌溉条件好，微量元素中，铁、铜丰富，小麦产量在 300 公斤/亩以上，玉米产量在 500 公斤/亩左右。今后应通过增施有机肥和合理施用化肥恢复和提高土壤地力，并利用其积温高、无霜期长的特点大力推广"两早配套"，即早熟高产小麦收获后复播早熟高产玉米或高粱，配以大水大肥，实现亩产粮食一吨。

参比土种　燥黄土。

代表性单个土体　剖面于 2014 年 7 月 31 日采自新疆维吾尔自治区哈密市伊州区陶家宫镇泉水地村四队（编号 XJ-14-10），42°49′11″N，86°41′21″E，海拔 774 m。母质类型为冲积物。

泉水地系代表性单个土体剖面

Aup1：　0～17 cm，淡灰色（2.5Y 7/2，干），灰棕色（2.5Y 5/2，润），壤土，中度发育的块状结构，干时松软，少量细根系和中根系，很少量细蜂窝状孔隙分布于结构体内，孔隙度低，少量薄膜，很少量的小块状中长石碎屑，中度石灰反应，突变平行过渡。

Aup2：　17～30 cm，淡棕色（2.5Y 7/3，干），橄榄棕色（2.5Y 4/3，润），粉质黏壤土，中度发育的块状结构，干时稍坚硬，少量细根系和很少量中根系，很少量细根孔状孔隙分布于结构体内，孔隙度低，很少量薄膜，少量很小的中长石碎屑，中度石灰反应，突变平行过渡。

Bw：　30～50 cm，浅棕灰色（2.5Y 6/2，干），暗灰棕色（2.5Y 4/2，润），砂质壤土，中度发育的很小粒状结构，干时松散，很少量细根系，很少量细根孔状孔隙分布于结构体内，孔隙度低，很少量很小的中长石碎屑，中度石灰反应，突变平行过渡。

AB：　50～71 cm，灰色（2.5Y 6/1，干），暗灰色（2.5Y 4/1，润），粉质黏壤土，中度发育的块状结构，干时稍坚硬，很少量细根系，很少量细根孔状孔隙分布于结构体内外，孔隙度低，很少量岩屑，轻度石灰反应，渐变不规则过渡。

Brb1：71～95 cm，淡黄棕色（2.5Y 6/3，干），橄榄棕色（2.5Y 4/3，润），粉质黏壤土，中度发育的块状结构，干时松软，很少量细根系，很少量孔状孔隙分布于结构体内外，孔隙度低，很少量小棱角状碎屑，很少量很小的灰白色石膏，土体内裂隙，很少量模糊的铁锰斑纹，边界扩散，中度石灰反应，渐变平行过渡。

Brb2：95～118 cm，淡灰色（2.5Y 7/2，干），暗灰棕色（2.5Y 4/2，润），黏壤土，中度弱发育的片状结构，干时松软，极少量细根系，很少量孔状孔隙分布于结构体内外，孔隙度低，很少量小棱角状中长石碎屑，硬度为 6，很少量很小的灰白色石膏，少量模糊的铁锰斑纹，边界扩散，轻度石灰反应，渐变平行过渡。

Brb3：118～140 cm，淡黄棕色（2.5Y 6/3，干），橄榄棕色（2.5Y 4/3，润），壤土，中厚弱发育的片状结构，干时松软，极少量细根系，很少量细根孔状孔隙分布于结构体内，孔隙度低，很少量小棱角状中长石碎屑，硬度为 6，很少量很小的灰白色石膏，中量明显的铁锰斑纹，边界扩散，强石灰反应。

泉水地系代表性单个土体物理性质

| 土层 | 深度 /cm | 细土颗粒组成 (粒径: mm)/(g/kg) | | | 质地 | 砾石 含量/% | 容重 /(g/cm³) |
		砂粒 2~0.05	粉粒 0.05~0.002	黏粒 <0.002			
Aup1	0~17	297	478	225	壤土	2	1.25
Aup2	17~30	157	549	294	粉质黏壤土	0	1.52
Bw	30~50	744	190	66	砂质壤土	0	1.60
AB	50~71	105	592	303	粉质黏壤土	1	1.21
Brb1	71~95	135	549	316	粉质黏壤土	1	1.32
Brb2	95~118	281	442	277	黏壤土	0	1.59
Brb3	118~140	310	465	225	壤土	0	1.48

泉水地系代表性单个土体化学性质

深度 /cm	pH (H₂O)	有机质 /(g/kg)	全磷 /(g/kg)	全钾 /(g/kg)	碱解氮 /(mg/kg)	速效磷 /(mg/kg)	速效钾 /(mg/kg)	电导率 (1:1水土比) /(dS/m)	碳酸钙 /(g/kg)
0~17	7.9	36.0	0.97	3.45	34.3	33.67	158.7	1.0	252
17~30	8.2	29.6	0.87	2.69	51.6	23.16	86.2	0.5	153
30~50	8.4	10.7	0.55	3.64	19.2	2.60	81.8	0.3	46
50~71	8.1	29.1	0.78	4.59	37.6	3.63	86.2	0.5	—
71~95	8.1	23.5	0.74	7.25	47.7	5.86	132.1	0.4	97
95~118	8.2	13.5	0.63	6.11	39.3	5.95	106.9	0.4	122
118~140	8.1	12.0	0.60	3.45	14.5	6.88	78.8	0.5	—

9.17.12　吉拉系（Jila Series）

土　　族：壤质混合型石灰性寒性-普通简育干润雏形土
拟定者：武红旗，吴克宁，鞠　兵，张文太，范燕敏，侯艳娜，盛建东

分布与环境条件　该土系地处阿勒泰地区的河流阶地、洪积扇缘和湖滨地带上。母质类型为冲积物，地形地貌为平原，地形平坦，中温带大陆性气候区，冬季漫长而寒冷，夏季短促、气温平和，年平均气温为 5.8 ℃，年平均降水量为 302 mm，≥10 ℃年积温3564 ℃，无霜期 146 天。土地利用类型为水浇地，主要作物为向日葵。

吉拉系典型景观

土系特征与变幅　该土系诊断层有雏形层，诊断特性有半干润土壤水分状况、寒性土壤温度状况、石灰性、氧化还原特征。土层深厚，土体构型相对单一，质地主要为粉壤土，通体有石灰反应，Bkr 层和 Br 层有少量铁斑纹。

对比土系　库玛克系，壤质混合型寒性-钙积简育干润雏形土，二者母质相同，土体构型不同，吉拉系主要诊断层为雏形层，库玛克系有钙积层，在高级单元中分属不同亚类。

利用性能综述　土层深厚，植被生长繁茂。应切实保护好生长良好的植被。

参比土种　黑黏锈土。

代表性单个土体　剖面于 2014 年 8 月 18 日采自新疆维吾尔自治区阿勒泰地区阿勒泰市拉斯特乡喀拉吉拉村（编号 XJ-14-42），47°32′55″N，87°10′57″E，海拔 469.1 m。母质类型为冲积物。

Ap: 0～16 cm，灰色（2.5Y 6/1，干），黑色（2.5Y 2/1，润），粉壤土，中度发育的棱块状结构，少量极细根系，少量很细的低孔隙度的蜂窝状孔隙分布于结构体外，湿时稍坚实、稍黏着，中等长度、小间距间断的裂隙，很少小的灰白色角块结构石膏，中度石灰反应，清晰波状过渡。

AB: 16～30 cm，暗灰棕色（5Y 4/2，干），极暗灰色（5Y 3/1，润），粉壤土，发育很强的小棱块状结构，少量极细根系，多量很细的低孔隙度蜂窝状及管道状孔隙分布于结构体内外，湿时很坚实、黏着，很细中等长度、小间距间断的裂隙，很少小的灰白色角块结构石膏，轻度石灰反应，突变平滑过渡。

Bkr: 30～69 cm，淡灰色（2.5Y 7/2，干），淡棕灰色（2.5Y 6/2，润），粉壤土，中度发育的棱块状结构，少量极细根系，中量很细的低孔隙度蜂窝状及管道状孔隙分布于结构体

吉拉系代表性单个土体剖面

内外，湿时稍坚实、极黏着，结构体内很少量铁斑纹，对比度模糊、边界为扩散，少量小的灰白色角块结构石膏，轻度石灰反应，渐变平滑过渡。

Br1: 69～104 cm，灰色（2.5Y 6/1，干），淡棕灰色（2.5Y 5/1，润），粉壤土，中度发育的棱块状结构，很少量细根系，少量很细的低孔隙度蜂窝状孔隙分布于结构体外，湿时稍坚实、极黏着，结构体内很少量铁斑纹，对比度模糊、边界为扩散，少量小的灰白色角块结构石膏，轻度石灰反应，渐变平滑过渡。

Br2: 104～150 cm，粉质黏壤土，强发育的很小棱块状结构，很少量粗根系，少量很细的低孔隙度蜂窝状孔隙分布于结构体外，湿时很坚实、黏着，结构体内很少量铁斑纹，对比度模糊、边界为扩散，少量小的灰白色角块结构石膏，轻度石灰反应。

吉拉系代表性单个土体物理性质

| 土层 | 深度/cm | 细土颗粒组成（粒径：mm)/(g/kg) | | | 质地 | 砾石含量/% | 容重/(g/cm³) |
		砂粒 2～0.05	粉粒 0.05～0.002	黏粒 <0.002			
Ap	0～16	373	609	18	粉壤土	0	1.28
AB	16～30	95	673	232	粉壤土	0	1.64
Bkr	30～69	238	684	78	粉壤土	0	1.59
Br1	69～104	98	630	272	粉壤土	0	1.57
Br2	104～150	—	—	—	粉质黏壤土	0	1.70

吉拉系代表性单个土体化学性质

深度 /cm	pH (H₂O)	有机质 /(g/kg)	全磷 /(g/kg)	全钾 /(g/kg)	碱解氮 /(mg/kg)	速效磷 /(mg/kg)	速效钾 /(mg/kg)	电导率 (1∶1 水土比) /(dS/m)	碳酸钙 /(g/kg)
0~16	7.9	39.3	0.69	5.41	84.8	45.16	302.1	2.6	9
16~30	8.0	33.9	0.69	5.93	93.9	40.98	327.3	3.5	11
30~69	9.6	7.0	0.57	5.66	36.3	9.79	188.3	2.3	116
69~104	9.9	5.6	0.54	6.44	18.1	5.51	125.1	2.5	63
104~150	—	—	—	—	—	—	—	—	20

9.17.13 大南沟系（Danangou Series）

土　族：壤质混合型石灰性寒性-普通简育干润雏形土

拟定者：武红旗，吴克宁，鞠　兵，张文太，范燕敏，侯艳娜，盛建东

分布与环境条件　该土系地处木垒哈萨克自治县境内的冲积平原。干旱大陆性气候特征，光照充足。年平均气温为 6.6 ℃，年平均降水量为 163 mm 左右。冬季长而偏暖，夏季短而偏凉。地形地貌为平原，母质为洪-冲积物，土地利用类型为天然牧草地。

大南沟系典型景观

土系特征与变幅　该土系诊断层有雏形层，诊断特性有半干润土壤水分状况、寒性土壤温度状况、钠质特性、石灰性。土体构型相对均一，混合型矿物，土层深厚，质地主要为粉壤土，底层质地为砂质，上部以棱块结构为主，底部以粒状结构为主，除底层外均有石灰反应。

对比土系　新沟系，壤质混合型石灰性冷性-普通简育干润雏形土。二者同一高级分类单元，母质类似，剖面构型不同，且具有不同的土壤温度状况。同时，新沟系有钙积现象。

利用性能综述　地形平坦，质地适中，光热资源较优，土地利用率很低。

参比土种　中碱化灰漠土。

代表性单个土体　剖面于 2014 年 8 月 8 日采自新疆维吾尔自治区昌吉回族自治州木垒哈萨克自治县大南沟乌孜别克族乡（编号 XJ-14-25），44°04′24″N，90°15′11″E，海拔 868 m。母质类型为洪-冲积物。

大南沟系代表性单个土体剖面

Ah:　0～19 cm，淡橄榄棕色（2.5Y 5/3，干），淡橄榄棕色（2.5Y 5/4，润），粉壤土，弱发育的小棱块状结构，干时稍坚硬，有中量极细根系，中度石灰反应，清晰平滑过渡。

AB:　19～32 cm，淡黄棕色（2.5Y 6/3，干），橄榄棕色（2.5Y 4/3，润），粉壤土，弱发育的小棱块状结构，干时稍坚硬，有中量极细根系，中度石灰反应，清晰平滑过渡。

Bw1:　32～50 cm，淡橄榄棕色（2.5Y 5/3，干），橄榄棕色（2.5Y 4/3，润），粉壤土，弱发育的小棱块状结构，干时稍坚硬，有中量极细根系，有很少量不规则软结核，强石灰反应，清晰波状过渡。

Bw2:　50～78 cm，淡棕色（2.5Y 7/3，干），淡橄榄棕色（2.5Y 5/3，润），粉壤土，弱发育的小棱块状结构，干时稍坚硬，有少量极细根系，有很少量扁平软结核，有很少量的长石碎屑，中度石灰反应，清晰平滑过渡。

Bw3:　78～105 cm，淡橄榄棕色（2.5Y 5/4，干），橄榄棕色（2.5Y 4/4，润），粉壤土，干湿状况为稍干，中度发育的中型棱块状结构，干时稍坚硬，很少量的极细根系，有少量不规则软结核，有中量的砾石，强石灰反应，突变平滑过渡。

BC:　105～130 cm，灰色（2.5Y 5/1，干），极暗灰色（2.5Y 3/1，润），砂土，弱发育的很小粒状结构，干时稍松散，很少量的极细根系，有极多量的砾石，无石灰反应。

大南沟系代表性单个土体物理性质

土层	深度/cm	细土颗粒组成（粒径：mm)/(g/kg)			质地	砾石含量/%	容重/(g/cm³)
		砂粒 2～0.05	粉粒 0.05～0.002	黏粒 <0.002			
Ah	0～19	392	556	52	粉壤土	0	1.59
AB	19～32	108	773	119	粉壤土	0	1.33
Bw1	32～50	181	664	155	粉壤土	0	1.51
Bw2	50～78	196	649	155	粉壤土	1	1.49
Bw3	78～105	359	556	85	粉壤土	15	1.38
BC	105～130	882	66	52	砂土	60	1.59

大南沟系代表性单个土体化学性质

深度 /cm	pH (H₂O)	有机质 /(g/kg)	全磷 /(g/kg)	全钾 /(g/kg)	碱解氮 /(mg/kg)	速效磷 /(mg/kg)	速效钾 /(mg/kg)	电导率 (1∶1水土比) /(dS/m)	碳酸钙 /(g/kg)
0～19	8.8	6.5	0.61	3.12	7.6	4.20	235.1	0.2	37
19～32	9.0	4.4	0.64	2.97	23.1	6.44	54.2	0.3	36
32～50	9.3	9.3	0.74	3.12	12.2	9.15	55.6	0.6	39
50～78	8.3	5.1	0.61	3.41	11.5	9.43	100.1	3.5	45
78～105	8.4	5.4	0.53	3.26	12.0	1.40	100.1	2.5	46
105～130	8.1	3.3	0.52	1.09	10.6	2.24	41.7	2.9	30

9.17.14　新沟系（Xingou Series）

土　　族：壤质混合型石灰性冷性–普通简育干润雏形土
拟定者：武红旗，吴克宁，鞠　兵，张文太，范燕敏，侯艳娜，盛建东

分布与环境条件　该土系地处木垒哈萨克自治县境内的冲积平原。母质为冲积物，地形地貌为平原，干旱大陆性气候特征，光照充足。年平均气温为 6.8 ℃，年平均降水量为 167.2 mm 左右，无霜期 175 天。冬季长而偏暖，夏季短而偏凉。土地利用类型为水浇地，主要作物为小麦。

新沟系典型景观

土系特征与变幅　该土系诊断层有雏形层、钙积现象，诊断特性有半干润土壤水分状况、冷性土壤温度状况、石灰性，此外还有灌淤现象。土层深厚，土体构型单一，质地主要为粉壤土，通体有石灰反应。

对比土系　大南沟系，壤质混合型石灰性寒性–普通简育干润雏形土。二者同一高级分类单元，母质类似，剖面构型不同。新沟系有钙积现象。

利用性能综述　应因地制宜，将当前与长远、局部与整体结合起来，将利用与保护资源、改造与培育资源紧密结合起来，充分发挥其生产力。

参比土种　淡棕灰土。

代表性单个土体　剖面于 2014 年 8 月 8 日采自新疆维吾尔自治区昌吉回族自治州木垒哈萨克自治县新户镇新沟村（编号 XJ-14-24），43°54′54″N，90°12′36″E，海拔 1060 m。母质类型为冲积物。

Ap:　0～13 cm，淡黄棕色（2.5Y 6/4，干），淡橄榄棕色（2.5Y 5/4，润），粉壤土，中度发育的中棱块状结构，干时坚硬，有中量粗根系和很少量细根系，少量细粒间和根孔孔隙分布于结构体内外，孔隙度低，极强的石灰反应，pH 为 8.8，突变平滑过渡。

Bw1：13～48 cm，淡棕色（2.5Y 7/4，干），橄榄棕色（2.5Y 4/4，润），粉壤土，丰度很小、中度大小、次棱角状、正长石、长石、微风化碎屑，中度发育的中粒状结构，干时松散，有很少量粗根系和多量细根系，很少量很细粒间孔隙分布于结构体外，孔隙度很低，中度石灰反应，pH 为 9.1，渐变间断过渡。

Bw2：48～67 cm，淡棕色（2.5Y 7/3，干），淡橄榄棕色（2.5Y 5/3，润），砂质黏壤土，中度发育的很小屑粒状结构，湿时松软，中量细根系，中量细根孔孔隙分布于结构体外，孔隙度低，强石灰反应，pH 为 8.8，模糊平滑过渡。

新沟系代表性单个土体剖面

Bw3：67～96 cm，淡黄棕色（2.5Y 6/4，干），淡橄榄棕色（2.5Y 5/3，润），粉壤土，中度发育的很小屑粒状结构，湿时松软，少量细根系，多量很细粒间和根孔孔隙分布于结构体内外，孔隙度中，中度石灰反应，pH 为 8.5，模糊平滑过渡。

BC：　96～140 cm，淡棕色（2.5 Y 7/4，干），淡橄榄棕色（2.5Y 5/4，润），粉壤土，弱发育的很小屑粒状结构，干时松软，有很少极细根系，中量很细粒间孔隙分布于结构体外，孔隙度低，强石灰反应，pH 为 8.6。

新沟系代表性单个土体物理性质

土层	深度 /cm	细土颗粒组成（粒径：mm）/(g/kg)			质地	砾石含量	容重 /(g/cm³)
		砂粒 2～0.05	粉粒 0.05～0.002	黏粒 <0.002			
Ap	0～13	41	700	259	粉壤土	0	1.31
Bw1	13～48	700	185	115	粉壤土	0	1.36
Bw2	48～67	67	674	259	砂质黏壤土	0	1.70
Bw3	67～96	94	696	210	粉壤土	0	1.52
BC	96～140	94	720	186	粉壤土	0	1.54

新沟系代表性单个土体化学性质

深度 /cm	pH (H$_2$O)	有机质 /(g/kg)	全磷 /(g/kg)	全钾 /(g/kg)	碱解氮 /(mg/kg)	速效磷 /(mg/kg)	速效钾 /(mg/kg)	电导率 (1∶1水土比) /(dS/m)	碳酸钙 /(g/kg)
0～13	8.8	17.7	0.84	8.79	40.8	16.36	264.3	0.3	54
13～48	9.1	11.4	0.77	6.63	16.4	4.83	162.7	0.2	53
48～67	8.8	9.3	0.74	4.24	11.0	3.17	93.2	0.4	74
67～96	8.5	7.2	0.57	3.16	6.5	5.52	84.8	0.3	76
96～140	8.6	3.7	0.54	2.94	11.7	0.65	83.5	0.3	72

9.17.15 头屯河系（Toutunhe Series）

土　族：壤质混合型石灰性冷性-普通简育干润雏形土
拟定者：吴克宁，武红旗，鞠　兵，杜凯闯，郝士横等

分布与环境条件　该土系主要分布于乌鲁木齐市西北部，地势南高北低，地形平坦，母质类型为洪-冲积物，典型的中温带大陆性干燥气候，年平均气温 2.8～13.0 ℃，无霜期 176 天，年平均降水量 236 mm，极端最高温度 42.1 ℃，极端最低温度–41.5 ℃。

头屯河系典型景观

土系特征与变幅　该土系诊断层包括雏形层，诊断特性包括半干润土壤水分状况、冷性土壤温度状况、石灰性。土体构型相对均一，耕性较好。混合型矿物，土层深厚，质地主要为粉壤土，土体上部为楔状结构，下部为粒状结构，通体有石灰反应。

对比土系　奎屯系，壤质混合型石灰性温性-普通简育干润雏形土，二者同一亚类，母质类似，构型不同，土壤温度状况不同。

利用性能综述　地势平坦，土体深厚，表层土壤质地较黏，耕性较好，保肥保墒。

参比土种　灰板土。

代表性单个土体　剖面于 2014 年 8 月 8 日采自新疆维吾尔自治区乌鲁木齐市头屯河区新疆生产建设兵团第十二师五一农场（编号 XJV-14-24），44°01′29″N，87°23′01″E，海拔 580 m。母质类型为洪-冲积物。

头屯河系代表性单个土体剖面

Ap:　0～19 cm，淡红色（2.5YR 6/2，干），弱红色（2.5YR 4/2，润），粉壤土，强发育的楔状结构，干时坚实，很少量中根系，很少量岩石和矿物碎屑，强石灰反应，清晰平滑过渡。

AB:　19～35 cm，淡红色（2.5YR 6/2，干），弱红色（2.5YR 4/2，润），粉壤土，强发育的楔状结构，润时坚实，可塑性为中，强石灰反应，清晰平滑过渡。

Bw1:　35～60 cm，淡红色（2.5YR 6/2，干），红棕色（2.5YR 4/3，润），粉壤土，弱发育的粒状结构，湿时疏松，很少量粗根系，中量中气泡状孔隙，孔隙度高，强石灰反应，模糊波状过渡。

Bw2:　60～89 cm，亮红灰色（2.5YR 7/1，干），弱红色（2.5YR 4/2，润），粉壤土，弱发育的粒状结构，润时疏松，很少量细根系，多量细气泡状孔隙，孔隙度很高，强石灰反应，模糊波状过渡。

Bw3：89～120 cm，红灰色（2.5YR 6/1，干），暗红灰色（2.5YR 4/1，润），粉壤土，弱发育的粒状结构，湿时疏松，中量中气泡状孔隙，孔隙度高，强石灰反应。

头屯河系代表性单个土体物理性质

| 土层 | 深度/cm | 细土颗粒组成（粒径：mm）/(g/kg) | | | 质地 | 砾石含量/% | 容重/(g/cm³) |
		砂粒 2～0.05	粉粒 0.05～0.002	黏粒 <0.002			
Ap	0～19	143	703	154	粉壤土	0	1.51
AB	19～35	23	781	196	粉壤土	0	1.58
Bw1	35～60	13	773	214	粉壤土	0	1.50
Bw2	60～89	50	800	150	粉壤土	0	1.46
Bw3	89～120	27	834	139	粉壤土	0	1.44

头屯河系代表性单个土体化学性质

深度/cm	pH (H₂O)	有机质/(g/kg)	全磷/(g/kg)	全钾/(g/kg)	碱解氮/(mg/kg)	速效磷/(mg/kg)	速效钾/(mg/kg)	电导率 (1∶1水土比)/(dS/m)
0～19	7.5	25.9	0.52	9.42	18.0	10.91	334.7	0.6
19～35	7.7	39.0	0.53	8.41	28.8	4.54	252.8	0.3
35～60	7.7	30.5	0.46	7.93	32.0	2.95	217.7	0.3
60～89	7.8	31.3	0.32	4.88	25.5	1.95	176.7	0.4
89～120	7.9	28.6	0.29	5.89	12.2	1.55	147.5	0.3

9.17.16 福海系（Fuhai Series）

土 族：壤质混合型石灰性冷性-普通简育干润雏形土
拟定者：武红旗，吴克宁，鞠 兵，张文太，范燕敏，侯艳娜，盛建东

分布与环境条件 该土系地处阿勒泰地区的河滩地、冲积平原。母质为冲积物，地形地貌为平原，中温带大陆性气候，年平均气温为 4.3 ℃，年平均降水量为 178 mm，≥10 ℃年积温 2704 ℃，无霜期 120 天。土地利用类型为旱地，主要种植小麦。

福海系典型景观

土系特征与变幅 该土系诊断层有雏形层、钙积现象，诊断特性有半干润土壤水分状况、冷性土壤温度状况、石灰性。混合型矿物，土层深厚，质地主要为砂质壤土，土体上部为棱块状结构，下部为母质层，无结构，孔隙度低，Ap 层和 Bw1 层有石灰反应。

对比土系 尼勒克系，壤质混合型温性-钙积暗沃干润雏形土。尼勒克系有钙积层，二者属于不同亚类，母质相同，地形相同。

利用性能综述 质地轻，好耕作，适耕期长，而且耕翻质量一般较好。春季地温回升快，出苗快，易保苗，适种多种农作物，小麦产量在 150 公斤/亩左右，多为低产田。主要原因是土壤肥力水平低，保蓄力差，抗旱能力弱。在改良利用上应以改良土壤质地和培肥为中心，采用引洪灌淤或客土掺黏的办法。此外要多施有机肥，广种绿肥，在作物种类选择上，要以耐旱、喜砂作物为主。

参比土种 砂质锈黄土。

代表性单个土体 剖面于 2014 年 8 月 15 日采自新疆维吾尔自治区阿勒泰地区福海县解

特阿热勒乡桑孜拜阔克铁列克村（编号 XJ-14-32），47°04′03″N，87°25′06″E，海拔 570 m。
母质类型为冲积物。

福海系代表性单个土体剖面

Ap：　0～28 cm，橄榄灰色（5Y 5/2，干），暗橄榄灰色（5Y 3/2，润），砂质壤土，中度发育的小棱块状结构，湿时松散，中量中根系，中量细管道状孔隙分布于结构体外，孔隙度低，强石灰反应，清晰平滑过渡。

Bw1：28～42 cm，淡橄榄灰色（5Y 6/2，干），橄榄灰色（5Y 4/2，润），砂质壤土，中度发育的小棱块状结构，湿时疏松，少量细根系，少量细管道状孔隙分布于结构体外，孔隙度低，中度石灰反应，少量小的灰白色石膏晶体，清晰平滑过渡。

Bw2：42～63 cm，橄榄灰色（5Y 5/2，干），橄榄灰色（5Y 4/2，润），砂质壤土，弱发育的小棱块状结构，湿时疏松，很少量细根系，少量细管道状孔隙分布于结构体内外，孔隙度低，无石灰反应，模糊波状过渡。

C1：　63～81 cm，淡橄榄灰色（5Y 6/2，干），暗橄榄灰色（5Y 3/2，润），砂质黏壤土，无结构，湿时极疏松，无石灰反应，渐变平滑过渡。

C2：　81～118 cm，浅灰色（5Y 7/2，干），橄榄灰色（5Y 5/2，润），壤质砂土，无结构，湿时极疏松，无石灰反应，渐变平滑过渡。

C3：　118～140 cm，灰白色（5Y 8/1，干），浅灰色（5Y 7/1，润），砂土，无结构，湿时极疏松，无石灰反应，中量岩屑。

福海系代表性单个土体物理性质

土层	深度/cm	细土颗粒组成（粒径：mm)/(g/kg)			质地	砾石含量/%	容重/(g/cm³)
		砂粒 2～0.05	粉粒 0.05～0.002	黏粒 <0.002			
Ap	0～28	513	447	40	砂质壤土	0	1.46
Bw1	28～42	451	486	63	砂质壤土	0	1.42
Bw2	42～63	763	106	131	砂质壤土	0	1.53
C1	63～81	844	125	31	砂质黏壤土	0	1.45
C2	81～118	907	48	45	壤质砂土	0	1.48
C3	118～140	910	46	44	砂土	0	1.65

福海系代表性单个土体化学性质

深度 /cm	pH (H₂O)	有机质 /(g/kg)	全磷 /(g/kg)	全钾 /(g/kg)	碱解氮 /(mg/kg)	速效磷 /(mg/kg)	速效钾 /(mg/kg)	电导率 (1∶1水土比) /(dS/m)	碳酸钙 /(g/kg)
0～28	8.2	23.9	0.67	3.25	20.5	19.10	208.0	1.5	34
28～42	8.0	20.8	0.59	2.98	29.0	5.75	130.7	5.2	44
42～63	8.2	14.6	0.34	1.08	17.3	2.46	36.6	2.0	2
63～81	8.2	4.6	0.31	1.08	17.5	2.86	21.2	0.9	2
81～118	8.5	9.3	0.36	0.54	6.1	2.96	15.5	0.5	3
118～140	8.8	3.3	0.30	0.54	5.5	1.76	15.5	0.4	3

9.17.17　沙湾系（Shawan Series）

土　族：壤质混合型石灰性温性-普通简育干润雏形土
拟定者：吴克宁，武红旗，鞠　兵，赵　瑞，李方鸣，刘　楠等

分布与环境条件　该土系主要分布在新疆天山北麓中段、准噶尔盆地南缘，地势南高北低，母质为洪-冲积物，大陆性中温带干旱气候，平均气温为 6.3～6.9 ℃，全年太阳实照时数为 2800～2870 小时，≥10 ℃积温 3400～3600 ℃，无霜期 170～190 天，年降水量 140～350 mm，年蒸发量为 1500～2000 mm。

沙湾系典型景观

土系特征与变幅　诊断层包括雏形层，诊断特性包括半干润土壤水分状况、温性土壤温度状况、石灰性。土体构型相对均一，耕性较好。混合型矿物，质地主要为粉壤土，以块状结构为主，孔隙度高，Bw2 层有中量石灰结核，通体有石灰反应。

对比土系　西大沟系，黏壤质混合型石灰性温性-普通简育干润雏形土。二者地形部位相同，母质类型相似，诊断特征一致，剖面构型相似，属于同一高级分类单元，但是土族控制层段内的颗粒大小级别不同，属于不同土族。西大沟系土层深厚，质地主要为黏壤土，以块状结构为主，地势平坦，表层土壤质地较黏，耕性较好。而沙湾系以块状结构为主，孔隙度高，Bw2 层有中量石灰结核，地势平坦，表层土壤质地以粉壤土为主，耕性较好，属于壤质混合型石灰性温性-普通简育干润雏形土。

利用性能综述　地势平坦，表层土壤质地以壤质为主，耕性较好，保肥保墒。但是，地表砾石度较高，需要一定程度的土地平整。

参比土种　棕红土。

代表性单个土体 剖面于 2014 年 8 月 7 日采自新疆维吾尔自治区塔城地区沙湾县（编号 XJV-14-06），44°17′47″N，85°46′51″E，海拔 548 m。母质类型为洪-冲积物。

Ap: 0~29 cm，淡红色（2.5YR 7/2，干），红棕色（2.5YR 4/3，润），粉壤土，中度发育的小块状结构，干时松散、中度黏着性、弱可塑性，很少量中根系，多量细气孔孔隙，孔隙度很高，强石灰反应，少量地膜，少量砾石，模糊波状过渡。

Bw1: 29~43 cm，淡黄棕色（2.5Y 6/3，干），淡橄榄棕色（2.5Y 5/3，润），粉壤土，中度发育的中块状结构，干时松散、中度黏着性、弱可塑性，少量细根系，多量细气孔孔隙，孔隙度高，强石灰反应，清晰平滑过渡。

Bw2: 43~55 cm，淡棕色（2.5Y 7/4，干），淡橄榄棕色（2.5Y 5/4，润），粉土，中度发育的中块状结构，干时松散，强黏着性、中度可塑性，多量细气孔孔隙，孔隙度很高，中量石灰结核，强石灰反应。

沙湾系代表性单个土体剖面

沙湾系代表性单个土体物理性质

土层	深度 /cm	细土颗粒组成（粒径：mm）/(g/kg)			质地	砾石含量/%	容重 /(g/cm³)
		砂粒 2~0.05	粉粒 0.05~0.002	黏粒 <0.002			
Ap	0~29	50	782	168	粉壤土	15	1.46
Bw1	29~43	88	764	148	粉壤土	0	1.52
Bw2	43~55	89	814	97	粉土	15	1.44

沙湾系代表性单个土体化学性质

深度 /cm	pH (H₂O)	有机质 /(g/kg)	全磷 /(g/kg)	全钾 /(g/kg)	碱解氮 /(mg/kg)	速效磷 /(mg/kg)	速效钾 /(mg/kg)	电导率 (1:1水土比) /(dS/m)	碳酸钙 /(g/kg)
0~29	7.7	20.6	0.46	6.39	51.5	11.31	170.6	2.7	51
29~43	7.6	23.3	0.42	6.89	30.4	3.94	137.6	2.5	48
43~55	7.9	30.9	0.39	5.37	11.4	3.15	134.6	8.0	67

9.17.18　奎屯系（Kuitun Series）

土　　族：壤质混合型石灰性温性-普通简育干润雏形土
拟定者：吴克宁，武红旗，鞠　兵，黄　勤，高　星，刘　楠，郭　梦等

分布与环境条件　该土系主要分布在天山北麓中段，准噶尔盆地西南部，奎屯河畔。母质为冲积物，大陆性干旱气候，降水稀少，蒸发量大，年平均气温 6.5 ℃，年均日照时数为 2598 小时，年均日照率为 58%。

奎屯系典型景观

土系特征与变幅　该土系诊断层包括雏形层，诊断特性包括半干润土壤水分状况、温性土壤温度状况、石灰性。土体构型相对均一，土层深厚，混合型矿物，AB 层有少量地膜，通体有石灰反应。

对比土系　头屯河系，壤质混合型石灰性冷性-普通简育干润雏形土。二者同一亚类，母质类似，构型不同，土壤温度状况不同。奎屯系有明显的龟裂纹。

利用性能综述　地表有明显龟裂纹，植被稀少。

参比土种　棕红土。

代表性单个土体　剖面于 2014 年 7 月 28 日采自新疆维吾尔自治区伊犁哈萨克自治州奎屯市的高速路旁（编号 XJV-14-05），44°21′48″N，85°03′22″E，海拔 672 m。母质为冲积物。

A: +9～0 cm，亮红棕色（2.5YR 7/3，干），红棕色（2.5YR 5/4，润），粉质黏壤土，强发育的薄片状结构，干时疏松，连续、间距小、长度短、宽度中的裂隙，强石灰反应，清晰平滑过渡。

AB: 0～25 cm，粉色（2.5YR 8/3，干），红棕色（2.5YR 5/3，润），强发育的小块状结构，干时坚实，很少量细根系，强石灰反应，少量地膜，模糊不规则过渡。

Bw1: 25～35 cm，亮红棕色（2.5YR 7/3，干），红棕色（2.5YR 5/4，润），干时疏松，强石灰反应，清晰平滑过渡。

Bw2: 35～61 cm，亮红棕色（2.5YR 7/4，干），红棕色（2.5YR 5/4，润），粉壤土，干时坚实，强石灰反应，清晰平滑过渡。

奎屯系代表性单个土体剖面

Bw3: 61～110 cm，亮红棕色（2.5YR 6/4，干），红棕色（2.5Y 5/4，润），粉壤土，强发育的小块状结构，干时坚实，强石灰反应。

奎屯系代表性单个土体物理性质

| 土层 | 深度 /cm | 细土颗粒组成（粒径：mm)/(g/kg) | | | 质地 | 砾石含量/% | 容重 /(g/cm³) |
		砂粒 2～0.05	粉粒 0.05～0.002	黏粒 <0.002			
A	+9～0	46	608	346	粉质黏壤土	0	1.42
AB	0～25	56	821	123	—	0	1.40
Bw1	25～35	67	834	99	—	0	1.46
Bw2	35～61	60	790	150	粉壤土	0	1.47
Bw3	61～110	57	699	244	粉壤土	0	1.51

奎屯系代表性单个土体化学性质

深度 /cm	pH (H₂O)	有机质 /(g/kg)	全磷 /(g/kg)	全钾 /(g/kg)	碱解氮 /(mg/kg)	速效磷 /(mg/kg)	速效钾 /(mg/kg)	电导率 (1∶1水土比) /(dS/m)	碳酸钙 /(g/kg)
+9～0	8.5	22.5	0.34	6.39	19.1	4.14	158.6	0.7	68
0～25	8.9	23.6	0.42	6.89	21.0	14.50	233.6	0.4	90
25～35	7.9	36.0	0.34	5.37	14.6	4.54	116.6	0.0	93
35～61	8.1	22.2	0.35	6.89	37.5	3.74	155.6	0.0	81
61～110	7.8	18.8	0.31	5.37	30.4	4.14	140.6	0.0	98

9.17.19　巴热提买里系（**Baretimaili Series**）

土　　族：壤质混合型石灰性温性-普通简育干润雏形土
拟定者：武红旗，吴克宁，鞠　兵，张文太，范燕敏，侯艳娜，盛建东

分布与环境条件　该土系地处伊犁哈萨克自治州的冲积平原。母质为冲积物，地形地貌为平原，年平均气温为 9.2 ℃，年平均降水量为 326.1 mm。土地利用类型为水浇地，种植作物为玉米等。

巴热提买里系典型景观

土系特征与变幅　该土系诊断层有雏形层、钙积现象，诊断特性有半干润土壤水分状况、温性土壤温度状况、石灰性。混合型矿物，土层深厚，质地主要为粉壤土，以块状结构为主，通体有石灰反应。

对比土系　下吐鲁番于孜系，黏壤质混合型石灰性温性-普通简育干润雏形土。二者地形部位和母质类型相同，剖面构型相似，但土族控制层段内的颗粒大小级别不同，土族不同。下吐鲁番于孜系和巴热提买里系，这两个土系土层深厚，质地主要为粉壤土，以块状结构为主，肥力较高，在改良利用上，掌握好耕期，提高耕作质量。

利用性能综述　土层深厚，质地适中，保水保肥，适种作物较广。适宜种植玉米、小麦、油菜等作物，产量一般较高。

参比土种　绵黄土。

代表性单个土体　剖面于 2014 年 8 月 27 日采自新疆维吾尔自治区伊犁哈萨克自治州伊宁县莫洛托乎提于孜乡巴热提买里村（编号 XJ-14-69），43°58′40″N，81°33′30″E，海拔780.2 m。母质类型为冲积物。

Ap1：0～12 cm，淡灰棕色（2.5Y 6/3，干），暗灰棕色（2.5Y 4/2，润），粉壤土，中度发育的块状结构，干时松软，间断的裂隙，多量极细根系和很少量细、中根系，少量很细蜂窝状孔隙和管道状孔隙分布于结构体内，孔隙度低，强石灰反应，清晰波状过渡。

Ap2：12～28 cm，淡橄榄棕色（2.5Y 5/3，干），橄榄棕色（2.5Y 4/3，润），粉壤土，中度发育的块状结构，干时稍坚硬，中量极细根系和很少量细、中根系，少量细蜂窝状孔隙和管道状孔隙分布于结构体内，孔隙度低，强石灰反应，清晰平滑过渡。

Bw1：28～83 cm，淡棕色（2.5Y 7/3，干），橄榄棕色（2.5Y 4/4，润），粉壤土，弱发育的块状结构，很少量很小的次棱角状花岗岩碎屑，干时稍坚硬，少量极细根系和很少量细、中根系，中量细蜂窝状孔隙和管道状孔隙分布于结构体内，孔隙度中，中度石灰反应，渐变平滑过渡。

巴热提买里系代表性单个土体剖面

Bw2：83～120 cm，淡棕色（2.5Y 7/4，干），淡橄榄棕色（2.5Y 5/4，润），粉壤土，弱发育的块状结构，很少量很小的次棱角状花岗岩碎屑，干时稍坚硬，少量极细根系和很少量细、中根系，中量细蜂窝状孔隙和管道状孔隙分布于结构体内，孔隙度低，中度石灰反应。

巴热提买里系代表性单个土体物理性质

土层	深度 /cm	细土颗粒组成 （粒径：mm）/(g/kg)			质地	砾石 含量/%	容重 /(g/cm³)
		砂粒 2～0.05	粉粒 0.05～0.002	黏粒 <0.002			
Ap1	0～12	209	589	202	粉壤土	0	1.36
Ap2	12～28	146	732	122	粉壤土	0	1.50
Bw1	28～83	149	710	141	粉壤土	0	1.40
Bw2	83～120	210	649	141	粉壤土	0	1.43

巴热提买里系代表性单个土体化学性质

深度 /cm	pH (H₂O)	有机质 /(g/kg)	全磷 /(g/kg)	全钾 /(g/kg)	碱解氮 /(mg/kg)	速效磷 /(mg/kg)	速效钾 /(mg/kg)	电导率 (1：1水土比) /(dS/m)	碳酸钙 /(g/kg)
0～12	8.3	13.7	1.11	5.17	49.5	13.65	152.1	0.2	114
12～28	8.2	16.6	1.33	6.20	27.6	16.04	235.0	0.3	118
28～83	8.5	6.2	0.89	6.20	21.7	8.49	102.7	0.3	157
83～120	8.5	6.9	0.65	5.68	13.1	10.59	80.9	0.4	168

9.17.20　农八师系（Nongbashi Series）

土　　族：壤质混合型石灰性温性-普通简育干润雏形土
拟定者：武红旗，吴克宁，鞠　兵，张文太，范燕敏，侯艳娜，盛建东

分布与环境条件　该土系地处塔城地区的冲积平原。母质为冲积物，地形地貌为平原，中温带干旱和半干旱气候区，春季升温快，冷暖波动大。年平均气温为 6.5 ℃，年平均降水量为 183 mm。土地利用类型为水浇地，种植作物为棉花。

农八师系典型景观

土系特征与变幅　该土系诊断层有雏形层、钙积现象，诊断特性有半干润土壤水分状况、温性土壤温度状况、石灰性。混合型矿物，土层深厚，质地主要为粉壤土，土体上部为粒状结构，下部为块状结构，通体有石灰反应。

对比土系　巴热提买里系，壤质混合型石灰性温性-普通简育干润雏形土，二者同一土族，母质相同，地形相同，剖面构型不同。

利用性能综述　改良要注意精细平整土地，细流沟灌，合理使用化肥。

参比土种　灰漠白板土。

代表性单个土体　剖面于 2014 年 9 月 2 日采自新疆维吾尔自治区塔城地区沙湾县农八师一四三团二十三连（编号 XJ-14-81），44°20′15″N，85°46′11″E，海拔 435 m。母质类型为冲积物。

Ap1：0～26 cm，极淡棕色（2.5Y 7/4，干），暗黄棕色（2.5Y 4/4，润），粉壤土，中度发育的团粒状结构，很少量很小的次棱角状岩石和矿物碎屑，间断性的裂隙，干时疏松，大量粗根系和很少量细根系，少量细蜂窝状和管道状孔隙分布于结构体内，孔隙度低，很少量地膜，中度石灰反应，清晰波状过渡。

Ap2：26～39 cm，极淡棕色（2.5Y 7/3，干），棕色（2.5Y 4/3，润），粉壤土，中度发育的中等粒状结构，很少量很小的次棱角状岩石和矿物碎屑，间断性的裂隙，干时稍坚硬，中量粗根系和很少量细根系，中量细蜂窝状和管道状孔隙分布于结构体内，孔隙度低，很少量地膜，强石灰反应，突变水平过渡。

By：39～78 cm，极淡棕色（2.5Y 8/3，干），淡棕色（2.5Y 6/3，润），粉壤土，弱发育的小棱块状结构，不连续的裂隙，干时稍坚硬少量粗根系和细根系，大量细蜂窝状和管道状孔隙分布于结构体内，孔隙度中，中量小扁平状石膏，中度石灰反应，渐变波状过渡。

农八师系代表性单个土体剖面

BC：78～130 cm，淡灰色（2.5Y 7/2，干），棕色（2.5Y 5/3，润），粉土，弱发育的块状结构，不连续的裂隙，干时松软，很少量粗根系和细根系，大量细蜂窝状和管道状孔隙分布于结构体内，孔隙度中，轻度石灰反应。

农八师系代表性单个土体物理性质

| 土层 | 深度 /cm | 细土颗粒组成（粒径：mm)/(g/kg) | | | 质地 | 砾石 含量/% | 容重 /(g/cm³) |
		砂粒 2～0.05	粉粒 0.05～0.002	黏粒 <0.002			
Ap1	0～26	48	784	168	粉壤土	0	1.45
Ap2	26～39	78	754	168	粉壤土	0	1.51
By	39～78	90	834	76	粉壤土	0	1.43
BC	78～130	352	586	62	粉土	0	1.49

农八师系代表性单个土体化学性质

深度 /cm	pH (H₂O)	有机质 /(g/kg)	全磷 /(g/kg)	全钾 /(g/kg)	碱解氮 /(mg/kg)	速效磷 /(mg/kg)	速效钾 /(mg/kg)	电导率 (1：1水土比) /(dS/m)	碳酸钙 /(g/kg)
0～26	7.9	18.4	0.90	6.71	52.2	16.56	211.6	0.8	67
26～39	7.9	15.9	0.62	6.19	59.8	11.10	187.8	1.4	106
39～78	8.0	11.2	0.82	6.72	39.5	3.86	124.4	2.4	74
78～130	8.2	12.9	0.51	1.56	21.4	4.26	99.1	1.2	79

9.17.21 乌兰乌苏系（Wulanwusu Series）

土　　族：壤质混合型石灰性温性–普通简育干润雏形土
拟定者：吴克宁，武红旗，鞠　兵，杜凯闯，郝士横等

分布与环境条件　该土系主要分布在新疆天山北麓中段、准噶尔盆地南缘，地势南高北低，母质为冲积物，大陆性中温带干旱气候，平均气温为 6.3～6.9 ℃，≥10 ℃积温 3400～3600 ℃，无霜期 170～190 天，年降水量 140～350 mm，年蒸发量为 1500～2000 mm。

乌兰乌苏系典型景观

土系特征与变幅　该土系诊断层包括雏形层，诊断特性包括半干润土壤水分状况、温性土壤温度状况、石灰性。土体构型相对均一，耕性较好。混合型矿物，土层深厚，质地主要为壤土，以块状结构为主，孔隙度低，通体有石灰反应。

对比土系　郝家庄系，黏壤质混合型温性–钙积简育干润雏形土。郝家庄系剖面中具有钙积层，而乌兰乌苏系心土层仅具有雏形层，在高级单元中属于不同亚类。二者地形部位相同，母质类型不同，剖面构型相似，属于不同土族。

利用性能综述　地势平坦，土体深厚，表层土壤质地较黏，耕性较好，保肥保墒。

参比土种　棕红土。

代表性单个土体　剖面于 2014 年 7 月 29 日采自新疆维吾尔自治区塔城地区沙湾县乌兰乌苏镇头浮村（编号 XJV-14-07），44°17′47″N，85°46′51″E，海拔 513 m。母质类型为冲积物。

Ap: 0～21 cm，淡红色（2.5YR 6/2，干），弱红色（2.5YR 4/2，润），壤土，团块状结构，干时坚实，湿时疏松，很少量细根系，中量秸秆侵入物，强石灰反应，模糊不规则过渡。

AB: 21～42 cm，淡红色（2.5YR 7/2，干），弱红色（2.5YR 4/2，润），壤土，团块状结构，干时坚实，很少量细根系，很少量细气孔孔隙，孔隙度低，少量砾石侵入物，强石灰反应，模糊不规则过渡。

Bw1: 42～58 cm，淡红色（2.5YR 7/2，干），弱红色（2.5YR 4/2，润），粉壤土，弱发育的块状结构，干时疏松，很少量很细根系，大量细气孔孔隙，孔隙度低，强石灰反应，清晰平滑过渡。

Bw2: 58～82 cm，淡红色（2.5YR 7/2，干），弱红色（2.5YR 4/2，润），壤土，弱发育的块状结构，干时疏松，中量细根系，大量细气孔孔隙，孔隙度低，强石灰反应，清晰波状过渡。

乌兰乌苏系代表性单个土体剖面

Bw3: 82～120 cm，亮红棕色（2.5YR 6/3，干），红棕色（2.5YR 4/3，润），壤土，弱发育的块状结构，很多量很小的粒状辉石，风化强，干时疏松，很少量细根系，中度石灰反应。

乌兰乌苏系代表性单个土体物理性质

土层	深度/cm	细土颗粒组成（粒径：mm)/(g/kg)			质地	砾石含量/%	容重/(g/cm³)
		砂粒 2～0.05	粉粒 0.05～0.002	黏粒 <0.002			
Ap	0～21	445	435	120	壤土	0	1.38
AB	21～42	384	466	150	壤土	0	1.42
Bw1	42～58	53	769	178	粉壤土	0	1.55
Bw2	58～82	348	498	154	壤土	0	1.51
Bw3	82～120	498	401	101	壤土	0	1.48

乌兰乌苏系代表性单个土体化学性质

深度/cm	pH(H₂O)	有机质/(g/kg)	全磷/(g/kg)	全钾/(g/kg)	碱解氮/(mg/kg)	速效磷/(mg/kg)	速效钾/(mg/kg)	电导率（1:1水土比)/(dS/m)
0～21	8.0	20.2	0.61	8.92	60.1	30.43	320.6	0.3
21～42	8.0	15.2	0.56	8.93	30.9	15.29	284.6	0.2
42～58	7.9	14.3	0.53	10.44	37.4	5.54	278.6	0.2
58～82	7.9	4.0	0.45	8.92	40.9	5.14	206.6	0.3
82～120	8.0	3.4	0.39	4.89	35.8	1.95	128.6	0.3

9.17.22　十九户系（Shijiuhu Series）

土　　族：壤质混合型石灰性温性-普通简育干润雏形土
拟定者：吴克宁，武红旗，鞠　兵，黄　勤，高　星，郭　梦等

分布与环境条件　该土系主要分布于新疆维吾尔自治区中北部，地势南高北低，自东南向西北倾斜。母质类型为洪-冲积物，温带大陆性干旱半干旱气候。平原地区平均气温6.7 ℃，年降水量167 mm，无霜期平均180 天。

十九户系典型景观

土系特征与变幅　该土系诊断层包括雏形层，诊断特性包括半干润土壤水分状况、温性土壤温度状况、石灰性。土体构型相对均一，耕性较好。混合型矿物，土层深厚，质地主要为粉壤土，以块状结构为主，通体有石灰反应。

对比土系　北五岔北系，壤质混合型石灰性温性-普通土垫旱耕人为土。二者地形部位不同，母质类型相同，属于不同高级分类单元。北五岔北系土层深厚，质地主要为粉壤土，以块状结构为主，Aup2 层和 Bk 层有钙质凝聚物，Br 层有铁锰斑纹，地势平坦，表层土壤质地较黏，耕性较好。而十九户系土层深厚，质地主要为粉壤土，以块状结构为主，地势平坦，表层土壤质地较黏，耕性较好，属于壤质混合型石灰性温性-普通简育干润雏形土。

利用性能综述　地势平坦，土体深厚，表层土壤质地较黏，耕性较好，保肥保墒。

参比土种　灰红土。

代表性单个土体　剖面于 2014 年 8 月 4 日采自新疆维吾尔自治区昌吉回族自治州呼图壁县五工台镇十九户村（编号 XJV-14-16），44°11′23″N，86°44′44″E，海拔 582 m。母质类型为洪-冲积物。

Ap: 0～15 cm，淡红色（2.5YR 7/2，干），弱红色（2.5YR 4/2，润），粉壤土，强发育的块状结构，干时坚实，很少量细根系，长度中等、间距小的连续裂隙，有中量薄膜，强石灰反应，不明显波状过渡。

Bw1：15～57 cm，淡红色（2.5YR 6/2，干），弱红色（2.5YR 4/2，润），粉壤土，块状结构，干时坚实，很少量细根系，多量中孔隙，孔隙度高，长度长、间距中的连续裂隙，强石灰反应，明显平滑过渡。

Bw2：57～73 cm，淡红色（2.5YR 6/2，干），红棕色（2.5YR 4/3，润），粉壤土，块状结构，干时疏松，很少量细根系，强石灰反应，明显平滑过渡。

BC： 73～130 cm，淡红色（2.5YR 6/3，干），红棕色（2.5YR 4/3，润），粉壤土，块状结构，干时疏松，很少量细根系，多量中孔隙，孔隙度高，强石灰反应。

十九户系代表性单个土体剖面

十九户系代表性单个土体物理性质

| 土层 | 深度/cm | 细土颗粒组成 (粒径：mm)/(g/kg) | | | 质地 | 砾石含量/% | 容重/(g/cm³) |
		砂粒 2～0.05	粉粒 0.05～0.002	黏粒 <0.002			
Ap	0～15	100	722	178	粉壤土	1	1.47
Bw1	15～57	47	757	196	粉壤土	2	1.59
Bw2	57～73	118	761	121	粉壤土	2	1.50
BC	73～130	114	781	105	粉壤土	1	1.52

十九户系代表性单个土体化学性质

深度/cm	pH (H₂O)	有机质/(g/kg)	全磷/(g/kg)	全钾/(g/kg)	碱解氮/(mg/kg)	速效磷/(mg/kg)	速效钾/(mg/kg)	电导率(1∶1水土比)/(dS/m)
0～15	7.6	28.1	0.45	6.90	79.1	7.53	211.8	0.6
15～57	7.6	31.0	0.47	7.42	53.4	9.12	217.7	0.2
57～73	7.7	22.8	0.40	5.90	51.2	3.94	232.3	0.2
73～130	7.7	18.8	0.39	6.40	31.4	2.75	197.2	0.2

9.17.23　二十里店系（Ershilidian Series）

土　　族：壤质混合型石灰性温性–普通简育干润雏形土
拟定者：吴克宁，武红旗，鞠　兵，赵　瑞，李方鸣，刘　楠等

分布与环境条件　该土系主要分布于新疆维吾尔自治区中北部，地势南高北低，自东南向西北倾斜。母质类型为洪–冲积物，温带大陆性干旱半干旱气候。平原地区平均气温 6.7 ℃，年降水量 167 mm，无霜期平均 180 天。

二十里店系典型景观

土系特征与变幅　该土系诊断层包括雏形层，诊断特性包括半干润土壤水分状况、温性土壤温度状况、石灰性。土体构型相对均一，耕性较好。混合型矿物，土层深厚，质地主要为砂质壤土，土体上部为块状结构，下部为粒状结构，孔隙度低，通体有石灰反应。

对比土系　和庄系，壤质混合型石灰性温性–普通简育干润雏形土。二者地形部位和母质类型相同，属于同一土族。和庄系质地主要为粉壤土，以块状结构为主，孔隙度低，地势平坦，表层土壤质地较黏，耕性较好；而二十里店系土层深厚，质地主要为砂质壤土，土体上部为块状结构，下部为粒状结构，孔隙度低，地势平坦，表层土壤质地较黏，耕性较好，也属于壤质混合型石灰性温性–普通简育干润雏形土。

利用性能综述　地势平坦，土体深厚，表层土壤质地较黏，耕性较好，保肥保墒。

参比土种　灰红土。

代表性单个土体　剖面于 2014 年 8 月 4 日采自新疆维吾尔自治区昌吉回族自治州呼图壁县二十里店镇二十里店村（编号 XJV-14-17），44°10′19″N，86°57′39″E，海拔 586 m。母质类型为冲积物。

A: 0～22 cm，亮红棕色（2.5YR 6/3，干），红棕色（2.5YR 4/3，润），砂质壤土，中度发育的块状结构，湿时极疏松，中量粗根系、细根系和中根系，中量粗、中、细蜂窝状孔隙分布于结构体外，孔隙度低，很少量薄膜，强石灰反应，清晰波状过渡。

Bw1: 22～62 cm，淡红色（2.5YR 6/2，干），红棕色（2.5YR 5/3，润），砂质壤土，中度发育的块状结构，湿时疏松，中量极细根系，中量很细蜂窝状和管道状孔隙分布于结构体外，孔隙度低，很少量薄膜，强石灰反应，渐变波状过渡。

Bw2: 62～84 cm，亮红棕色（2.5YR 7/3，干），红棕色（2.5YR 4/3，润），壤土，弱发育的粒状结构，湿时疏松，很少量极细根系，多量很细、细蜂窝状、管道状孔隙分布于结构体内外，孔隙度低，强石灰反应，渐变波状过渡。

二十里店系代表性单个土体剖面

Bw3: 84～120 cm，淡红色（2.5Y 6/2，干），弱红色（2.5Y 4/2，润），粉壤土，弱发育粒状结构，湿时极疏松，很少量极细根系，中量很细、细蜂窝状、管道状孔隙分布于结构体内外，孔隙度低，强石灰反应。

二十里店系代表性单个土体物理性质

土层	深度/cm	细土颗粒组成（粒径：mm)/(g/kg)			质地	砾石含量/%	容重/(g/cm³)
		砂粒 2～0.05	粉粒 0.05～0.002	黏粒 <0.002			
A	0～22	436	454	110	砂质壤土	0	1.27
Bw1	22～62	84	738	177	砂质壤土	0	1.46
Bw2	62～84	408	441	151	壤土	0	1.48
Bw3	84～120	26	852	122	粉壤土	0	1.48

二十里店系代表性单个土体化学性质

深度/cm	pH(H₂O)	有机质/(g/kg)	全磷/(g/kg)	全钾/(g/kg)	碱解氮/(mg/kg)	速效磷/(mg/kg)	速效钾/(mg/kg)	电导率(1:1水土比)/(dS/m)
0～22	7.7	20.1	0.49	7.40	19.7	6.13	317.2	0.25
22～62	7.8	19.9	0.45	7.91	25.7	2.95	226.5	0.18
62～84	7.9	20.7	0.47	6.91	23.0	2.75	112.4	0.19
84～120	7.4	19.6	0.40	6.38	8.0	2.35	109.4	0.18

9.17.24　和庄系（Hezhuang Series）

土　　族：壤质混合型石灰性温性-普通简育干润雏形土
拟定者：吴克宁，武红旗，鞠　兵，杜凯闯，郝士横等

分布与环境条件　　该土系主要分布于加依尔山南麓、准噶尔盆地、古尔班通古特沙漠西部，地形地貌以戈壁滩为主，母质为洪-冲积物，典型的温带大陆性气候，常年干燥少雨，春秋两季多风，冬季温差大；年平均降水量为 169 mm，蒸发量为 1618 mm。

和庄系典型景观

土系特征与变幅　　该土系诊断层包括雏形层，诊断特性包括半干润土壤水分状况、温性土壤温度状况、石灰性。土体构型相对均一，耕性较好。混合型矿物，质地主要为粉壤土，以块状结构为主，孔隙度低，通体有石灰反应。

对比土系　　二十里店系，壤质混合型石灰性温性-普通简育干润雏形土。二者地形部位和母质类型相同，属于同一土族。二十里店系土层深厚，质地主要为砂质壤土，土体上部为块状结构，下部为粒状结构，孔隙度低，地势平坦，表层土壤质地较黏，耕性较好。而和庄系质地主要为粉壤土，以块状结构为主，孔隙度低，地势平坦，表层土壤质地较黏，耕性较好，也属于壤质混合型石灰性温性-普通简育干润雏形土。

利用性能综述　　地势平坦，土体深厚，表层土壤质地较黏，耕性较好，保肥保墒。

参比土种　　灰红土。

代表性单个土体　　剖面于 2014 年 8 月 5 日采自新疆维吾尔自治区昌吉回族自治州呼图壁县园户村镇和庄村（编号 XJV-14-18），44°09′00″N，86°52′13″E，海拔 647 m。母质类型为洪-冲积物。

Ap: 0~26 cm，亮红棕色（2.5YR 6/3，干），红棕色（2.5YR 4/3，润），粉壤土，弱发育的块状结构，干时坚实，很少量极细根系，少量很细蜂窝状、管道状孔隙，位于结构体内，孔隙度很低，很少量薄膜等侵入体，强石灰反应，不明显波状过渡。

Bw: 26~50 cm，亮红棕色（2.5YR 6/3，干），红棕色（2.5YR 4/3，润），粉壤土，中度发育的块状结构，干时疏松，少量极细根系，中量很细、细蜂窝状孔隙，位于结构体内，孔隙度低，很少量薄膜等侵入体，强石灰反应，突变平滑过渡。

R: 50 cm 以下，石质接触面。

和庄系代表性单个土体剖面

和庄系代表性单个土体物理性质

土层	深度 /cm	细土颗粒组成（粒径：mm)/(g/kg)			质地	砾石含量/%	容重 /(g/cm³)
		砂粒 2~0.05	粉粒 0.05~0.002	黏粒 <0.002			
Ap	0~26	113	721	166	粉壤土	0	1.51
Bw	26~50	50	771	179	粉壤土	5	1.58

和庄系代表性单个土体化学性质

深度 /cm	pH (H₂O)	有机质 /(g/kg)	全磷 /(g/kg)	全钾 /(g/kg)	碱解氮 /(mg/kg)	速效磷 /(mg/kg)	速效钾 /(mg/kg)	电导率 (1:1水土比) /(dS/m)
0~26	7.4	24.8	0.41	7.41	15.8	3.94	165.0	0.22
26~50	7.4	46.1	0.36	7.39	13.8	3.55	109.4	0.33

9.17.25　龙河系（Longhe Series）

土　族：壤质混合型石灰性温性-普通简育干润雏形土
拟定者：吴克宁，武红旗，鞠　兵，黄　勤，高　星，高　楠，郭　梦等

分布与环境条件　该土系主要分布于加依尔山南麓、准噶尔盆地、古尔班通古特沙漠西部，地形地貌以戈壁滩为主，母质类型为洪-冲积物，典型的温带大陆性气候，常年干燥少雨，春秋两季多风，冬季温差大；年均降水量为169 mm，蒸发量为1618 mm。

龙河系典型景观

土系特征与变幅　该土系诊断层包括雏形层，诊断特性包括半干润土壤水分状况、温性土壤温度状况、石灰性。土体构型相对均一，耕性较好。混合型矿物，土层深厚，质地主要为粉壤土，以片状结构为主，Bw2层有少量结核，通体有石灰反应。

对比土系　二畦系，壤质混合型石灰性温性-普通简育干润雏形土。二者地形部位和母质类型相同，属于同一土族。

利用性能综述　地势平坦，土体深厚，表层土壤质地较黏，耕性较好，保肥保墒。

参比土种　灰红土。

代表性单个土体　剖面于2014年8月6日采自新疆维吾尔自治区昌吉回族自治州昌吉市大西渠镇龙河村（编号XJV-14-20），44°12′18″N，87°15′20″E，海拔526 m。母质类型为洪-冲积物。

Ap: 0～18 cm，亮红棕色（2.5YR 7/3，干），红棕色（2.5YR 5/3，润），粉壤土，弱发育的厚片状结构，湿时疏松，黏着性弱，可塑性弱，少量细根系，连续、长度长、间距大的裂隙，强石灰反应，模糊不规则过渡。

Bw1：18～86 cm，淡红色（2.5YR 7/2，干），红棕色（2.5YR 5/3，润），粉壤土，弱发育的厚片状结构，湿时疏松，黏着性弱，可塑性弱，很少量很小的模糊渐变的斑纹，强石灰反应，清晰平滑过渡。

Bw2：86～120 cm，亮红棕色（2.5YR 7/3，干），红棕色（2.5YR 5/3，润），粉土，强发育的大棱块状结构，湿时疏松，黏着性强，可塑性强，少量垃圾等侵入体，很少量很小的扁平结核，强石灰反应。

龙河系代表性单个土体剖面

龙河系单个土体物理性质

土层	深度/cm	细土颗粒组成 (粒径：mm)/(g/kg)			质地	砾石含量/%	容重/(g/cm³)
		砂粒 2～0.05	粉粒 0.05～0.002	黏粒 <0.002			
Ap	0～18	211	710	79	粉壤土	0	1.43
Bw1	18～86	191	721	88	粉壤土	0	1.49
Bw2	86～120	4	893	103	粉土	0	1.50

龙河系单个土体化学性质

深度/cm	pH (H₂O)	有机质/(g/kg)	全磷/(g/kg)	全钾/(g/kg)	碱解氮/(mg/kg)	速效磷/(mg/kg)	速效钾/(mg/kg)	电导率(1:1水土比)/(dS/m)
0～18	7.9	14.1	0.45	7.92	19.4	7.53	405.0	0.5
18～86	8.0	16.4	0.43	7.39	4.4	6.13	334.7	0.0
86～120	8.5	20.6	0.50	7.39	32.8	16.09	448.8	0.0

9.17.26　二畦系（Erqi Series）

土　　族：壤质混合型石灰性温性-普通简育干润雏形土
拟定者：吴克宁，武红旗，鞠　兵，赵　瑞，李方鸣，刘　楠等

分布与环境条件　该土系主要分布于加依尔山南麓、准噶尔盆地、古尔班通古特沙漠西部，地形地貌以戈壁滩为主，母质类型为洪-冲积物，典型的温带大陆性气候，常年干燥少雨，春秋两季多风，冬季温差大；年平均降水量为 169 mm，蒸发量为 1618 mm。

二畦系典型景观

土系特征与变幅　该土系诊断层包括雏形层，诊断特性包括半干润土壤水分状况、温性土壤温度状况、石灰性。土体构型相对均一，耕性较好。混合型矿物，土层深厚，质地主要为粉质，以块状结构为主，Bw2 层有多量钙斑，通体有石灰反应。

对比土系　龙河系，壤质混合型石灰性温性-普通简育干润雏形土。二者地形部位和母质类型相同，属于同一土族。

利用性能综述　地势平坦，土体深厚，表层土壤质地较黏，耕性较好，保肥保墒。

参比土种　灰红土。

代表性单个土体　剖面于 2014 年 8 月 6 日采自新疆维吾尔自治区昌吉回族自治州昌吉市大西渠镇大西渠村（编号 XJV-14-21），87°19′15″N，44°6′59″E，海拔 564 m。母质类型为洪-冲积物。

Ap: 0～17 cm，亮红棕色（2.5YR 6/3，干），红棕色（2.5YR 4/3，润），粉土，强发育的小块状结构，干时疏松，黏着性中，可塑性中，连续、间距中、长度中的裂隙，很少量细根系，土体内无岩石和矿物碎屑，强石灰反应，层次过渡不明显。

Bw1: 17～53 cm，淡红色（2.5YR 6/2，干），弱红色（2.5YR 4/2，润），粉土，块状结构，湿时坚硬，黏着性中，可塑性中，很少量细根系，土体内无岩石和矿物碎屑，强石灰反应，清晰平滑过渡。

Bw2: 53～79 cm，亮红棕色（2.5YR 6/3，干），红棕色（2.5YR 4/3，润），弱发育块状结构，湿时疏松，黏着性中，可塑性中，很少量粗根系，土体内无岩石和矿物碎屑，有很多量很小的与基质对比度清晰、边界清晰的钙斑，强石灰反应，清晰波状过渡。

二畦系代表性单个土体剖面

Bw3: 79～120 cm，淡红色（2.5YR 7/2，干），红棕色（2.5YR 4/3，润），粉壤土，块状结构，湿时疏松，黏着性中，可塑性中，中量细根系，土体内无岩石和矿物碎屑，强石灰反应。

二畦系代表性单个土体物理性质

土层	深度 /cm	细土颗粒组成（粒径：mm)/(g/kg)			质地	砾石 含量/%	容重 /(g/cm³)
		砂粒 2～0.05	粉粒 0.05～0.002	黏粒 <0.002			
Ap	0～17	—	—	—	粉土	—	—
Bw1	17～53	51	846	103	粉土	—	—
Bw2	53～79	—	—	—		—	—
Bw3	79～120	14	771	215	粉壤土	—	—

二畦系代表性单个土体化学性质

深度 /cm	pH (H₂O)	有机质 /(g/kg)	全磷 /(g/kg)	全钾 /(g/kg)	碱解氮 /(mg/kg)	速效磷 /(mg/kg)	速效钾 /(mg/kg)	电导率 (1:1水土比) /(dS/m)
0～17	7.7	29.8	0.42	8.42	89.3	13.50	308.4	0.0
17～53	7.8	29.6	0.42	8.92	71.3	11.31	326.0	0.9
53～79	7.8	32.7	0.42	9.94	73.9	5.54	352.3	0.0
79～120	7.9	30.8	0.43	9.44	72.6	11.51	358.1	0.0

9.17.27　霍城系（Huocheng Series）

土　　族：壤质混合型石灰性温性−普通简育干润雏形土
拟定者：武红旗，吴克宁，鞠　兵，张文太，范燕敏，侯艳娜，盛建东

分布与环境条件　该土系地处伊犁哈萨克自治州的冲积平原。年平均气温为 9.2 ℃，年平均降水量为 326 mm。母质为冲积物，地形地貌为平原，土地利用类型为水浇地，种植作物为小麦。

霍城系典型景观

土系特征与变幅　该土系诊断层有雏形层、钙积现象，诊断特性有半干润土壤水分状况、温性土壤温度状况、石灰性。土层深厚，土体构型单一，土质均为粉壤土，通体有石灰反应。

对比土系　果子沟系，壤质混合型石灰性温性−普通简育干润雏形土。二者母质相同，土体构型不同，质地均以粉壤土为主。

利用性能综述　一般肥力较高，在改良利用上，重视有机肥，适时进行田间作业，掌握好耕期，提高耕作质量。

参比土种　灰壤土。

代表性单个土体　剖面于 2014 年 8 月 25 日采自新疆维吾尔自治区伊犁哈萨克自治州霍城县（编号 XJ-14-65），44°04′26″N，80°46′08″E，海拔 674 m。母质类型为冲积物。

Ap： 0～18 cm，灰色（2.5Y 5/1，干），暗灰色（2.5Y 4/1，润），粉壤土，弱发育的棱块状结构，干时很坚硬，无裂隙，中量细根系，很少量细管道状孔隙分布于结构体外，孔隙度很低，极强的石灰反应，渐变波状过渡。

AB： 18～35 cm，灰棕色（2.5Y 5/2，干），极暗灰棕色（2.5Y 3/2，润），粉壤土，弱发育的块状结构，湿时松散，连续间距很小、很细的裂隙，少量细根系和很少量中根系，很少量细管道状孔隙分布于结构体外，孔隙度很低，极强的石灰反应，突变平滑过渡。

Bw1：35～59 cm，浅棕灰色（2.5Y 6/2，干），暗灰棕色（2.5Y 4/2，润），粉壤土，弱发育的块状结构，湿时松散，很少量极细根系，很少量细管道状孔隙分布于结构体外，孔隙度很低，极强的石灰反应，清晰平滑过渡。

霍城系代表性单个土体剖面

Bw2：59～91 cm，浅棕灰色（2.5Y 6/2，干），暗灰棕色（2.5Y 4/2，润），粉壤土，中度发育的块状结构，湿时松散，很少量极细根系，少量很细蜂窝状孔隙分布于结构体外，孔隙度低，极强的石灰反应。

Bw3：91～133 cm，浅灰色（2.5Y 7/2，干），灰棕色（2.5Y 5/2，润），粉壤土，中度发育的块状结构，湿时松散，很少量极细根系，少量很细蜂窝状孔隙分布于结构体外，孔隙度低，极强的石灰反应。

霍城系代表性单个土体物理性质

| 土层 | 深度/cm | 细土颗粒组成（粒径：mm)/(g/kg) | | | 质地 | 砾石含量/% | 容重/(g/cm³) |
		砂粒 2～0.05	粉粒 0.05～0.002	黏粒 <0.002			
Ap	0～18	—	—	—	粉壤土	0	1.50
AB	18～35	34	786	180	粉壤土	0	1.51
Bw1	35～59	91	702	207	粉壤土	0	1.47
Bw2	59～91	91	731	178	粉壤土	0	1.46
Bw3	91～133	58	772	170	粉壤土	0	1.44

霍城系代表性单个土体化学性质

深度/cm	pH(H₂O)	有机质/(g/kg)	全磷/(g/kg)	全钾/(g/kg)	碱解氮/(mg/kg)	速效磷/(mg/kg)	速效钾/(mg/kg)	电导率(1∶1水土比)/(dS/m)	碳酸钙/(g/kg)
0～18	8.1	17.5	0.95	5.40	53.8	12.31	160.8	0.4	169
18～35	8.3	13.3	0.79	4.46	23.8	10.68	76.5	0.3	159
35～59	8.2	24.1	0.88	5.40	43.6	11.35	93.9	0.4	188
59～91	8.4	16.0	0.59	5.56	30.7	6.10	72.1	0.3	208
91～133	8.6	4.7	0.53	5.43	9.5	6.19	67.8	0.3	202

9.17.28　果子沟系（Guozigou Series）

土　　族：壤质混合型石灰性温性–普通简育干润雏形土
拟定者：武红旗，吴克宁，鞠　兵，张文太，范燕敏，侯艳娜，盛建东

分布与环境条件　该土系地处伊犁哈萨克自治州的低丘。年平均气温为 9.0 ℃，年平均降水量为 217 mm。母质为冲积物，地形地貌为低丘，土地利用类型为旱地，种植作物为小麦。

果子沟系典型景观

土系特征与变幅　该土系诊断层有雏形层、钙积现象，诊断特性有半干润土壤水分状况、温性土壤温度状况、石灰性。土层深厚，土体构型单一，土质均为粉壤土，通体有石灰反应。表层有很少量薄膜，底层有很少量小块扁平假菌丝体、结核。

对比土系　霍城系，壤质混合型石灰性温性–普通简育干润雏形土。二者母质相同，土体构型不同，质地均以粉壤土为主。

利用性能综述　所处地形水土流失严重，春洪及灌溉后地表均发生不同程度的水土流失，土壤肥力一般。

参比土种　侵蚀灰黄土。

代表性单个土体　剖面于 2014 年 8 月 27 日采自新疆维吾尔自治区伊犁哈萨克自治州霍城县果子沟牧场（编号 XJ-14-66），44°01′24″N，80°57′00″E，海拔 654.9 m。母质类型为冲积物。

Ap1: 0～9 cm，粉壤土，中度发育的棱块状结构，干时松软，无裂隙，很少量的极细根系，很少量很细管道状蜂窝状孔隙分布于结构体外，孔隙度很低，很少量薄膜，中度石灰反应，清晰平滑过渡。

Ap2: 9～18 cm，粉壤土，中度发育的棱块状结构，干时稍坚硬，无裂隙，很少量的极细根系，很少量很细管道状蜂窝状孔隙分布于结构体外，孔隙度很低，轻度石灰反应，清晰波状过渡。

Bw1: 18～87 cm，粉壤土，弱发育的棱块状结构，干时稍坚硬，无裂隙，有很少量的极细根系，少很细管道状蜂窝状孔隙分布于结构体外，孔隙度很低，中度石灰反应，很少量小的次圆状微风化的正长石碎屑，渐变波状过渡。

果子沟系代表性单个土体剖面

Bw2: 87～150 cm，粉壤土，弱发育的棱块状结构，干时稍坚硬，无裂隙，有少极细根系，很少很细管道状孔隙分布于结构体外，孔隙度很低，很少量小的棱角状微风化的正长石碎屑，很少量小块扁平假菌丝体、结核，轻度石灰反应。

果子沟系代表性单个土体物理性质

土层	深度/cm	细土颗粒组成 (粒径：mm)/(g/kg)			质地	砾石含量/%	容重/(g/cm³)
		砂粒 2～0.05	粉粒 0.05～0.002	黏粒 <0.002			
Ap1	0～9	134	687	179	粉壤土	0	1.41
Ap2	9～18	193	671	136	粉壤土	0	1.43
Bw1	18～87	199	635	166	粉壤土	0	1.34
Bw2	87～150	225	596	179	粉壤土	0	1.56

果子沟系代表性单个土体化学性质

深度/cm	pH (H₂O)	有机质/(g/kg)	全磷/(g/kg)	全钾/(g/kg)	碱解氮/(mg/kg)	速效磷/(mg/kg)	速效钾/(mg/kg)	电导率 (1:1水土比)/(dS/m)	碳酸钙/(g/kg)
0～9	8.4	10.8	0.74	5.17	32.6	8.49	211.7	0.3	138
9～18	—	9.8	0.77	4.65	12.5	13.55	198.6	—	138
18～87	8.7	6.3	0.71	4.91	7.3	8.30	118.7	0.3	157
87～150	9.2	3.8	0.65	4.14	15.4	7.34	57.6	4.8	165

9.17.29　胡地亚系（Hudiya Series）

土　　族：壤质混合型石灰性温性-普通简育干润雏形土
拟定者：武红旗，吴克宁，鞠　兵，张文太，范燕敏，侯艳娜，盛建东

分布与环境条件　该土系地处伊犁哈萨克自治州的冲积平原。年平均气温为 9.2 ℃，年平均降水量为 326 mm。母质为冲积物，地形地貌为平原，土地利用类型为水浇地。

胡地亚系典型景观

土系特征与变幅　该土系诊断层有雏形层、钙积现象，诊断特性有半干润土壤水分状况、温性土壤温度状况、石灰性。土层深厚，土体构型单一，质地主要为粉壤土，通体有石灰反应，通体有根系。

对比土系　尼勒克系，壤质混合型温性-钙积暗沃干润雏形土。二者土体构型不同。尼勒克系土体构型为均质粉壤土，胡地亚系土体构型较为单一，从上至下均为壤土。

利用性能综述　质地多较黏重，不利于作物出苗，群众称其为"僵板土"。

参比土种　灰壤土。

代表性单个土体　剖面于 2014 年 8 月 27 日采自新疆维吾尔自治区伊犁哈萨克自治州伊宁县胡地亚于孜乡（编号 XJ-14-67），44°04′26″N，80°46′08″E，海拔 670 m。母质类型为冲积物。

Ap: 0~12 cm，淡黄棕色（2.5Y 6/4，干），橄榄棕色（2.5Y 4/4，润），粉壤土，弱发育的棱块状结构，干时稍坚硬，间距小长度短的很细裂隙，中量细根系，很少量很细管道状孔隙分布于结构体外，孔隙度很低，中度石灰反应，渐变平滑过渡。

AB: 12~36 cm，淡橄榄棕色（2.5Y 5/3，干），暗橄榄棕色（2.5Y 3/3，润），粉壤土，弱发育的棱块状结构，湿时松散，间距小长度短的很细裂隙，很少量中根系，中量中管道状孔隙分布于结构体外，孔隙度低，很少量小的棱角状微风化的长石碎屑，强石灰反应，清晰波状过渡。

Bw1：36~59 m，淡黄棕色（2.5Y 6/3，干），橄榄棕色（2.5Y 4/3，润），砂质壤土，中度发育的棱块状结构，湿时松散，很少量粗根系，中量很细蜂窝状孔隙分布于结构体外，孔隙度中，很少量小的棱角状微风化的长石碎屑，强石灰反应，清晰平滑过渡。

胡地亚系代表性单个土体剖面

Bw2：59~91 cm，浅棕灰色（2.5Y 6/2，干），暗灰棕色（2.5Y 4/2，润），粉壤土，弱发育的棱块状结构，湿时松散，间距很小长度短的很细裂隙，很少量粗根系和很粗根系，很少量管道状、多量很细蜂窝状孔隙分布于结构体内外，孔隙度高，很少量小的棱角状微风化的长石碎屑，强石灰反应，突变波状过渡。

Bw3：91~130 cm，淡黄棕色（2.5Y 6/4，干），橄榄棕色（2.5Y 4/3，润），粉壤土，中度发育的棱块状结构，干时松散，很少量粗细根系和很粗根系，多量很细蜂窝状孔隙分布于结构体外，孔隙度高，极强的石灰反应。

胡地亚系代表性单个土体物理性质

土层	深度/cm	细土颗粒组成（粒径：mm)/(g/kg)			质地	砾石含量/%	容重/(g/cm³)
		砂粒 2~0.05	粉粒 0.05~0.002	黏粒 <0.002			
Ap	0~12	499	485	16	粉壤土	0	1.32
AB	12~36	182	802	16	粉壤土	0	1.35
Bw1	36~59	219	660	121	砂质壤土	0	1.39
Bw2	59~91	161	640	199	粉壤土	0	1.35
Bw3	91~130	134	657	209	粉壤土	0	1.36

胡地亚系代表性单个土体化学性质

深度 /cm	pH (H₂O)	有机质 /(g/kg)	全磷 /(g/kg)	全钾 /(g/kg)	碱解氮 /(mg/kg)	速效磷 /(mg/kg)	速效钾 /(mg/kg)	电导率 (1：1水土比) /(dS/m)	碳酸钙 /(g/kg)
0～12	8.0	16.1	1.13	6.97	45.4	24.54	172.5	0.3	112
12～36	8.2	16.5	1.01	7.75	39.5	19.76	178.3	0.3	114
36～59	8.3	9.1	0.87	6.71	35.0	7.91	104.1	0.3	119
59～91	8.3	16.5	0.84	7.75	11.5	11.45	77.9	0.2	129
91～130	8.2	8.4	0.84	6.20	10.2	7.44	67.8	0.3	114

9.17.30 福海南系（Fuhainan Series）

土　族：砂质混合型石灰性温性-普通简育干润雏形土
拟定者：武红旗，吴克宁，鞠　兵，张文太，范燕敏，侯艳娜，盛建东

分布与环境条件　该土系地处阿勒泰地区的河滩边缘地带和扇缘带上。母质类型为风积沙，地形地貌为平原，中温带大陆性气候区，冬季漫长而寒冷，夏季短促、气温平和，年平均气温为 11.6 ℃，年平均降水量为 38.3 mm，≥10 ℃年积温 4267 ℃，无霜期 225 天。土地利用类型为其他草地，植被主要有胡杨或灰胡杨，并伴有芦苇、拂子茅、甘草等草甸植被。

福海南系典型景观

土系特征与变幅　该土系诊断层有雏形层、钙积现象，诊断特性有半干润土壤水分状况、温性土壤温度状况。土层深厚，土体构型单一，土质均为砂质壤土或壤土，通体有多个蚂蚁、白蚁。

对比土系　额尔齐斯系，砂质混合型石灰性寒性-普通简育干润雏形土，二者母质不同，土体构型不同，高级分类单元中属于普通简育干润雏形土，而土族由土壤温度状况不同而区分。

利用性能综述　土层深厚，矿质养分丰富，多位于河流两岸，引水方便，排水有出路，地形大多较平坦，是很有利用价值的土壤之一。但该土分布较零星，大部分临近沙漠边缘和风口地区或农田附近，因此对这部分林土应给以保护，禁止砍伐和樵采，大力抚育以发挥其固沙的生态效益。有条件的地方，还可进行引水灌溉促进其生长。

参比土种　砂质林灌土。

代表性单个土体　剖面于 2014 年 8 月 15 日采自新疆维吾尔自治区阿勒泰地区福海县地方渔场（编号 XJ-14-33），47°01′41″N，87°21′16″E，海拔 480 m。母质类型为风积沙。

A:　　0～11 cm，灰色（10Y 6/1，干），极暗灰色（10Y 3/1，润），砂质壤土，发育很弱的很小棱块状结构，干时松散，多量极细根系，很少量很细管道状根孔和蜂窝状粒间孔隙分布于结构体内，孔隙度很低，无石灰反应，模糊扩散，土壤内含有多个蚂蚁、白蚁，清晰平滑过渡。

AB:　　11～37 cm，灰棕色（10Y 6/2，干），极灰棕色（10Y 4/2，润），砂质壤土，发育很弱的大棱块状结构，干时坚硬，中量极细根系，很少量很细管道状根孔分布于结构体内，孔隙度很低，无石灰反应，模糊扩散，很少量小扁平白色石膏假菌丝，土壤内含有多个蚂蚁、白蚁，清晰平滑过渡。

Bw1:　37～55 cm，灰色（10Y 6/1，干），暗灰色（10Y 4/1，润），砂质壤土，发育很弱的大棱块状结构，干时坚硬，少量细根系，很少量很细管道状根孔分布于结构体内，孔隙度很低，无石灰反应，明显扩散，土壤内含有多个蚂蚁、白蚁，清晰平滑过渡。

福海南系代表性单个土体剖面

Bw2：55～87 cm，灰色（10Y 5/1，干），暗灰色（10Y 4/1，润），砂质壤土，发育很弱的大棱块状结构，干时坚硬，少量细根系，很少量很细管道状根孔分布于结构体内，孔隙度很低，无石灰反应，模糊鲜明，土壤内含有多个蚂蚁、白蚁，清晰平滑过渡。

BC：　87～155 cm，灰色（10Y 5/1，干），暗灰色（10Y 4/1，润），壤土，发育很弱的小棱块状结构，干时松软，少量细根系，无石灰反应，显著鲜明，很少量很小的次棱角状微风化正长石石英岩碎屑，土壤内含有多个蚂蚁、白蚁，突变平滑过渡。

福海南系代表性单个土体物理性质

土层	深度/cm	细土颗粒组成（粒径：mm)/(g/kg)			质地	砾石含量/%	容重/(g/cm³)
		砂粒 2～0.05	粉粒 0.05～0.002	黏粒 <0.002			
A	0～11	540	326	134	砂质壤土	0	1.56
AB	11～37	624	257	119	砂质壤土	0	1.69
Bw1	37～55	676	205	119	砂质壤土	0	1.62
Bw2	55～87	501	346	153	砂质壤土	0	1.39
BC	87～155	857	46	97	壤土	0	1.61

福海南系代表性单个土体化学性质

深度 /cm	pH (H₂O)	有机质 /(g/kg)	全磷 /(g/kg)	全钾 /(g/kg)	碱解氮 /(mg/kg)	速效磷 /(mg/kg)	速效钾 /(mg/kg)	电导率 (1∶1水土比) /(dS/m)	碳酸钙 /(g/kg)
0～11	8.4	5.0	0.18	2.17	32.6	19.89	223.4	1.9	4
11～37	8.2	9.1	0.34	1.63	19.7	4.55	164.4	5.1	1
37～55	8.4	5.6	0.55	1.99	12.9	9.83	171.4	4.3	3
55～87	8.4	5.3	0.33	2.89	22.2	13.82	217.8	3.9	3
87～155	8.6	2.1	0.20	0.36	15.6	2.66	21.2	0.7	1

9.17.31　额尔齐斯系（E'erqisi Series）

土　族：砂质混合型石灰性寒性-普通简育干润雏形土
拟定者：武红旗，吴克宁，鞠　兵，张文太，范燕敏，侯艳娜，盛建东

分布与环境条件　该土系地处阿勒泰地区的高丘上。母质类型为坡积物，地形地貌为高丘，中温带大陆性气候区，冬季漫长而寒冷，夏季短促、气温平和，年平均气温为 4.4 ℃，年平均降水量为 94.5 mm，≥10 ℃年积温 3048.8 ℃。土地利用类型为天然牧草地，植被以羽茅、蒿子、假木贼、阿魏为主。

额尔齐斯系典型景观

土系特征与变幅　该土系诊断层有石膏层，诊断特性有半干润土壤水分状况、寒性土壤温度状况、石灰性。土层深厚，质地以粉壤土、砂质壤土为主，通体有次圆状石英和长石碎屑，底层有灰白色晶体石膏。

对比土系　福海南系，砂质混合型石灰性温性-普通简育干润雏形土。二者母质不同，土体构型不同，高级分类单元中属于普通简育干润雏形土，而土族由土壤温度状况不同而区分。

利用性能综述　分布范围较广，但土质粗，土层一般较薄，且多有风蚀，植被覆盖度仅为 10%～30%，随之而来的土壤肥力也较低。由于干旱缺水，垦殖难度大，目前多为牧用四等土地资源，只适宜放养骆驼等牲畜。今后主要是搞好综合利用，保护好现有植被，防止土壤的深度侵蚀。

参比土种　破皮淡黄土。

代表性单个土体　剖面于 2014 年 8 月 17 日采自新疆维吾尔自治区阿勒泰地区布尔津县

杜来提乡额尔齐斯村（编号 XJ-14-40），47°37′33″N，87°10′09″E，海拔 477.9 m。母质类型为坡积物。

A:　　0～9 cm，淡棕色（2.5Y 7/3，干），淡黄棕色（2.5Y 6/3，润），粉壤土，中度发育的中棱块状结构，中量细根系，很少量的次圆状石英和长石碎屑，干时疏松，渐变平滑过渡。

AB:　　9～17 cm，淡灰色（2.5Y 7/2，干），淡棕色（2.5Y 5/2，润），粉壤土，弱发育的中棱块状结构，少量极细根系，少量的次圆状石英和长石碎屑，干时疏松，清晰平滑过渡。

Bw1:　17～35 cm，淡黄棕色（2.5Y 6/4，干），淡橄榄棕色（2.5Y 5/4，润），壤土，中度发育的小棱块结构，中量极细根系，少量的次圆状石英和长石，湿时疏松，少量细蜂窝状孔隙分布于结构体内外，孔隙度低，轻度石灰反应，模糊波状过渡。

Bw2:　35～50 cm，淡灰色（2.5Y 7/2，干），淡黄棕色（2.5Y 6/3，润），砂质壤土，弱发育的中棱块状结构，中量极细根系，少量的次圆状石英和长石碎屑，湿时疏松，渐变平滑过渡。

额尔齐斯系代表性单个土体剖面

Bw3:　50～83 cm，淡黄棕色（2.5Y 6/4，干），淡橄榄棕色（2.5Y 5/4，润），壤质砂土，弱发育的中棱块状结构，很少量中根系，少量的次圆状石英和长石碎屑，湿时疏松，渐变平滑过渡。

Bw4:　83～125 cm，淡橄榄棕色（2.5Y 5/3，干），橄榄棕色（2.5Y 4/3，润），砂质壤土，弱发育的中棱块状结构，很少量中根系，多量的次圆状石英和长石碎屑，湿时疏松，中丰度、中型不规则灰白色晶体石膏。

额尔齐斯系代表性单个土体物理性质

土层	深度 /cm	细土颗粒组成 (粒径: mm)/(g/kg)			质地	砾石 含量/%	容重 /(g/cm³)
		砂粒 2～0.05	粉粒 0.05～0.002	黏粒 <0.002			
A	0～9	163	735	102	粉壤土	5	1.59
AB	9～17	417	461	122	粉壤土	5	1.71
Bw1	17～35	570	310	120	壤土	10	1.70
Bw2	35～50	772	176	52	砂质壤土	0	1.61
Bw3	50～83	702	214	84	壤质砂土	0	1.66
Bw4	83～125	442	459	99	砂质壤土	20	1.92

额尔齐斯系代表性单个土体化学性质

深度 /cm	pH (H₂O)	有机质 /(g/kg)	全磷 /(g/kg)	全钾 /(g/kg)	碱解氮 /(mg/kg)	速效磷 /(mg/kg)	速效钾 /(mg/kg)	电导率 (1∶1 水土比) /(dS/m)	碳酸钙 /(g/kg)
0～9	10.2	12.7	0.42	0.31	26.8	13.18	262.7	4.4	4
9～17	10.5	12.9	0.43	1.87	8.2	9.00	188.3	2.5	19
17～35	10.5	12.0	0.40	1.35	18.3	9.00	212.2	3.7	7
35～50	10.4	14.3	0.30	0.31	3.5	3.02	83.0	1.2	11
50～83	10.3	9.5	0.36	0.31	8.2	1.53	46.4	0.6	6
83～125	10.0	5.5	0.36	0.48	7.6	1.92	88.6	1.0	6

9.17.32 北屯系（Beitun Series）

土　　族：砂质混合型石灰性温性-普通简育干润雏形土
拟定者：武红旗，吴克宁，鞠　兵，杜凯闯，王　泽，刘文惠，谷海斌

分布与环境条件　该土系地处阿勒泰地区的冲积平原的洪积扇缘上。中温带大陆性气候区，冬季漫长而寒冷，夏季短促、气温平和，年平均气温为 8.8 ℃，年平均降水量为 80 mm，母质为冲积物和洪-冲积物，地形地貌为平原，土地利用类型为有林地。

北屯系典型景观

土系特征与变幅　该土系诊断层有雏形层，诊断特性有半干润土壤水分状况、温性土壤温度状况、石灰性。土层深厚，土体构型上部为砂土，下部为壤土，除底层为单粒状结构外，其余土层均为块状结构或棱块状结构，ABk 层有少量假菌丝体结核。

对比土系　阿勒泰系，砂质混合型寒性-钙积简育干润雏形土。阿勒泰系在高级分类单元中，具有钙积层，而北屯系心土层仅具有雏形层，二者亚类不同，地形不同，母质不同，土壤温度状况不同。

利用性能综述　地势较平坦，土层大多较深厚，植被生长良好。

参比土种　浅色锈黄土。

代表性单个土体　剖面于 2014 年 8 月 15 日采自新疆维吾尔自治区阿勒泰地区或北屯市（编号 XJ-14-35），47°16′46″N，87°44′33″E，海拔 517 m。母质类型为冲积物。

北屯系代表性单个土体剖面

A:　　0～11 cm，淡棕色（2.5Y 7/4，干），淡橄榄棕色（2.5Y 5/4，润），壤质砂土，很弱发育的棱块状结构，干时松软，有多量根系，中量很细蜂窝状孔隙分布于结构体内，强石灰反应，清晰平滑过渡。

ABk：11～27 cm，淡橄榄棕色（2.5Y 5/3，干），橄榄棕色（2.5Y 4/3，润），砂质壤土，很弱发育的棱块状结构，干时稍硬，有多量根系，少量很细蜂窝状孔隙分布于结构体内，有很少量假菌丝体结核，中度石灰反应，清晰波状过渡。

Bk1：27～42 cm，淡橄榄棕色（2.5Y 5/4，干），橄榄棕色（2.5Y 4/4，润），砂质壤土，很弱发育的块状结构，稍干时稍硬，有中量根系，中量很细蜂窝状孔隙分布于结构体内，有很少量（5%）石灰结核，无石灰反应，突变平滑过渡。

Bk2：42～56 cm，黄色（2.5Y 7/6，干），橄榄黄色（2.5Y 6/6，润），砂质壤质，很弱发育的块状结构，稍干时稍硬，有少量根系，中量很细蜂窝状孔隙分布于结构体内，有少量（5%）石灰结核，无石灰反应，清晰波状过渡。

Bk3：56～80 cm，橄榄黄色（2.5Y 6/6，干），淡橄榄棕色（2.5Y 5/6，润），很弱发育的块状结构，稍干时稍硬，有很少量根系，中量很细蜂窝状孔隙分布于结构体内，有很少量结核，无石灰反应，突变平滑过渡。

BC：　80～120 cm，淡灰色（2.5Y 7/2，干），淡棕色（2.5Y 7/3，润），很弱发育的单粒状结构，稍干时松软，有很少量极细根系，无石灰反应。

北屯系代表性单个土体物理性质

土层	深度/cm	细土颗粒组成（粒径：mm）/(g/kg)			质地	砾石含量/%	容重/(g/cm³)
		砂粒 2～0.05	粉粒 0.05～0.002	黏粒 <0.002			
A	0～11	587	292	122	壤质砂土	0	1.73
ABk	11～27	697	169	134	砂质壤土	0	1.55
Bk1	27～42	862	2	136	砂质壤土	6	1.75
Bk2	42～56	646	233	122	砂质壤土	0	1.62
Bk3	56～80	735	153	112	—	0	1.72
BC	80～120	—	—	—	—	40	—

北屯系代表性单个土体化学性质

深度 /cm	pH (H₂O)	有机质 /(g/kg)	全磷 /(g/kg)	全钾 /(g/kg)	碱解氮 /(mg/kg)	速效磷 /(mg/kg)	速效钾 /(mg/kg)	电导率 (1∶1水土比) /(dS/m)	碳酸钙 /(g/kg)
0～11	8.0	7.1	0.96	4.16	44.9	8.83	257.1	2.2	70
11～27	8.1	16.9	0.69	5.25	10.1	3.65	170.0	2.9	36
27～42	8.5	15.3	0.51	3.80	25.0	1.46	73.1	3.5	9
42～56	9.0	7.5	0.39	1.99	11.2	1.26	47.8	2.8	5
56～80	8.3	3.1	0.50	1.81	9.3	1.46	29.6	2.1	1
80～120	8.6	3.6	0.52	1.08	5.4	0.57	7.1	0.3	65

第 10 章 新 成 土

10.1 普通干旱砂质新成土

10.1.1 巴夏克其系（Baxiakeqi Series）

土　　族：砂质硅质型石灰性温性-普通干旱砂质新成土

拟定者：吴克宁，武红旗，鞠　兵，黄　勤，高　星，刘　楠，郭　梦等

分布与环境条件　该土系地处塔里木盆地西北边缘。母质类型为风积物，地形平坦，排水良好；多晴少雨，光照充足，空气干燥，典型的大陆性气候，年平均气温为 10.10 ℃，年平均降水量为 65.4 mm，土地利用类型为沙地。

巴夏克其系典型景观

土系特征与变幅　该土系诊断特性有干旱土壤水分状况、温性土壤温度状况、砂质沉积物岩性特征。混合型矿物，质地为砂土，很弱发育的粒状结构，通体无根系和无石灰反应。

对比土系　木吾塔系，壤质混合型石灰性温性-普通干旱冲积新成土。二者地形部位相似，母质不同，剖面构型不同，亚纲不同。木吾塔系具有冲积物岩性特征和石灰性，质地以砂质壤土为主，孔隙度中，通体有多量很小的圆状微风化石英、云母、长石和花岗岩黄晶碎屑，土层深厚，地形略起伏，有轻度的水蚀-浅沟侵蚀，利用价值不大。而巴夏克其系具有砂质沉积物岩性特征，质地为砂土，有很弱发育的粒状结构，通体无根系和无石灰反应，属于砂质硅质型石灰性温性-普通干旱砂质新成土。

利用性能综述　利用价值不大，部分地区可以轮牧。应注意封沙育草和人工固沙，而且要禁止在封育区内放牧、打草、伐薪。为恢复和发展荒漠植被，增加地面植被覆盖，达到固沙目的，应积极创造条件，播种灌丛植被。

参比土种　白沙土。

代表性单个土体　剖面于 2015 年 8 月 23 日采自新疆维吾尔自治区阿克苏地区温宿县克孜勒镇巴夏克其村（编号 XJ-15-17），41°41′53.3″N，80°24′3.3″E，海拔 1097 m。母质类型为风积物。

AC：　0～10 cm，浊黄橙色（10YR 6/3，干），浊黄橙色（10YR 5/3，润），砂土，弱发育的粒状结构，干湿时均松散，无根系，无石灰反应，突变平滑过渡。

C1：　10～52 cm，浊黄橙色（10YR 6/4，干），棕色（10YR 4/4，润），砂土，单粒状，干湿时均松散，无根系，无石灰反应，渐变平滑过渡。

C2：　52～95 cm，浊黄橙色（10YR 7/4，干），浊黄橙色（10YR 5/4，润），砂土，单粒状，干湿时均松散，无根系，无石灰反应，突变平滑过渡。

C3：　95～130 cm，浊黄橙色（10YR 7/4，干），浊黄橙色（10YR 5/4，润），砂土，单粒状，干湿时均松散，无根系，无石灰反应。

巴夏克其系代表性单个土体剖面

巴夏克其系代表性单个土体物理性质

土层	深度 /cm	细土颗粒组成（粒径：mm)/(g/kg)			质地	砾石 含量/%	容重 /(g/cm³)
		砂粒 2～0.05	粉粒 0.05～0.002	黏粒 <0.002			
AC	0～10	985	15	0	砂土	0	1.45
C1	10～52	990	10	0	砂土	0	1.50
C2	52～95	978	22	0	砂土	0	1.48
C3	95～130	974	26	0	砂土	0	1.45

巴夏克其系代表性单个土体化学性质

深度 /cm	pH (H₂O)	有机质 /(g/kg)	全磷 /(g/kg)	全钾 /(g/kg)	碱解氮 /(mg/kg)	速效磷 /(mg/kg)	速效钾 /(mg/kg)	电导率 (1∶1 水土比) /(dS/m)
0～10	8.8	19.2	0.33	0.10	3.3	3.03	67.8	0.8
10～52	9.2	16.0	0.36	0.57	4.8	3.08	24.0	1.3
52～95	8.7	13.3	0.33	0.23	1.8	4.88	75.0	1.9
95～130	8.6	5.1	0.37	0.57	3.5	4.82	73.1	1.7

10.2　普通干旱冲积新成土

10.2.1　木吾塔系（Muwuta Series）

土　　族：壤质混合型石灰性温性-普通干旱冲积新成土
拟定者：吴克宁，武红旗，鞠　兵，赵　瑞，李方鸣，刘　楠等

分布与环境条件　该土系地处若羌县北部，台特马湖南部，主要分布于塔克拉玛干沙漠边缘。母质是洪-冲积物，地势略起伏；日照时间长，暖温带大陆性荒漠干旱气候，年平均气温为 11.8 ℃，年平均降水量为 28.5 mm，土地利用类型为裸地。

木吾塔系典型景观

土系特征与变幅　该土系诊断特性有干旱土壤水分状况、温性土壤温度状况、冲积物岩性特征、石灰性。混合型矿物，质地以砂质壤土和壤质砂土为主，孔隙度中，通体有多量很小的圆状微风化石英、云母、长石和花岗岩黄晶碎屑和石灰反应。

对比土系　巴夏克其系，砂质硅质型石灰性温性-普通干旱砂质新成土。二者地形部位相似，母质不同，剖面构型不同，亚纲不同。巴夏克其系具有砂质沉积物岩性特征，质地为砂土，有发育很弱的粒状结构，通体无根系和无石灰反应，利用价值不大且应注意封沙育草和人工固沙。而木吾塔系具有冲积物岩性特征和石灰性，质地以砂质壤土为主，孔隙度中，通体有多量很小的圆状微风化石英、云母、长石和花岗岩黄晶碎屑，土层深厚，地形略起伏，有轻度的水蚀-浅沟侵蚀，属于壤质混合型石灰性温性-普通干旱冲积新成土。

利用性能综述　该土系土层深厚，地形略起伏，有轻度的水蚀-浅沟侵蚀，利用价值不大，应注意封沙育草和人工固沙。

参比土种　厚层砾质土。

代表性单个土体 剖面于 2015 年 8 月 16 日采自新疆维吾尔自治区巴音郭楞蒙古自治州若羌县吾塔木乡中部（编号 XJ-15-31），39°6′30″N，88°19′23″E，海拔 889 m。母质类型为洪–冲积物。

A: 0～5 cm，浊黄色（2.5Y 6/3，干），橄榄棕色（2.5Y 4/3，润），砂质壤土，发育很弱的粒状结构，干态稍硬，少量细根系，很少量粗根系，很少量很细蜂窝状孔隙，位于结构体内外，孔隙度中，多量很小的圆状微风化石英、云母、长石和花岗岩黄晶碎屑，中度石灰反应，突变平滑过渡。

C: 5～12 cm，灰白色（2.5Y 8/3，干），黄棕色（2.5Y 5/3，润），粉土，干态硬，无根系，少量细蜂窝状孔隙，位于结构体内外，孔隙度中，中度石灰反应，突变平滑过渡。

2C: 12～60 cm，灰黄色（2.5Y 7/2，干），暗灰黄色（2.5Y 4/2，润），壤质砂土，干态松软，湿态松散，无根系，少量细蜂窝状孔隙，位于结构体内外，孔隙度中，极多中次圆状微风化云母、长石和花岗岩黄晶碎屑，强石灰反应，突变平滑过渡。

木吾塔系代表性单个土体剖面

3Cr: 60～65 cm，淡黄色（2.5Y 7/3，干），黄棕色（2.5Y 5/3，润），砂质壤土，干态硬，湿态松散，无根系，很少量很细蜂窝状孔隙，位于结构体内外，孔隙度中，少量小铁质斑纹位于根系周围，对比度明显，边界清楚，中度石灰反应，突变平滑过渡。

4C: 65～95 cm，浊黄色（2.5Y 6/3，干），橄榄棕色（2.5Y 4/3，润），壤质砂土，干态松软，湿态疏松，无根系，少量很细蜂窝状孔隙，位于结构体内外，孔隙度中，中量小的次圆状微风化云母、长石和花岗岩黄晶碎屑，强石灰反应，突变平滑过渡。

5C: 95～120 cm，灰白色（2.5Y 8/2，干），黄棕色（2.5Y 5/3，润），壤质砂土，干态松软，湿态疏松，无根系，很少量很细蜂窝状孔隙，位于结构体内外，孔隙度很高，多量很小的次圆状微风化石英、云母、长石和花岗岩黄晶碎屑，中度石灰反应。

木吾塔系代表性单个土体物理性质

土层	深度 /cm	细土颗粒组成（粒径：mm)/(g/kg)			质地	砾石 含量/%	容重 /(g/cm³)
		砂粒 2～0.05	粉粒 0.05～0.002	黏粒 <0.002			
A	0～5	743	180	77	砂质壤土	5	1.38
C	5～12	69	847	84	粉土	0	1.18
2C	12～60	859	13	128	壤质砂土	40	1.93
3Cr	60～65	592	328	80	砂质壤土	5	1.17
4C	65～95	862	93	45	壤质砂土	15	1.62
5C	95～120	801	153	46	壤质砂土	25	1.68

木吾塔系代表性单个土体化学性质

深度 /cm	pH (H₂O)	有机质 /(g/kg)	全磷 /(g/kg)	全钾 /(g/kg)	碱解氮 /(mg/kg)	速效磷 /(mg/kg)	速效钾 /(mg/kg)	电导率 (1∶1 水土比) /(dS/m)	碳酸钙 /(g/kg)
0～5	7.9	7.0	0.70	2.26	11.1	7.93	105.8	—	49
5～12	8.1	11.2	0.66	15.60	57.1	8.65	242.4	7.1	90
12～60	8.3	6.6	0.60	16.72	6.4	4.57	59.0	3.8	80
60～65	8.4	19.5	0.52	13.35	15.9	6.65	97.3	2.0	64
65～95	8.2	2.7	0.33	4.28	4.9	2.64	61.1	2.5	113
95～120	8.6	4.7	0.44	4.86	12.4	2.70	38.8	2.4	134

10.3 石灰红色正常新成土

10.3.1 阿克陶系（Aketao Series）

土　族：粗骨砂质混合型温性-石灰红色正常新成土
拟定者：吴克宁，武红旗，鞠　兵，黄　勤，高　星，刘　楠，郭　梦等

分布与环境条件　该土系地处阿克陶县境南部，属西昆仑山末端的北坡。母质是冲积物，地势起伏大；全年干旱少雨雪，昼夜温差大，光热资源丰富，暖温带大陆性干旱气候，年平均气温为 11.3 ℃，年平均降水量为 60 mm；土地利用类型为裸地，植被类型为非禾本科草类。

阿克陶系典型景观

土系特征与变幅　该土系诊断特性有干旱土壤水分状况、温性土壤温度状况、岩性特征、石灰性。混合型矿物，质地以砂质黏壤土为主，孔隙度高，C 层以下至底层有少量至中量明显的小的管状碳酸钙结核，通体有很多棱角状或次圆状未风化花岗岩中砾和石灰反应。

对比土系　古尔班系，砂质混合型温性-石灰干旱正常新成土。二者母质不同，剖面构型不同，土类不同。古尔班系母质类型为风积物，土体构型上部为壤土，下部为砂土，混合型矿物，土层深厚，通体有一定根系，除 C1 层外均有石灰反应。而阿克陶系母质类型为冲积物，具有岩性特征，质地以砂质黏壤土为主，孔隙度高，C 层以下至底层有少量至中量明显的小的管状碳酸钙结核，通体有很多棱角状或次圆状未风化花岗岩中砾，且土地利用类型为山地裸地，有强烈的水蚀-切沟侵蚀和重力侵蚀，利用价值不大，属于粗骨砂质混合型温性-石灰红色正常新成土。

利用性能综述　该土系为山地裸地，有强烈的水蚀-切沟侵蚀和重力侵蚀，植被覆盖度为 0～15%，利用价值不大。

参比土种　厚层砾质棕红土。

代表性单个土体　剖面于 2015 年 8 月 22 日采自新疆维吾尔自治区克孜勒苏柯尔克孜自治州阿克陶县境内（编号 XJ-15-20），38°57′2″N，75°30′12″E，海拔 1913 m。母质类型为冲积物。

阿克陶系代表性单个土体剖面

A：0～12 cm，浊红棕色（5YR 5/4，干），浊橙色（5YR 4/6，润），砂质壤土，中度发育的块状结构，干时稍硬，湿时疏松，少量细根系，少量很细蜂窝状孔隙和管道状孔隙，孔隙度很高，分布于结构体内外，很多棱角状未风化花岗岩中砾，强石灰反应，清晰平滑过渡。

C：12～35 cm，浊橙色（5YR 7/3，干），浊红棕色（5YR 5/4，润），砂质黏壤土，干时松软，湿时疏松，多量很细根系，中量很细蜂窝状和管道状孔隙，孔隙度很高，分布于结构体内外，少量明显的小的管状碳酸钙结核，很多次圆状未风化花岗岩中砾及其他岩屑，强石灰反应，清晰平滑过渡。

2C：35～72 cm，浊橙色（5YR 6/4，干），浊橙色（5YR 6/4，润），砂质黏壤土，干时松软，湿时疏松，少量很细根系，中量很细蜂窝状孔隙，孔隙度很高，分布于结构体内外，中量明显的小的管状碳酸钙结核，极多棱角状未风化的花岗岩中砾，强石灰反应，清晰平滑过渡。

3C：72～118 cm，浊红棕色（5YR 5/4，干），暗红棕色（5YR 3/4，润），砂质黏壤土，干时稍硬，湿时疏松，无根系，中量很细蜂窝状孔隙，孔隙度很高，分布于结构体内外，中量明显的小的管状碳酸钙结核，很多次圆状未风化的花岗岩中砾，强石灰反应，清晰平滑过渡。

4C：118～150 cm，浊橙色（5YR 4/6，干），暗红棕色（5YR 3/6，润），砂质黏壤土，干时稍硬，湿时疏松，无根系，中量很细蜂窝状孔隙，孔隙度很高，分布于结构体内外，中量明显的小的管状碳酸钙结核，很多次圆状未风化的花岗岩中砾，强石灰反应。

阿克陶系代表性单个土体物理性质

土层	深度 /cm	细土颗粒组成 (粒径: mm)/(g/kg)			质地	砾石 含量/%	容重 /(g/cm³)
		砂粒 2~0.05	粉粒 0.05~0.002	黏粒 <0.002			
A	0~12	674	133	193	砂质壤土	20	1.58
C	12~35	741	1	258	砂质黏壤土	25	—
2C	35~72	699	9	292	砂质黏壤土	25	—
3C	72~118	687	29	284	砂质黏壤土	25	—
4C	118~150	740	33	228	砂质黏壤土	30	—

阿克陶系代表性单个土体化学性质

深度 /cm	pH (H₂O)	有机质 /(g/kg)	全磷 /(g/kg)	全钾 /(g/kg)	碱解氮 /(mg/kg)	速效磷 /(mg/kg)	速效钾 /(mg/kg)	电导率 (1:1水土比) /(dS/m)	碳酸钙 /(g/kg)
0~12	9.1	8.3	0.38	5.37	4.1	10.70	433.1	0.4	11
12~35	8.4	11.9	0.38	6.80	24.6	7.73	452.3	5.6	—
35~72	8.9	8.9	0.42	4.83	12.0	5.88	242.7	16.1	4
72~118	8.3	6.2	0.41	4.24	11.3	8.12	119.9	32.1	41
118~150	8.5	2.0	0.39	5.92	20.1	9.08	189.9	9.8	150

10.4　石灰干旱正常新成土

10.4.1　古尔班系（Gu'erban Series）

土　　族：砂质混合型温性-石灰干旱正常新成土
拟定者：武红旗，吴克宁，鞠　兵，杜凯闯，王　泽，刘文惠，谷海斌

分布与环境条件　该土系地处吉木萨尔县的沙丘地区。温带大陆干旱气候，冬季寒冷、夏季炎热，年平均气温为 7.3 ℃，年平均降水量为 110 mm。母质为风积物，地形地貌为沙丘，土地利用类型为其他草地，植被较少。

古尔班系典型景观

土系特征与变幅　该土系诊断层有干旱表层，诊断特性有干旱土壤水分状况、温性土壤温度状况、石灰性。土体构型上部为壤土，下部为砂土，混合型矿物，土层深厚，通体有一定根系，除 C1 层外均有石灰反应。

对比土系　阿克陶系，粗骨砂质混合型温性-石灰红色正常新成土。二者母质不同，剖面构型不同，土类不同。阿克陶系母质类型为冲积物，具有岩性特征，质地以砂质黏壤土为主，孔隙度高，C 层以下至底层有少量至中量明显的小的管状碳酸钙结核，通体有很多棱角状或次圆状未风化花岗岩中砾，且土地利用类型为山地裸地，有强烈的水蚀-切沟侵蚀和重力侵蚀，利用价值不大。而古尔班系母质类型为风积物，土体构型上部为壤土，下部为砂土，混合型矿物，土层深厚，通体有一定根系，除 C1 层外均有石灰反应，属于砂质混合型温性-石灰干旱正常新成土。

利用性能综述　沙性重，土体干燥，但有一定的植被覆盖度，一般可作冬季放牧场。因

干旱缺水，目前农业上开垦利用不多。注意合理轮牧，注意控制载畜量，保护为主，利用为辅，以防植被退化和沙面被破坏。

参比土种 定沙土。

代表性单个土体 剖面于 2014 年 8 月 11 日采自新疆维吾尔自治区昌吉回族自治州吉木萨尔县（编号 XJ-14-31），44°25′55″N，88°48′17″E，海拔 526 m。母质类型为风积物。

A：　0~17 cm，淡棕色（2.5Y 8/4，干），淡棕色（2.5Y 7/4，润），砂质壤土，单粒状，干时松软，有中量根系，轻度石灰反应，清晰波状过渡。

C1：17~48 cm，淡棕色（2.5Y 8/3，干），淡棕色（2.5Y 7/4，润），粉壤土，单粒状，干时松软，有少量极细根系，无石灰反应，清晰平滑过渡。

C2：48~60 cm，淡棕色（2.5Y 7/3，干），橄榄棕色（2.5Y 4/3，润），砂土，单粒状，干时松软，有中量极细根系，轻度石灰反应，清晰波状过渡。

C3：60~103 cm，淡棕色（2.5Y 7/4，干），淡橄榄棕色（2.5Y 5/4，润），砂土，单粒状，干时松软，有少量极细根系，轻度石灰反应，突变波状过渡。

古尔班系代表性单个土体剖面

C4：103~130 cm，浅灰色（2.5Y 7/2，干），暗灰棕色（2.5Y 4/2，润），壤质砂土，单粒状，干时稍坚硬，有很少量极细根系，强石灰反应。

古尔班系代表性单个土体物理性质

土层	深度 /cm	细土颗粒组成（粒径：mm）/(g/kg)			质地	砾石 含量/%	容重 /(g/cm³)
		砂粒 2~0.05	粉粒 0.05~0.002	黏粒 <0.002			
A	0~17	908	53	39	砂质壤土	1	1.67
C1	17~48	908	52	40	粉壤土	0	1.85
C2	48~60	798	159	43	砂土	0	1.59
C3	60~103	724	228	48	砂土	0	1.72
C4	103~130	720	219	61	壤质砂土	0	1.53

古尔班系代表性单个土体化学性质

深度 /cm	pH (H₂O)	有机质 /(g/kg)	全磷 /(g/kg)	全钾 /(g/kg)	碱解氮 /(mg/kg)	速效磷 /(mg/kg)	速效钾 /(mg/kg)	电导率 (1∶1水土比) /(dS/m)	碳酸钙 /(g/kg)
0~17	8.8	4.1	0.27	0.72	9.5	4.29	64.0	0.2	9
17~48	8.8	3.9	0.28	0.72	38.4	3.17	101.5	0.2	9
48~60	8.9	4.9	0.26	1.08	18.4	3.17	59.8	0.1	13
60~103	9.1	2.4	0.22	0.90	3.2	2.80	54.2	0.2	13
103~130	9.4	11.6	0.27	1.08	10.2	2.89	76.5	0.6	26

参 考 文 献

常直海. 1985. 对新疆森林土壤分类系统的探讨[J]. 八一农学院学报, (2): 55-59.

邓雁, 李新平, 崔方让. 2006. 新疆阿克苏农一师北二干盐碱荒地土壤系统分类研究[J]. 西北农林科技大学学报, 34(1): 113-116.

樊自立, 吴世新, 吴莹, 等. 2013. 新中国成立以来的新疆土地开发[J]. 自然资源学报, 28(5): 713-720.

龚子同, 等. 1999. 中国土壤系统分类: 理论·方法·实践[M]. 北京: 科学出版社.

龚子同. 2007. 土壤发生与系统分类[M]. 北京: 科学出版社.

关欣, 李巧云, 张凤荣. 2011. 新疆平原土壤发生分类与系统分类的参比[J]. 湖南农业大学学报(自然科学版), 37(03): 312-317.

关欣, 张凤荣, 李巧云, 等. 2003. 南疆平原典型荒漠样区耕种土壤基层分类的探讨[J]. 土壤, 35(1): 53-57.

关欣, 钟骏平, 张凤荣. 2001. 南疆"棕漠土"在土壤系统分类中的归属[J]. 土壤, 33(6): 289-294.

何晓玲, 尹林克, 严成. 2006. 天山中部北麓丘陵地带土壤发生特性与系统分类[J]. 土壤通报, 37(5): 833-836.

侯光炯, 高惠民. 1982. 中国农业土壤概论[M]. 北京: 农业出版社.

李和平. 1993. 新疆灌溉——自成型绿洲耕作土壤系统分类初探[J]. 干旱区研究, (2): 27-32.

李和平. 2001. 新疆干旱土纲基层分类探讨[J]. 干旱区研究, 18(2): 56-60.

李连捷. 1990. 关于中国土壤系统分类(第一次方案)[J]. 土壤, (1): 53.

李新平, 崔方让, 魏迎春. 2007. 新疆和田开发区土壤系统分类研究[J]. 西北农林科技大学学报, 35(12): 133-137.

李子熙. 1978. 新疆盐土的形成和分类[J]. 土壤, (5): 185-186.

林景亮. 1991. 初评《中国土壤系统分类(首次方案)》[J]. 土壤, (6): 332-333+318.

刘立诚, 排祖拉. 1997. 新疆灰色森林土的形成特点及其系统分类[J]. 土壤通报, 28(5): 193-196.

刘立诚, 排祖拉, 李淑芳. 1999a. 新疆森林土壤形成特征及其系统分类[J]. 干旱区地理, 22(1): 1-9.

刘立诚, 排祖拉, 徐华君. 1997. 伊犁谷地野果林下的土壤形成特点及其系统分类[J]. 干旱区地理, 20(2): 34-40.

刘立诚, 排祖拉, 徐华君. 1998. 新疆巴尔鲁克山区野巴丹杏林下的土壤[J]. 土壤通报, 29(5): 193-195.

刘立诚, 排祖拉, 徐华君. 1999b. 新疆胡杨林下土壤的形成特征及其系统分类[J]. 新疆大学学报, 16(3): 86-91.

刘立诚, 排祖拉, 徐华君. 1999c. 新疆伊犁和塔城地区野果林下土壤特性及系统分类研究[J]. 土壤通报, 30(4): 153-156.

莫治新, 柳维扬, 伍维模. 2009. 新疆阿拉尔垦区土壤发生特性及系统分类研究[J]. 干旱地区农业研究, 27(6): 40-57.

庞纯焘. 1980. 新疆天山北坡雪岭云杉林下土壤的发生分类及其与林业的关系[J]. 新疆师范大学学报:

145-156.

乔永. 2011. 天山中段北坡森林土壤发生特性及系统分类研究[D]. 北京: 北京林业大学.

唐耀先. 1999. 中国土壤分类发展史上的一个里程碑——评《中国土壤系统分类理论·方法·实践》专著出版[J]. 土壤通报, (S1): 65.

文振旺. 1963. 关于土壤分类问题的商榷(以新疆土壤分类为例)[J]. 土壤学报, (3): 231-243.

文振旺. 1966. 新疆山地森林土壤的分类、特性和分布规律[J]. 土壤通报, (2): 38-40.

吴珊眉. 2014. 中国变性土[M]. 北京: 科学出版社.

新疆维吾尔自治区农业厅. 1993. 新疆土种志[M]. 乌鲁木齐: 新疆科技卫生出版社

新疆维吾尔自治区农业厅, 土壤普查办公室. 1996. 新疆土壤[M]. 北京: 科学出版社.

张甘霖, 龚子同. 2012. 土壤调查实验室分析方法[M]. 北京: 科学出版社.

张甘霖, 王秋兵, 张凤荣, 等. 2013. 中国土壤系统分类土族和土系划分标准[J]. 土壤学报, 50(4): 826-834.

张静. 2010. 新疆耕地质量保护与农业可持续发展[J]. 新疆农业科技, (5): 49-50.

张累德. 1997. 新疆灌淤旱耕人为土系统分类[J]. 干旱区研究, 14(4): 1-6.

张文凯. 2017. 南疆典型土系调查与土地利用[D]. 北京: 中国地质大学(北京).

赵其国. 2008. 马溶之教授与中国科学院南京土壤研究所的创建与发展——纪念马溶之教授诞辰100周年[J]. 土壤, (5): 681-684.

赵其国, 石华, 龚子同, 等. 1986. 怀念马溶之教授——纪念马溶之同志逝世十周年[J]. 土壤, (2): 57-66.

中国科学院南京土壤研究所土壤分类课题组. 1985. 中国土壤系统分类初拟[J]. 土壤, (6): 290-318

中国科学院南京土壤研究所土壤系统分类课题组, 中国土壤系统分类课题组研究协作组. 1995. 中国土壤系统分类(修订方案)[M]. 北京: 中国农业科技出版社.

中国科学院南京土壤研究所土壤系统分类课题组, 中国土壤系统分类课题组研究协作组. 2001. 中国土壤系统分类检索(第三版)[M]. 北京: 科学出版社.

中国科学院新疆生物土壤沙漠研究所. 1980. 新疆土壤与改良利用[M]. 乌鲁木齐: 新疆人民出版社.

中国科学院新疆综合考察队. 1965. 新疆土壤地理[M]. 北京: 科学出版社.

中国土壤系统分类研究丛书编委会. 1994. 中国土壤系统分类新论[M]. 合肥: 中国科技大学出版社.

钟骏平. 1992. 新疆土壤系统分类[M]. 乌鲁木齐: 新疆大学出版社.

朱鹤健. 1999. 与国际接轨又具我国特色的开创性著作——读《中国土壤系统分类理论·方法·实践》[J]. 土壤, (04): 57.

自治区第三次土壤普查工作会议纪要[J]. 新疆农业科技, 1982(S1): 3-10.

邹德生. 1994. 新疆西藏干旱区的灌耕土及其在土壤系统分类中的位置[J]. 干旱区地理, 17(2): 61-65.

邹德生. 1996. 新疆米泉的灌淤亚类水耕人为土[J]. 土壤, 28(5): 258-262.

邹德生, 李荣, 顾国安. 1995. 新疆南天山乌什谷地灌淤土及其在土壤系统分类中的地位[J]. 土壤, 27(1): 6-11.

Eswaran H, 万勇善. 1987. 评中国土壤系统分类(二稿)[J]. 土壤通报, (6): 243-244.

索　引

(S-0021.01)

ISBN 978-7-5088-5817-3

9 787508 858173 >

定价: 398.00 元